Write Great Code, Volume 1
Understanding the Machine, 2nd Edition

编程卓越之道（卷1）

深入理解计算机

[美] **Randall Hyde** 著　覃宇 译

第2版

电子工业出版社
Publishing House of Electronics Industry
北京·BEIJING

内 容 简 介

卓越的代码需要利用现代编程语言的先进特性来实现软件功能。但软件最终都要运行在计算机上，无论它是采用哪种编程语言编写的。因此，卓越的软件代码也要充分地利用计算机中的各种资源，将计算机的性能发挥到极致。现代编程语言将这些知识隐藏了起来，容易被我们忽视。

因此，《编程卓越之道》系列的第一卷《深入理解计算机》将重点放在软件执行背后的计算机底层上，深入浅出地介绍了计算机体系结构的方方面面，帮助我们理解如何才能写出在计算机上高效运行的代码。本书具体内容包括：数字、字符串及复合数据结构在计算机中的表示形式，以及如何在内存层次结构中访问这些数据；基本的二进制运算、位运算、布尔逻辑，以及如何设计完成运算的中央处理器指令集；输入/输出、大容量存储等丰富多彩的外设，以及把这些外设和计算机相连进行通信的各种总线技术。

本书适合软/硬件开发人员及系统程序员、移动及嵌入式设备开发者、体系结构设计人员，以及高校计算机相关专业师生。

版权贸易合同登记号　图字：01-2020-5804

图书在版编目（CIP）数据

编程卓越之道. 卷 1，深入理解计算机：第 2 版 /（美）兰德尔海德（Randall Hyde）著；覃宇译. —北京：电子工业出版社，2022.12

书名原文：Write Great Code, Volume 1:Understanding the machine, 2nd Edition

ISBN 978-7-121-44531-6

Ⅰ. ①编… Ⅱ. ①兰… ②覃… Ⅲ. ①程序设计 Ⅳ. ①TP311.1

中国版本图书馆 CIP 数据核字（2022）第 214103 号

责任编辑：张春雨
印　　刷：天津千鹤文化传播有限公司
装　　订：天津千鹤文化传播有限公司
出版发行：电子工业出版社
　　　　　北京市海淀区万寿路 173 信箱　邮编：100036
开　　本：787×980　1/16　印张：31　　字数：556 千字
版　　次：2006 年 4 月第 1 版
　　　　　2022 年 12 月第 2 版
印　　次：2022 年 12 月第 1 次印刷
定　　价：150.00 元

凡所购买电子工业出版社图书有缺损问题，请向购买书店调换。若书店售缺，请与本社发行部联系，联系及邮购电话：（010）88254888，88258888。

质量投诉请发邮件至 zlts@phei.com.cn，盗版侵权举报请发邮件至 dbqq@phei.com.cn。

本书咨询联系方式：（010）51260888-819，faq@phei.com.cn。

推荐序 1
给自己从底层重修的胆量

拿到新一版《编程卓越之道》的第一卷《深入理解计算机》的稿子，心里非常感慨：上次读这本书，已经是 16 年前，还留下了幼稚的读后感[1]。今天回头看书稿和自己当年的文字，汇编语言以及 WebAssembly 等底层技术的新面貌再度翻红，而程序员的基本功仍然是与同行拉开距离的最大因素，花时间与精力深入理解计算机还是回报率最高的"投资"。

以此来看，2006 年我在博客上留下的印记仍然有适用性，仍然值得新的读者参考，所以大胆地编辑了一下，作为推荐序。

本书是《编程卓越之道》（英文名：Write Great Code）四卷本中文版的第一卷。这本书是好书，作者 Randall Hyde 对计算机系统的深入理解跃然纸上，从数值在计算机中的表示到二进制算术和位运算从浮点数表示到字符表示及字符串组织，从内存的组织与访问到 CPU 体系结构，从指令集到输入/输出，娓娓道来，它们的优缺点和瓶颈了然于胸。

作者并没有教你优化的方法，而是告诉你哪里会有陷阱。记得《C++编程规范》里有一条规范是避免代码劣化，这本书全书都在印证这一说法——如果你没有能力优化，起码要保持它没有被劣化。参加过一些代码评审，有时候会看到一两段代码写得比较耗 CPU 和内存，比如在局面重置时全部生成新的对象，或者在条件判断时把不太可能发生的情况放在前面。当评审人指出问题时，听到的最多的辩解是："嗯，

---

1 https://blog.csdn.net/gzlaiyonghao/article/details/766912

这里是有问题，因为项目刚开始，代码不成熟，我们打算在正式版（下一版）优化它。"但我想说的是："你不是在做优化，只是把劣化的代码改正过来而已。"同样是来自《C++编程规范》，有一句话说得很好：优化应该在代码稳定成熟了之后再做，防止劣化却要时刻进行（大意如此）。阅读本书能使你大大减少踩入劣化的陷阱。

作为以编写卓越代码为目标的程序员，精读《编程卓越之道》四卷本的意义绝不止于加固基础那么简单，我更大的感触是它让我认识到基础的重要性。从小学到大学，胸无大志的我耍着几分小聪明就轻松过关。而正是这当年引以为傲的小聪明，让我不重视基础，以为生活和工作也会像考试一样逃不出自己的聪明脑袋。大学毕业校招进了网易游戏部门，身边高手如云，想奋起直追时才知道自己下盘不稳、根基不牢。因为自己害怕离开自己熟悉的语言和平台不能让自己发挥小聪明，让人识破自己是只纸糊的"老虎"，心魔成了追求进步的最大障碍。直到工作了很久之后，才有胆量卸下"偶像包袱"，给自己从底层重修的胆量，慢慢走上自我修身之路。而《编程卓越之道》是很好的"修"技术之"身"的书，我打算四卷全读。

读完第一卷，我的感想是，做大事要有做大事的策略，但天下大事必作于细，没有坚实的基础知识，是没有掌控大事的能力的。所以，要放好心态，给自己慢慢来的胆量，一步一步来，从底层重修。

小红花技术领袖俱乐部创始人　赖勇浩

推荐序 2

什么是卓越代码（Great Code）？场景不同，角色不同，对卓越的定义自然有所不同。既然没有统一的标准，似乎可以放过不提。然而，本书系列题为《编程卓越之道》，又如何可以轻易放过对卓越的认识？细品作者 Randall Hyde 采纳的定义：

> 卓越代码是按照一套一致的优秀软件特征编写出来的，首要考虑的是优秀软件特征。特别是，卓越代码要遵循一套规则，这套规则能够指导程序员在用源码实现算法时的决策。

单就定义而言，依旧语焉不详。关于什么是优秀软件特征，或许大家可以从书中寻觅到答案。而我却透过书名，隐隐捕捉到 Randall Hyde 的一个观点——没有深谙计算机底层原理，不可能写出卓越的代码。——这也正是本书（卷 1）的核心思想：深入理解计算机。

听听作者自己的解释：

> 了解了计算机如何表示数据，就了解了高级语言的数据类型是被如何转换到机器层次的；了解了 CPU 如何执行机器指令，就了解了高级语言应用程序中各种操作的代价；了解了内存性能，就了解了如何组织高级语言中的变量和其他数据，让缓存和内存的访问最优。

此言非虚。正如要学好 Java，就有必要了解 JVM 的工作原理，而要彻底了解 JVM，怎能不知道计算机的底层原理？以指令集为例，这是汇编程序员天天使用的基本编程要素，而 Java 程序员就鲜少涉猎。殊不知，这些 Java 程序员编写的每行代码都会被编译为运行在 JVM 中的指令。对照来看，恰好本书介绍了短指令和长指令在空间、性能与复杂度的取舍，而 JVM 则采用了折中的变长指令，允许操作码后跟零字节或多字节的操作数（operand）。同一条知识，打通了从计算机底层到高级语言开发的通路。

　　作为一名汇编语言高手，Randall Hyde 极为推崇汇编语言对程序员的助力。他在本书后记中建议："有一种强迫自己在机器层次编写代码的方法就是使用汇编语言。"许多新生代的程序员对此建议或许不以为然，毕竟，如今使用汇编语言的机会可谓少之又少，它的重要性已经淡化。

　　遥想当年，在我的大学时代，汇编语言还是计算机专业最重要的一门编程语言课，当然，也是公认最难啃的硬骨头。当时还能熟练编写汇编程序的我，早已不记得这门语言的大部分语法了。我不知道，学习和使用汇编语言是否真的有助于写出卓越代码？我也不知道，我之所以没能写出什么卓越代码，是否与我汇编水平不高有关？但我深信，倘若具有高超的汇编开发能力，必然理解计算机底层运行的细节；倘若能很好地掌握汇编语言，学习任何一门高级语言，也就不在话下。

　　当软件系统规模如滚雪球一般变得越来越大时，我们已不可能像当初求伯君那样用汇编语言去写十几万行的 WPS。虽然使用的语言不同，编程态度却应该一以贯之。然而，当我们写出动辄数百万行代码的应用系统时，是否真的思考过每条语句背后的代价？——问程序员，有多少人以写出卓越代码为己任？问代码，又有多少是深谙计算机底层原理的程序员写出来的？我们这个行业，因为竞争加剧的原因，程序员变得更加地浮躁。没有办法让自己静下来，沉心打磨基础；当开发技能成为一种快餐时，还有谁会力求编码的精益求精？又有多少人舍得花费宝贵的时间来深入理解计算机？然则，"九尺之台起于垒土"，没有扎实的基础，开发的能力究竟能提升多高，编程的生涯究竟能走多远，我深表怀疑。

　　真的非常钦佩 Randall Hyde 多年如一日孜孜于《编程卓越之道》系列的写作，使之成为计算机图书中不朽的经典。而作者并不满足已经取得的成就，推陈出新，出版了本书的第 2 版。第 2 版加入了新鲜的元素，却又不损经典质量的一分一毫。如果你刚刚踏上编程之旅，我强烈推荐你阅读本书。正所谓"磨刀不误砍柴工"，这些底层原理和底层细节，看似对你的开发没有直接帮助，但它真的可能会决定你未来的高度！是为推荐序。

《解构领域驱动设计》作者　　张逸

译者序

回顾 21 世纪初以来计算机产业的发展，移动互联网的普及一定是绕不开的话题。计算机的性能按照摩尔的预测每 18 个月就提升一倍，计算机中的集成电路体积反而越来越小。从个人计算机进入手机、嵌入式设备时代，终端变得无处不在。网络技术的发展让终端能力可以近乎无限地扩展。

随着计算机性能的提升和应用的扩展，软件的规模和复杂度也在呈指数级增长，开发工作面临的挑战也越来越大。不断出现的新的高级编程语言通过先进的语法特性和编程范式来简化软件开发者的工作。利用这些高级编程语言提供的抽象技术，编写代码这项活动越来越接近人类对问题的分析和描述，与计算机内部的运行机制渐行渐远。我们对卓越代码的追求似乎过于重视优雅地让人理解代码背后的意图，逐渐忽略了代码在计算机上的运行效率，所以才有了对安迪比尔定律的吐槽：新软件总是会耗尽新硬件提升的全部计算能力。笔者作为一名移动应用开发者，对于应用动辄成百上千兆的体积和一段时间后磕磕跘跘的体验，着实汗颜。

好在计算机的基本组成在这 20 年中并没有发生根本性的变化。由中央处理器、存储、输入/输出设备构成的冯·诺依曼体系结构目前仍然是计算机界的绝对主流。本书的第 1 版于 21 世纪初面世，文笔浅显易懂，代码示例详尽，同时避免了晦涩难懂的汇编语言，是一部介绍计算机体系结构的佳作。现在本书第 2 版的出版恰逢其时，提醒我们不要忘记卓越的代码一定也是高效的。在保留第 1 版深入浅出特点的同时，作者对过去这些年计算机体系结构的发展和新兴的设备进行了总结，对原有的内容进行了删减和增补。第 2 版中的示例代码也采用近些年涌现出来的高级编程语言进行了重写，让年轻的读者朋友读起来更加亲切。阅读本书了解代码背后的运行原理，进而在编写代码时做出正确的选择，未为晚矣。

本书打开了笔者的记忆，仿佛又回到了大学时代学习计算机组成原理、模拟和数字电路的时光。有了第 1 版翻译的珠玉在前，第 2 版的翻译工作笔者不敢怠慢。一些当时新鲜的概念现在已成了业界主流，因此在第 2 版的翻译中对部分译法进行了更新。笔者也期望像作者那样与时俱进，但百密终有一疏，翻译中出现的错误也请读者们海涵并斧正。

最后，感谢在背后支持笔者完成翻译工作的家人和朋友们！

覃宇

2022 年 9 月 18 日

读者服务

微信扫码回复：44531

- 加入本书读者交流群，与更多同道中人互动
- 获取【百场业界大咖直播合集】（持续更新），仅需 1 元

关于作者

Randall Hyde 著有《汇编语言艺术》和《编程卓越之道》第一卷、第二卷、第三卷（均由 No Starch 出版社出版），以及 *Using 6502 Assembly Language* 和 *P-Source*（均由 Datamost 出版社出版），合著有 *Microsoft Macro Assembler 6.0 Bible*（由 The Waite Group 出版社出版）。过去 40 年，Hyde 作为嵌入式软/硬件工程师，为核反应堆、交通控制系统及其他消费电子设备开发过仪表工具。他还在加州州立理工大学波莫纳分校和加州大学河滨分校教授计算机科学这门课。

关于技术评审

Tony Tribelli 拥有超过 35 年的软件开发经验，开发工作涉及嵌入式设备内核和分子建模。他在暴雪娱乐做过 10 年的电子游戏开发。他目前是一名软件开发顾问，私下里会开发一些计算机视觉应用程序。

致　　谢

很多人精益求精，仔细地斟酌过本书中的每一个字、每一个符号、每一个标点，他们是：开发编辑 Athabasca Witschi、副编辑/制作编辑 Rachel Monaghan，还有校对 James Fraleigh。感谢他们为本书严谨而细致的付出。

我想借此机会感谢我的老友 Anthony Tribelli，他对本书的贡献远远超出了技术评审的职责范围。本书中的每一行代码（包括代码片段）他都认真地编译和运行过，以确保其能够正常工作。他在技术审查过程中提出的建议和观点极大地提升了本书的质量。

当然，我还要感谢多年来通过电子邮件提出意见和更正的数不清的读者，你们的建议许多都体现在了第 2 版中。

谢谢你们每一个人。

Randall Hyde

目　　录

1

编写卓越代码须知

《编程卓越之道》系列将教会大家如何写出让自己引以为豪的代码；让其他程序员印象深刻的代码；让客户满意、欢心鼓舞的代码；让人们（客户、老板等）愿意花大价钱的代码。总之，《编程卓越之道》系列将论述如何编写出让其他程序员击节赞叹的传奇软件。

1.1 《编程卓越之道》系列

《编程卓越之道：深入理解计算机》是《编程卓越之道》系列六卷中的开篇。编写卓越代码需要综合运用知识、经验，以及经过多年的探索才能学到的技能。本系列的目的就是把作者过去几十年积累的经验分享给各位新手和老鸟程序员。我希望这几本书能够帮助你们缩短学习时间，在学习时不会出现采用"笨办法"学习时的挫败感。

本书是这个系列的第一卷，介绍了典型的计算机科学或者计算机工程课程中经常被一带而过的底层细节。这些细节是解决很多问题的基础，编写高效代码离不开这些信息。我已经尽力让各卷的内容相互独立，但掌握第一卷的内容仍然是理解后续各卷的前提。

《编程卓越之道》的第二卷《运用底层语言思想编写高级语言代码》会将本书介绍的知识立即应用到实践中去。第二卷将教会读者如何对用高级编程语言编写的代码进行分析，并判断编译器生成的机器码的质量。优化编译器并不能保证生成的机器码就是最优的，源文件中使用的语句和数据结构也会严重影响编译器生成的机器码的效率。第二卷将教会读者不使用汇编语言也能写出高效的代码。

除了高效，卓越代码还有其他很多特征，本系列的第三卷《软件工程化》涵盖了部分内容。第三卷将讨论软件开发隐喻、开发方法、开发人员类型、系统文档及统一建模语言（UML，Unified Modeling Language）。第三卷将让读者打下软件工程的基础。

卓越的代码始于卓越的设计。本系列的第四卷 Designing Great Code 将介绍软件的分析和设计过程（包括结构化设计和面向对象设计）。第四卷将教会读者如何把初始概念转换为符合系统要求的设计。

本系列的第五卷 Great Coding 将教会读者如何写出让别人容易理解和维护的代码，以及如何摆脱各种软件工程书籍中提到的"繁忙工作"，从而提高自己的生产力。

卓越的代码要有实效。因此，如果没有专门用一卷来讨论测试、调试及质量保障，就太不负责任了。能够正确测试代码的程序员不多。一般来说这不是因为程序员认为测试工作无聊或者没有价值，而是因为他们完全不知道如何测试程序，如何消除错误，如何保证代码质量。为了解决这个问题，本系列的第六卷 Testing, Debugging, and Quality Assurance 将介绍如何有效地测试应用程序，摆脱测试中工程师普遍认为吃力不讨好的事情。

1.2 本书涵盖的主题

要写出卓越代码，首先要知道如何写出高效代码。而要写出高效的代码，又必须了解计算机系统是如何执行程序的，以及编程语言中的各种抽象是如何映射到底层硬件上的。

过去，学习高水平的编码技术首先要学习汇编语言。虽然这个方法没错，但有点用力过猛。学习汇编语言涉及两个相关主题：计算机组成（Machine Organization）和汇编语言编程。学习汇编语言真正的好处其实来自于计算机组成。因此，本书只着重于介绍计算机组成的相关内容，这样读者不必学习汇编语言也能学会如何编写卓越代码。

计算机组成是计算机体系结构的一个子集，涉及底层数据类型、CPU 内部结构、内存结构和访问、底层计算机操作、大容量存储结构、外围设备及计算机和外界的通信方式。本书将集中讨论计算机体系结构和计算机组成中的部分内容，它们或对程序员可见，或有助于理解系统架构师选择特定系统设计方法的原因。学习计算机组成的目的不是自己设计 CPU 或者计算机系统，而是学会如何充分地利用现有的计算机设计，这也是本书的目的。我们快速地浏览一下本书的内容。

第 2 章、第 4 章和第 5 章介绍了基本的计算机数据表示形式，如计算机如何表示有符号与无符号整数、字符、字符串、字符集、实数值、小数值，以及其他数值或者非数值。如果不清楚计算机内部这些不同的数据类型是如何表示的，就很难理解为什么有些操作使用这些数据类型时效率特别低下。

第 3 章将讨论大多数现代计算机系统都会使用的二进制运算和位运算。第 3 章还给出了一些如何使用算术和逻辑运算写出更好代码的深层次建议，这些方法一般的初级编程课程都不会涉及。要成为卓越程序员，必须要掌握这些标准"窍门"。

第 6 章对内存进行了介绍，讨论了计算机如何访问内存，以及不同的内存性能。同时还介绍了 CPU 访问内存中不同类型的数据结构时采用的各种机器码寻址模式（Addressing Mode）。对于现代应用程序来说，很多时候就是因为程序员没有意识到内存访问的事情才造成性能问题。第 6 章也讨论了内存访问的影响。

第 7 章的话题又回到了数据类型及其表示形式上，内容涉及复合数据类型和内存对象，如指针、数组、记录、结构及联合。程序员总是不假思索地使用大型复合数据结构，根本不考虑这样做带来的内存和性能问题。知道了这些高级复合数据类型的底层表示，你就会更加清楚使用这些数据结构会有什么样的代价，就不会盲目地使用这些数据结构。

第 8 章讨论了布尔逻辑和数字设计。本章介绍了理解 CPU 和其他计算机系统组件设计所需的数学和逻辑背景知识。尤其是，本章讨论了如何优化布尔表达式，布尔表达式在各种高级编程语言中实在是太常见了，比如 if 和 while 语句中经常会使用布尔表达式。

第 9 章延续了第 8 章开始的硬件话题，介绍了 CPU 的体系结构。要写出卓越的代码，必须对 CPU 的设计和运作有一个基本的认识。按照 CPU 执行代码的方式来写代码，就可以使用更少的系统资源，得到更好的性能。

第 10 章讨论了 CPU 指令集体系结构。机器指令是 CPU 的基本执行单位，程序的执行时间由 CPU 执行的机器指令类型和数量决定。理解计算机架构师是如何设计机器指令的有助于深入理解有些操作就是比其他操作耗时的原因。一旦了解了机器指令的限制以及 CPU 是如何解释机器指令的，就可以利用这些信息来化腐朽为神奇。

第 11 章回到内存主题，讨论内存体系结构和组织。如果希望写出运行快速的代码，要注意学习本章的内容。本章介绍了内存层次结构及如何最大程度地利用缓存和其他快速内存组件。读了本章，你就会理解什么是颠簸，以及在自己的应用程序中如何避免性能低下的内存访问。

第 12~15 章的内容都和计算机系统如何与外界通信有关。许多外围（输入/输出）设备的运行速度远低于 CPU 和内存。即使我们能写出执行最快的指令序列，但由于不了解系统中 I/O 设备的限制，应用程序还是会运行缓慢。这 4 章讨论了通用 I/O 端口、系统总线、缓冲、握手、轮询和中断，同时介绍了如何有效地使用流行的 PC 外设，包括键盘、并行（打印机）端口、串行端口、磁盘驱动器、磁带驱动器、闪存、SCSI、IDE/ATA、USB 及声卡。

1.3　阅读本书的前提

本书假设读者具备以下能力：

- 至少有使用一种现代编程语言编写代码的能力，例如 C/C++、C#、Java、Swift、Python、Pascal/Delphi（Object Pascal）、BASIC 和汇编语言，掌握 Ada、Modula-2 和 FORTRAN 之类的语言也可以。
- 针对简单的问题，应该有能力自行设计并实现软件解决方案。常规的大学或学院的学期课程或者季度课程（或者几个月的工作经验）打下的基础足够学习本书的内容了。

本书并不是针对特定的编程语言而写的。本书讲述的概念超越了任何编程语言。此外，本书不要求读者掌握特定的某种语言。为了让本书的示例更易于理解，本书所有示例的代码使用多种语言来编写。本书还会详细解释代码的运行过程，这样即使读者不熟悉示例使用的编程语言，也可以理解示例的运行过程。

本书的示例会用到以下语言和编译器。

- C/C++：GCC，微软的 Visual C++
- Pascal：Embarcadero 的 Delphi，Free Pascal
- 汇编语言：微软的 MASM，HLA（High Level Assembly，高级汇编语言），Gas（PowerPC 和 ARM 平台的 Gnu Assembler）
- 苹果的 Swift 6
- Java（6 或更高版本）
- BASIC：微软的 Visual Basic

本书的示例一般会用多种语言实现，所以如果不太了解某个示例使用的语言和语法，跳过该示例也没有什么关系。

1.4 卓越代码的特征

不同程序员对卓越代码的理解是不一样的，因此本书不可能给出一个包罗万象、让所有人都满意的定义。但是，卓越代码存在一些大家都认同的特征：

- 高效使用 CPU（即代码运行速度快）
- 高效使用内存（即代码体积小）

- 高效使用系统资源
- 容易理解和维护
- 代码风格统一
- 遵循成熟软件工程约定的清晰设计
- 易于优化
- 测试充分且健壮
- 有良好的文档

我们还可以很容易地列出更多卓越代码的特征。例如，有些程序员认为卓越代码必须可移植，必须遵循一套编码风格，或者必须用某种语言编写（或者不能用某种语言编写）。有些程序员认为卓越代码必须简单，还有些程序员认为卓越代码应该快速完成。还有程序员认为卓越代码必须按时完成，而且不能超出预算。

下面是本书采纳的卓越代码的定义：

> 卓越代码是按照一套一致的优秀软件特征编写出来的，首要考虑的是优秀软件特征。特别是，卓越代码要遵循一套规则，这套规则能够指导程序员在用源码实现算法时的决策。

两个不同的程序没有必要遵循同样的规则（也就是说，它们不一定具有同样的特征）。在某个环境中，可能会优先考虑在不同的 CPU 和操作系统之间移植。而在另外一个环境中，高效（速度）可能是主要的设计目标，而可移植性则根本不是问题。这两个程序，如果以其中一个程序的标准来衡量另一个程序，则它们都不是卓越的代码，但是只要软件能够遵循特定的指导规则，就是卓越的。

1.5　本书要求的环境

本书所讲述的虽说都是通用信息，但是某些内容仍然只适用于某些特定系统。英特尔体系结构的 PC 目前最为常见，因此在讨论某些和特定系统有关的概念时，本书采用该平台进行说明。

书中大多数具体的示例都可以在运行 macOS、Windows 或者 Linux 系统的新型英特尔体系结构（包括 AMD）CPU 上运行，只要这些系统具备一定数量的 RAM 及各种常见外部设备。本书尽量使用标准库接口访问操作系统，只有在一些方法让代码"不那么卓越"时才会使用特定操作系统的系统调用。这些概念（如果和软件本身无关）适用于 Android、Chrome、iOS、Mac、UNIX 机器、嵌入式系统甚至大型机，不过大家可能需要研究如何将某个概念应用到自己的平台上。

1.6　额外建议

编写卓越代码所需的知识不是一本书就能够完全涵盖的。因此，本书聚焦于追求最佳代码所需要的计算机组成知识，提供 90%的解决方案。剩下的 10% 需要额外学习，我的建议如下：

学习汇编语言。 至少熟练掌握一种汇编语言，它的很多细节通过单独学习计算机组成是无法掌握的。除非有使用汇编语言开发软件系统的计划，否则没有必要在软件的目标系统上学习汇编语言。最好在一台 PC 上学习 80x86 汇编语言，因为因特尔平台上有很多非常优秀的软件工具，我们可以借助于这些工具学习因特尔体系结构的汇编语言（比如高级汇编语言），这些工具在其他平台上找不到。学习汇编语言的目的并不是为了编写汇编代码，而是为了学习汇编范式。理解了 80x86 汇编语言，其他 CPU（比如 ARM 或者 IA-64 系列）是如何运转的也就清楚了。

学习高级计算机体系结构。 计算机组成是计算机体系结构的一个子集，限于篇幅，本书没有覆盖这两个主题的全部内容。虽然不一定要知道如何设计 CPU，但学习计算机体系结构对于理解一些本书未尽事宜有帮助。

1.7　更多信息

Hennessy, John L., and David A. Patterson. *Computer Architecture: A Quantitative Approach.* 5th ed. Waltham, MA: Morgan Kaufmann, 2012.

Hyde, Randall. *The Art of Assembly Language.* 2nd ed. San Francisco: No Starch Press, 2010.

2

数字表示

高级语言让程序员摆脱了处理底层的数字表示的痛苦。然而，要想写出高质量的代码，必须了解计算机是如何表示数字的。本章将重点介绍数字的内部表示。一旦理解了这些知识，我们就能找到很多算法的实现方法，并且可以避免常见编程实践陷阱。

2.1 什么是数字

我教授汇编语言程序设计多年，发现大多数人不了解数字本身和它们的表示形式之间的根本区别。在大多数情况下，混淆两者也不会有问题。但是，许多算法操作的正确性和效率取决于数字的内部和外部表示形式。如果不了解数字的抽象概念与表示形式之间的区别，就很难理解、使用或设计这些算法。

数字是一个抽象概念，看不见也摸不着。这是我们用来表示数量的一种聪明的设计。比如，可以说某一本书有 100 页。这些书页是真实的，看得见也摸得着。甚至可以一页一页地数下去，验证这本书真的有一百页。但是，"一百"只不过是一种抽象，用来描述一本书的规模。

下面这串符号并不是一百，意识到这一点非常重要：

100

这串符号不过是墨水在纸上形成的一些直线或曲线（称为字形）。可以把这串符号看作一百的表示形式，但它并不是 100 这个实际的数值。它只是眼前这张纸上的三个符号。它甚至都不是 100 的唯一表示形式。下面整张表的内容都是数值 100 的不同表示形式：

100	十进制表示形式
C	罗马数字表示形式
64_{16}	Base-16（十六进制）表示形式
1100100_2	Base-2（二进制）表示形式
144_8	Base-8（八进制）表示形式
一百	中文表示形式

数字的表示形式（通常）是一串符号。例如，数值一百最常见的表示形式"100"实际上是三个数字的序列：一个数字 1，后面跟着两个数字 0。尽管每一个数字符号都有特定含义，但是并不妨碍我们简单地用"64"这个更短的序列来表示一百。构成 100 这种表示形式的每个数字符号甚至都不是数值。这些数字符号是用来表示数值的工具，它们本身并不是数值。

现在，读者可能会想为什么我要关心一串符号（比如"100"）是一百的实际数值还是它的表示形式。因为，在计算机程序中会经常看到一些看似数值（看起来就是"100"）的符号串，不能把它们和实际的数值混为一谈。另一方面，计算机表示数值一百有很多种形式，你要知道它们表示的是相同的数值。

2.2　计数系统

计数系统是一种表示数值的机制。今天，大多数人使用十进制（即基数为 10）

计数系统，而大多数计算机系统使用二进制（即基数为 2）计数系统。弄混这两种计数系统会导致低级的编程错误。

十进制计数系统是阿拉伯人发明的（这是十进制数字被称为阿拉伯数字的原因）。十进制计数系统采用位值记数法来表示数值，只用到了少量符号。位值记数法中的符号除了本身的含义，其位置也有意义。这种机制比其他非位值记数的表示形式要先进得多。图 2-1 中数字 25 的 tally-slash 表示形式说明了非位值记数系统和位值记数系统之间的区别。

图 2-1 采用 tally-slash 计数系统表示的数值 25

为了表示数值 n，tally-slash 表示形式一共用了 n 个记号。为了便于理解，大多数人 5 个 5 个地将记号分开，如图 2-1 所示。tally-slash 计数系统的优点在于容易统计对象的数量。但这种记数法很笨重，而且很难进行算术运算。tally-slash 计数系统的最大问题在于数值所占物理空间较大。数值 n 的表示形式需要的空间与 n 成正比。如果 n 的值特别大，这种表示法就不能用了。

2.2.1 十进制位值计数系统

十进制位值计数系统使用由阿拉伯数字组成的字符串来表示数值，数值的整数部分和小数部分可以使用小数点来分隔。字符串中数字的位置影响其含义：小数点左边的每个数字代表的数值（0~9）为该数字乘以 10 的幂（见图 2-2），指数按位递增。小数点左边的第一个数字的数值在 0~9 之间。当数字字符串超过两位时，小数点左边的第二个数字代表的数值（0~9 之间）为该数字乘以 10，依此类推。而小数点右边的数字距离小数点越远其数值越小。

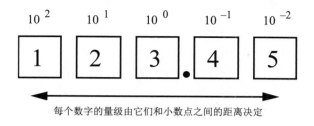

每个数字的量级由它们和小数点之间的距离决定

图 2-2 十进制位值计数系统

数字字符串 123.45 代表：

$$(1 \times 10^2) + (2 \times 10^1) + (3 \times 10^0) + (4 \times 10^{-1}) + (5 \times 10^{-2})$$

或：

$$100 + 20 + 3 + 0.4 + 0.05$$

和 tally-slash 计数系统相比，基数为 10 的位值计数系统的功能更强大：

- 数值 10 的表示形式占用的空间只有 tally-slash 计数系统的 1/3。
- 数值 100 的表示形式占用的空间只有 tally-slash 计数系统的约 3%。
- 数值 1000 的表示形式占用的空间只有 tally-slash 计数系统的约 0.33%。

数值越大，空间占比越小。位值计数系统之所以流行正是由于其记法紧凑且容易理解。

2.2.2 底数（基数）

人类的双手一共有十根手指（"数字"的英文 digit 也有手指的意思），因此发明了十进制计数系统。但是，十进制并不是唯一的位值计数系统。实际上，对于大多数运行在计算机上的应用程序来说，十进制并不是最好的计数系统。我们来看看其他计数系统中数值的表示形式。

十进制位值计数系统的每一位都代表 10 个数字中的某一个再乘以 10 的幂。十进制数字使用 10 的幂，因此称为"基数为 10"的数字。用另一组数字中的数字乘以另一个基数的幂，就得到了另外一套计数系统。基数又叫作底数，小数点（注意，术语小数点仅适用于十进制数字）左边的每一位数字都要乘以基数的幂，而且指数按位递增。

例如，可以用 8 个数字符号（0~7）和 8 的幂（指数按位递增）来创建一个基数为 8（八进制）的计数系统。八进制数字123_8（这里的下标表示基数）等于83_{10}：

$$1 \times 8^2 + 2 \times 8^1 + 3 \times 8^0$$

即

$$64 + 16 + 3$$

基数为 n 的计数系统需要 n 个不同的数字符号。这种计数系统的基数最小是 2。如果基数在 2~10 之间，则使用 $0 \sim n-1$ 的阿拉伯数字符号（基数为 n 的系统）。如果基数大于 10，则使用字母数字符号 a~z 或 A~Z（忽略大小写）表示大于 9 的数字。这种约定可以支持最大基数为 36（10 个数字加上 26 个字母数字）的计数系统。除此之外，没有更大的计数系统。

在本书中，我们应付的都是基数为 2、8 及 16 的数值。因为基数 2（二进制）是大多数计算机使用的机器表示形式，基数 8 在一些老计算机系统上很流行，而基数 16 更紧凑。许多程序都使用这三个基数，所以要熟悉它们。

2.2.3 二进制计数系统

我们对基数为 2 的（二进制）计数系统并不陌生。尽管如此，还是有必要快速回顾一下。二进制计数系统的原理与十进制计数系统一致，差别在于二进制只用到了数字符号 0 和 1（而不是 0~9）及 2（而不是 10）的幂。

那么为什么要费心了解二进制呢？毕竟，几乎每一种计算机语言都允许程序员使用十进制表示形式（十进制表示形式会被自动转换为内部的二进制表示形式）。虽然可以自动转换，但大多数现代计算机系统和 I/O 设备之间的通信使用的是二进制，运算电路操作的也是二进制数据。许多算法采用二进制表示形式才能正确地运行。充分理解二进制表示形式才能写出好代码。

1. 十进制和二进制表示形式的转换

要理解计算机的工作，需要知道十进制和二进制表示形式是如何相互转换的。

要将二进制数值转换为十进制，需要在二进制字符串中逢 1 加 2^i，这里的 i 是 1 这个数字的位置，从 0 开始。例如，二进制数值 1100100_2 等于：

$$1 \times 2^7 + 1 \times 2^6 + 0 \times 2^5 + 0 \times 2^4 + 1 \times 2^3 + 0 \times 2^2 + 1 \times 2^1 + 0 \times 2^0$$

即

$$128 + 64 + 8 + 2$$

即

$$202_{10}$$

将十进制数值转换为二进制也很简单。将十进制表示形式转换为对应的二进制表示形式的算法如下：

1. 如果数值为偶数，则填写一个二进制字符 0。如果数字为奇数，则填写一个二进制字符 1。

2. 将数字除以 2，舍去小数部分或余数。

3. 如果商为 0，则转换完成。

4. 如果商不为 0 且为奇数，则在二进制字符串之前填 1。如果商不为 0 且为偶数，则在二进制字符串之前填 0。

5. 回到步骤 2 并重复后面的步骤。

例如，将十进制数值 202 转换为二进制：

1. 202 为偶数，因此填 0 并除以 2（101）：0

2. 商 101 为奇数，因此填 1 并除以 2（50）：10

3. 商 50 为偶数，因此填 0 并除以 2（25）：010

4. 商 25 为奇数，因此填 1 并除以 2（12）：1010

5. 商 12 为偶数，因此填 0 并除以 2（6）：01010

6. 商 6 为偶数，因此填 0 并除以 2（3）：001010

7. 商 3 为奇数，因此填 1 并除以 2（1）：1001010

8. 商 1 为奇数，因此填 2 并除以 2（0）：11001010

9. 商为 0，算法转换完成，得到 11001010。

2. 让二进制数值便于理解

202_{10} 和 1100100_2 虽然数值相等，但一眼就能看出来，十进制表示形式比二进制紧凑。我们需要通过一种方式让二进制数值中的数字（位）更简短、更容易理解。

在美国，为了让较大数值容易理解，很多人把数字分成三个一组，用逗号隔开。例如，1,023,435,208 比 1023435208 更容易阅读和理解。本书也采用了类似的约定，将二进制字符串按四位一组用下画线分隔。例如，二进制数值 1010111110110010_2 记为 $1010\_1111\_1011\_0010_2$。

3. 编程语言的二进制数值表示

上文中都是用下标符号（没有下标则代表十进制数值）表示二进制数值。但程序文本编辑器或编程语言编译器通常是无法处理下标的，因此，在标准 ASCII 文本文件中需要使用不同的方式来表示基数。

通常，只有汇编语言编译器（汇编器）允许程序使用二进制字面值常量。[1]由于不同的汇编器之间的差异很大，因此汇编语言程序中存在多种表示二进制字面值常量的方法。本书示例使用的是 MASM 和 HLA，因此我们也采用它们的二进制表示约定。

MASM 使用以 b 或 B 结尾的二进制数字（0 和 1）字符串表示。MASM 源文件中 9 的二进制表示为 `1001b`。

在 HLA 中，需要在二进制数值的前面加一个百分号（%）。HLA 还允许在二进制字符串中插入下画线以提高可读性，例如：

```
%11_1011_0010_1101
```

---

1 Swift 也允许指定以 0b 为前缀的二进制数值。

2.2.4 十六进制计数系统

前面提到，二进制数值的表示形式很冗长。而十六进制表示形式有两个非常重要的特性：一，十六进制表示形式非常紧凑；二，十六进制数值和二进制数值的相互转换非常简单。因此，为了让程序更容易理解，软件工程师通常使用十六进制表示形式。

因为十六进制表示形式的基数是 16，所以十六进制小数点左侧的每个数字代表的值为该数字乘以 16 的幂，指数按位递增。例如，数字1234_{16}等于：

$$1 \times 16^3 + 2 \times 16^2 + 3 \times 16^1 + 0 \times 16^0$$

即

$$4096 + 512 + 48 + 4$$

即

$$202_{10}$$

十六进制表示形式使用字母 A~F 表示 10 个标准十进制数字（0~9）以外的 6 个数字。下面都是合法的十六进制数值：

$$234_{16} \quad DEAD_{16} \quad BEEF_{16} \quad 0AFB_{16} \quad FEED_{16} \quad DEAF_{16}$$

1. 编程语言的十六进制数值表示

十六进制表示形式存在一个问题：它（如"DEAD"）容易和标准的程序标识符混淆。因此，编程语言中的十六进制数值大多会加上特殊的前缀或后缀字符。下面列出了几种流行的编程语言的十六进制字面值常量写法：

- C、C++、C#、Java、Swift 及其他 C 衍生编程语言使用前缀 **0x**。十六进制数值$DEAD_{16}$用字符串 **0xdead** 表示。
- MASM 汇编程序使用后缀 h 或 H。但这不能完全避免标识符和十六进制字面值常量之间的歧义（例如，"deadh"看起来仍然很像 MASM 的标识符），所以十六进制值还要以数字开头。在数值开头加上 0（因为前缀 0 不会改变数字表示的数值）得到 **0deadh**，这样表示$DEAD_{16}$就不会产生歧义了。
- Visual Basic 使用前缀**&H** 或**&h**。前面的例子$DEAD_{16}$在 Visual Basic 中表示为

&Hdead。

- Pascal（Delphi）使用前缀 **$**。在 Delphi/Free Pascal 中 $DEAD_{16}$ 被表示为 **$dead**。
- HLA 也使用前缀 **$**，并且可以像在二进制中那样在十六进制数字中插入下画线，使数值更容易阅读（例如，**$FDEC_A012**）。

本书在多数情况下都采用 HLA/Delphi/Free Pascal 的十六进制表示方法，除非示例使用了其他编程语言。例如，本书中也有一些 C/C++示例，因此我们也会经常看到 C/C++表示方法。

2. 十六进制和二进制表示形式之间的相互转换

二进制表示形式和十六进制表示形式之间的相互转换非常简单，这是十六进制表示形式流行的一个原因。只要记住表 2-1 中的简单规则即可。

表 2-1 二进制和十六进制表示形式转换表

二进制	十六进制
%0000	$0
%0001	$1
%0010	$2
%0011	$3
%0100	$4
%0101	$5
%0110	$6
%0111	$7
%1000	$8
%1001	$9
%1010	$A
%1011	$B
%1100	$C
%1101	$D
%1110	$E
%1111	$F

将十六进制数值中的每个数字替换成表中对应的四位二进制数字，就可以转换成二进制表示形式。例如，将 **$ABCD** 中的每个十六进制数字转换成表 2-1 中对应的二进制数字就完成了到二进制格式 **%1010_1011_1100_1101** 的转换：

A	B	C	D	十六进制
1010	1011	1100	1101	二进制

将二进制表示形式转换为十六进制一样简单。首先，确保二进制数值的位数是 4 的倍数，位数不足则在左边补 0。例如，二进制数值 1011001010，在左边补两位 0 就可以变为 12 位，但数值并不会发生改变：001011001010。然后，将二进制数值分成四位一组：0010_1100_1010。最后，在表 2-1 中找到这些二进制数字，替换成对应的十六进制数字：**$2CA**。显而易见，这比从十进制到二进制的转换或十进制到十六进制的转换简单多了。

2.2.5　八进制计数系统

在早期的计算机系统中，八进制（基数为 8）表示形式很常见。即使是现在，这种表示形式还时常出现。八进制非常适合 12 位和 36 位（或为 3 的倍数的位数）的计算机系统，但不适合 8 位、16 位、32 位和 64 位（或其他为 2 的幂的位数）的计算机系统。尽管如此，一些编程语言仍然允许使用八进制表示形式，而一些较老的 UNIX 应用程序仍然还在使用八进制表示法。

1. 编程语言的八进制数值表示

C 语言（及 C++ 和 Java 等衍生语言）、MASM、Swift 和 Visual Basic 都支持八进制表示法。要能认出这些编程语言中的八进制数值。

- C 语言在数字字符串前面加 0（零）来表示八进制数。例如，0123 等于十进制数值 83_{10} 而不是 123_{10}。
- MASM 使用后缀 Q 或 q。（微软/英特尔选择 Q 可能是因为它看起来像字母 O，不太可能和 0 弄混。）
- Swift 使用前缀 0o。例如，0o14 代表十进制数值 12_{10}。
- Visual Basic 使用前缀 &O（字母 O，不是 0）。例如，&O123 代表十进制值 83_{10}。

2. 八进制和二进制表示形式之间的相互转换

二进制与八进制表示形式之间的转换与二进制与十六进制表示形式之间的转换类似，区别是按三位一组还是四位一组。二进制和相等的八进制表示形式见表 2-2。

表 2-2 二进制/八进制转换表

二进制	八进制
%000	0
%001	1
%010	2
%011	3
%100	4
%101	5
%110	6
%111	7

将八进制数值中的每个数字替换成表 2-2 中对应的三位二进制数字，就可以转换成二进制表示形式。例如，将 `123q` 转换为二进制形式为 `%0_0101_0011`：

1	2	3
001	010	011

将二进制字符串分成三位一组（位数不足则在左边补 0），然后把每一组三位二进制数字替换成表 2-2 中对应的八进制数字，就得到了八进制数值。

要将八进制数值转换为十六进制，可以先将八进制数值转换为二进制，再将二进制数值转换为十六进制。

2.3　数字/字符串转换

本节我们探讨字符串和数字之间的相互转换。大多数编程语言（或库）会自动执行这些转换，因此新手程序员通常不会意识到这些转换。下面是几种不同语言中字符串和数字的相互转换，非常简单：

```
cin >> i;                          // C++
readln( i );                       // Pascal
let j = Int(readLine() ?? "")!     // Swift
input i                            // BASIC
stdin.get( i );                    // HLA
```

上面每一条语句中的变量 i 保存的都是整数。然而，用户在控制台输入的却是字符串。编程语言的运行时库负责将字符串转换为 CPU 需要的内部二进制格式。注意，Swift 只允许从标准输入中读取字符串。必须使用 **Int()** 构造函数/类型转换函数将字符串显式地转换为整数。

如果不了解这些语句背后的成本，也就不会意识到它们对程序造成的影响，特别是在性能至关重要的时候。了解转换算法的底层实现非常重要，这样就不会盲目地使用这些语句。

注意：为简单起见，我们只讨论无符号整数值，也不考虑非法字符和数字溢出的情况。因此，下面这个算法比实际的实现要简单一些。

将十进制数字字符串转换为整数值的算法如下：

1. 将一个变量初始化为 0，最终结果将保存在这个变量中。

2. 如果字符串中没有数字，则算法转换完成，变量中保存的就是转换后的数值。

3. 获取字符串中的下一个（从左向右）数字，将其从 ASCII 字符转换为整数。

4. 将变量中保存的值乘以 10，然后加上步骤 3 得到的数值。

5. 回到步骤 2 并重复后面的步骤。

将整数值转换为字符串复杂一些：

1. 初始化一个空字符串。

2. 如果整数值为 0，则输出字符 0，算法转换完成。

3. 将当前整数值除以 10，计算出余数和商。

4. 将余数（始终在 $0..9$[1]之间）转换为字符，然后将该字符插入字符串的开头。

5. 如果商不为 0，用它作为新的整数值，重复步骤 3、4、5。

6. 输出字符串中的字符。

这些算法的细节并不是很重要。重要的是每输出一个字符，上面这些步骤就要执行一遍，而且除法执行起来还特别慢。下面这些简单的语句背后隐藏了大量工作，但有些程序员无法感知：

```
printf( "%d", i );      // C
cout << i;              // C++
print i                 // BASIC
write( i );             // Pascal
print( i )              // Swift
stdout.put( i );        // HLA
```

并不是说要完全规避数字和字符串之间的转换。但是，优秀的程序员会注意这一点，只有在必要时才会使用这些转换。

请记住，这些算法仅适用于无符号整数。带符号整数的转换更复杂（尽管额外的工作几乎可以忽略不计）。涉及浮点数的字符串和数字之间的转换更为复杂，因此在编写浮点运算代码时要特别注意。

2.4 内部数字表示形式

大多数现代计算机系统内部都使用二进制格式来表示值和其他对象。然而，大多数系统的二进制值的位数是有限制的。要写出卓越的代码，就要确保使用机器能够表示的数据对象。本节说明这些值的物理表示。

2.4.1 位

二进制计算机中最小的数据单位是位。一位数据只能表示两个不同的值（通常

---

1 Pascal 和其他一些语言采用记号 ".." 表示一个范围内的值。"0..9" 表示 0~9 之间所有的整数值。

为 0 或 1）。有人可能认为一位数据没什么用处，但实际上，一位数据可以代表无限多种可能的成对组合。下面是一些例子（可以随意对二进制数据编码）：

- 零（0）或一（1）
- 假（0）或真（1）
- 关（0）或开（1）
- 男性（0）或女性（1）
- 错误（0）或正确（1）

一位数据不仅可以表示二进制数据类型（即只有两个不同值的对象），也可以表示任意两个不同的条目：

- 数字 723（0）和 1245（1）
- 红色（0）和蓝色（1）

一位甚至可以表示两个完全不相关的对象。比如，位值 0 表示红色，而位值 1 表示数字 3256。一位可以表示且只能表示任意两个不同的值。因此，一位数据不能满足大多数计算需求。为了突破一位数据的限制，人们创造了由多个位组成的序列——位串（Bit String）。

2.4.2 位串

将多位组成序列可构成二进制表示形式，其和其他数值表示形式是等效的，比如十六进制和八进制。大多数计算机系统支持固定的位数，因此这些系统使用的位串是定长的。

半字节（Nibble）是四位数据的集合。大多数计算机系统不支持以半字节访问内存中的数据。注意，每个半字节刚好可以表示一个十六进制数字。

字节（Byte）的长度是八位，许多 CPU 支持的最小可寻址数据条目就是一个字节。也就是说，CPU 可以从内存中获取八位一组的数据。因此，许多语言支持的最小数据类型都占用 1 字节的内存（无论该数据类型实际用到了几位）。

字节是大多数计算机中最小的存储单元，而且许多语言都使用一个字节来表示小于 8 位的对象，所以，我们需要使用一种方法来标记字节中的每一位。这里我们使用位编号来描述字节内的位。如图 2-3 所示，第 0 位是字节的低位（LO，Low-Order）或最小有效（Least Significant）位，第 7 位是字节的高位（HO，High-Order）或最大有效（Most Significant）位。我们按编号引用位。

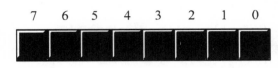

图 2-3 字节的位编号

字（Word）的长度因 CPU 而异，可以是 16 位、32 位或 64 位。本书采用 80x86 术语，一个字定义为 16 位的集合。和字节一样，我们使用位编号来描述字中的每一位，从低位的 0 位开始，到高位的 15 位结束（如图 2-4 所示）。

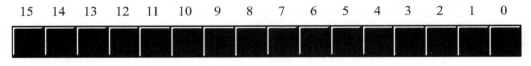

图 2-4 字的位编号

注意，一个字正好包含两个字节。第 0~7 位组成低位（LO）字节，第 8~15 位组成高位（HO）字节（如图 2-5 所示）。

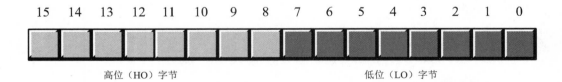

高位（HO）字节   低位（LO）字节

图 2-5 一个字的两个字节

顾名思义，双字（Double Word 或 Dword）就是两个字。因此，双字的长度是 32 位，如图 2-6 所示。

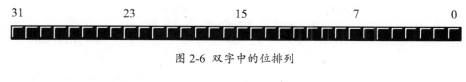

图 2-6 双字中的位排列

一个双字包含 2 个字或 4 个字节，如图 2-7 所示。

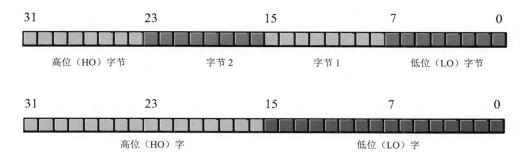

图 2-7 双字中的字节和字

如前所述，大多数 CPU 能够有效处理的对象大小是固定的（现代系统通常是 32 位或 64 位）。这并不意味着不能使用位数更多的对象，只是这样做效率较低。编程语言很少处理超过 128 位或 256 位的数字对象。某些编程语言可以使用 64 位整数，而大多数语言都支持 64 位浮点值，因此我们使用术语四字（Quad Word）来描述这些数据类型。通常，我们使用长字（Long Word）来描述 128 位的值，尽管现在支持这种数据类型的语言并不多[1]，但这为我们提供了扩展的空间。

可以将一个四字分解为两个双字、四个字、八个字节或十六个半字节。同样，可以将一个长字分解为两个四字、四个双字，八个字或十六个字节。

英特尔 80x86 平台还支持 80 位的类型，英特尔称之为 **tbyte**（"十字节"，ten byte 的缩写）对象。80x86 系列 CPU 使用 tbyte 类型的变量保存扩展了精度的浮点值和特定的以二进制编码的十进制（BCD）值。

通常，n 位的位串最多可以表示 2^n 个不同的值。表 2-3 展示了半字节、字节、字、双字、四字和长字可以表示的对象数量。

---

1 HLA 支持 128 位的值。

表 2-3 位串可以表示的值的数量

位串长度（位）	可以表示的组合数量（2^n）
4	16
8	256
16	65,536
32	4,294,967,296
64	18,446,744,073,709,551,616
128	340,282,366,920,938,463,463,374,607,431,768,211,456

2.5 有符号和无符号数

二进制数字 0⋯00000[1]代表 0；0⋯00001 代表 1；0⋯00010 代表 2；依此类推。但负数又该怎么表示呢？为了表示有符号的数值，大多数计算机系统使用二进制补码系统。有符号数的表示形式有一些基本限制，因此，重要的是要了解如何在计算机系统中以不同的方式表示有符号数和无符号数，以便有效地使用它们。

n 位只能表示 2^n 个不同的对象。负数本身是对象，所以必须把 2^n 个组合分配给负数和非负数。例如，一个字节可以表示–128~–1 的负数及 0~127 的非负数。16 位的字可以表示 –32,768~+32,767 之间的有符号数。32 位的双字可以表示 –2,147,483,648~+2,147,483,647 之间的数。通常 n 位可以表示 -2^{n-1}~ $+2^{n-1}-1$ 之间的有符号数。

二进制补码系统使用高位作为符号位（Sign Bit）。如果高位为 0，则该数字为非负数，使用正常的二进制编码；如果高位为 1，则该数字为负数，使用二进制补码。下面是一些 16 位数字的示例：

- $8000（%1000_0000_0000_0000）为负数，因为高位为 1。
- $100（%0000_0001_0000_0000）为非负数，因为高位为 0。
- $7FFF（%0111_1111_1111_1111）为非负数。

---

1 省略号 (⋯) 有标准的数学含义，这里表示由无限重复的 0 组成的位串。

- **$FFFF**（**%1111_1111_1111_1111**）为负数。
- **$FFF**（**%0000_1111_1111_1111**）为非负数

可以按照如下二进制补码运算来求负：

1. 将非负数按位取反；把 0 全部变成 1，把 1 全部变成 0。

2. 将取反的结果加 1（忽略溢出）。

如果结果为负数（高位为 1），就得到了非负数的二进制补码形式。

例如，与十进制数值−5 等价的 8 位表示形式可以这样计算：

1. **%0000_0101** 5（二进制）。

2. **%1111_1010** 所有位取反。

3. **%1111_1011** 加 1 得到−5（二进制补码形式）。

不出所料，对−5 求负的结果是 5（**%0000_0101**）：

1. **%1111_1011**−5 的二进制补码。

2. **%0000_0100** 所有位取反。

3. **%0000_0101** 加 1 得到 5（二进制）。

下面我们来看一些对 16 位数求负的例子。

首先是对 32,767（**$7FFF**）求负：

1. **%0111_1111_1111_1111** +32,767，这是最大的 16 位正数。

2. **%1000_0000_0000_0000** 所有位取反。

3. **%1000_0000_0000_0001** 加 1（**8001h**，即 −32,767）。

然后是对 16,384（**$4000**）求负：

1. **%0100_0000_0000_0000** 16,384。

2. **%1011_1111_1111_1111** 所有位取反（**$BFFF**）。

3. `%1100_0000_0000_0000` 加 1（$C000，即−16,384）。

最后是对−32,768（$8000）求负：

1. `%1000_0000_0000_0000` −32,768，这是最小的 16 位负数。

2. `%0111_1111_1111_1111` 所有位取反（$7FFF）。

3. `%1000_0000_0000_0000` 加 1（$8000，即 −32,768）。

对 $8000 取反的结果为 $7FFF，加 1 后得到了 $8000！−(−32,768)等于 −32,768，这是怎么回事？这显然不对。采用 16 位二进制补码的计数系统无法表示+32,768。通常，不能对二进制补码计数系统中的最小负值求负。

2.6 二进制数的属性

大家可能已经在程序中发现了二进制数有一些有用的属性：

- 如果二进制（整数）数的第 0 位为 1，则该数为奇数；如果第 0 位为 0，则该数为偶数。
- 如果二进制数的低 n 位都是 0，则该数可以被 2^n 整除。
- 如果二进制数除了第 n 位为 1，其他位均为 0，则该数等于 2^n。
- 如果二进制数第 0~n 位（不包括第 n 位）均为 1，其他位均为 0，则该数等于 $2^n - 1$。
- 将二进制数全部位左移 1 位的结果等于原二进制数乘以 2。
- 将无符号二进制数全部位右移 1 位的结果等于原二进制数除以 2（不适用于有符号整数）。如果原二进制数是奇数，则相当于结果四舍五入。
- 两个 n 位二进制数的乘积最多需要 $2 \times n$ 位来保存。
- 两个 n 位二进制数的和或者差最多需要 n +1 位来保存。
- 将二进制数按位取反（把所有 0 变成 1，1 变成 0）的结果与对该数求负（改变符号）后减 1 的结果相等。
- 将定位数的最大无符号二进制数加 1 得到的是数值 0。
- 将数值 0 减 1 得到的是定位数的最大无符号二进制数。

- n 位数是这些位的 2^n 个不同组合。
- 数值 $2^n - 1$ 一共有 n 位，每一位都是 1。

应该记住 $2^0 \sim 2^{16}$ 中所有 2 的幂（见表 2-4），因为这些数值会反复出现在程序中。

表 2-4 2 的幂

n	2^n
0	1
1	2
2	4
3	8
4	16
5	32
6	64
7	128
8	256
9	512
10	1,024
11	2,048
12	4,096
13	8,192
14	16,384
15	32,768
16	65,536

2.7 符号扩展、零扩展和收缩

负值的二进制补码形式因位数不同而不同。8 位的有符号数必须经过转换才能在涉及 16 位数的表达式中使用。这种转换叫作符号扩展（Sign Extension）操作，其逆过程（16 位数转换为 8 位数）称为收缩（Contraction）操作。

以–64 为例，其 8 位二进制补码值为$C0。而相等的 16 位补码值是$FFC0。这显然是两种不同的位模式。而 +64 的 8 位版本和 16 位版本分别是$40 和$0040。负值的扩展方式和非负值不同。

一个值的符号扩展就是将符号位复制到新格式的其他高位中。例如，将 8 位数扩展为 16 位数，就是将 8 位数中的第 7 位复制到 16 位数的第 8~15 位。要将 16 位数扩展成双字，就是将 16 位数的第 15 位复制到双字的第 16~31 位。

当把一个字节加到一个字上时，需要在求和之前将字节符号扩展到 16 位。其他运算可能需要将符号扩展到 32 位。

表 2-5 展示了一些符号扩展的示例。

表 2-5 符号扩展示例

8 位	16 位	32 位	二进制（补码）
$80	$FF80	$FFFF_FF80	%1111_1111_1111_1111_1111_1111_1000_0000
$28	$0028	$0000_0028	%0000_0000_0000_0000_0000_0000_0010_1000
$9A	$FF9A	$FFFF_FF9A	%1111_1111_1111_1111_1111_1111_1001_1010
$7F	$007F	$0000_007F	%0000_0000_0000_0000_0000_0000_0111_1111
n/a	$1020	$0000_1020	%0000_0000_0000_0000_0001_0000_0010_0000
n/a	$8086	$FFFF_8086	%1111_1111_1111_1111_1000_0000_1000_0110

零扩展（Zero Extension）是将位数较少的无符号数转换为位数较多的无符号数。零扩展非常容易，只需用 0 填充位数较多的操作数的高位字节即可。例如，将 8 位数$82 零扩展到 16 位，就是用 0 填充高位字节，得到$0082。

表 2-6 中列出了一些示例。

表 2-6 零扩展示例

8 位	16 位	32 位	二进制（补码）
$80	$0080	$0000_0080	%0000_0000_0000_0000_0000_0000_1000_0000
$28	$0028	$0000_0028	%0000_0000_0000_0000_0000_0000_0010_1000
$9A	$009A	$0000_009A	%0000_0000_0000_0000_0000_0000_1001_1010

8 位	16 位	32 位	二进制（补码）
$7F	$007F	$0000_007F	%0000_0000_0000_0000_0000_0000_0111_1111
n/a	$1020	$0000_1020	%0000_0000_0000_0000_0001_0000_0010_0000
n/a	$8086	$0000_8086	%0000_0000_0000_0000_1000_0000_1000_0110

许多高级语言编译器可以自动处理符号扩展和零扩展。下面的示例展示了 C 语言中扩展的工作原理：

```
signed char sbyte;      // C 语言中的字符类型是一个字节。
short int sword;        // C 语言中的短整型*一般是*16 位。
long int sdword;        // C 语言中的长整型*一般是*32 位。
    . . .
sword = sbyte;          // 将 8 位值自动符号扩展为 16 位。
sdword = sbyte;         // 将 8 位值自动符号扩展为 32 位。
sdword = sword;         // 将 16 位值自动符号扩展为 32 位。
```

一些编程语言（例如 Ada 或 Swift）要求显式说明从较少位数到较多位数的转换。查看语言参考手册，了解是否需要显式转换。要求显式转换的语言有一个优点，那就是编译器做的事情都是可见的。如果显式转换出错了，编译器会发出诊断消息。

需要注意，符号扩展和零扩展并不总是没有成本。将位数较少的整数赋值给位数较多的整数，需要的机器指令要比在两个位数相等的整数变量之间移动数据更多（执行时间也更长）。因此，在同一条算术表达式或赋值语句中混用不同位数的变量时要特别小心。

符号收缩（将数值转换为位数更少的相等值）更麻烦一些。以–448 为例，其 16 位十六进制数的表示形式为$FE40。这个数 8 位空间无法容纳，因此不能将其符号收缩为 8 位。

要将一个值正确地符号收缩为另一个值，必须检查要丢弃的高位字节。首先，高位字节必须全部是 0 或$FF。其次，结果的高位的每一位必须与丢弃的每一位都相同。下面是一些将 16 位值转换为 8 位值的例子（有成功的，也有失败的）：

- $FF80（%1111_1111_1000_0000）可以符号收缩为$80（%1000_0000）。

- $0040（%0000_0000_0100_0000）可以符号收缩为$40（%0100_0000）。
- $FE40（%1111_1110_0100_0000）不能符号收缩为 8 位。
- $0100（%0000_0001_0000_0000）不能符号收缩为 8 位。

有些高级语言直接将值的低位部分存储到位数较少的变量中，丢弃剩余的高位部分，C 语言就是这样做的。C 语言编译器最多也就是给出潜在的精度损失警告。可以不让 C 语言编译器报警，但是编译器不会检查无效值。在 C 语言中进行符号收缩通常会使用下面这些代码：

```
signed char sbyte;   // C 语言中的字符类型是一个字节。
short int sword;     // C 语言中的短整型*一般是*16 位。
long int sdword;     // C 语言中的长整型*一般是*32 位。
. . .
sbyte = (signed char) sword;
sbyte = (signed char) sdword;
sword = (short int) sdword;
```

在把值存储到位数更少的变量之前，先将该表示形式的值与其上下限比较，这是 C 语言唯一的安全转换方法。前面的代码加上检查之后如下：

```
if( sword >= -128 && sword <= 127 )
{
   sbyte = (signed char) sword;
}
else
{
   // 报告相关的错误
}

//使用断言，另一种方法:

assert( sword >= -128 && sword <= 127 )
sbyte = (signed char) sword;

assert( sdword >= -32768 && sdword <= 32767 )
sword = (short int) sdword;
```

这段代码非常难看。在 C/C++中可以把这段代码定义成宏（#define）或函数，以提高可读性。

有些高级语言（例如 Free Pascal 和 Delphi）会自动对数值进行符号收缩，并且确保结果不会超出目标操作数的范围。[1] 如果超出范围，会抛出异常（或停止程序）。修正这些错误需要编写异常处理代码或者使用类似前面给出的 `if` 语句。

2.8　饱和操作

如果可以接受精度损失，饱和操作（Saturation）也是一种缩短整数值位数的方法。对一个值进行饱和转换，只需将位数较多的对象的低位复制到位数较少的对象中。如果位数较多的对象的值超出位数较少的对象的表示范围，则要对位数较多的值进行裁剪（Clip），将位数较少的对象设置为其范围内的最大（或最小）值。

例如，在将 16 位带符号整数转换为 8 位带符号整数时，如果 16 位整数值在 −128~127 之间，只需将低位字节复制到 8 位对象中就完成了转换。如果 16 位带符号整数的值大于 +127，则将其裁剪为 +127，并将 +127 存储到 8 位对象中。同样，如果该值小于 −128，最终 8 位对象将被裁剪为 −128。裁剪 32 位值的饱和转换也是一样的方法。

如果位数较多的值超出了位数较少的值的表示范围，则饱和转换会损失精度。尽管值被裁剪也不好，但有时这种方式好过抛出异常或其他拒绝计算的方式。对于许多应用程序（例如音频或视频）来说，裁剪后的结果对于最终用户仍然是可识别的，因此这是一种合理的转换方式。

许多 CPU 通过特殊的“多媒体扩展”指令集支持饱和操作算法，比如英特尔 80x86 处理器系列的 MMX/SSE/AVX 扩展指令。大多数 CPU 标准指令集及大多数高级语言都没有直接支持饱和操作，但实现起来也并不难。下面这段 Free Pascal/Delphi 代码实现的就是将 32 位整数转换为 16 位整数的饱和操作：

```
var
    li :longint;
    si :smallint;
    . . .
```

---

1 Borland 编译器需要一条特殊的编译指令来激活这项检查。默认情况下，编译器不会检查越界。

```
if( li > 32767 ) then

    si := 32767;

else if( li < -32768 ) then

    si := -32768;

else
    si := li;
```

2.9　二进制编码的十进制表示

顾名思义，二进制编码的十进制（BCD，Binary-Coded Decimal）格式可以将十进制值编码为二进制表示形式。常见的高级语言（例如 C/C ++、Pascal 及 Java）支持十进制值的不多。但支持十进制值的面向业务的编程语言（例如 COBOL 和许多数据库语言）很多。因此，如果要编写和数据库或支持十进制算术的语言交互的代码，就需要处理 BCD 表示形式。

BCD 数值由一系列的半字节组成，每个半字节代表一个 0~9 的数值（BCD 格式仅用了一半字节可以表示的 16 个值中的 10 个）。如图 2-8 所示，一个字节可以表示由两个十进制数字组成的数（0..99）。一个字可以表示 4 个十进制数字（0..9999）。一个双字最多可以表示 8 个十进制数字。

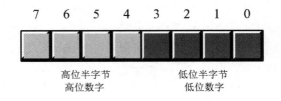

图 2-8　一个字节的 BCD 数据表示形式

8 位的 BCD 变量可以表示 0~99 的数值，而 8 位的二进制数值可以表示的范围为 0~255。16 位的二进制数值可以表示的范围为 0~65,535 ，而 16 位 BCD 值可以表示的数值范围只有二进制的六分之一（0..9999）不到。然而，BCD 格式的问题不只是存储效率低下，BCD 值的计算往往也比二进制值的计算要慢。

BCD 格式有两点可取之处：BCD 数值的内部表示形式和十进制字符串表示形式之间的转换非常简单；使用 BCD 格式还可以非常方便地在硬件中对多位十进制值进行编码。例如拨号盘，每一个号码代表一个数字。由于这些原因，BCD 格式在嵌入式系统（例如烤箱和闹钟）中使用得较多，但在通用计算机软件中使用得很少。

几十年前，人们认为 BCD（或十进制）算术运算比二进制更精确。因此，重要的计算（例如货币单位的计算）经常会使用十进制算法。对于某些计算可能 BCD 结果更精确，但是对于大多数计算二进制结果更精确。这就是大多数现代计算机程序都以二进制形式表示数值（包括十进制值）的原因。例如，英特尔 80x86 浮点单元（FPU，Floating-Point Unit）就支持两条加载和存储 BCD 值的指令。FPU 内部会将这些 BCD 值转换为二进制值，而 BCD 只是作为 FPU 的外部数据格式。这种方法产生的结果通常更精确。

2.10　定点表示形式

计算机系统表示带有小数部分的数字通常有两种方式：定点表示和浮点表示。

在 CPU 还不支持硬件浮点运算的时代，程序员编写需要处理小数的高性能软件时经常使用定点运算方式。与浮点格式相比，定点格式支持小数所需的软件开销更少。但是，后来 CPU 厂商在 CPU 中加入了支持硬件浮点运算的 FPU，如今已经很少有人使用 CPU 进行定点运算了。使用 CPU 原生的浮点格式开销往往更低。

尽管 CPU 厂商一直在努力优化系统中的浮点算法，但在某些情况下，精心编写的定点计算汇编语言程序会比等效的浮点运算代码运行得更快。例如，某些 3D 游戏程序使用的 16:16（16 位整数，16 位小数）格式比 32 位浮点格式运算更快。正是因为在这类场景中使用定点运算十分有效，所以本节就讨论定点表示形式和使用定点格式的小数。

注意：浮点格式在第 4 章讨论。

前面我们提到，位值计数系统使用小数点右边的数值来表示小数（0~1 之间的值）。在二进制计数系统中，二进制小数点右边的每一位代表值 0 或 1 乘以 2 的负次幂，负次幂按位递减。数值的小数部分使用二进制小数之和来表示。例如，数值 5.25 用二进制值 101.01 表示。十进制的转换方法如下：

$$1 \times 2^2 + 1 \times 2^0 + 1 \times 2^{-2} = 4 + 1 + 0.25 = 5.25$$

使用定点二进制格式时，可以在二进制表示形式中选择一个位，将二进制小数点隐含地放置在该位之前。二进制小数点的位置可以根据数字小数部分需要的有效位数来选择。例如，如果数值整数部分表示的范围在 0~999 之间，那么二进制小数点的左边至少需要 10 位才足够表示此范围内的数值。如果是有符号的数值，还需要预留额外一位给符号。如果采用 32 位定点格式，则小数部分需要保留 21 位或 22 位，具体取决于数值是否有符号。

定点数只能表示实数的一小部分。而任意两个整数值之间的实数有无限多个，因此定点数无法精确地表示每一个数（这需要无限多个位）。大多数实数采用定点表示时都要取近似值。以 8 位定点格式为例，如果其中 6 位表示整数部分，其他 2 位表示小数部分，则整数部分可以表示 0~63 的值（或−32~31 的有符号值），小数部分只能表示 4 个不同的值：0.0、0.25、0.5 和 0.75。这种格式无法精确地表示 1.3。最好的办法是选择最接近的近似值（1.25）。这会带来误差。可以增加定点格式中二进制小数点右边的位数来减少这种误差（代价是整数部分可以表示的范围缩小或定点格式的位数增多）。例如，如果使用 8 位整数部分和 8 位小数部分的 16 位定点格式，则二进制数值 1.01001101 近似等于数值 1.3。十进制等式如下：

$$1 + 0.25 + 0.03125 + 0.15625 + 0.00390625 = 1.30078125$$

定点格式的小数部分位数越多近似值就越接近真实值（使用上面这种定点格式的误差仅为 0.00078125，相比之下前面一种定点格式的误差为 0.05）。

无论定点格式的小数部分有多少位，总有一些数值是定点二进制计数系统永远都无法精确表示的（1.3 恰好就是这样的数值）。这可能就是人们（错误地）认为十进制运算比二进制运算更精确的主要原因（尤其是在处理 0.1、0.2、0.3 等十进制小数的时候）。

我们用定点十进制系统（采用 BCD 表示形式）来比较两种系统的精度。假设选择 16 位格式，整数部分和小数部分分别为 8 位，整个格式可以表示 0.0~99.99 的十进制数，精确到小数点后两位。使用 BCD 表示法，可以用 $0130 这样的十六进制值来精确地表示数值 1.3（小数点隐含在第二和第三位数字之间）。如果在计算中使用的都是 0.00~0.99 的小数，则 BCD 表示比（使用 8 位小数部分的）二进制定点表示更精确。

但是，总的来说二进制格式更精确。二进制格式可精确地表示 256 个不同的小数，而 BCD 格式只能表示 100 个小数。随机选择一个小数，二进制定点表示比十进制格式提供更精确的近似值（因为二进制能表示的小数是十进制的 2.5 倍）。（可以比较位数更多的格式：以 16 位的小数为例，十进制/BCD 定点格式可以精确到小数点后四位，可以表示 10000 个小数；而二进制格式可以表示 65,536 个小数，精度是十进制可以表示的 6 倍还要多。）十进制定点格式的优势仅限于可以准确表示日常使用的小数。在美国，货币计算通常会产生这种小数，因此程序员认为十进制格式更适合货币计算。但是，对于大多数金融计算要求的精度（通常小数点后四位是最低要求），二进制格式往往才是最好的选择。

如果一定要使用两位以上的精度来准确表示 0.00~0.99 的小数，则二进制定点格式不是可行的解决方案。但十进制格式也不是唯一的选择。我们很快就会看到，还有其他二进制格式可以准确地表示这些数值。

2.11 比例数字格式

有一种数字表示形式结合了十进制小数的精确性与二进制格式的精度。这种表示形式称为比例数字（Scaled Numeric）格式，它的运算效率很高，还不需要任何特殊的硬件。

比例数字格式还有一个优点，即可以选择任意基数，不限于十进制。例如，如果使用三进制（基数为 3）小数，则将原始输入值乘以 3（或 3 的幂），就可以精确地表示 1/3、2/3、4/9、7/27 等数值。这是二进制或十进制计数系统无法做到的。

小数的表示需要将原始数值乘以某个用来将小数部分转换为整数的值。例如，要保持小数点后两位小数的精度，则需要将输入值乘以 100。1.3 会被转换为 130，小数可以像这样用整数值精确地表示。假如所有参与计算的都是这些小数（这些小数都精确到小数点后两位），则可以使用标准的整数算术运算。例如，数值 1.5 和 1.3 将被转换为整数 150 和 130。这两个整数值相加得到 280（对应小数 2.8）。输出的时候需要将这些数值除以 100，商作为小数值的整数部分，余数（必要时零扩展两位）作为小数部分。除了需要编写专门的输入和输出程序来处理 100 的乘法和除法（以及处理小数点），比例数字方案几乎与常规整数计算一样简单。

如采用上述这种比例数字格式，数字整数部分的范围会受到限制。例如，需要精确到小数点后两位的十进制数（意味着原始数值需要乘以 100）能表示的范围为 0~42,949,672（无符号），而不是 0~4,294,967,296。

当使用比例格式进行加减法时，两个操作数的缩放比例必须相同。如果左操作数乘以 100，则右操作数也必须乘以 100。例如，如果变量 i10 缩放比例为 10，而变量 j100 缩放比例为 100，则在将这两个数进行加减之前，要么将 **i10** 乘以 **10**（按比例放大为 100），要么将 **j100** 除以 10（按比例缩小为 10）。这样就可以确保两个操作数的小数点位置相同（注意，字面值常量和变量同样适用）。

乘法和除法运算并不需要在运算之前让操作数的缩放比例相同。但是，运算结束后可能需要对结果进行调整。假设，两个数值 i = 25（0.25）和 j = 1（0.01）按比例缩放 100 达到小数点后两位的精度。如果使用标准整数运算计算 k = i * j，得到的结果是 25（25×1 = 25），按照同样的比例缩放为 0.25，但结果应为 0.0025。运算并没有错误，问题在于乘法运算的原理。实际的计算过程是：

$$(0.25 \times (100)) \times (0.01 \times (100))$$

$$=$$

$$0.25 \times 0.01 \times (100 \times 100)（交换律）$$

$$=$$

$$0.0025 \times (1,0000)$$

$$=$$

$$25$$

i 和 j 都已经乘以 100，所以最终结果的缩放比例实际上是 10,000。当将两个数值相乘时，最终得到的数值的缩放比例是 10,000（100×100）而不是 100。要解决这个问题，运算完成后需要将结果除以缩放比例。例如，k = (i * j)/100。

除法运算也有同样的问题。假设有数值 m = 500（5.0）和 n = 250（2.5），我们想计算 k = m/n。我们期望得到的结果是 200（2.0，即 5.0 / 2.5）。但实际计算的过程如下：

$$(5 \times 100)/(2.5 \times 100)$$
$$=$$
$$500/250$$
$$=$$
$$2$$

乍一看似乎是正确的，但是别忘了缩放比例，缩放之后的结果是 0.02。我们需要的结果是 200（2.0）。带缩放比例的除法最终抵消了结果中的缩放比例。因此，要想得到正确的结果需要计算 k = 100 * m/n。

乘法和除法进一步限制了精度。如果被除数要先乘以 100，那么被除数必然比能表示的最大整数小 100 倍，否则将会发生溢出（导致错误的结果）。同样，当两个按比例缩放的数值相乘时，最终结果必须要比能表示的最大整数值小 100 倍，否则也将溢出。因此，使用比例数字表示形式时，需要预留更多位或使用较小的数字。

2.12　有理数表示形式

小数表示形式的一大问题是，所有有理数值只有近似的表示，没有精确的表示。[1]例如，二进制或十进制表示都无法精确地表示数值 1/3。换成三进制（以 3 为基数）计数系统，可以精确表示 1/3，但是 1/2 或 1/10 这些小数值就无法精确表示了。我们需要的是可以表示任何有理小数的计数系统。

有理数表示形式使用一对整数来表示小数。一个整数代表小数的分子（n），另一个代表分母（d），实际的数值等于 n/d。只要 n 和 d 是"互质数"（即不能被同一数

---

1 计算机不可能提供无理数的精确表示形式，我们就不用考虑了。

值整除），该方案就能够在 n 和 d 的整数表示形式允许的范围内很好地表示小数。运算也很容易，运用初中学过的分数加、减、乘、除法就可以了。但是，运算中有时可能会产生过大的分子或分母（分子或分母的整数溢出）。除此问题外，这种方案可以用来表示各种小数。

2.13　更多信息

Knuth, Donald E. *The Art of Computer Programming, Volume 2: Seminumerical Algorithms*. 3rd ed. Boston: Addison-Wesley, 1998.

3

二进制算术运算和位运算

　　如第 2 章所述，要想写出能在计算机上运行良好的软件，了解数据的二进制表示是前提。而理解计算机如何操作二进制数据也同样重要。本章将重点探讨这些操作，包括二进制算术运算、逻辑运算和位运算。

3.1　二进制和十六进制数字的算术运算

　　我们经常需要在源码中使用二进制（或十六进制）手动运算结果。尽管有些计算器可以进行二进制（或十六进制）运算，但是我们应该学会进行简单的二进制手算。十六进制运算非常困难，每个程序员都必须准备一个十六进制计算器（或者支持十六进制运算的计算器软件，比如 Windows 计算器或手机应用程序）。但是二进制数值的算术运算比十进制简单。

　　学会二进制手算非常重要，因为一些重要的算法会用到这些计算。本节将介绍如何进行二进制数值的加、减、乘、除运算，以及如何进行各种逻辑运算。

3.1.1 二进制加法

二进制加法很简单，只需要记住八条规则：[1]

- $0 + 0 = 0$
- $0 + 1 = 1$
- $1 + 0 = 1$
- $1 + 1 = 0$ 并进位
- 进位$+ 0 + 0 = 1$
- 进位$+ 0 + 1 = 0$ 并进位
- 进位$+ 1 + 0 = 0$ 并进位
- 进位$+ 1 + 1 = 1$ 并进位

只要记住这八条规则，就可以计算任意两个二进制数值的和。下面是二进制加法的分步展示：

```
        0101
      + 0011
      ------
```
第一步：将低位相加（1 + 1 = 0 + 进位）。
```
           c
        0101
      + 0011
      ------
           0
```
第二步：将进位和第 1 位相加（进位+ 0 + 1 = 0 + 进位）。
```
           c
        0101
      + 0011
      ------
          00
```
第三步：将进位和第 2 位相加（进位+ 1 + 0 = 0 + 进位）。
```
           c
        0101
      + 0011
      ------
```

---

1 八条规则听起来好像很多，但十进制加法需要记住的规则差不多有两百条。

```
        000
```
第四步：将进位和第 3 位相加（进位+ 0 + 0 = 1）。
```
        0101
      + 0011
      ------
        1000
```

还有更多例子：

```
  1100_1101    1001_1111    0111_0111
+ 0011_1011  + 0001_0001  + 0000_1001
-----------  -----------  -----------
1_0000_1000    1011_0000    1000_0000
```

3.1.2　二进制减法

和加法一样，二进制减法的规则也是八条：

- $0 - 0 = 0$
- $0 - 1 = 1$ 并借位
- $1 - 0 = 1$
- $1 - 1 = 0$
- $0 - 0 - $ 借位$= 1$ 并借位
- $0 - 1 - $ 借位$= 0$ 并借位
- $1 - 0 - $ 借位$= 0$
- $1 - 1 - $ 借位$= 1$ 并借位

下面是二进制减法的分步展示：

```
        0101
       -0011
       ------
```
第一步：低位相减（1 - 1 = 0）。
```
        0101
      - 0011
      ------
           0
```
第二步：第 1 位相减（0 - 1 = 1 + 借位）。

```
      0101
    - 0011
        b
    ------
       10
```
第三步：第 2 位相减并减去借位（1 - 0 - 借位= 0）。
```
      0101
    - 0011
    ------
      010
```
第四步：第 3 位相减（0 - 0 = 0）。
```
      0101
    - 0011
    ------
     0010
```

还有其他一些例子：

```
 1100_1101    1001_1111    0111_0111
- 0011_1011 - 0001_0001 - 0000_1001
----------- ----------- -----------
 1001_0010   1000_1110    0110_1110
```

3.1.3 二进制乘法

二进制乘法也很简单，遵循和十进制乘法一样的规则，不过只用到了 0 和 1：

- $0 \times 0 = 0$
- $0 \times 1 = 0$
- $1 \times 0 = 0$
- $1 \times 1 = 1$

下面是乘法的分步展示：

```
      1010
    × 0101
    -------
```
第一步：将被乘数乘以低位。
```
      1010
```

```
          ×  0101
       -------
          1010（1×1010）
```
第二步：被乘数乘以第 1 位。
```
          1010
       ×  0101
       -------
          1010（1×1010）
          0000（0×1010）
       -------
         01010（部分求和）
```
第三步：被乘数乘以第 2 位。
```
          1010
       ×  0101
       -------
        001010（上面部分求和的结果）
         1010 （1×1010）
       -------
        110010（部分求和）
```
第四步：被乘数乘以第 3 位。
```
          1010
       ×  0101
       -------
        110010（上面部分求和的结果）
        0000  （0×1010）
       -------
       0110010（最终乘积）
```

3.1.4　二进制除法

二进制除法和十进制除法算法相同（都是长除法）。图 3-1 展示了十进制除法的步骤。

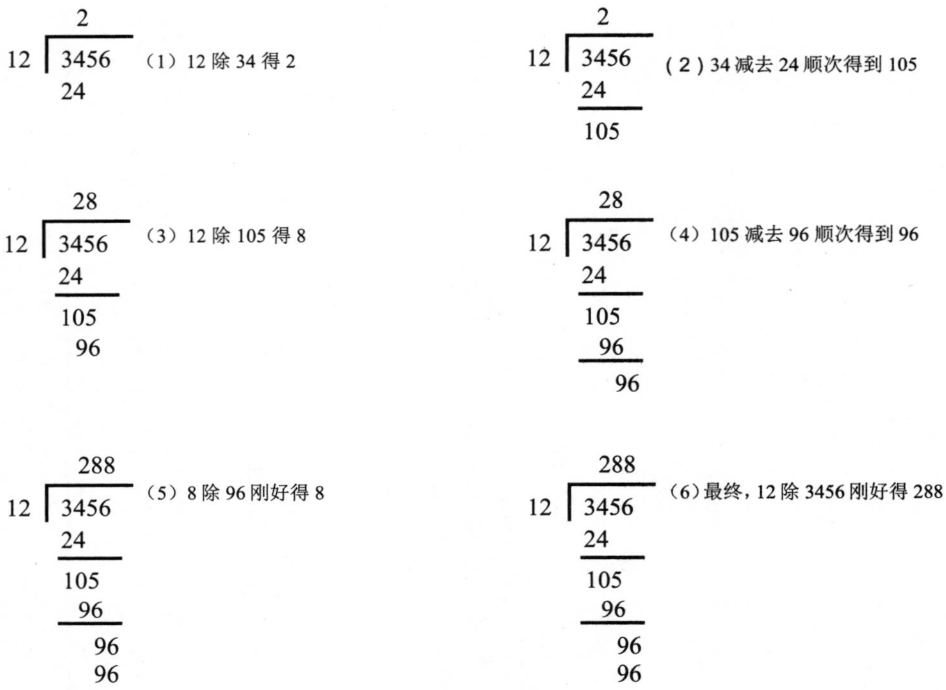

```
         2
12 )3456        （1）12 除 34 得 2
     24
```

```
         2
12 )3456        （2）34 减去 24 顺次得到 105
     24
     105
```

```
        28
12 )3456        （3）12 除 105 得 8
     24
     105
```

```
        28
12 )3456        （4）105 减去 96 顺次得到 96
     24
     105
      96
       96
```

```
       288
12 )3456        （5）8 除 96 刚好得 8
     24
     105
      96
       96
       96
```

```
       288
12 )3456        （6）最终，12 除 3456 刚好得 288
     24
     105
      96
       96
       96
```

图 3-1　十进制除法（3456/12）

　　同样，采用长除法的二进制除法更容易，不用每一步都去猜余数除以 12 够除几次或者 12 乘以多少才够减。在二进制除法的每一步中，除数除被除数得到的商要么是 0 要么是 1，不用去管余数是多少。图 3-2 展示的是 27（11011）除以 3（11）的例子。

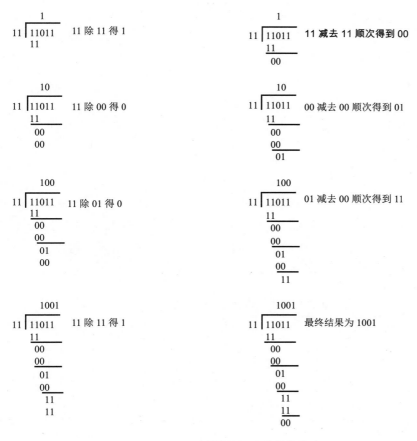

图 3-2 二进制长除法

3.2 位的逻辑运算

十六进制和二进制值的逻辑运算主要有四种：AND（与）、OR（或）、XOR（异或）和 NOT（非）。和算术运算不同，逻辑运算完全不需要借助十六进制计算器。

AND、OR 和 XOR 逻辑运算的操作数是两个位，运算方法如下：

AND:

```
0 and 0 = 0
0 and 1 = 0
```

```
                    1 and 0 = 0
                    1 and 1 = 1
OR:
                    0 or 0 = 0
                    0 or 1 = 1
                    1 or 0 = 1
                    1 or 1 = 1
XOR:
                    0 xor 0 = 0
                    0 xor 1 = 1
                    1 xor 0 = 1
                    1 xor 1 = 0
```

表 3-1、表 3-2 和表 3-3 分别是 AND、OR 和 XOR 运算的真值表（Truth Table）。真值表就和小学生的乘法口诀表一样，第一列的值是运算的左操作数，第一行的值是右操作数。行和列的交叉点就是运算结果。

表 3-1 AND 运算真值表

AND	0	1
0	0	0
1	0	1

表 3-2 OR 运算真值表

OR	0	1
0	0	1
1	1	1

表 3-3 XOR 运算真值表

XOR	0	1
0	0	1
1	1	0

AND 逻辑运算可以用语言简单地描述为："如果第一个操作数为 1，第二个操作数为 1，则结果为 1；否则结果为 0。"也可以这样描述："任意一个操作数为 0 或者两个操作数均为 0，则结果为 0。"如果需要将结果强制设为 0，则可以使用 AND 逻

辑运算。只要有一个操作数为 0，AND 逻辑运算的结果就为 0，与另一个操作数的值无关。如果其中一个操作数为 1，则 AND 逻辑运算的结果就是另一个操作数的值。

OR 逻辑运算也可以通俗地描述为："任意一个操作数为 1 或者两个操作数均为 1，则结果为 1；否则结果为 0。" OR 逻辑运算也被称为兼或（Inclusive-OR）运算。只要有一个操作数为 1，OR 逻辑运算的结果就为 1。如果其中一个操作数为 0，则 OR 逻辑运算的结果就是另一个操作数的值。

XOR 逻辑运算可以用语言描述为："任意一个操作数为 1（但不同时为 1），则结果为 1；否则结果为 0。" 如果其中一个操作数为 1，则 XOR 逻辑运算的结果就是另一个操作数的逆（Inverse）。

NOT 逻辑运算是一元（Unary）运算（只有一个操作数）。表 3-4 是 NOT 运算的真值表。NOT 运算就是对操作数的值取反。

表 3-4 NOT 运算真值表

NOT	0	1
	1	0

3.3 二进制数值和位串的逻辑运算

大多数编程语言都是按 8 位、16 位、32 位或 64 位来分组进行运算的，因此我们需要扩展这些逻辑运算，除了支持单位操作数，还应该支持逐位或按位（Bitwise）运算。给定两个数值，按位逻辑运算函数先对两个源操作数的第 0 位进行运算，得到结果操作数的第 0 位；然后对两个操作数的第 1 位进行运算，得到结果操作数的第 1 位，依此类推。例如，要对两个 8 位数值进行按位 AND 逻辑运算，就需要对两个数值中每个对应的位执行 AND 逻辑运算：

```
%1011_0101
%1110_1110
-----------
%1010_0100
```

其他逻辑运算也可以使用这种方法运算。使用位串（例如二进制数值）时，可以使用 AND 和 OR 逻辑运算将每一位强制转换为 0 或 1，以及使用 XOR 逻辑运算对每一位取反。这些运算可以选择性地操作数值中的某些位而不影响其他位。如果要保证一个 8 位的二进制数值 X 的第 4~7 位为 0，只需将值 X 和二进制数值 `%0000_1111` 进行 AND 逻辑运算。按位 AND 逻辑运算将 X 的高 4 位强制转换为 0，低 4 位则保持不变。将 X 和 `%0000_0001` 进行 OR 逻辑运算，然后再和 `%0000_0100` 进行 XOR（异或）逻辑运算，可以把 X 的低位强制转换为 1 并对 X 的第 2 位取反。

使用 AND、OR 和 XOR 逻辑运算处理位串的方法被称为掩码（Masking）。该术语源自以下事实：可以使用某些特定的值（对 AND 运算来说是 1，对 OR 和 XOR 运算来说是 0）来"掩住"（Mask Out）或"露出"（Mask In）操作数中某些特定的位，在不影响这些位的同时把其他位强制转换为 0、1 或者取反。

一些语言提供了运算符，可以对操作数进行按位 AND、OR、XOR 及 NOT 逻辑运算。C/C++/Java/Swift 语言使用连字符号（&）进行按位 AND 运算，使用管道符号（|）进行按位 OR 运算，使用插入符号（^）进行按位 XOR 运算，使用波浪符号（~）进行按位 NOT 运算，如下所示。

```
// 这是一个 C/C++的例子:

i = j & k;      // 按位 AND
i = j | k;      // 按位 OR
i = j ^ k;      // 按位 XOR
i = ~j;         // 按位 NOT
```

Visual Basic 和 Free Pascal/Delphi 语言允许对整数操作数使用 and、or、xor 和 not 运算符。80x86 汇编语言可以使用 AND、OR、NOT 和 XOR 指令。

3.4　有用的位运算

尽管位运算有点抽象，但是其在有些场合非常有用。本节使用多种语言展示位运算的一些有用的属性。

3.4.1　使用 AND 运算判断位串中的一位

可以使用按位 AND 运算来判断位串中的某一位是 0 还是 1。将数值和只有该位为 1 的位串进行 AND 逻辑运算，如果该数值对应的位为 0，则 AND 运算的结果为 0，如果为 1，则 AND 运算的结果非零。下面这段 C/C++代码通过检查整数的第 0 位来判断该整数是奇数还是偶数：

```
IsOdd = (ValueToTest & 1) != 0;
```

二进制形式的按位 AND 运算如下：

```
xxxx_xxxx_xxxx_xxxx_xxxx_xxxx_xxxx_xxxx // 假设 ValueToTest 是 32 位
0000_0000_0000_0000_0000_0000_0000_0001 // 和值 1 进行按位 AND 运算
----------------------------------------
0000_0000_0000_0000_0000_0000_0000_000x // 按位 AND 的结果
```

如果 *ValueToTest* 的低位为 0，则结果为 0。如果 *ValueToTest* 的低位为 1，则结果为 1。计算忽略了 *ValueToTest* 其他的位。

3.4.2　使用 AND 运算判断多个位为零或非零

按位 AND 运算还可以用来判断多个位是否全部为 0。例如，判断数值是否可以被 16 整除，则可以检查低 4 位是否全部为 0。使用按位 AND 运算进行判断的 Free Pascal/Delphi 语句如下：

```
IsDivisibleBy16 := (ValueToTest and $f) = 0;
```

二进制形式的按位 AND 运算如下：

```
xxxx_xxxx_xxxx_xxxx_xxxx_xxxx_xxxx_xxxx // 假设 ValueToTest 是 32 位
0000_0000_0000_0000_0000_0000_0000_1111 // 与 $F 进行按位 AND 运算
----------------------------------------
0000_0000_0000_0000_0000_0000_0000_xxxx // 按位 AND 运算的结果
```

当且仅当 *ValueToTest* 的低 4 位均为 0 时，结果为 0。

3.4.3　比较二进制字符串中的多个位

可以使用 AND 和 OR 运算比较二进制值中的某些位。比如比较一对 32 位值中的第 0、1、10、16、24 及 31 位。技巧是把两个值中不需要比较的位设置为 0，然后再来比较。[1]

考虑以下三个二进制值，x 表示不需要关心该位的值：

```
%1xxxxxx0xxxxxxx1xxxxx0xxxxxxxx10
%1xxxxxx0xxxxxxx1xxxxx0xxxxxxxx10
%1xxxxxx1xxxxxxx1xxxxx1xxxxxxxx11
```

前面两个二进制值（我们只对第 31、24、16、10、1 及 0 位感兴趣）相等。如果将前两个值中的任何一个与第三个值进行比较，就会发现它们不相等。而且第三个值大于前两个值。在 C/C++ 和汇编语言中比较这几个值的代码如下：

```
// C/C++ 示例

    if( (value1 & 0x81010403) == (value2 & 0x81010403))
    {
        // 如果值 value1 和 value2 的
        // 第 31、24、16、101 位相等，则执行这段代码
    }

    if( (value1 & 0x810104033) != (value3 & 0x81010403))
    {
        // 如果值 value1 和 value3 的
        // 第 31、24、16、10 及 1 位不相等，则执行这段代码
    }

// HLA/x86 汇编语言示例：

    mov( value1, eax );         // EAX = value1
    and( $8101_0403, eax );     // 屏蔽 EAX 中不需要比较的位
    mov( value2, edx )          // EDX = value2
    and( $8101_0403, edx );     // 同样屏蔽 EDX 中不需要比较的位
```

---

1 也可以用 OR 运算把所有不需要比较的位设置为 1，但是 AND 运算更方便一些。

```
if( eax = edx ) then          // 查看其余位是否匹配

    // 如果值 value1 和 value2 的
    // 第 31、24、16、10 及 1 位相等，则执行这段代码

endif;

mov( value1, eax );           // EAX = value1
and( $8101_0403, eax );       // 屏蔽 EAX 中不需要比较的位
mov( value3, edx )            // EDX = value3
and( $8101_0403, edx );       // 同样屏蔽 EDX 中不需要比较的位

if( eax <> edx ) then         // 查看其余位是否匹配

    // 如果值 value1 和 value3 的
    // 第 31、24、16、10 及 1 位不相等，则执行这段代码

endif;
```

3.4.4　使用 AND 运算创建模 *n* 计数器

模 *n* 计数器（Modulo-n Counter）从 0 开始计数，达到最大值后重新从 0 开始计数[1]。模 *n* 计数器非常适合创建重复的数字序列，例如 0，1，2，3，4，5，$\cdots$，$n-1$；0，1，2，3，4，5，$\cdots$，$n-1$；0，1，$\cdots$。这种数字序列可用来创建循环队列以及其他超出范围就重用数组元素的数据结构对象。模 *n* 计数器常见的创建方法是将计数器加 1，再将结果除以 *n* 并保留余数。下面是 C/C++、Pascal 及 Visual Basic 中模 *n* 计数器的代码实现：

```
cntr = (cntr + 1) % n;     // C / C++ / Java / Swift
cntr := (cntr + 1) mod n;  // Pascal / Delphi
cntr = (cntr + 1) Mod n    ' Visual Basic
```

然而，除法运算的成本高昂，比加法需要更多的执行时间。而使用比较运算代替余数运算来实现模 *n* 计数器更加高效。下面是一个 Pascal 的例子：

---

1 实际上，也可以递减计数到 0，但一般采用递增计数。

```
cntr := cntr + 1;    // Pascal 示例
if( cntr >= n ) then
   cntr := 0;
```

在某些特殊情况下，例如当 n 为 2 的幂时，使用 AND 运算递增模 n 计数器更加高效便捷。递增模 n 计数器，然后和 $x = 2^m - 1$（$2^m - 1$ 的第 0~$m-1$ 位为 1，其他位全部为 0）进行 AND 逻辑运算就可以了。AND 运算比除法运算要快得多，因此用 AND 运算实现模 n 计数器比使用余数运算高效得多。对大多数 CPU 来说，使用 AND 运算比使用 if 语句要快得多。下面的例子展示了如何使用 AND 运算实现 $n = 32$ 的模 n 计数器：

```
// 注意：0x1f = 31 = 2^5 - 1，因此 n = 32 且 m = 5

  cntr = (cntr + 1) & 0x1f;   // C/C++/Java/Swift 示例
  cntr := (cntr + 1) and $1f; // Pascal/Delphi 示例
  cntr = (cntr + 1) and &h1f       'Visual Basic 示例
```

汇编语言的代码也特别高效：

```
inc( eax );                     // 计算（eax + 1）mod 32
and( $1f, eax );
```

3.5 移位和旋转

位串还有一组逻辑运算：移位和旋转。这些运算可以进一步细分为*左移、循环左移、右移和循环右移*。在许多程序中都会使用到这些运算。

如图 3-3 所示，左移运算会把位串中的每一位都向左移一位。原先的第 0 位移至第 1 位，第 1 位移至第 2 位，依此类推。

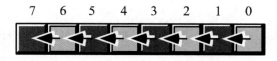

图 3-3 （字节的）左移运算

读者可能会提出两个疑问：第 0 位从哪里来？高位去哪了？我们在第 0 位移入一个 0，而原先高位中的值将作为运算的进位。

一些高级语言（例如 C/C ++/C#、Swift、Java 及 Free Pascal/Delphi）提供了左移运算符。在 C 语言及其衍生语言中左移运算符为<<，而 Free Pascal/Delphi 使用 shl 运算符。下面是一些例子：

```
// C:
    cLang = d << 1;        // 将 d 左移一位后赋值给
                           // 变量"cLang"
// Delphi:
    Delphi := d shl 1;     // 将 d 左移一位后赋值给
                           // 变量"Delphi"
```

一个数值的二进制表示左移一位等同于该值乘以 2。如果编程语言不提供专门的左移运算符，则可以通过将二进制值乘以 2 来模拟左移。虽然乘法运算通常要比左移运算慢，但是大多数编译器都可以智能地把乘数为 2 的幂的乘法运算转换成左移运算。于是，在 Visual Basic 中可以用下面这段代码来进行左移：

```
vb = d * 2
```

除了移动的方向相反，右移运算和左移运算是一样的。将第 7 位移至第 6 位，第 6 位移至第 5 位，第 5 位移至第 4 位，依此类推。在右移时，在第 7 位移入 0，而将第 0 位作为运算的进位（如图 3-4 所示）。C、C++、C#、Swift 和 Java 使用>>运算符表示右移运算。Free Pascal/Delphi 则使用 shr 运算符。大多数汇编语言也提供了右移指令（比如 80x86 的 shr）。

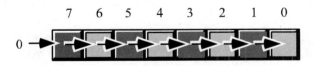

图 3-4　（字节的）右移运算

无符号二进制值右移一位等于将该值除以 2。例如，将无符号的 254（$FE）右移一位得到 127（$7F），这是我们期望的结果。但是，如果将–2（$FE）的 8 位二进制补码表示形式（$FE）右移一位则得到 127（$7F），结果是错误的。我们使用第三种移位运算，通过移位得到有符号数除以 2 的结果。这种运算就是**算术右移**（Arithmetic Shift Right），它不会改变高位的值。图 3-5 展示了 8 位操作数的算术右移运算。

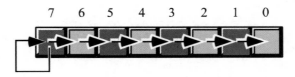

图 3-5 （字节的）算术右移运算

有符号操作数的二进制补码的算术右移的结果通常符合我们的期望。例如，将 –2（$FE）算术右移一位得到的是–1（$FF）。但是请注意，算术右移始终通过四舍五入得到最接近实际值的整数结果，要么比实际结果小，要么和实际结果相等。例如 –1（$FF）算术右移的结果是–1 而不是 0。因为–1 小于 0，所以算术右移运算四舍五入的结果为–1。这并不是算术右移运算的"错误"，只是它采用的是不同（但可行）的整数除法定义。最坏的结果就是在不支持算术右移的语言中，无法使用有符号数的除法运算代替算术右移，因为大多数整数的除法运算都会舍入到 0。

同时，支持逻辑右移和算术右移的高级语言非常少见。更糟糕的是，某些语言把使用算术右移运算还是逻辑右移运算的决定权交给编译器的实现者。因此，只有在能保证高位的值进行两种右移运算产生相同的结果的情况下，才可以放心地使用右移运算符。确保右移一定是逻辑右移或算术右移，要么使用汇编语言，要么手动处理高位。高级代码很快就会变得难看，因此，如果程序不需要跨 CPU 移植，则快速的内联汇编语句是更好的解决方案。下面的代码展示了如何在右移运算类型不确定的语言中模拟 32 位逻辑右移和算术右移：

```
// C/C++ 实现，假设整数是 32 位，逻辑右移：
    // 计算第 30 位。
    Bit30 = ((ShiftThisValue & 0x80000000) != 0) ? 0x40000000 : 0;
    // 右移第 0~30 位。
    ShiftThisValue = (ShiftThisValue & 0x7fffffff) >> 1;
    // 合并第 30 位。
    ShiftThisValue = ShiftThisValue | Bit30;
```

```
// 算术右移运算

    Bits3031 = ((ShiftThisValue & 0x80000000) != 0) ? 0xC0000000 : 0;
    // 右移第 0~30 位。
    ShiftThisValue = (ShiftThisValue & 0x7fffffff) >> 1;
    // 合并第 30 位和第 31 位。
    ShiftThisValue = ShiftThisValue | Bits3031;
```

　　许多汇编语言还提供了各种各样的旋转指令。旋转指令将从操作数一端移出的位移入另一端，以实现操作数的位循环。高级语言很少支持这类运算。但是这些运算也不常用到。如果确实需要循环移位，则可以使用高级语言提供的移位运算进行组合：

```
// Pascal/Delphi 32 位循环左移示例：
// 将第 31 位移至第 0 位，并将其他位清 0。
CarryOut := (ValueToRotate shr 31);
ValueToRotate := (ValueToRotate shl 1) or CarryOut;
```

　　更多关于移位和旋转运算的信息，请参考 *The Art of Assembly Language* (No Starch Press)。

3.6　位字段和打包数据

　　通常采用字节、字、双字和四字数据类型时 CPU 的运行效率最高[1]，但有时我们使用的数据不见得刚好是 8 位、16 位、32 位或 64 位的。这种情况下，可以将不同的位串进行打包（Packing）以节省内存，避免为了将特定数据字段和字节或其他数据长度对齐而产生的浪费。

　　以日期格式 04/02/01 为例。需要三个数值来表示日期：月、日和年。月用到了 1~12 的值，至少需要 4 位才能表示。日用到了 1~31 的值，需要 5 位表示。年（假设用到了 0~99 之间的值）需要 7 位。三个值总共需要 16 位（4 + 5 + 7），即 2 个字节。这

1　有些 RISC CPU 只能操作双字或者四字的值，位字段和打包数据的概念适用于任何小于 32 位的对象，甚至这些 CPU 支持的 64 位对象。

样可以将日期数据打包为 2 个字节，如果每个值都使用一个字节则需要 3 个字节。对于每个需要存储的日期，可以节省 1 个字节的内存，如果需要存储的日期数据很多，节约的内存将非常可观。可以按照图 3-6 所示来排列位。

图 3-6 短打包日期格式（16 位）

MMMM 4 位代表月，DDDDD 5 位代表日，YYYYYYY 7 位代表年。表示一个数据的一组位称为一个位字段（Bit Field）。我们可以用 **$4101** 表示 2001 年 4 月 2 日：

```
0100 00010 0000001 = %0100_0001_0000_0001 or &4101
 04    02     01
```

打包值的空间效率很高（即内存占用很少），但计算效率却很低（很慢！）。原因在于需要额外的指令从各个位字段中解压缩打包数据。执行额外的指令需要时间（还要使用额外的字节来保存这些指令）。因此，要仔细思考打包数据字段是否值得。下面这段 HLA/x86 代码展示了 16 位日期格式的打包和解包。

```
program dateDemo;

#include( "stdlib.hhf" )

static

    day:        uns8;
    month:      uns8;
    year:       uns8;
    packedDate: word;

begin dateDemo;

    stdout.put( "Enter the current month, day, and year: " );
    stdin.get( month, day, year );

    // 按照下面的位排列打包数据:
```

```
//
// 15 14 13 12 1110987 6 5 4 321 0
// m m m m d d d d d y y y y y y y

mov( 0, ax );
mov( ax, packedDate );   //以防出错
if( month > 12 ) then
    stdout.put( "Month value is too large", nl );

elseif( month = 0 ) then
    stdout.put( "Month value must be in the range 1..12", nl );

elseif( day > 31 ) then
    stdout.put( "Day value is too large", nl );

elseif( day = 0 ) then
    stdout.put( "Day value must be in the range 1..31", nl );

elseif( year > 99 ) then
    stdout.put( "Year value must be in the range 0..99", nl );

else

    mov( month, al );
    shl( 5, ax );
    or( day, al );
    shl( 7, ax );
    or( year, al );
    mov( ax, packedDate );

endif;

// 好了，显示打包的数据:
stdout.put( "Packed data = $", packedDate, nl );

// 解包日期:
mov( packedDate, ax );
and( $7f, al );          // 获取年.
mov( al, year );
```

```
mov( packedDate, ax );  // 获取日.
shr( 7, ax );
and( %1_1111, al );
mov( al, day );

mov( packedDate, ax );  // 获取月.
rol( 4, ax );
and( %1111, al );
mov( al, month );
stdout.put( "The date is ", month, "/", day, "/", year, nl );

end dateDemo;
```

别忘了还有 Y2K[1] 问题，只用两位数字表示年份会有问题。图 3-7 中的日期格式更好。

图 3-7 长打包日期格式（32 位）

32 位变量的位数比保存日期所需的位数要多得多，即便可以表示 0~65535 这么多年份，这种格式还能给月字段和日字段各分配一个完整的字节。应用程序可以将这两个字段当作字节对象进行操作，这样在仅支持字节访问的处理器上能够避免字段打包和解包的开销。还会压缩年字段占用的位，但是 65536 年已经足够了（就算从现在开始，我们的软件也不可能用 63000 年）。

有人可能会说这不是打包日期格式。毕竟，最终需要三个数值，其中两个正好是 1 字节，第三个值至少需要 2 个字节。这种"打包"日期格式与未打包的版本一样都用了 4 个字节，而不是最少的位。因此，这里的打包实际上指的是包装（Packaged）或封装（Encapsulated）。将数据打包成一个双字变量，程序就可以将日期当作单个数据而不是三个独立变量来处理。这意味着大多数时候操作日期数据只会用到一条机器指令，而不是三条独立的指令。

---

1 这几乎是软件工程的灾难，因为 20 世纪的程序员只用两位数字来对日期的年份编码。当 2000 年到来的时候他们才意识到，程序无法区分 1900 年和 2000 年。

长打包日期格式和图 3-6 中的短日期格式之间还有一个区别：将 Year、Month、Day 字段重新进行了排列。这样可以简单地使用无符号整数来比较两个日期。例如下面这段 HLA/汇编代码：

```
mov( Date1, eax );        // 假设 Date1 和 Date2 都是
if( eax > Date2 ) then    // 采用长打包日期格式的双字变量。

   << do something if Date1 > Date2 >>

endif;
```

如果不同的日期字段被保存在不同的变量中或者以不同的方式组织，那么就不能这样简单地比较 Date1 和 Date2 了。即使没有节省多少空间，但打包数据让某些计算变得更加简单、更加高效了（这一点与打包数据的常见情况不同）。

一些高级语言内置了对打包数据的支持。例如，在 C 语言中可以定义如下结构体：

```
struct
{
   unsigned bits0_3     :4;
   unsigned bits4_11    :8;
   unsigned bits12_15   :4;
   unsigned bits16_23   :8;
   unsigned bits24_31   :8;
} packedData;
```

在此结构体中声明的每一个字段都是无符号对象，分别是 4 位、8 位、4 位、8 位和 8 位。每条声明语句后的:n 指定了编译器为指定字段分配的最小位数。

可惜无法展示 C/C++ 编译器是如何将 32 位双字的值分配给这些字段的，因为 C/C++ 编译器的实现者可以随意使用自认为合适的方式来实现位字段分配。位串的位排列是任意的（例如，编译器可以把最终对象的第 28~31 位分配给 bits0_3 字段）。编译器还可以在字段之间插入额外的位，或者让每个字段占用更多的位（实际效果和在字段之间插入额外的位是一样的）。大多数 C 编译器都会尽量不增加多余的位，但是不同的编译器做法不同（尤其是在不同的 CPU 上）。因此，几乎可以确定 C/C++ 结构体的位字段声明是不可移植的，编译器处理这些字段的方式是不可预期的。

使用编译器内置数据打包功能的优点是，数据的打包和解包都由编译器自动完成。以下面这段 C/C++代码为例，编译器将自动生成必要的机器指令来存储和获取各个位字段：

```
struct
{
    unsigned year    :7;
    unsigned month   :4;
    unsigned day     :5;
} ShortDate;
    . . .
    ShortDate.day = 28;
    ShortDate.month = 2;
    ShortDate.year = 3; // 2003
```

3.7 数据的打包和解包

打包数据的优点是能够高效地利用内存。以美国的社会安全号码（SSN，Social Security number）为例，它是下面这种形式的 9 位标识代码（一个 X 代表一个十进制数字）：

```
XXX-XX-XXXX
```

采用 3 个独立整型（32 位）编码的 SSN 需要 12 个字节。这比使用字符串数组表示还要多一个字节。更好的解决方案是使用短整型（16 位）对每个字段进行编码，这样只需要 6 个字节就可以表示 SSN。而 SSN 中间字段的值始终都在 0~99，因此实际上中间字段的编码只需要一个字节，这样整个数据结构可以再减少一个字节。下面的 Free Pascal/Delphi 记录结构就是这种数据结构：

```
SSN :record

    FirstField: smallint;    // Free Pascal/Delphi 中的 smallint 是 16 位
    SecondField: byte;
    ThirdField: smallint;

end;
```

如果不考虑连字符，SSN 就是一个 9 位的十进制数。30 位就可以精确地表示全部的 9 位十进制数，因此可以使用 32 位整型对任意合法的 SSN 进行编码。但是，有些处理 SSN 的软件可能需要操作单独的字段。这意味着从 32 位整型格式的 SSN 编码中提取字段会用到代价更高的除法、模和乘法运算。此外，使用 32 位格式时，字符串和 SSN 之间的转换也会更复杂。

相反，使用快速的机器指令插入和提取单个位字段很简单，而且创建这些字段的标准字符串表示形式（包括连字符）所需的工作量也较少。图 3-8 展示了 SSN 打包数据类型的简单实现，每个字段使用一个单独的位串（注意，这种格式只用到了 31 位，忽略了高位）。

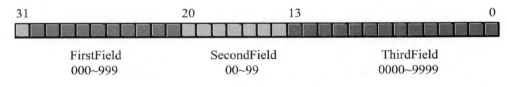

图 3-8 SSN 打包字段编码

访问打包数据对象中从 0 位开始排列的字段是最高效的，因此，应该把最常访问的字段[1]从第 0 位开始排列。如果无法判断哪个字段最常访问，就从字节边界开始排列这些字段。如果打包类型中存在没有用到的位，则可以把这些空位分散到整个结构中，让各个字段从字节边界开始排列，让它们以 8 位为单位排列。

图 3-8 中的 SSN 例子中只有一个没有用到的空位。但事实上我们可以利用这个多出来的空位让两个字段和字节边界对齐，以确保这些字段中有一个的位串长度是 8 位的倍数。图 3-9 展示了一种重新排列的 SSN 数据类型版本。

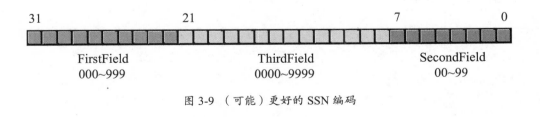

图 3-9 （可能）更好的 SSN 编码

---

1 应用程序不同，最经常访问的字段也不同。

图 3-9 中的数据格式有一个问题是，不能通过比较 32 位无符号整型直接对 SSN 排序[1]。如果需要进行大量基于 SSN 的排序，则图 3-8 中的格式可能会更好。

如果排序不重要，那么图 3-9 中的格式优点更多。这种打包类型实际上使用了 8 位（而不是 7 位）来表示 SecondField（而且 SecondField 从第 0 位开始排列），多出来的一位总是 0。也就是说 SecondField 占用了第 0~7 位（一个字节），而 ThirdField 正好从字节边界开始（第 8 位）。ThirdField 占用的位数并不是 8 的倍数，而 FirstField 也不是从一个字节边界开始排列，但考虑到只有一位可以填充，这种编码的效果还不错。

接下来的问题是，如何访问这种打包类型中的字段？其中有两种独立的操作。既需要获取或提取（Extract）打包好的字段，也需要向这些字段中插入（Insert）数据。AND、OR 和 SHIFT 运算就是我们的工具。

当操作这些字段时，使用三个独立的变量比直接使用打包数据更方便。以 SSN 为例，我们可以创建三个变量：FirstField、SecondField 和 ThirdField，然后将打包的实际数据提取到这三个变量中，再对这些变量进行操作，最后将变量中的数据插回到对应的字段中。

要提取图 3-9 所示的打包数据中的 SecondField（记住，访问第 0 位开始的字段是最简单的），需要把打包格式的数据复制到变量 SecondField 中，然后使用 AND 运算将 SecondField 字段以外的位屏蔽掉。因为 SecondField 是一个 7 位的值，所以屏蔽使用的掩码的第 0~6 位都是 1，其他位是 0。下面这段 C/C++ 代码展示了如何将该字段提取到 SecondField 变量中（假设 *packedValue* 是保存打包 SSN 数据的 32 位变量）：

```
SecondField = packedValue & 0x7f; // 0x7f = %0111_1111
```

如果要提取的不是从第 0 位开始排的字段，则需要做更多的工作。以图 3-9 中的 ThirdField 字段为例。我们可以通过用 %_11_1111_1111_1111_0000_0000（$3F_FF00）和打包数据进行 AND 逻辑运算来屏蔽第一个字段及第二个字段的所有位。但是，ThirdField 的值依然还留在第 8~21 位，进行算术运算并不方便。解决

---

1 "直接"的意思是：第一个字段是最重要的部分，第二个字段次之，第三个字段是最不重要的部分。

方法是将经过掩码的值向右移动 8 位，让它在处理的变量中对齐第 0 位。下面展示的是 Pascal/Delphi 的做法：

```
ThirdField := (packedValue and $3fff00) shr 8;
```

也可以先移动，再执行 AND 逻辑运算（但使用的掩码不同，为 $11_1111_1111_1111 或$3FFF）。下面是采用这种方法提取 ThirdField 的 C/C++/Swift 代码：

```
ThirdField = (packedValue >> 8) & 0x3FFF;
```

要提取（左边）和高位对齐的字段，比如 SSN 打包数据类型中的第一个字段，则需要将高位字段向右移动到与第 0 位（右边）对齐。逻辑右移运算会自动把高位填充为 0，因此不需要掩码。下面这段 Pascal/Delphi 代码展示了高位字段的提取方法：

```
FirstField := packedValue shr 22; // SHR 是 Delphi 的逻辑右移运算符。
```

HLA/x86 汇编语言可以方便地访问内存中任何字节边界上的数据。这样我们可以就当数据结构中的第二和第三个字段是和第 0 位对齐的。而且 SecondField 是一个 8 位的值（高位始终为 0），因此解包数据只需要一条机器指令，如下所示：

```
movzx( (type byte packedValue), eax );
```

该指令获取 *packedValue* 的第一个字节（在 80x86 上就是 *packedValue* 的低 8 位），并且在 EAX 寄存器中将这个值零扩展到 32 位（movzx 代表"移动并零扩展"）。这条指令执行完毕后，EAX 寄存器存储的就是 SecondField 的值。

打包数据类型中 ThirdField 的位数不是 8 的偶数倍，所以仍然需要掩码清除 32 位结果中不会被用到的位。但是打包结构中的 ThirdField 和字节（8 位）边界是对齐的，因此在高级语言中必需的移位操作在汇编语言中可以避免。下面是从 *packedValue* 对象中提取第三个字段的 HLA/ x86 汇编代码：

```
mov( (type word packedValue[1]), ax );    // 提取 packedValue 中的
                                          // 第 1 和第 2 个字节
and( $3FFF, eax );                        // 把所有不需要的位置 0
```

从 *packedValue* 对象中提取 `FirstField` 的 HLA/x86 汇编代码和高级语言代码相同，只需要简单地将高 10 位（`FirstField` 占用的位）移到第 0 位：

```
mov( packedValue, eax );
shr( 22, eax );
```

要把某个变量中的数据插入打包对象，如果变量中没有用到的位都是 0，则一共需要执行三个步骤。首先，必要时把字段数据左移，按位来和打包对象中的对应字段对齐。然后，将打包结构中该字段对应的位全部置零。最后，将经过移位的字段和打包对象进行 OR 逻辑运算。详细操作如图 3-10 所示。

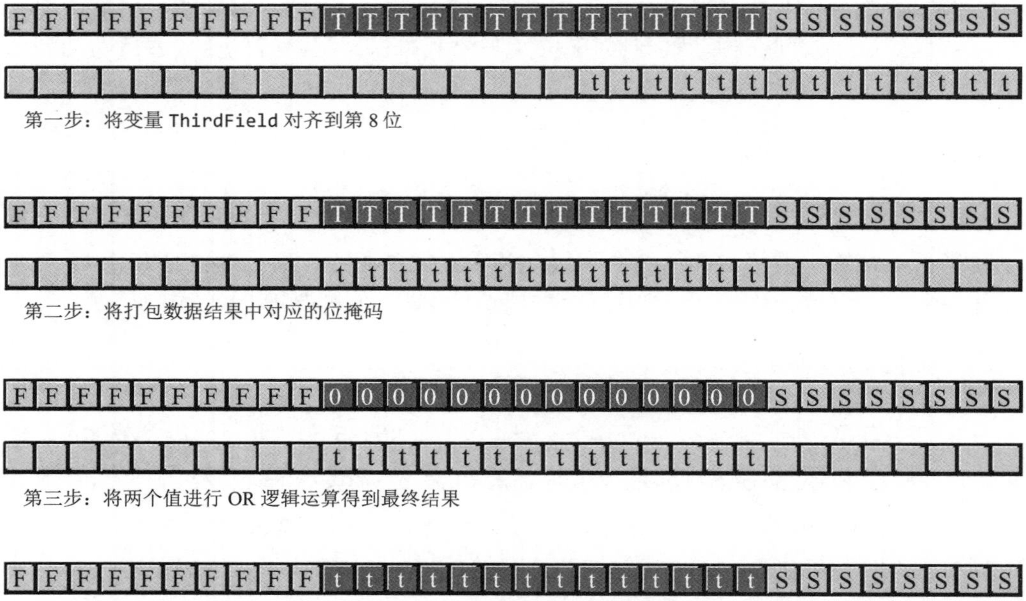

第一步：将变量 `ThirdField` 对齐到第 8 位

第二步：将打包数据结果中对应的位掩码

第三步：将两个值进行 OR 逻辑运算得到最终结果

图 3-10 将 `ThirdField` 插入 SSN 打包类型

下面是实现了图 3-10 中操作的 C/C++/Swift 代码：

```
packedValue = (packedValue & 0xFFc000FF) | (ThirdField <<8);
```

十六进制值$FFC000FF 第 8~21 位都为 0，其余位为 1。

3.8　更多信息

Hyde, Randall. *The Art of Assembly Language.* 2nd ed. San Francisco: No Starch Press, 2010.

Knuth, Donald E. *The Art of Computer Programming, Volume 2: Seminumcal Algorithms.* 3rd ed. Boston: Addison-Wesley, 1998.

4

浮点表示形式

 　　浮点运算是对实数运算的近似，这解决了整数数据类型无法表示小数的问题。但是，这种近似计算的误差会导致应用程序出现严重缺陷。只有了解计算机底层的数字表示形式及浮点运算对实数运算的近似原理，程序员才能通过浮点运算得到正确的结果，写出卓越的软件。

4.1　浮点运算简介

　　实数的数量是无限的，而浮点表示形式的位数却是有限的，能够表示的值的数量也是有限的。如果特定的浮点格式无法精确地表示某个实数值，就用能够精确表示的最接近该实数的近似值代替。本节介绍浮点格式的原理，帮助读者更深入地理解这种近似造成的影响。

　　整型和定点格式都存在一些问题。整型完全无法表示小数，只能表示 $0 \sim 2^n - 1$ 或 $-2^{n-1} \sim 2^{n-1} - 1$ 的整数。定点格式可以表示小数，但牺牲了整数部分能够表示的范围。这是动态范围（Dynamic Range）造成的问题之一，而浮点格式要解决的就是这个问题。

我们以一种简单的 16 位无符号定点格式为例，这种格式的小数部分和整数部分各占 8 位。整数部分可以表示 0~255 的值，小数部分可以表示 0 及 2^{-8}~1 的小数（精度大约是 2^{-8}）。如果位串计算只用到小数值 0.0、0.25、0.5 和 0.75，那么小数部分只需要 2 位来表示，而剩下的 6 位全都浪费了。那么能不能利用这些浪费的位，将整数部分的范围从 0~255 扩展到 0~16,383？当然可以，而且这正是浮点表示形式的基本原理。

浮点数值的（二进制）小数点可以根据实际需要在数字之间浮动。如果一个 16 位二进制数值的小数部分只需要两位精度，那么二进制（小数）点就可以浮动到第 1 位和第 2 位之间，而整数部分将占用第 2~15 位。浮点格式还需要一个额外的字段来指定小数点在数字中的位置，这个字段相当于科学记数法中的指数。

大多数浮点格式使用一部分位来表示尾数，使用余下的几位来表示阶码。尾数（Mantissa）通常是有限范围内（比如 0~1）的一个基值。阶码（Exponent）则是一个乘数，将其应用到尾数上之后就可以得到超出尾数范围的值。尾数/阶码组合的最大优势是扩展了浮点格式可以表示的范围。但是，浮点格式将数字分为两部分意味着它能表示的数字只是有一定位数的有效数字（Significant Digit）。如果浮点格式的最大阶码和最小阶码之差大于尾数的有效数字位数（一般都是这样），那么浮点格式就无法将所有该格式下的最小值和最大值之间的整数准确地表示出来。

我们用简化的十进制（Decimal）浮点格式来说明有限精度算术的影响。这种浮点格式的尾数的有效数字有三位，还有两位是十进制阶码。如图 4-1 所示，尾数和阶码均为带符号值。

图 4-1 简化的浮点格式

0.00~9.99×10^{99} 的全部值都可以用这种特殊的浮点表示形式近似地表示。但是，这种格式却无法准确地表示这个范围内的全部（整数）值（那需要 100 位精度）。例如，只能将 9,876,543,210 近似地表示为 9.88×10^9（在编程语言中记为 9.88e+9，本书中的浮点数大多采用这种记法）。

同样的值会被浮点格式编码为多种表示（位模式不同），因此浮点格式无法像整型那样使表示的值全都是不同的准确值。例如，对于图 4-1 中简化的十进制浮点格式来说，1.00e+1 和 0.10e+2 就是一个数值的两种不同表示。浮点格式能够表示的数值总量是有限的。因此，只要一个值存在两种可能的表示形式，浮点格式能够表示的特定数值就会少一个。

此外，浮点格式是一种科学记数法，其运算在某种程度上更加复杂。采用科学记数法的两个数相加或相减时，必须把它们的阶码对齐（调整数值让阶码相等）。例如，当 1.23e1 和 4.56e0 相加时，应当先将 4.56e0 转换为 0.456e1 再相加。得到的结果 1.686e1 超出了当前格式三位有效数字的限制，因此必须舍入（Round）或截断（Truncate）。一般来说，舍入的结果最准确，所以舍入后得到结果 1.69e1。精度（Precision，即计算中保留的有效数字个数或位数）损失会影响准确性（Accuracy，即计算的正确性）。

这个例子当中的结果能够舍入，是因为在计算过程中保留了四位有效数字。如果浮点运算过程中只能保留三位有效数字，则较小的数字的最后一位会被截断（舍弃），这样得到的计算结果是 1.68e1，误差更大。因此，为了提高准确性，计算过程中需要使用额外的数字。这些额外的数字称为保护数字（Guard Digit，对二进制格式来说就是保护位，Guard Bit）。保护数字能够极大地提高长串连续计算的准确性。

单次计算中损失的精度通常是可以承受的。但是，连续浮点运算中累积的精度误差将极大地影响计算本身。以 1.23e3 和 1.00e0 相加为例。先把两个数字的阶码调整到一样，再进行加法运算：1.23e3 + 0.001e3。这两个数字的和舍入后仍为 1.23e3。在只能保留三位有效数字的前提下，与非常小的数值进行一次加法运算，结果没有变化，这似乎没什么问题。但是，假设我们将 1.23e3 和 1.00e0 相加 10 次。1.23e3 和 1.00e0 第一次相加得到 1.23e3。第二次、第三次、第四次一直到第十次相加，得到结果都是一样的。但如果我们先将 10 个 1.00e0 相加，再将结果（1.00e1）和 1.23e3 相加，将得到不一样的结果 1.24e3。这引出了有限精度运算的第一条重要规则：

> 求值的顺序会影响结果的准确性。

相加或相减的数字的数量级越接近（即阶码大小接近），得到的结果越准确。如果要进行连续的加减法运算，应先对运算进行分组，以便先执行值数量级接近的加减法运算，再执行值数量级相差较大的加减法运算。

假精度（False Precision）是浮点数加减法的另一个问题。以 `1.23e0-1.22e0` 为例。得到的结果 `0.01e0` 在数学上和 `1.00e-2` 等价，但后一种形式明确地表达了最后两位数字（千分位和万分位）都为 0 的含义。可惜计算最后得到的结果只有一位有效数字（百分位），而且一些 FPU 或浮点软件包实际上还可能会在低位插入随机数字（或位）。这引出了有限精度运算的第二条重要规则：

> 将同符号的两个数相减或者将不同符号的两个数相加，得到的结果可能达不到该浮点格式能够表示的最高精度。

浮点数的乘除法不需要在运算前对齐阶码，因此也就不存在加减法中的问题。乘法只需要将阶码相加并将尾数相乘（除法则需要将阶码相减并将尾数相除）。如果运算中只有乘除法，结果不会有太大的误差。但是，数值中已经存在的精度误差会被乘除法放大。例如，本来应该计算 `1.24e0` 乘以 2，如果算成了 `1.23e0` 乘以 2，则乘积的精度会更低。这引出了有限精度运算的第三条重要规则：

> 连续进行加、减、乘、除运算时，应当首先进行乘法和除法运算。

在做连续运算时，往往可以通过正常的代数变换重新调整运算的顺序，先进行乘法和除法运算。例如，计算下面这个表达式：

$$x \times (y + z)$$

一般的做法是先对 y 和 z 求和，再将结果乘以 x。但是，如果先将表达式做下面这样的变换，计算结果的精度会更高：

$$x \times y + x \times z$$

现在，就可以先进行乘法运算了。[1]

乘法和除法运算也有一些其他问题。先将两个非常大或非常小的数相乘时，可能会发生上溢（Overflow）或下溢（Underflow）。用一个小数除以一个大数或者用一个大数除以一个小数时，也会发生类似的情况。这引出了有限精度运算的第四条规则：

当进行多个数字乘除法运算时，先进行相同量级的乘除法运算。

浮点数的比较非常容易出问题。任何运算都自带误差（包括将输入的字符串转换为浮点值），因此绝对不能比较两个浮点值是否相等。虽然不同的运算得到的（数学）结果可能是相同的，但其浮点表示的最小有效位数可能不同。例如，1.31e0 和 1.69e0 相加得到 3.00e0。类似地，1.50e0 和 1.50e0 相加也得到 3.00e0。但是，如果比较（1.31e0 + 1.69e0）与（1.50e0 + 1.50e0）是否相等，可能得出不相等的结果。两个看似等价的浮点计算得到的结果不一定完全相等，所以直接比较相等性可能出错。当且仅当两个操作数的位（或数字）全部相同时，直接比较相等性才能得到期望的结果。

在比较浮点数是否相等时需要先给出可以接受的误差（或公差），再检查其中一个值是否在另一个值的误差范围内，像这样：

```
if( (Value1 >= (Value2 - error)) and (Value1 <= (Value2 + error)) ) then . . .
```

下面这种形式的语句更高效：

```
if( abs(Value1 - Value2) <= error ) then ...
```

error 的值应该比计算中出现的最大误差略大一些，具体值取决于计算使用的浮点格式和要比较的值的量级。因此，有限精度运算的最后一条规则如下：

在进行两个浮点数是否相等的比较时，比较的始终是两个值的差是否小于某个很小的误差值。

浮点数的相等性比较是所有入门的编程教材都绕不开的问题。同样的问题在小

---

1 当然，这种做法的代价是乘法要计算两次而不是一次，运算会更慢。

于或大于比较中也存在，却很少有人关注。假设连续浮点计算的结果误差范围是 ±error，那浮点表示形式能够达到比 error 更高的精度。如果将这个结果与其他累积误差更小（小于 ±error）的计算结果进行比较，则当这两个值非常接近时，小于或大于比较可能会产生错误的结果。

假设采用简化的十进制浮点表示形式的一组连续计算得到了结果 1.25，精确到 ±0.05（但实际值可能是 1.20~1.30 之间的某个值），而另外一组连续计算得到了结果 1.27，精确到该浮点表示形式可以达到的最高精度（也就是说，舍入前的实际值在 1.265~1.275）。将第一组计算的结果（1.25）直接与第二组计算的结果进行比较（1.27），结论是第一组计算的结果更小。然而，该结论可能是错误的，因为考虑误差，第一组计算实际的结果可能在 1.27~1.30（不包括）之间。

唯一合理的比较是检查两个值是否在对方可以接受的误差之内，如果是，则两个值被视为相等（不会认为一个值小一个值大）。两个值在可接受的误差范围内不相等，才可以比较大小。这被称为吝啬算法（Miserly Approach），即尽量不要进行两个值的小于或大于比较。

另一种可行的方法是贪婪算法（Eager Approach），即尽可能地让相等性比较的结果为 true。给定两个需要比较的值和一个可以接受的误差，贪婪算法如下：

```
if( A < (B + error) ) then Eager_A_lessthan_B;
if( A > (B – error) ) then Eager_A_greaterthan_B;
```

别忘了（B + error）这样的计算本身也会受误差的影响，这取决于值 B 和 error 的相对量级，而这种误差可能会影响比较的最终结果。

> **注意**：由于篇幅所限，本书仅讨论了在使用浮点值的过程中可能会产生的一些主要问题，还有浮点运算不能被当作实数运算的原因。如果需要了解更多关于浮点数的详细信息，请查阅数值分析和科学计算的相关文献。无论使用哪种语言进行浮点运算，都请花一些时间研究一下有限精度运算对计算的影响。

4.2 IEEE 浮点格式

当英特尔公司计划为最初的 8086 微处理器引入 FPU（Floating-Point Unit，浮点运算单元）时，意识到良好的浮点表示形式设计需要数值分析背景，而这可能是擅长芯片设计的电气工程师和固态物理学家并不具备的。他们的做法非常明智，从公司外聘请最好的数值分析师（William Kahan）来设计 8087 FPU 的浮点格式。然后，Kahan 又聘请了该领域的另外两名专家（Jerome Coonen 和 Harold Stone），三人共同设计了 KCS 浮点标准。他们的设计如此优秀，IEEE 组织直接在这种格式的基础上设计了 IEEE 754 浮点格式标准。

英特尔公司实际上一共引入了三种浮点格式来满足不同的性能和精度要求，三种格式分别是：单精度、双精度和扩展精度。单精度和双精度格式相当于 C 语言的 `float` 和 `double` 类型，或者 FORTRAN 的 `real` 和 `double precision` 类型。扩展精度比双精度还要多出 16 位，在保存结果被舍入为双精度浮点值之前，这些位可以作为连续浮点计算中的保护位。

4.2.1 单精度浮点格式

单精度浮点格式的尾数有 24 位，阶码有 8 位。尾数的值在 1.0~2.0（不包括 2.0）的范围内。尾数最高位始终为 1，表示二进制小数点左边的数字。剩余的 23 位尾数表示二进制小数点右边的值：

```
1.mmmmmmmm mmmmmmmmm mmmmmmmmmm
```

高位隐含为 1 意味着尾数始终大于等于 1。即使尾数其他位全部为 0，高位隐含的 1 也能让尾数的值始终为 1。二进制小数点右边的每一位都代表一个值（0 或 1）乘以 2 的负数次幂，指数按位递增，但即使二进制小数点右边有无限位数且都是 1，它们的总和仍小于 2。因此，尾数可以表示的值一定介于 1.0 和 2.0（不包括 2.0）之间。

我们来看一些例子。以十进制值 1.7997 为例，我们可以按照以下步骤计算它的二进制尾数：

1. 1.7997 减去 2^0 得到 0.7997 和
   %1.00000000000000000000000

2. 0.7997 减去 2^{-1}（1/2）得到 0.2997 和
   %1.10000000000000000000000

3. 0.2997 减去 2^{-2}（1/4）得到 0.0497 和
   %1.11000000000000000000000

4. 0.0497 减去 2^{-5}（1/32）得到 0.0185 和
   %1.11001000000000000000000

5. 0.0185 减去 2^{-6}（1/64）得到 0.00284 和
   %1.11001100000000000000000。

6. 0.00284 减去 2^{-9}（1/512）得到 0.000871 和
   %1.11001100100000000000000

7. 0.000871 减去 2^{-10}（1/1,024）（近似）得到 0 和
   %1.11001100110000000000000

尽管 1 和 2 之间有无限多个值，但是单精度格式的尾数只有 23 位（第 24 位始终为 1），因此单精度格式能表示的值就只有 800 万（2^{23}）个，而精度也只有 23 位。

尾数格式采用的是 1 的补码，而不是 2 的补码。这意味着 24 位尾数的值只是一个无符号二进制数，值为正还是负由第 31 位的符号位确定。1 的补码有一个少见的特性，即 0 有两种表示形式（符号位为 1 或 0）。通常只有浮点软件或硬件系统设计师才会关注这一点。这里我们假设数值 0 的符号位始终为 0。

单精度浮点格式如图 4-2 所示。

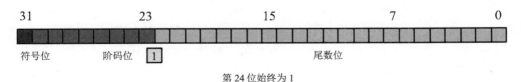

| 31 | | 23 | | 15 | | 7 | | 0 |

符号位　　　　　　阶码位　[1]　　　　　　　　　　尾数位

第 24 位始终为 1

图 4-2 单精度（32 位）浮点格式

将尾数乘以阶码指定的 2 的次幂，得到的值有可能超出尾数自身可以表示的范围。单精度浮点格式的阶码有 8 位，并且采用了增码-127（Excess-127）格式（有时称为移码-127 格式阶码，Bias-127 Exponent）。在增码-127 格式中，值 127（\$7f）表示阶码 2^0。阶码本来的值加上 127 就转换成了增码-127 格式。例如，1.0 的单精度表示形式为\$3f800000。尾数为 1.0（包括隐含为 1 的高位在内），阶码为 2^0，编码为 127（\$7f）。2.0 的表示形式为\$40000000，阶码 2^0 的编码为 128（\$80）。

增码-127 格式的阶码，使两个浮点数大小的比较得到简化。阶码的比较和无符号整数比较一样，那么就只剩下符号位（第 31 位）需要单独处理了。如果两个值的符号不同，则其中的正值（第 31 位为 0）大于（最高位为 1）负值。[1] 如果两个值的符号位都为 0，则直接把两个值当作无符号二进制数进行比较。如果两个值的符号位都为 1，同样可以当作无符号数比较，但是结果需要反过来（小于变成大于，大于变成小于）。有些 CPU 的 32 位无符号数比较要比 32 位浮点数的比较快得多，所以在浮点数比较中使用整数运算代替浮点运算就很有必要了。

单精度浮点数的 24 位二进制尾数的精度大约相当于 6 位半的十进制数的精度（这个半位精度的含义是，前 6 位数字的值可以在 0..9 的范围内，而最后的第 7 位数字只能在 0~x 的范围内，这里 $x < 9$，通常约为 5）。采用 8 位增码-127 格式阶码，单精度浮点数的动态范围约为 $2^{\pm128}$ 或者 $10^{\pm38}$。

尽管单精度浮点数适合许多应用程序，但它的动态范围并不能满足许多金融、科学及其他一些应用程序的需要。而且，在连续的长串计算中，单精度浮点数有限的精度可能会导致明显的误差。重要计算需要的浮点格式精度应该更高。

4.2.2　双精度浮点格式

双精度浮点格式可以解决单精度浮点格式的问题。双精度格式的长度是单精度的两倍，由 11 位的增码-1,023 格式阶码、53 位的尾数（包括隐含为 1 的高位）及一位符号位组成。动态范围大约是 $10^{\pm308}$，而精度达到了 15~16+位十进制数字。这对于大多数应用程序来说已经足够了。双精度浮点格式如图 4-3 所示。

1　实际上，有一些例外。浮点格式的 0 有两种表示：一种符号位为 1，另一种符号位为 0。浮点数的比较操作应该将这两个值视为相等。同样，还有一些特殊的浮点值是无法比较的，这些值也是比较操作必须考虑的。

第 53 位始终为 1

图 4-3 双精度（64 位）浮点格式

4.2.3 扩展精度浮点格式

为了保持长串双精度浮点数计算的精度，英特尔公司还设计了扩展精度格式。扩展精度格式一共使用了 80 位，包括 64 位的尾数、15 位的增码-16,383 格式阶码，还有一位符号位。尾数的高位并不始终隐含为 1。扩展精度浮点格式如图 4-4 所示。

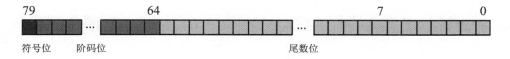

图 4-4 扩展精度（80 位）浮点格式

80x86 FPU 的所有计算都采用扩展精度形式。FPU 在加载单精度或双精度浮点数时，会自动将它们转换为扩展精度。同样，当单精度或双精度浮点数被存储到内存时，FPU 会在存储前自动将它们舍入到合适的大小。扩展精度格式为 32 位和 64 位计算提供了大量保护位，有助于保持（但不能保证）计算过程中 32 位或 64 位精度的完整性。某些进入低位的误差是无法避免的，因为 FPU 无法为 80 位计算提供保护位（在 80 位计算中，FPU 只有 64 个尾数位可用）。虽说 80 位计算不是绝对精确的，但是，扩展精度格式的准确性通常比双精度的 64 位更高。

支持浮点运算的非英特尔 CPU 通常仅支持 32 位和 64 位浮点格式。因此，这些CPU 的浮点计算得到的结果和采用 80 位的 80x86 比起来可能没那么精确。还有一点需要注意，现代的 x86-64 CPU 的 SSE 扩展中包括额外的浮点硬件。但是，这些 SSE扩展只支持 64 位和 32 位浮点计算。

4.2.4 四精度浮点格式

当初 80 位的扩展精度浮点格式只是权宜之计。如果"类型应该保持一致",那么比 64 位浮点格式更长的应该是 128 位浮点格式。可惜在 1970 年代后期设计浮点格式的时候,英特尔发现四精度(128 位)浮点格式的硬件实现成本太高,不得已采用了 80 位扩展精度格式这样的折中方案。现如今一些 CPU(比如 IBM 的 POWER9 及高版本的 ARM)都能够进行四精度浮点运算。

IEEE Std 754 四精度浮点格式采用一位符号位、15 位增码-16,383 格式阶码以及 112 位(第 113 位隐含为 1)尾数(如图 4-5 所示)。精度可以达到 36 位十进制数字,阶码范围大约为 $10^{\pm4932}$。

图 4-5 四精度(128 位)浮点格式

4.3 规约形式与非规约形式

为了在浮点计算的过程中保持最高的精度,大多数计算都采用规约形式(Normalized)的浮点值。尾数高位为 1 的浮点值即为规约形式的浮点值。如果参与浮点计算的全部是规约形式的浮点值,则浮点计算的准确性会更高。因为尾数为 0 的高位有多少,计算中能够使用的有效数字(精度位)就少多少。

几乎所有没有规约化的值都可以通过将尾数左移并递减阶码,直到尾数高位为 1 来进行规约。[1] 注意,阶码是二进制的指数。阶码每递增一次,相当于浮点值乘以 2。相反,阶码每递减一次,则相当于浮点值除以 2。同样,尾数左移一位相当于浮点数乘以 2,右移一位相当于浮点数除以 2。因此,尾数左移一位的同时递减阶码不会改变浮点值(这是某些数字在浮点格式中有多种表示形式的原因,前面已经遇到过这

---

[1] 极少数情况下,计算得到的最后结果的二进制小数点左边会超过一位。这时只需将尾数右移一位并递增阶码就可以进行规约。

种情况）。

下面是一个非规约形式的数值：

$$0.100000 \times 2^1$$

将尾数左移一位并递减阶码进行规约：

$$1.000000 \times 2^0$$

有两种重要的情况，是无法规约浮点数的。首先 0 是无法规约的，因为 0 的浮点表示的阶码和尾数的所有位都为 0。但这不是问题，因为 0 可以用一位 0 精确地表示，不需要额外的精度位。

如果尾数中有一些高位为 0 且带偏移[1]的阶码也为 0，那么浮点数也是无法规约的（无法递减阶码来规约尾数）。IEEE 标准并没有禁用这些尾数高位为 0 且带偏移的阶码也为 0（阶码可以表示的最小负数次幂）的小数，并允许在这种情况下使用特殊的非规约形式（Denormalized）的数值。[2] 尽管采用非规约形式数值使 IEEE 浮点计算得到的结果好过发生下溢，但非规约形式牺牲了有效数字的位数（精度位）。

4.4 舍入

就精度而言，在计算过程中浮点运算函数产生的结果可能优于浮点格式支持的数值（计算过程中可以用保护位来保持这些额外的精度）。当计算最终完成并且结果需要保存到代码中的浮点变量时，需要处理这些额外的精度位。舍入（Rounding）就是系统运用保护位来影响其他位的方法，而且舍入的方法会影响计算的准确性。传统的浮点软件和硬件采用的舍入方法有四种：截断、上舍入、下舍入及四舍五入。

截断最简单，但是用在连续计算中得到的结果最不准确。现代浮点系统很少使用截断方法，除非需要将浮点数转换为整数（截断是将浮点数强制转换为整数的标准做法）。

---

1 "带偏移"的阶码指的是阶码的值加上偏移，例如增码-127 格式的阶码需要加上偏移 127。
2 或者选择让数值下溢为 0。

如果保护位全部为 0，则上舍入什么都不会做，但是如果当前尾数超出了目标格式的长度，上舍入会将尾数设置为浮点格式能表示的大于当前尾数的最小值。和截断一样，上舍入也不是常见的舍入模式。但是，上舍入能够有效地实现 ceil() 函数。这个函数将浮点值舍入到大于该浮点值的最小整数。

下舍入和上舍入相似，只不过下舍入是将结果舍入到小于该浮点数的最大值。这看起来和截断一样，但这两种方法有一个细微的差别：截断总是舍入到 0。正数的截断和下舍入是等价的。负数的截断只会使用尾数中现有的位。而如果结果为负，则下舍入还需要在低位加 1。下舍入也不是常见的舍入模式，但能够有效地实现 floor() 这样的函数。这个函数将浮点值舍入到小于该浮点值的最大整数。

最符合直觉的处理保护位的方法是四舍五入。如果保护位表示的值小于尾数低位表示的值的一半，则四舍五入会将结果下舍入到小于该浮点值的最大值（忽略符号位）。如果保护位表示的值大于尾数低位表示的值的一半，则四舍五入会将尾数上舍入到大于该浮点值的最小值（忽略符号位）。如果保护位表示的值恰好是尾数最低位表示的值的一半，则 IEEE 浮点标准的要求是上舍入和下舍入应保持机会各半。具体实现可以是将尾数舍入到低位为 0。也就是说，如果当前尾数的最低位已经为 0，则使用当前尾数；如果当前尾数的最低位为 1，则在最低位加 1 将其舍入到大于该浮点值且低位为 0 的最小值。IEEE 浮点标准强制要求使用的这种方案在发生精度损失时能得到最佳结果。

下面是一些舍入的例子，用到了 24 位尾数和 4 位保护位（这些例子使用四舍五入的算法将 28 位数字舍入到 24 位数字）：

```
1.000_0100_1010_0100_1001_0101_0001 -> 1.000_0100_1010_0100_1001_0101
1.000_0100_1010_0100_1001_0101_1100 -> 1.000_0100_1010_0100_1001_0110
1.000_0100_1010_0100_1001_0101_1000 -> 1.000_0100_1010_0100_1001_0110
1.000_0100_1010_0100_1001_0100_0001 -> 1.000_0100_1010_0100_1001_0100
1.000_0100_1010_0100_1001_0100_1100 -> 1.000_0100_1010_0100_1001_0101
1.000_0100_1010_0100_1001_0100_1000 -> 1.000_0100_1010_0100_1001_0100
```

4.5　特殊的浮点值

IEEE 浮点格式为一些特殊的浮点值提供了一种特殊的编码。本节我们将介绍使用这些特殊的浮点值的目的及它们的含义，以及浮点格式表示形式。

通常情况下，浮点数阶码位不会全部为 0 或全部为 1。全 1 或全 0 的阶码表示的就是特殊值。

如果阶码全部为 1 且尾数非零（隐含为 1 的高位不算在内），则由尾数的高位（隐含为 1 的高位也不算在内）确定该值代表的是未明非数（QNaN，Quiet Not-a-Number）还是明确非数（SNaN，Signaling Not-a-Number）（请参考表 4-1）。非数（NaN）说明系统中发生了严重的计算错误，计算结果完全无法确定。QNaN 代表结果不确定，而SNaN 说明运算无效。无论参与计算的其他操作数是什么值，任何 NaN 参与的计算结果都是 NaN。注意，NaN 与符号位无关。表 4-1 列出了 NaN 的二进制表示形式。

表 4-1　NaN 的二进制表示形式

NaN	二进制格式	数值
SNaN	32 位	%s_11111111_0xxxx...xx [x 中至少一位为 1，与具体值无关]
SNaN	64 位	%s_1111111111_0xxxxx...x [x 中至少一位为 1，与具体值无关]
SNaN	80 位	%s_1111111111_0xxxxx...x [x 中至少一位为 1，与具体值无关]
QNaN	32 位	%s_11111111_1xxxx...xx [与具体值无关]
QNaN	64 位	%s_1111111111_1xxxxx...x [与具体值无关]
QNaN	80 位	%s_1111111111_1xxxxx...x [与具体值无关]

指数位全部为 1 并且尾数位全部为 0 的浮点数表示的是另外两个特殊值。这种情况下，具体表示的是+无穷（+Infinity）还是−无穷（−Infinity），由浮点数的符号位决定。表 4-2 列出了操作数中出现无穷时（事先定义好）的计算结果。

表 4-2 涉及无穷的运算

运算	二进制格式
n / ±无穷	0
±无穷 × ±无穷	±无穷
±非零值 / 0	±无穷
无穷 + 无穷	无穷
n + 无穷	无穷
n − 无穷	−无穷
±0 / ±0	NaN
无穷 − 无穷	NaN
±无穷 / ±无穷	NaN
±无穷 × 0	NaN

最后，如两个特殊值−0或+0的指数位全部为0，由符号位确定浮点数表示的是−0还是+0。因为浮点数格式采用了 1 的补码表示，所以 0 有两种不同的表示形式。注意，在比较、算术运算和其他运算中，+0 等于 −0。

利用 0 的多种表示形式

IEEE 浮点格式既支持+0，也支持−0（取决于符号位的值）。在算术计算和比较计算中，+0 和−0 是等价的，它们的符号位会被忽略。软件在操作表示 0 的浮点值时可以使用符号位作为标志来表示不同的含义。例如，符号位为 0 表示值刚好为 0，而符号位为 1 表示值虽然非零但数值太小，当前格式无法表示。英特尔建议符号位为 1 表示 0 是负数下溢产生的，符号位为 0 表示 0 是正数下溢产生的（符号位清零）。推测运算结果为 0 时，英特尔的 FPU 会按照上面的建议设置符号位。

4.6 浮点数异常

IEEE 浮点标准还定义了一些退化条件，具备这些条件时浮点处理器（或软件实现的浮点代码）应该通知应用程序软件。这些异常情况包括：

- 无效运算
- 除零
- 非规约化操作数
- 数值上溢
- 数值下溢
- 结果不准确

其中，结果不准确的影响是最小的，因为大多数浮点计算的结果都不准确。非规约化操作数的影响也不是很严重（尽管其引发的异常表明计算由于精度不够而不准确）。其他异常则更严重，不应该被忽略。

计算机系统告知应用程序发生异常的方式有多种，具体取决于 CPU/FPU、操作系统和编程语言，限于篇幅无法在这里一一展开。不过，通常情况下编程语言的异常处理可以捕获这些异常。注意，大多数计算机系统不会主动通知异常，除非明确声明期望得到通知。

4.7 浮点运算

尽管大多数现代 CPU 都有支持浮点运算的 FPU 硬件，但是为了理解浮点运算背后的原理，花些时间编写浮点算术运算程序是值得的。一般会选择使用更快的汇编语言编写数学函数，因为浮点包的主要设计目标就是速度快。但这里我们实现浮点包只是想看清楚算法流程，因此选择的是更容易编写、阅读和理解的代码。

高级编程语言（如 C/C++或 Pascal）实现浮点数的加法和减法运算确实很容易，所以我们用高级语言来实现浮点数的加法和减法运算。而浮点数的乘法和除法运算，使用汇编语言实现则更容易，所以我们使用高级汇编语言（HLA）实现乘法和除法程序。

4.7.1　浮点表示形式

本节我们使用 IEEE 32 位单精度浮点格式（如图 4-2 所示），带符号的值使用 1 的补码表示。也就是说，符号位（第 31 位）为 1 则数字为负，为 0 则数字为正。第 23~30 位是一个 8 位增码-127 格式的阶码，尾数占用余下的 24 位。由于高位隐含为 1，因此这种格式不支持非规约化的值。

4.7.2　浮点数的加减法

加法和减法的实现代码基本上是一样的。毕竟，X – Y 就等于 X + (–Y)。如果可以把负数加到另一个数上，那么要实现两个数的减法，就可以先取一个数的负值，然后加到另一个数上。而且 IEEE 浮点格式使用 1 的补码表示负数值，取负非常简单，只需要把符号位取反即可。

因为使用的是标准的 IEEE 32 位单精度浮点格式，所以理论上我们可以直接使用 C/C++的浮点数据类型（假设底层的 C/C++ 编译器也使用这种格式，实际上大多数现代计算机也是这样做的）。但很快我们就会发现，用软件实现浮点计算需要将浮点格式当成位串或者整数值，才能进行各种字段操作。因此，把浮点表示形式的位模式当成 32 位无符号整型，操作起来更方便。假设 C/C++的无符号长整型的实现是 32 位（本节假设这种长整型就是 `uint32_t`，相当于 `typedef unsigned long uint32_t`），为了区分实数值和程序中它们的实际整型表示，我们定义了下面这个 `real` 数据类型，所有实数变量都用这种类型声明：

```
typedef uint32_t real;
```

采用和 C/C++ 一模一样的浮点格式实现有一个好处：可以将浮点字面值直接赋值给 `real` 变量，而且其他浮点操作也可以使用现有的库，比如输入和输出。这种做法也有问题：如果 `real` 变量出现在浮点表达式中，C/C++ 会自动将整型转换成浮点格式（记住，对 C/C++ 来说 `real` 只是一个无符号长整型值）。这意味着我们需要让编译器把 `real` 变量中保存的位当作 `float` 对象来处理。

直接采用*(float) realVariable* 强制转换类型没有效果。C/C++ 编译器会认为 *realVariable* 中包含的是整数值，编译代码时会将其转换为和这个整数值相等的浮点值。而我们期望 C/C++ 编译器把 *realVariable* 的位当作浮点表示形式，不做任何转换。下面这个 C/C++ 宏可以巧妙地做到这一点：

```
#define asreal(x) (*((float *) &x))
```

这个宏的参数必须是一个 **real** 变量，而编译器会认为其结果就是 **float** 变量。有了 **float** 变量，我们就可以开发两个 C/C++ 函数 **fpadd()** 和 **fpsub()**，分别完成浮点数的加法和减法运算。这两个函数都接受三个参数，分别是运算符的左操作数、右操作数和一个指向结果的指针。两个函数原型如下：

```
void fpadd( real left, real right, real *dest );
void fpsub( real left, real right, real *dest );
```

fpsub() 函数对右操作数取负，再用取负的结果调用 **fpadd()** 函数。**fpsub()** 函数的代码如下：

```
void fpsub( real left, real right, real *dest )
{
    right = right ^ 0x80000000;    // 右操作数符号位取反
    fpadd( left, right, dest );    // 交给 fpadd 完成真正的计算
}
```

所有的实际运算都是由 **fpadd()** 函数完成的。我们把 **fpadd()** 函数分解成几个不同的工具函数，这样理解和维护起来更容易。真正的软件浮点库程序是不会这样做的，因为额外的子程序调用会让计算更慢。这里开发 **fpadd()** 函数只是为了学习。再说，实现高性能的浮点数加法运算，使用硬件 FPU 比使用软件实现更合适。

IEEE 浮点格式是典型的打包数据类型。第 3 章介绍过，打包数据类型能够显著降低一个数据类型要求的存储空间，但是在真正计算时使用打包的字段就不那么方便了。因此，浮点函数要做的第一件事就是把符号、阶码和尾数三个字段从浮点表示形式中提取出来。

第一个函数是 **extractSign()**，负责从打包的浮点表示形式中提取符号位（第 31 位），返回 0（代表正数）或 1（代表负数）。

```
inline int extractSign( real from )
{
    return( from >> 31);
}
```

下面这个表达式也可以提取符号位（而且更高效）：

```
(from & 0x80000000) != 0
```

但是，在前面一段代码中，将第 31 位右移到第 0 位显然更容易理解。

第二个工具函数是 extractExponent()，它提取的是打包实数格式中第 23~30 位的阶码。具体实现如下：先将实数值向右移动 23 位，再掩去符号位，最后把得到的增码-127 格式的阶码转换为 2 的补码格式（减去 127 即可）。

```
inline int extractExponent( real from )
{
    return ((from >> 23) & 0xff) - 127;
}
```

然后是从实数值中提取尾数的 extractMantissa() 函数。提取尾数必须屏蔽掉浮点表示形式中的阶码位和符号位，再将隐含为 1 的高位插入尾数中。只有全部位都为 0 这一种情况例外，这时必须返回 0。

```
inline int extractMantissa( real from )
{
    if( (from & 0x7fffffff) == 0 ) return 0;
    return ((from & 0x7FFFFF) | 0x800000 );
}
```

前面讲过，对采用科学记数法表示（IEEE 浮点格式就是）的两个值进行加减法运算的时候，必须首先对齐这两个值的阶码。例如，两个十进制数（基数为 10）1.2345e3 和 8.7654e1 相加，必须首先调整其中一个数，使两个数的阶码相等。可以右移第一个数的小数点，减少它的阶码。例如，下面这些值都等于 1.2345e3：

```
12.345e2 123.45e1 1234.5 12345e-1
```

同样，可以左移小数点让阶码增加。以下这些值都等于 **8.7654e1**：

```
0.87654e2  0.087654e3  0.0087654e4
```

对于二进制数的浮点加减法运算，尾数左移一位同时递减指数，或者尾数右移一位同时递增指数，都可以把二进制阶码调整到一样。

尾数向右移位会降低数字的精度（因为最终尾数的最低位会被移出去）。为了尽可能地保持计算的准确性，从尾数中移出去的位不应当被直接截断，而是应该将结果舍入到余下的尾数位能够表示的最接近的值。下面按顺序列出了 IEEE 的舍入规则：

1. 如果最后移出的一位是 0，则截断结果。

2. 如果最后移出的一位是 1，且其他移出的位中至少有一位为 1，则最终的尾数加 1。[1]

3. 如果最后移出的一位是 1，且其他移出的位全部为 0，尾数的低位为 1，则最终的尾数进 1。

尾数的移位和舍入是一种相对复杂的操作，而且浮点加法运算的代码会执行多次。因此，可以将此运算实现为一个工具函数。下面列出的代码是在 C/C++ 中实现的 **shiftAndRound()** 函数：

```
void shiftAndRound( uint32_t *valToShift, int bitsToShift )
{
    // masks 用来保留尾数的位并检查"固定"位
    static unsigned masks[24] =
    {
        0, 1, 3, 7, 0xf, 0x1f, 0x3f, 0x7f,
        0xff, 0x1ff, 0x3ff, 0x7ff, 0xfff, 0x1fff, 0x3fff, 0x7fff,
        0xffff, 0x1ffff, 0x3ffff, 0x7ffff, 0xfffff, 0x1fffff, 0x3fffff,
        0x7fffff
    };

    // HOmasks: 用于保留被 masks 屏蔽之后的值的最高位
```

---

1 如果算法中移出尾数的只有一位，就认为"其他移出的位全部为 0"。

```
static unsigned HOmasks[24] =
{
    0,
    1, 2, 4, 0x8, 0x10, 0x20, 0x40, 0x80,
    0x100, 0x200, 0x400, 0x800, 0x1000, 0x2000, 0x4000, 0x8000,
    0x10000, 0x20000, 0x40000, 0x80000, 0x100000, 0x200000, 0x400000
};
// shiftedOut:保存在非规约化操作中移出去的尾数位（用于非规约化的值的舍入）
int shiftedOut;

assert( bitsToShift <= 23 );

// 首先获取将要移出去的位（在移位后用来判断如何舍入）。
shiftedOut = *valToShift & masks[ bitsToShift ];

// 将数值右移给定的位数
// 注意：因为第 31 位始终为 0，所以 C 编译器实现的是逻辑移位还是算术移位没有差别。
*valToShift = *valToShift >> bitsToShift;

// 如有必要进行舍入：
if( shiftedOut > HOmasks[ bitsToShift ] )
{
    // 如果移出去的位大于低位的 1/2
    // 则尾数低位上进 1

    *valToShift = *valToShift + 1;
} else if( shiftedOut == HOmasks[ bitsToShift ] )
{
    // 如果移出去的位正好等于低位的 1/2，
    // 则舍入到低位为 0 且最接近尾数的值。

    *valToShift = *valToShift + (*valToShift & 1);
}
// 其他情况下
// 将数值下舍入为前面得到的数值。而这个结果已经被截断（即下舍入）
// 所以这里什么都不用做。
}
```

这段代码"巧妙"地利用 masks 和 HOmasks 两张查询表就提取到了右移操作会用到的尾数位。masks 表中每一项掩码为 1 的位（置位的位）都是移位时会被移出去的位。`HOmasks` 表中的每一项掩码只有其索引对应的位是 1，换句话说，索引 0 的掩码第 0 位为 1，索引 1 的掩码第 1 位为 1，依此类推。上面这段代码根据尾数需要右移的位数（索引）来查询两张表中对应的掩码。

将尾数的初始值和 masks 表中对应的掩码进行逻辑 AND 运算，如果得到的结果大于 `HOmasks` 表中的对应项，那么 `shiftAndRound()` 函数会将移位后的尾数向上舍入为较大的值。如果得到的结果等于 `HOmasks` 表中对应的项，那么实现代码会根据移位后尾数值的低位进行舍入（注意，当尾数低位为 1 时，表达式 `(*valToShift & 1)` 的结果为 1，反之为 0）。最后，如果得到的结果小于 `HOmasks` 表中对应的项，则实现代码什么都不用做，因为尾数已经舍入过了。

当通过调整一个操作数使得两个操作数的阶码对齐之后，加法算法下一步要做的就是比较两个值的符号。如果两个操作数的符号相同，则把尾数直接相加（使用标准的整数加法操作）。如果符号不同，则将尾数相减，而不是相加。因为浮点表示形式使用的是 1 的补码，而标准整数算术运算使用的是 2 的补码，所以无法直接用正数减去负数。必须用较大的值减去较小的值，再根据初始操作数的符号和量级确定最终结果的符号，具体方法如表 4-3 所示。

表 4-3 两个操作数符号不同时的处理

左边符号	右边符号	左边尾数大于右边尾数？	计算尾数	确定最终符号
−	+	是	左操作数 − 右操作数	−
+	−	是	左操作数 − 右操作数	+
−	+	否	右操作数 − 左操作数	+
+	−	否	右操作数 − 左操作数	−

无论进行加法还是减法运算，两个 24 位数字的运算结果都可能是 25 位（实际上这种情况在处理规约化数值时很常见）。浮点运算代码在加减法完成之后必须立即检查结果是否发生了溢出。如果发生了溢出，则尾数需要右移 1 位并对结果进行舍入，而且阶码也要递增。完成这一步之后，剩下的工作就是将得到的符号、阶码和尾数三个字段打包成 32 位的 IEEE 浮点格式。负责这项工作的 `packFP()` 函数代码如下：

```
inline real packFP( int sign, int exponent, int mantissa )
{
```

```
    return
        (real)
        (
                (sign << 31)
            |   ((exponent + 127) << 23)
            |   (mantissa & 0x7fffff)
        );
}
```

注意，这个函数适用于规约化数值、非规约化数值和零，但不适用于 NaN 和无穷。

使用这些工具函数，`fpadd()`就可以完成两个浮点数的加法运算，得到 32 位的实数结果：

```
void fpadd( real left, real right, real *dest )
{
    // 下面这些变量保存的是左操作数的各个字段
    int         Lexponent;
    uint32_t    Lmantissa;
    int         Lsign;

    // 下面这些变量保存的是右操作数的各个字段
    int         Rexponent;
    uint32_t    Rmantissa;
    int         Rsign;

    // 下面这些变量分别保存了运算结果的各个字段
    int         Dexponent;
    uint32_t    Dmantissa;
    int         Dsign;

    // 把字段提取到对应变量中，方便后续运算
    Lexponent = extractExponent( left );
    Lmantissa = extractMantissa( left );
    Lsign     = extractSign( left );

    Rexponent = extractExponent( right );
    Rmantissa = extractMantissa( right );
    Rsign     = extractSign( right );
```

```
// 处理特殊操作数（无穷和 NaN）:

if( Lexponent == 127 )
{
    if( Lmantissa == 0 )
    {
        // 如果左操作数是无穷，那么结果由右操作数的值决定。

        if( Rexponent == 127 )
        {
            // 如果阶码全部位都为 1（算上偏移后是 127）
            // 那么由尾数决定最后的结果是无穷（尾数位全部为 0），
            // 是 QNaN（位数为 0x800000），还是 SNaN
            //（0x800000 以外的非零尾数）

            if( Rmantissa == 0 ) // 如果右操作数尾数是无穷
            {
                // 无穷 + 无穷 = 无穷
                // -无穷 - 无穷 = -无穷
                // -无穷 + 无穷 = NaN
                // 无穷 - 无穷 = NaN

                if( Lsign == Rsign )
                {
                    *dest = right;
                }
                else
                {
                    *dest = 0x7fC00000; // +QNaN
                }
            }
            else // 右操作数尾数非零，即为 NaN
            {
                *dest = right; // 右操作数为 NaN，直接作为结果
            }
        }

    }
    else // 左操作数尾数非零且阶码全部为 1。
```

```
    {
        // 如果左操作数是某种 NaN，则结果也是同一种 NaN。

        *dest = left;
    }

    // 已经得到了最后的计算结果，返回
    return;

}
else if( Rexponent == 127 )
{
    // 有两种情况：右操作数要么是 NaN（这种情况下无论左操作数是什么值
    // 直接返回 NaN），要么是+/- 无穷。由于左操作数是"普通"的数字，
    // 最后直接返回无穷，因为无穷和任何值相加结果还是无穷。

    *dest = right; // 右操作数是 NaN，直接作为结果并返回
    return;
}

// 下面开始处理两个浮点数真正的加法运算。首先，如果两个数的阶码不一样，那必须对
// 其中一个数做"非规约化"。两个数的阶码必须对齐才可以进行加减运算。
//
// 算法：选择阶码较小的浮点数。然后将其右移一定位数（两个操作数阶码之差），
// 让阶码对齐。

Dexponent = Rexponent;
if( Rexponent > Lexponent )
{
    shiftAndRound( &Lmantissa, (Rexponent - Lexponent));
}
else if( Rexponent < Lexponent )
{
    shiftAndRound( &Rmantissa, (Lexponent - Rexponent));
    Dexponent = Lexponent;
}

// 现在，可以计算尾数的和了。只有一种例外：如果两个数的符号不同，那么
// 做法是用一个值减去另一个值（因为浮点格式采用的是 1 的补码，所以我们用较大的
// 尾数减去较小的尾数，然后根据原来的符号位和较大的尾数值来设置结果的符号）。
```

```
if( Rsign ^ Lsign )
{
    // 符号不同，必须做减法运算：

    if( Lmantissa > Rmantissa )
    {
        // 左操作数尾数较大，结果采用左操作数的符号

        Dmantissa = Lmantissa - Rmantissa;
        Dsign = Lsign;
    }
    else
    {
        // 右操作数尾数较大，结果采用右操作数的符号

        Dmantissa = Rmantissa - Lmantissa;
        Dsign = Rsign;
    }
}
else
{
    // 符号相同则做加法运算：

    Dsign = Lsign;
    Dmantissa = Lmantissa + Rmantissa;
}

// 下面开始规约化结果。
//
// 注意，在进行加法/减法的运算过程中，溢出 1 位是有可能的。下面处理的就是这种情况
// （当发生溢出时，将尾数右移一位并递增阶码）。注意，如果递增阶码后仍然溢出，
// 代码返回无穷（无穷的阶码就是$FF）；

if( Dmantissa >= 0x1000000 )
{
    // 处理加减法的溢出最多需要 1 位
    // 注意，我们使用虚拟浮点数格式，加减法运算得到的最大结果的尾数值是
    // 0x1ffffffe。这样当我们进行舍入的时候就不会溢出到第 25 位。
```

```
        shiftAndRound( &Dmantissa, 1 );          // 将结果右移变成 24 位。
        ++Dexponent;                              // 右移操作相当于除以 2，这一行代
                                                  // 码抵消了移位的效果
                                                  //（阶码递增相当于乘以 2）。
    }
    else
    {
        // 如果尾数高位清 0，则要通过左移尾数并同时递减阶码来规约化结果。
        // 尾数为 0 则进行特殊处理（这种情况很普遍）

        if( Dmantissa != 0 )
        {
            // 先将 while 循环中的尾数乘以 2（通过左移实现），然后将整个数字除以 2（通过阶
            // 码递减实现）。循环一直执行下去，直到尾数的高位为 1 或者阶码递减
            // 到-127（增码-127 格式的 0）。当 Dexponent 递减到-128 时，
            // 我们就得到了非规约化的数值，循环结束。

            while( (Dmantissa < 0x800000) && (Dexponent > -127 ))
            {
                Dmantissa = Dmantissa << 1;
                --Dexponent;
            }

        }
        else
        {
            // 如果尾数变成了 0，则其他字段也要全部清 0。

            Dsign = 0;
            Dexponent = 0;
        }
    }

    // 重新打包结果并保存：

    *dest = packFP( Dsign, Dexponent, Dmantissa );

}
```

最后我们用 C 中的 **main()** 函数对 **fpadd()** 和 **fsub()** 的软件实现进行总结，这

个 `main()` 函数演示了如何使用这两个函数：

```
int main( int argc, char **argv )
{
  real l, r, d;

  asreal(l) = 1.0;

  asreal(r) = 2.0;

  fpadd( l, r, &d );
  printf( "dest = %x\n", d );
  printf( "dest = %12E\n", asreal( d ));

  l = d;
  asreal(r) = 4.0;
  fpsub( l, r, &d );
  printf( "dest2 = %x\n", d );
  printf( "dest2 = %12E\n", asreal( d ));
}
```

使用 Microsoft Visual C++ 编译全部代码（并且把 `uint32_t` 定义为 `unsigned long`）得到的输出如下：

```
l = 3f800000
l = 1.000000E+00
r = 40000000
r = 2.000000E+00
dest = 40400000
dest = 3.000000E+00
dest2 = bf800000
dest2 = -1.000000E+00
```

4.7.3　浮点数的乘除法

大多数软件浮点库实际上是用汇编语言而不是高级（编程）语言编写的，而且经过人工优化。从前面章节的介绍我们知道，用高级语言编写浮点程序是可行的，特别是单精度浮点数的加减运算，实现代码很高效。如果采用合适的库程序，还可以使用高级语言编写浮点数的乘法和除法运算程序。但实际上浮点数的乘除法运算使用汇编语言实现更容易，因此本节介绍用 HLA 实现的单精度浮点乘法和除法算法。

本节使用 HLA 实现的函数有两个： `fpmul()`和 `fpdiv()`，它们的原型如下：

```
procedure fpmul( left:real32; right:real32 ); @returns( "eax" );
procedure fpdiv( left:real32; right:real32 ); @returns( "eax" );
```

本节的代码和前一节的代码相比，除了编程语言不同（本节使用汇编语言而不是 C 语言），还有两处主要的差异。第一，本节的代码并没有为实数值创建新的数据类型，而是使用了内置的 `real32` 数据类型。因为在汇编语言中，任何 32 位的内存对象都可以直接转换为 `real32` 或 `dword` 类型。第二，这些原型只有两个参数，并没有包含结果指针参数。这些函数直接把 `real32` 类型的结果放在了 EAX 寄存器中。[1]

1. 浮点数乘法

当两个用科学记数法表示的数值相乘时，最终结果的符号、阶码和尾数的计算方法如下：

- 结果的符号是两个操作数的符号的异或。也就是说，如果两个操作数符号相同，则结果为正；如果两个操作数符号不同，则结果为负。
- 结果的阶码是两个操作数的阶码之和。
- 结果的尾数是两个操作数的尾数的整数（定点数）乘积。

此外，IEEE 浮点格式还有一些额外的规则会影响浮点数乘法，由它们直接得到乘法结果：

- 两个操作数有一个或者两个都为 0，则结果为 0（因为 0 的表示形式特殊，所以需要特殊处理）。
- 任意一个操作数为无穷，则结果为无穷。
- 任意一个操作数为 NaN，则结果也是 NaN。

---

[1] 懂一点 80x86 汇编语言的人可能会怀疑，向整数寄存器返回浮点值是否合法。事实上，这确实是合法的！EAX 可以保存任何 32 位数值，不仅仅是整数。我们可以假设，现在正在编写一个软件浮点包，没有可用的浮点硬件，也没有用来传递浮点值的浮点寄存器。

fpmul() 函数首先检查两个操作数是否为 0。如果是，则函数立即向调用者返回 0.0。接下来 fpmul() 函数检查左操作数和右操作数是否为 NaN 或无穷。只要操作数中有这类值，就把其直接当作结果返回给调用者。

　　如果 fpmul() 的两个操作数都是有效的浮点值，那么 fpmul() 需要提取出打包浮点值中的符号、阶码和尾数字段。实际上，这里说提取并不准确，更准确的说法是分离（Isolate）。下面这段代码分离了两个操作数的符号位，计算出结果的符号：

```
mov( (type dword left), ebx );       //结果的符号是操作数符号
xor( (type dword right), ebx );      //XOR 运算的结果
and( $8000_0000, ebx );              //只保留符号位
```

　　这段代码先对两个操作数进行异或运算，然后屏蔽掉 EBX 寄存器的第 0~30 位，只留下第 31 位作为结果的符号位。fpmul() 并没有像对一般解包数据那样把符号位移到第 0 位，因为将计算结果重新打包成浮点值的时候还需要把符号位移回第 31 位。

　　处理阶码，fpmul() 需要把第 23~30 位分离出来进行运算。当将使用科学记数法表示的两个数值相乘时，阶码的值必须相加。但是，阶码之和还要减去 127，因为增码-127 格式的阶码相加相当于加了两次偏移。下面的代码分离出阶码位，调整了多余的偏移，再将阶码相加：

```
mov( (type dword left), ecx );       // ECX 中的第 23~30 位是阶码
and( $7f80_0000, ecx );              // 屏蔽掉其他位，留下阶码
sub( 126 << 23, ecx );               // 消除多余的偏移，然后乘以 2

mov( (type dword right), eax );
and( $7f80_0000, eax );

// 在做乘法运算时，阶码需要相加：

add( eax, ecx );                     // 阶码的计算结果存放在
                                     // ECX 中的第 23~30 位
```

　　首先，在这段代码中，减去的是 126 而不是 127。原因是稍后尾数相乘的结果需要乘以 2。减去 126 相当于阶码减去 127 并将尾数乘以 2（这省了一条指令)。

　　如果上面代码中 add(eax, ecx) 算出的阶码之和太大，超过了 8 位可以表示的

范围，那么 ECX 会从第 30 位进位到第 31 位，这样会设置 80x86 的溢出标志。如果在乘法运算中发生了溢出，代码将直接返回无穷作为结果。

如果没有发生溢出，那么 fpmul() 需要设置两个尾数隐含的高位。下面这段代码完成了这个任务，去掉了尾数中的所有阶码和符号位，并将 EAX 和 EDX 中的尾数左移，对齐到第 31 位。

```
mov( (type dword left), eax );
mov( (type dword right), edx );

// 如果左操作数不是 0，则需要隐含地将尾数的高位置 1：

if( eax <> 0 ) then

   or( $80_0000, eax );      // 将高位隐含置 1。

endif;
shl( 8, eax );   // 将尾数移动到第 8~31 位，去掉符号位和阶码

// 右操作数的处理是一样的

if( edx <> 0 ) then

   or( $80_0000, edx );

endif;
shl( 8, edx );
```

EAX 和 EDX 中的尾数都移到第 31 位之后，下面我们就可以使用 80x86 的 mul() 指令完成乘法运算了：

```
mul( edx );
```

这条指令计算的是 EAX 和 EDX 的 64 位乘积，结果将被保存到 EDX:EAX（高位的双字在 EDX 中，低位的双字在 EAX 中）中。因为任意两个 n 位整数的乘积可能达到 $2 \times n$ 位，所以 mul() 指令计算的结果是 EDX:EAX = EAX×EDX。在开始乘法运算之前，EAX 和 EDX 中的尾数需要左对齐，确保乘积的尾数最后保存在 EDX 中的第 7~30 位。实际上需要让这些位出现在 EDX 的第 8~31 位。这就是为什么前面在

调整增码-127 格式的值时，减去的是 126 而不是 127 的原因（相当于将结果乘以 2，和结果左移一位效果一样）。在进行乘法操作前这些数字是规约化的，所以在乘法运算之后除非结果是 0，否则 EDX 中的第 30 位是 1。32 位的 IEEE 实数格式不支持非规范化值，因此在使用 32 位浮点数时不必担心这种情况。

因为每个尾数都有 24 位，所以尾数乘积的有效位可能达到 48 位。而我们的结果尾数最多只有 24 位，所以需要舍入得到 24 位的结果（采用 IEEE 舍入算法，参见 4.4 节）。下面这段代码可以将 EDX 中的值舍入到 24 个有效位（第 8~31 位）：

```
test( $80, edx ); // 如果 EDX 的第 7 位为 1，则清零。
if( @nz ) then

    add( $FFFF_FFFF, eax );      // 如果 EAX <> 0，则设置进位
    adc( $7f, dl );              // 如果 DL:EAX > $80_0000_0000，则设置进位
    if( @c ) then

        // 如果 DL:EAX > $80_0000_0000，则尾数的第 8 位加 1 向上舍入：

        add( 1 << 8, edx );

    else // DL:EAX = $80_0000_0000

        // 尾数需要舍入到低位（即 EDX 的第 8 位）为 0 的值。

        test( 8, edx );          // 如果第 8 位为 1，则标志位清零
        if( @nz ) then

            add( 1 << 8, edx ); // 在第 8 位上加 1

            // 如果结果溢出，则重新进行规约化

            if( @c ) then

                rcr( 1, edx );  // 将溢出的值（即进位）移回 EDX。
                inc( ecx );     // 移位相当于除以 2。调整阶码。

            endif;
        endif;
```

```
        endif;

endif;
```

舍入之后的数字可能需要重新规约化。如果尾数所有位全都为 1 并且还需要向上舍入，则尾数的最高位会发生溢出。如果发生溢出，可上面代码片段最后的 `rcr()` 和 `inc()` 指令会将溢出的位移回到尾数中。

还剩下最后一件事：将最终的符号、阶码和尾数打包到 32 位 EAX 寄存器中。实现代码如下：

```
shr( 8, edx );                  // 将尾数移到第 0~23 位
and( $7f_ffff, edx );           // 隐含的高位清 0
lea( eax, [edx+ecx] );          // 将尾数和阶码合并到 EAX 中
or( ebx, eax );                 // 合并符号位
```

在这段代码中，唯一有技巧的地方是 `lea()`（加载有效地址）指令的使用，只用了这一条指令就完成了 EDX（尾数）和 ECX（阶码）的加法计算，并将结果移动到了 EAX 中。

2. 浮点数除法

浮点数除法运算比乘法运算更复杂一些，因为 IEEE 浮点标准花了很大篇幅定义了除法运算过程中可能出现的退化情况。我们不打算在这里讨论处理这些情况的全部代码。如果需要，请参考前面 `fpmul()` 关于这些情况的讨论，或者参考本节即将给出的 `fdiv()` 完整代码清单。

假设需要对两个有效的数值进行除法运算，首先需要使用和乘法一样的算法（以及代码）计算结果的符号。当两个使用科学记数法表示的值相除时，阶码必须相减。与乘法的算法相比，除法的阶码处理更方便一些：只需要解包两个除法操作数中的阶码并将它们从增码-127 转换为 2 的补码形式。实现代码如下：

```
mov( (type dword left), ecx );   // 第 23~30 位是阶码
shr( 23, ecx );
and( $ff, ecx );                          // 掩去符号位（第 8 位）

mov( (type dword right), eax );
```

```
shr( 23, eax );
and( $ff, eax );

// 消除阶码的偏移

sub( 127, ecx );
sub( 127, eax );

// 在除法运算中，阶码需要相减:

sub( eax, ecx );                    // 将最终的阶码放在 ECX 中
```

80x86 **div()** 指令要求商一定不能超过 32 位。如果不能满足这个条件，CPU 可能会中止操作，抛出除法异常。只要除数的高位为 1，被除数的高两位是**%01**，就不会出现除法错误。下面这段代码完成了除法操作之前的操作数准备:

```
mov (type dword left), edx );
if( edx <> 0 ) then

    or( $80_0000, edx );     // 将左操作数的高位隐含地置 1。
    shl( 8, edx );

endif;
mov( (type dword right), edi );

if( edi <> 0 ) then

    or( $80_0000, edi );     // 将右操作数的高位隐含地置 1。
    shl( 8, edi );

else

    // 这里的代码会处理除 0 错误

endif;
```

下一步就是真正的除法运算了。如前所述，为了防止除法错误，我们必须将被除数右移 1 位（将高两位置为**%01**），实现代码如下所示:

```
xor( eax, eax );     // EAX := 0;
```

```
shr( 1, edx );        // 将 EDX:EAX 右移一位避免除法错误
rcr( 1, eax );
div( edi );           // 计算 EAX = EDX:EAX / EDI
```

div() 指令执行完之后，商就保存在 EAX 中的高 24 位，余数则保持在 AL:EDX 中。下面要做的是结果的规约化和舍入。舍入相对来说简单一些，因为除法运算的余数就保存在 AL:EDX 中。当余数小于 $80:0000_0000（即 80x86 的 AL 寄存器为 $80，而 EDX 为 0）时向下舍入，当余数大于 $80:0000_0000 时向上舍入。如果余数恰好等于 $80:0000_0000，则舍入到最接近的值。

实现代码如下：

```
test( $80, al );  // 检查尾数低位的后面一位是 0 还是 1
if( @nz ) then

    // 尾数低位的后面一位是 1
    // 如果这一位后面的位全部为 0
    // 则需要将尾数舍入到低位为 0 且最接近的值。

    test( $7f, al );                 // 如果第 0~6 位不为 0，则标志位清零。
    if( @nz || edx <> 0 ) then       // 如果 AL 的第 0~6 位为 0
                                     // 且 EDX 为 0

        // 则需要向上舍入:

        add( $100, eax );   // 尾数从第 8 位开始
        if( @c ) then       // 尾数溢出则进 1

            // 如果发生溢出，则重新规约化

            rcr( 1, eax );
            inc( ecx );

        endif;

    else

        // 如果尾数低位后面一位的值正好是尾数低位的 1/2
        // 则需要将尾数舍入到低位为 0 且最接近的值:
```

```
        test( $100, eax );
        if( @nz ) then

            add( $100, eax );
            if( @c ) then

                // 如果发生溢出，则重新规约化

                rcr( 1, eax );   // 将溢出的位移回 EAX
                inc( ecx );      // 相应地调整阶码

            endif;

        endif;

    endif;

endif;
```

fpdiv() 最后的操作是将偏移加回到阶码中（并检查溢出），然后将商的符号、阶码和尾数字段打包为 32 位浮点格式。实现代码如下：

```
if( (type int32 ecx) > 127 ) then

    mov($ff-127, ecx );       // 由于发生了溢出
    xor( eax, eax );          // 因此设置无穷的阶码

elseif( (type int32 ecx) < -128 ) then

    mov( -127, ecx );         // 下溢出则返回 0
    xor( eax, eax );          // (注意，接下来 ECX 加上了 127)

endif;
add( 127, ecx );              // 将偏移加回来
shl( 23, ecx );              // 将阶码移到第 23~30 位

// 打包最终的 real32 值:

shr( 8, eax );                // 将尾数移到第 0~23 位
```

```
and( $7f_ffff, eax );        // 高位隐含地清 0
or( ecx, eax );              // 将尾数和阶码合并到 EAX 中
or( ebx, eax );              // 合并符号位
```

代码确实不少。但是，完整地实现一遍浮点运算有助于我们理解其背后的原理。大家现在能够明白 FPU 到底都替我们做了哪些工作了吧。

4.8 更多信息

Hyde, Randall. *The Art of Assembly Language.* 2nd ed. San Francisco: No Starch Press, 2010.

———. "Webster: The Place on the Internet to Learn Assembly." *http://plantation-productions.com/Webster/index.html*.

Knuth, Donald E. *The Art of Computer Programming, Volume 2: Seminumerical Algorithms.* 3rd ed. Boston: Addison-Wesley, 1998.

5

字符表示形式

尽管计算机以"数字处理"见长，但事实上大多数计算机系统更常处理字符。术语字符（Character）指的是人类或机器可读的符号，而这些符号往往都不是数字。

一般来说，字符是任意可以通过键盘输入或者可以显示在显示器上的符号。除了字母，字符还包括标点符号、数字、空格、制表符、回车符（Enter 键）、控制字符以及其他一些特殊符号。

本章将介绍计算机系统是如何表示字符、字符串和字符集的，还将讨论对这些数据类型可以执行的操作。

5.1 字符数据

大多数计算机系统使用一个字节或多个字节的二进制序列来编码字符。Windows、macOS 和 Linux 使用的 ASCII 或 Unicode 字符集就属于此类，这些字符集中的成员都可以用一个或多个字节的二进制序列表示。IBM 大型机和小型机上使用的 EBCDIC 字符集采用的则是另一种单字节字符编码。

本章将讨论这三种字符集和它们的内部表示形式，以及我们如何创建属于自己的字符集。

5.1.1　ASCII 字符集

ASCII（American Standard Code for Information Interchange，美国信息交换标准代码）字符集包括 128 个字符，这些字符和 0~127（$0~$7F）的无符号整数一一对应。尽管字符和数值之间随便怎么映射都行，但是标准的映射可以让程序和外部设备进行通信。几乎所有设备和程序都采用标准 ASCII 编码。比如，字符 A 大可以放心地用 ASCII 码 65 表示，因为外部设备（比如打印机）一定会将这个数值正确地解释为 A。

ASCII 字符集只提供了 128 个不同的字符，读者可能会问："剩下的 128 个值（$80..$FF）怎么办？"一种选择是忽略这些额外的值，本书主要介绍这种方法。另一种选择是扩充 ASCII 字符集，增加 128 个额外的字符。当然，除非让全部设备和程序都同意使用这种特定的字符集扩展（这是一项艰巨的任务）[1]，否则这样做违背了建立标准化字符集的初衷。

尽管 ASCII 字符集存在一些重大的缺陷，例如无法表示现在使用的全部字符和字母，但 ASCII 字符仍然是计算机系统和程序进行数据交换的标准。大多数程序都能够产生或者接收 ASCII 字符。由于程序可能会处理 ASCII 字符，所以还是有必要研究字符集中字符的分布并记住关键字符（例如 0、A 和 a）的 ASCII 码。

注意：附录 A（见本书网上资料）中的表 A-1 列出了标准 ASCII 字符集中的全部字符。

ASCII 字符集可以分为四组，每组 32 个字符。第一组 32 个 ASCII 字符从 $0 到 $1F（0~31），这是一组特殊的非打印字符，被称为控制字符（Control Character）。顾

1　在 Windows 流行之前，IBM 的文本显示支持包含 256 个元素的扩展字符集。尽管对现代 PC 来说该字符集也是"标准"，但鲜有应用程序或外设使用它。

名思义，这些字符用于执行各种打印机和显示器的控制操作，而不是显示符号。控制字符的示例包括将光标置于当前字符行开头等的回车符[1]；将输出设备上的光标下移一行的换行符；将光标左移一位的退格符等。可惜输出设备的标准化程度很低，因此不同的控制字符在不同的输出设备上执行的操作是不一样的。要想了解特定控制字符对某个设备的影响，请查阅该相应的设备手册。

第二组 32 个 ASCII 字符包括各种不同的标点符号、特殊字符和数字。这一组字符中最值得注意的是空格符（ASCII 编码为 $20）和数字（ASCII 编码为 $30..$39）。

第三组 32 个 ASCII 字符中包括了大写的字母字符。字符 A~Z 的 ASCII 编码为 $41~$5A。因为字母字符只有 26 个，所以剩下的 6 个编码用来表示各种特殊符号。

第四组也是最后一组 32 个 ASCII 字符包括 26 个小写字母字符、5 个特殊符号和一个控制字符（删除符）。小写字母字符使用 $61~$7A 的 ASCII 编码。如果将大写字母和小写字母的编码转换为二进制，你就会发现大写字母和对应的小写字母的二进制表示只有一位不同。例如，图 5-1 中 E 和 e 的字符编码。

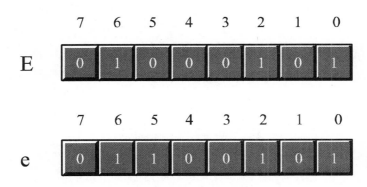

图 5-1 E 和 e 的 ASCII 编码

两个字母的编码只有第 5 位不一样。大写字母字符的第 5 位始终是 0，而小写字母字符的第 5 位始终为 1。只要将第 5 位取反，就可以快速地转换字母字符的大小写。例如，要将大写字母强制转换为小写字母，只需将第 5 位设置为 1。反过来，可以通

---

1 由于历史原因，回车和打字机上使用的纸架有关。将纸架向右移动到底，使下一个输入的字符出现在纸张的左手边的动作就是回车。

过将第 5 位设置为 0 将小写字母强制转换为大写字母。

字符分组由编码的第 5 位和第 6 位确定（见表 5-1）。这样只要把第 5 位和第 6 位清 0 就可以把任意大小写（或特殊）字符转换为对应的控制字符（例如，将 A 的第 5 位和第 6 位清 0，也就是把编码 0x41 变成 0x01，就会将 A 变成 CTRL-A）。

表 5-1　第 5 位和第 6 位确定了 ASCII 字符的分组

第 6 位	第 5 位	分组
0	0	控制字符
0	1	数字和标点符号
1	0	大写字母和特殊字符
1	1	小写字母和特殊字符

不仅仅只有第 5 位和第 6 位包含有用的编码信息。花点时间研究一下表 5-2 中数字字符的 ASCII 编码。这些 ASCII 编码的十进制表示从形式上看不出来什么，而十六进制表示形式却揭示了非常重要的信息：编码的低位半字节和其表示的数字的二进制表示形式是相等的。将数字的 ASCII 编码高位半字节分离（清 0）就得到了该数字的二进制表示形式。反之，只需将高位半字节置为%0011 或十进制值 3，就可以将 0~9 的二进制值转换为对应的 ASCII 字符表示。可以使用逻辑 AND 运算将高位半字节强制清 0；同样，也可以使用逻辑 OR 运算将高位半字节强制设置为%0011。如何将字符串转换为数字，请参考第 2 章的介绍。

表 5-2　数字字符的 ASCII 编码

字符	十进制	十六进制
0	48	$30
1	49	$31
2	50	$32
3	51	$33
4	52	$34
5	53	$35
6	54	$36

字符	十进制	十六进制
7	55	$37
8	56	$38
9	57	$39

尽管 ASCII 字符编码是事实上的"标准",但只依靠这种编码并不能保证系统之间的数据兼容性。一台机器上的 A 在另一套系统上很可能也是 A。但是,对于第一组 ASCII 编码中的 32 个控制字符及最后一组中的删除字符,大多数设备和应用程序都支持的只有四个:退格符(BS)、制表符、回车符(CR)和换行符(LF)。更糟糕的是,即便是这些得到"支持的"控制字符,不同机器的使用方式也是不一样的。行结束符就是一个特别恐怖的例子。Windows、MS-DOS、CP/M 和其他系统用两个字符 CR/LF 的序列标记行结束。最早的苹果 Macintosh OS 和许多其他系统则使用单个字符 CR 标记行结束。Linux、BeOS、macOS 和其他 UNIX 系统则使用单个字符 LF 标记行结束。

不同的系统之间哪怕是简单的文本文件交换也可能让人抓狂。即使所有文件中都使用标准的 ASCII 字符,系统之间交换文件时仍然需要转换数据。好在许多文本编辑器能够自动处理行结束符不同的文件(许多免费软件工具也可以完成转换)。如果转换操作必须由自己的软件来完成,只需将行结束符序列以外的所有字符从一个文件复制到另一个文件,然后在碰到原来的行结束符序列时换成新的行结束符序列。

5.1.2 EBCDIC 字符集

毫无疑问,ASCII 字符集是最流行的一种字符表示形式,但也不是只有这一种字符集可用。例如,IBM 大型机和小型机就使用 EBCDIC 编码。但个人计算机系统很少使用这种编码,因此本书只会进行简要的介绍。

EBCDIC 是 Extended Binary Coded Decimal Interchange Code(扩展二进制编码的十进制交换码)的缩写。读者可能会想,这种字符编码是不是还有没有扩展的版本?没错,早期的 IBM 系统和打孔机使用的是 BCDIC(Binary Coded Decimal Interchange Code,二进制编码的十进制交换码)编码,这是一种基于打孔卡和十进制表示形式的字符集（适用于 IBM 早期的十进制机器）。

早在现代数字计算机出现之前，BCDIC 就已经存在了，它诞生于老式的 IBM 打孔机和制表机。而 EBCDIC 对这种编码进行了扩展，作为 IBM 计算机的字符集。但是，EBCDIC 从 BCDIC 继承的一些特征，在现代计算机看来非常奇怪。例如，字母字符的编码不是连续的。最初的字母字符编码可能确实是连续的，但 IBM 在扩展字符集的时候使用了一些 BCD 格式中并不存在的二进制组合（如 `%1010..%1111`），这些二进制数值插在连续的 BCD 值之间，因此 EBCDIC 编码中某些字符序列（如字母字符）不是连续的。

EBCDIC 不是一个字符集，而是一系列字符集。EBCDIC 字符集的核心都是一样的（如字母字符的编码通常是相同的），但是不同版本（称为内码表，Code Page）的标点符号和特殊字符的编码是不同的。由于单个字节可以提供的编码数量有限，因此某些字符编码会被不同的内码表重用，以作为各自的特殊字符集。因此，如果有人要求将一份包含 EBCDIC 字符的文件转换为 ASCII 文件，你很快就会发现这项任务不简单。

EBCDIC 字符集特别奇怪，以至于许多适用于 ASCII 字符的常见算法根本无法用于 EBCDIC 字符。但是请记住，大多数 ASCII 字符在 EBCDIC 字符集中都有功能对等的字符。请查阅 IBM 文档了解更多详细信息。

5.1.3　双字节字符集

一个字节最多可以表示 256 个字符，因此有一些计算机系统使用 DBCS（Double-Byte Character Set，双字节字符集）表示 256 个以上的字符。在 DBCS 中不是每个字符都会使用全部 16 位来编码。相反，大多数字符编码只会用到一个字节，只有某些特定字符才会使用双字节编码。

典型的双字节字符集会使用标准 ASCII 字符集再加上额外一些$80~$FF 的字符。这个范围内的部分编码会被当作扩展码，告知软件在这个字节之后还紧跟着第二个字节。每一个扩展字节都可以让 DBCS 多支持 256 个不同的字符编码。那么三个扩展（字节）值就可以让 DBCS 最多支持 1021 个不同的字符：每个扩展字节支持 256 个字符，而标准单字集支持 253（256 − 3）个字符（减 3 是因为三个扩展字节分别占用了 256 个组合当中的一个，这三个组合不能算作字符）。

在终端和计算机使用内存映射字符显示器的时代，双字节字符集不是很实用。硬件字符生成器希望字符的大小都一样，而且字符数量也不要太多。但是，随着使用软件字符生成器的位图映射显示器（如 Windows、Macintosh、UNIX / XWindows 计算机、平板电脑和智能手机）的普及，处理 DBCS 成为可能。

尽管 DBCS 可以用紧凑的空间表示大量的字符，但是 DBCS 格式的文本处理起来需要耗费更多的计算资源。例如，计算零结尾的包含 DBCS 字符的字符串长度（C/C++语言中很常见）可能是一项艰巨的工作。字符串中有些字符占用 2 个字节，而其他大多数字符又只占用 1 个字节，因此计算字符串长度的函数逐个字节地扫描字符串，找表明单个字符会占用 2 个字节的扩展码。这个过程会让高性能的字符串长度函数执行时间翻一倍还多。

更糟糕的是，许多处理字符串数据的常用算法用到 DBCS 上都会出错。例如，C/C ++中有一种遍历字符串字符的常见技巧，即通过表达式 **++ptrChar** 或 **--ptrChar** 来递增或递减字符串指针。但这个技巧对 DBCS 字符串没用。尽管使用 DBCS 的人可能有一套处理 DBCS 的标准 C 库函数，但是他们编写的另外一些字符函数也很可能无法正常处理扩展字符。

DBCS 的另一大问题是缺乏一致的标准。不同的字符在不同的 DBCS 中使用的编码却是一样的。由于这些原因，如果标准化字符集需要支持的字符超过 256 个，Unicode 字符集是更好的选择。

5.1.4 Unicode 字符集

几十年前，Aldus、NeXT、Sun、苹果计算机、IBM、微软、Research Library Group 和施乐等公司的工程师发现他们的新计算机系统使用位图和用户可选字体可以显示的不同字符一度远超 256 个。DBCS 是当时最常见的解决方案，但是我们前面提到这种编码存在一些兼容性问题。于是工程师们选择了另一条路。

他们想出的解决方案是使用 Unicode 字符集。最初发明 Unicode 字符集的工程师选择的字符大小是两个字节。和 DBCS 一样，这种方案仍然需要特殊的库代码（已有的单字节字符串函数并不一定适用于双字节字符），但是除了字符大小的变化，大多数已有的字符串算法仍适用于双字节字符。Unicode 定义包含了当时全部的（已知/还在使用的）字符集。每个字符都有一个唯一的编码，从而避免了不同 DBCS 的一致性问题。

最早的 Unicode 标准使用一个 16 位的字来表示每个字符。因此，Unicode 最多可以支持 65 536 个不同的字符编码，这和一个 8 位的字节能够表示的 256 种编码相比已经是巨大的进步。而且 Unicode 还向前兼容 ASCII 字符集。如果 Unicode 字符二进制表示形式的高 9 位全部为 0^1，则低 7 位就是标准 ASCII 编码。如果高 9 位中有部分位非零，则 16 位就是扩展字符编码（ASCII 扩展）。为什么需要这么多不同的字符编码？请注意，当时某些亚洲字符集的字符就有 4 096 个。Unicode 字符集甚至提供了一组编码用来创建应用程序自定义的字符集。65 536 种可能的字符编码大约使用了一半，剩下的字符编码则被保留下来用于未来的扩展。

如今，Unicode 早已取代了 ASCII 字符集和古老的 DBCS 字符集，成为了通用字符集。所有现代操作系统（包括 macOS、Windows、Linux、iOS、Android 和 UNIX）、Web 浏览器和大多数现代应用程序都提供了对 Unicode 字符集的支持。Unicode 标准由非营利组织 Unicode 联盟（Unicode Consortium）维护。有了 Unicode, Inc.对标准的维护，才能确保在一个系统上写入的字符在其他系统或应用程序上能够按照期望的样子显示出来。

5.1.5　Unicode 码位

遗憾的是，最早的 Unicode 标准再怎么深思熟虑，也无法料到字符数量激增得这么快。表情符号、占星符号、箭头、指针，还有互联网、移动设备和 Web 浏览器引入的各种各样的符号（还有支持遗留的、过时和稀有脚本的需要）极大地拓展了 Unicode 符号库。1996 年系统工程师就发现 65 536 个符号已经不够用了。Unicode 定义放弃了对定长字符表示形式的坚持，没有把每个 Unicode 字符的长度扩展到三个或四个字节，而是采用了不固定的（多字节）Unicode 字符的编码。现在 Unicode 定义的码位有 1 112 064 个，远超当初为 Unicode 字符设计的两个字节的容量。

---

1 ASCII 是 7 位编码。如果一个 16 位的 Unicode 编码高 9 位都是 0，则剩下的 7 位就是一个字符的 ASCII 编码。

Unicode 码位（Code Point）就是 Unicode 编码和特定字符符号关联的整数值。读者可以认为 Unicode 的码位等价于 ASCII 的编码。Unicode 码位约定使用十六进制值加上 U+ 前缀来表示一个值。例如，`U+0041` 是字母 A 的 Unicode 码位。

注意：更多关于码位的细节请参考：https://en.wikipedia.org/wiki/Unicode# General_Category_property。

5.1.6　Unicode 编码平面

由于历史原因，Unicode 中每 65 536 个字符组成一个特殊的区块，这些区块被称为多文种平面（Multilingual Plane）。第一个多文种平面（U+000000~U+00FFFF）大致对应的是最早的 16 位 Unicode 定义，Unicode 标准把这个平面称为基本多文种平面（BMP，Basic Multilingual Plane）。平面 1（`U+010000 ~ U+01FFFF`）、平面 2（`U+020000~U+02FFFF`）和平面 14（`U+0E0000~U+0EFFFF`）是补充平面。平面 3~13 被 Unicode 保留以用于未来的扩展，而平面 15 和平面 16 则留给用户以用于自定义字符集。

Unicode 标准定义了 `U+000000~U+10FFFF` 的码位。注意，`0x10FFFF` 为 1 114 111，其中大部分用于 Unicode 字符集的 1 112 064 个码位，剩下 2 048 个保留为代用（Surrogate）码位，也就是 Unicode 扩展。读者可能还听过另一个术语 Unicode 标量（Unicode Scalar），指的是 2 048 个代用码位之外所有 Unicode 码位集合中的值。十六进制的码位值 6 位数字中的高个两位指定了码位所属的多文种平面。为什么是 17 个平面？我们马上就来说明。Unicode 中 `U+FFFF` 之后的码位使用的是特殊的多字（双字节）条目编码。两种可能的扩展的每一种都需要 10 位编码，总共需要 20 位。20 位编码可以支持 16 个多文种平面，再算上 BMP 一共是 17 个多文种平面。16 个多文种平面加上一个 BMP 一共需要 21 位编码，这也是为什么码位的范围会在 `U+000000~U+10FFFF`。

5.1.7　代用码位

如前所述，Unicode 最初是 16 位（两个字节）的字符集编码。当 16 位明显不足以处理当时存在的全部可能的字符时，就必须进行扩展了。从 Unicode v2.0 开始，

Unicode, Inc. 组织扩展了 Unicode 的定义，加入了多字字符。现在，Unicode 使用代用码位（U+D800~U+DFFF）对超过 U+FFFF 的值进行编码。图 5-2 展示了这种代用编码。

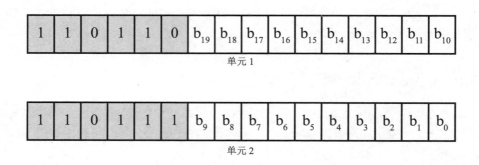

图 5-2 Unicode 平面 1~16 的代用码位编码

请注意，两个字（单元 1/高位代用码位和单元 2/低位代用码位）总是成对出现。单元 1 的值（高位为 %110110）指定的是 Unicode 标量的高 10 位（b_{10}~b_{19}），单元 2 的值（高位为 %110111）指定的则是 Unicode 标量的低 10 位（b_0~b_9）。因此，b_{16}~b_{19}四位的值加上 1 就指定了 Unicode 平面 1~16。b_0~b_{19} 位则指定了平面内的 Unicode 标量值。

注意，只有 BMP 中才有代用码位。其他多文种平面都没有代用码位。其他平面单元 1 和单元 2 的值中 b_0~b_{19} 位指定的是 Unicode 标量值（即使这些值的范围为 U+D800~U+DFFF）。

5.1.8 字形、字符和字素簇

每个 Unicode 码位都有一个唯一的名称，如 U+0045 的名称为 LATIN CAPITAL LETTER A（拉丁文大写字母 A）。注意，符号 A 不是字符的名称。A 是字形（Glyph），即设备绘制字符的一系列笔画（一条横线和两条斜线）。

Unicode 字符"大写拉丁字母 A"有许多不同的字形。例如，Times Roman 字母 A 和 Times Roman 斜体字母 A 就是两种不同的字形，但是 Unicode 不会区分它们（或任何两种不同字体的 A 字符）。无论使用哪种字体或样式绘制，字符"大写拉丁字母 A"的编码都是 U+0045。

有意思的是，如果使用 Swift 编程语言，下面这段代码可以打印出任意 Unicode 字符的名称：

```
import Foundation
let charToPrintName :String = "A" // 打印该字符的名称

let unicodeName =
    String(charToPrintName).applyingTransform(
        StringTransform(rawValue: "Any-Name"),
        reverse: false
    )! // 这里强制解包是合法的，因为总会成功

print( unicodeName )
```

程序输出：

```
\N{LATIN CAPITAL LETTER A}
```

那么 Unicode 中的字符到底是什么？Unicode 标量是 Unicode 字符，但是通常大家所说的字符与标量的定义又有些不同。例如，下面这段 Swift 代码中的 é 是一个字符还是两个字符？

```
import Foundation
let eAccent :String = "e\u{301}"
print( eAccent )
print( "eAccent.count=\(eAccent.count)" )
print( "eAccent.utf16.count=\(eAccent.utf16.count)" )
```

"\u{301}" 是 Swift 指定字符串中 Unicode 标量值的语法。在上面这段代码中，301 是组合重音符号（Combining Acute Accent）的十六进制代码。

第一条 print 语句打印出的字符是 é，符合我们的期望：

```
print( eAccent )
```

第二条 print 语句打印的是 Swift 确定的字符串中出现的字符个数，输出是 1：

```
print( "eAccent.count=\(eAccent.count)" )
```

第三条 print 语句打印出的是字符串中的元素（UTF-16 元素[1]）数量：

```
print( "eAccent.utf16.count=\(eAccent.utf16.count)" )
```

在标准输出中打印出来的是 2，因为这个字符串中包含了两个字的 UTF-16 数据。

那么 é 到底是一个字符还是两个字符？在计算机内部（假定使用的是 UTF-16 编码）这个字符（两个 16 位的 Unicode 标量值）占用了四个字节的内存。[2] 但屏幕上输出的字符只占一个字符的位置，在用户看来就像一个字符。如果文本编辑器中光标位于这个字符的右侧，用户希望按一次退格键就可以删除它。站在用户的角度，这就是一个字符（当 Swift 打印字符串的 count 属性时得到的就是这个结果）。

但是，Unicode 中的一个字符大致等同于一个码位。这和人们通常理解的字符不同。在 Unicode 术语中，字素簇（Grapheme Cluster）才是人们通常所说的字符：由一个或多个 Unicode 码位组成的序列，将它们组合在一起形成一个语言元素（即一个字符）。因此，如果我们谈论的是应用程序显示给最终用户的符号，则实际上指的是字素簇。

字素簇会让软件开发人员抓狂。请看下面这段 Swift 代码（对前面的例子做了一点改动）：

```
import Foundation
let eAccent :String = "e\u{301}\u{301}"
print( eAccent )
print( "eAccent.count=\(eAccent.count)" )
print( "eAccent.utf16.count=\(eAccent.utf16.count)" )
```

这段代码中的前两条 print 语句的输出和之前没有变化。

下面这条 print 语句输出 é：

1　参见 5.1.10 节对 Unicode 编码中 UTF-16 编码的介绍。
2　Swift 5 将字符串的首选编码从 UTF-16 变成了 UTF-8。

```
print( eAccent )
```

下面这条 print 语句输出 1：

```
print( "eAccent.count=\(eAccent.count)" )
```

但第三条 print 语句输出的结果是 3，不是前面示例中的 2：

```
print( "eAccent.utf16.count=\(eAccent.utf16.count)" )
```

这个字符串中确实有三个 Unicode 标量值（U+0065、U+0301 和 U+0301）。输出的时候，操作系统将 e 和两个组合重音符号组成了一个字符 é，然后将该字符显示到标准输出设备上。Swift 知道，这种组合只会在显示器上创建一个输出符号，因此在输出 count 属性时智能地给出了 1 的结果。但这个字符串中确实有三个 Unicode 码位（不可否认），因此输出 utf16.count 时，输出的是 3。

5.1.9　Unicode 规范和规范等价性

实际上，早在 Unicode 出现之前，个人计算机就已经在使用字符 é 了。它在最早的 IBM PC 字符集中，也在 Latin-1 字符集中（老版本的 DEC 终端使用这个字符集）。实际上，Unicode U+00A0~U+00FF 的码位被用于 Latin-1 字符集，而字符 é 对应的 U+00E9 恰好在这个范围内。于是我们可以把之前的程序改成这样：

```
import Foundation
let eAccent :String = "\u{E9}"
print( eAccent )
print( "eAccent.count=\(eAccent.count)" )
print( "eAccent.utf16.count=\(eAccent.utf16.count)" )
```

上面这段程序的输出是：

```
é
1
1
```

怎么回事！三条不同的 print 语句都输出的是 é，但码位数量完全不一样。想象一下，如果程序中的字符串中包含 Unicode 字符，事情会有多复杂。比如，比较下面这三个（Swift 语法）字符串会出现什么结果？

```
let eAccent1 :String = "\u{E9}"
let eAccent2 :String = "e\u{301}"
let eAccent3 :String = "e\u{301}\u{301}"
```

对用户来说，三个字符串在屏幕上看起来一样。但它们的值显然是不同的。如果比较它们是否相等，结果是 true 还是 false？

最终的结果还是取决于比较使用的字符串库。比较这些字符串是否相等时，大多数现有的字符串库给出的结果还是 false。有意思的是，Swift 会认为 eAccent1 等于 eAccent2，但 eAccent1 不等于 eAccent3，eAccent2 不等于 eAccent3，如果这三个字符串表示的确实是同一个符号，则说明 Swift 的比较功能还不够聪明。许多语言的字符串库直观地认为三个字符串互不相等。

"\{E9}""e\{301}"和"e\{301}\{301}" 三个 Unicode/Swift 字符串在显示器上的输出都是一样的。按照 Unicode 标准，它们在规范上是等价的。但是，一些字符串库却认为这些字符串不是等价的。而有些代码，如 Swift，只承认一部分是等价的（如 "\{E9}" == " e\{301}"），但不是任意序列都是等价的。[1]

Unicode 定义了 Unicode 字符串的规范形式（Normal Form）。规范形式的作用之一就是让规范等价的序列可以互换，如"\u{E9}"可以换成 "e\u{309}"，或者"e\u{309}"可以换成 "\u{E9}"（序列越短往往越受欢迎）。有些 Unicode 序列允许多个字符的组合。字符组合的顺序往往对生成的字素簇没有影响。但是，如果字符组合是有序的，比较起来会更容易。规范化 Unicode 字符串也要求组合字符的顺序始终都是固定的（从而提高字符串比较的效率）。

5.1.10　Unicode 编码

从 Unicode v2.0 标准开始支持 21 位的字符空间，能够处理的字符超过了一百万个（尽管大多数码位都被保留下来作为未来的扩展码位）。Unicode, Inc. 并没有使用三个字节（或者更差的四个字节）的定长编码来支持更大的字符集，而是使用了不

---

1 这可能是正确与效率的良好平衡："e{301}\{301}" 这种不那么常见的怪异场景处理起来成本会很高。

同长度的编码方案（UTF-32、UTF-16 和 UTF-8），而每一种编码方案都有自己的优缺点。[1]

UTF-32 使用 32 位整数来保存 Unicode 标量。这种编码方案的优点是 32 位整数足够表示全部 Unicode 标量值（只需要 21 位）。UTF-32（大多数情况下）可以满足程序随机访问字符串字符（无须检索代用码位对）及其他恒定时间操作的需要。UTF-32 最大的缺点是每个 Unicode 标量值需要 4 个字节的存储空间，这是原始 Unicode 定义的两倍，是 ASCII 字符的四倍。两倍或四倍的存储空间（相对于原始 Unicode 和 ASCII 编码）的代价似乎很小。毕竟，现代机器的存储空间比 Unicode 出现时大了几个量级。但是，额外的存储空间会对性能造成巨大影响，缓存的空间很快就会因为这些额外的字节耗尽。而且，现代字符串处理库一次通常可以处理 8 个字节的字符串（在 64 位计算机上）。这意味着一个字符串函数可以同时处理多达 8 个 ASCII 字符；而同样的字符串函数只能同时处理两个 UTF-32 字符。这样一来，UTF-32 版本的运行速度将比 ASCII 版本慢四倍。最后，Unicode 标量值仍然不能表示全部 Unicode 字符（也就是说，许多 Unicode 字符仍然需要使用 Unicode 标量序列组合表示），而 UTF-32 也无法解决这个问题。

Unicode 支持的第二种编码格式是 UTF-16。顾名思义，UTF-16 使用 16 位（无符号）整数表示 Unicode 值。0xFFFF 以后范围在 0x010000~0x10FFFF 的标量值，UTF-16 使用了代用码位的方案（参见 5.1.7 节）。绝大多数常用字符都不会超过 16 位，所以大多数 UTF-16 字符只需要 2 个字节表示。而少数罕见字符需要 2 个字（一共 32 位）的代用码位对来表示。

最后一种 UTF-8 编码毫无疑问也是最流行的。UTF-8 编码向前兼容 ASCII 字符集。实际上所有 ASCII 字符都由一个单字节表示（就是原始 ASCII 编码，表示字符的单字节高位为 0）。只有 UTF-8 字节的高位为 1，Unicode 码位才会使用额外的 1~3 个字节来表示。UTF-8 的编码模式如表 5-3 所示。

---

1 UTF 是 Unicode Transformational Format（统一码转换格式）的缩写。

表 5-3 UTF8 编码

字节数	码位位数	第一个码位	最后一个码位	字节 1	字节 2	字节 3	字节 4
1	7	U+00	U+7F	0xxxxxxx			
2	11	U+80	U+7FF	110xxxxx	10xxxxxx		
3	16	U+800	U+FFFF	1110xxxx	10xxxxxx	10xxxxxx	
4	21	U+10000	U+10FFFF	11110xxx	10xxxxxx	10xxxxxx	10xxxxxx

表中"xxx..."代表 Unicode 码位中的位。在多字节序列中，字节 1 的位（x）在码位中最高，字节 2 的位（x）次之（相对于字节 1 为低位），依此类推。例如，两个字节的序列%11011111、%10000001 对应的 Unicode 标量为%0000_0111_1100_0001（U+07C1）（根据表 5-3，标量从低到高依次是字节 2 的低位 6 位 00_0001，字节 1 的低位 5 位 111_11）。

UTF-8 编码可能是使用最普遍的编码。大多数网页都使用了它。大多数 C 语言标准库中的字符串函数不用改动也可以操作 UTF-8 文本（尽管有些 C 语言标准库函数，如果程序员不注意使用的话，也会产生乱码的 UTF-8 字符串）。

不同的语言和操作系统使用的默认编码也不一样。例如，macOS 和 Windows 优先使用 UTF-16 编码，而大多数 UNIX 系统则使用 UTF-8 编码。Python 的一些变体则使用 UTF-32 作为原生字符格式。但总地来讲，使用 UTF-8 的编程语言占大多数，因为过去处理 ASCII 字符的字符库还可以处理 UTF-8 字符。苹果公司的 Swift 是最早尝试处理 Unicode 编码的编程语言之一（尽管这样做对性能有很大影响）。

5.1.11　Unicode 组合字符

尽管 UTF-8 和 UTF-16 编码比 UTF-32 要紧凑得多，但处理多字节（或多字）字符集的 CPU 开销和复杂算法可能带来的错误和性能问题也加大了 UTF-8 的应用难度。不考虑内存（特别是缓存）浪费，为什么不直接将字符定义为 32 位实体呢？这样做似乎可以简化字符串处理算法，提高性能，降低代码中出现缺陷的可能性。

这个理论的问题是，21 位（甚至 32 位）存储空间都无法表示全部的字素簇。许多字素簇都是由多个 Unicode 码位串联组成的。Chris Eidhof 和 Ole Begemann 在

Advanced Swift（CreateSpace，2017）一书中举了这样一个例子。

```
let chars: [Character] = [
    "\u{1ECD}\u{300}",
    "\u{F2}\u{323}",
    "\u{6F}\u{323}\u{300}",
    "\u{6F}\u{300}\u{323}"
]
```

上面代码中，每一个 Unicode 字素簇产生的字符都是相同的：下面带点的字符 ọ́（来自约鲁巴字符集）。字符序列（U+1ECD、U+300）是下面带点的 o，跟上一个组合的尖音符。字符序列（U+F2、U+323）是 ó，跟上一个组合的点。字符序列（U+6F、U+323 和 U+300）是 o，跟上一个组合的点，再跟上一个组合的尖音符。最后的字符序列（U+6F、U+300 和 U+323）是 o，跟上一个组合的尖音符，再跟上一个组合的点。四个字符串产生的输出全都一样。事实上，Swift 比较这四个字符串会认为它们都是相等的。

```
print( "\u{1ECD} + \u{300} = \u{1ECD}\u{300}" )
print( "\u{F2} + \u{323} = \u{F2}\u{323}" )
print( "\u{6F} + \u{323} + \u{300} = \u{6F}\u{323}\u{300}" )
print( "\u{6F} + \u{300} + \u{323} = \u{6F}\u{300}\u{323}" )
print( chars[0] == chars[1] ) // 输出结果为 true
print( chars[0] == chars[2] ) // 输出结果为 true
print( chars[0] == chars[3] ) // 输出结果为 true
print( chars[1] == chars[2] ) // 输出结果为 true
print( chars[1] == chars[3] ) // 输出结果为 true
print( chars[2] == chars[3] ) // 输出结果为 true
```

注意，使用一个 Unicode 标量值无法生成这个字符。至少需要两个（或三个）Unicode 标量组合起来才能在输出设备上产生这个字素簇。即便使用的是 UTF-32 编码，也需要两个（32 位的）标量来产生这个特定的输出。

表情符号是另一个 UTF-32 无法解决的问题。以 Unicode 标量 U+1F471 为例，这个表情符号是一个金发的小人。如果我们再加上一个肤色修饰符（U+1F471、U+1F3FF）将产生一个深肤色的小人（也是金发）。在这两种情况下在屏幕上显示的都是一个符号。第一个符号需要一个 Unicode 标量值，而第二个符号需要两个。一个

UTF-32 值是没有办法编码这两个符号的。

部分 Unicode 字素簇一定会用到多个标量（30 或 40 个标量组合成一个字素簇都是有可能的），给标量分配多少位都没有用。这意味着无论如何都要使用多字序列来表示一个"字符"。这就是为什么 UTF-32 从未真正应用起来的原因。它无法解决 Unicode 字符串的随机访问问题。如果 Unicode 标量的规范和组合问题无论如何都无法回避，那么 UTF-8 或 UTF-16 编码显然更高效。

话说回来，现在大多数语言和操作系统都以某种形式支持 Unicode 字符集（通常使用 UTF-8 或 UTF-16 编码）。尽管多字节字符集的处理问题突出，但现代程序需要处理的仍然是 Unicode 字符串而不是简单的 ASCII 字符串。Swift 几乎是"纯 Unicode"的，甚至都没有考虑支持标准 ASCII 字符。

5.2 字符串

除了整数，字符串可能是现代程序中最常用的数据类型了。一般来说，字符串（Character String）是一个字符序列，它具有两个重要的属性：长度（Length）和字符数据（Character Data）。

字符串可能还会有其他一些属性，比如字符串变量允许的最大长度（Maximum Length），或者表示该字符串被多少个不同的字符串变量引用的引用计数（Reference Count）。我们将在本节中研究这些属性及它们在程序中的使用方法，包括各种字符串格式和字符串操作。

5.2.1 字符串格式

不同的语言使用不同的数据结构来表示字符串。在这些字符串格式中，有的内存占用较少，有的处理起来更快，有的使用起来更方便，还有的为程序员和操作系统提供了额外的功能。我们来看一下各种高级语言中常见的字符串表示方法，这有助于大家更好地理解字符串设计背后的想法。

1. 零结尾字符串

零结尾字符串（Zero-Terminated String）无疑是现在最常用的字符串表示法，因为这是 C、C++及其他一些语言原生支持的字符串格式。此外，零结尾字符串也会出现在一些使用没有指定原生字符串格式的语言编写的程序中，比如汇编语言。

零结尾的 ASCII 字符串是由 0 个或更多 8 位字符编码组成的序列，以一个值为 0 的字节结尾（如果是 UTF-16 编码，则是由 0 个或更多 16 位字符编码组成的序列，以一个值为 0 的 16 位字结尾）。例如，C/C++中的 ASCII 字符串 "abc "需要 4 个字节：a、b、c 三个字符各占一个字节，再加上一个 0。

和其他字符串格式相比，零结尾字符串有如下优点。

- 零结尾字符串表示任何长度的字符串只需额外消耗一个字节（UTF-16 多消耗 2 个字节，UTF-32 多消耗 4 个字节）。
- C/C++ 编程语言十分普及，其提供的高性能字符串处理库对零结尾字符串支持得很好。
- 零结尾字符串很容易实现。例如，C 和 C++语言中的字符串只是由字符组成的数组。这可能就是 C 语言设计者优先选择这种格式的原因，这样语言不会被各种字符串运算符搞乱了。
- 任何语言只要能够创建字符数组，就可以轻松地表示零结尾字符串。

但是零结尾字符串也有缺点，不是在哪种情况下它都是最佳选择。

- 如果字符串函数需要首先知道字符串长度才能操作字符串数据，那么处理零结尾字符串的效率就不太高。只有把零结尾字符串从头到尾扫描一遍，才能计算出字符串的长度。字符串越长，函数的运行速度就越慢。所以，零结尾字符串格式并不是处理长字符串时的最佳选择。
- 零结尾字符串格式没有办法直接表示字符编码 0（如 ASCII 和 Unicode 字符集中的 NUL 字符），尽管这是一个小问题。
- 零结尾的字符串没有任何信息表明结尾的 0 字节之后字符串还可以扩展多长。因此，一些字符串函数，比如连接，只能在字符串变量当前的长度内扩展，或是在调用函数明确超出最大长度时报告溢出。

2. 带长度前缀的字符串

带长度前缀（Length-Prefixed String）的字符串格式克服了一些零结尾字符串的缺点。带长度前缀的字符串在 Pascal 等语言中很常见。通常由第一个字节指定字符串长度，后面是 0 个或更多个 8 位字符编码。采用带长度前缀格式的字符串"abc "由 4 个字节组成：首先是表示字符串长度的字节（$03），然后是 a、b 和 c。

带长度前缀的字符串解决了零结尾字符串的两个问题：可以表示 NUL 字符；字符串操作更高效。带长度前缀的字符串还有一个优点：（如果把字符串看作一个字符数组）字符串中的第 0 个元素通常是长度，而第 1 个元素才是字符串的第一个字符。对于许多字符串函数来说，使用从 1 开始的字符数据索引要比从 0 开始（零结尾字符串索引就是这样）方便得多。

带长度前缀的字符串的主要缺点是字符串最多只有 255 个字符（假设长度用 1 个字节表示）。使用 2 个或 4 个字节来表示长度可以突破这一限制，但额外的数据开销也会从 1 个字节增加到 2 个或 4 个字节。

3. 七位字符串

七位字符串格式是另一种有趣的字符串格式，它适用于 ASCII 等 7 位编码。七位字符串格式使用字符的高位（通常没有被编码使用）来表示字符串结束。除字符串中的最后一个字符的编码高位为 1 外，其他所有字符的编码高位都是 0。

七位字符串格式也有一些缺点。

- 必须扫描整个字符串才能确定字符串的长度。
- 字符串长度不能为 0。
- 支持使用七位字符串表示字符串字面常量的语言很少。
- 最多只能支持 128 个字符编码，只使用 ASCII 字符集的话没什么问题。

然而，七位字符串格式的一大优势是不需要任何额外字节来表示长度。处理七位字符串格式的最佳选择可能是汇编语言（可以使用宏来创建字符串字面常量）。七位字符串格式的优点是紧凑，而汇编语言程序员最在意的也是紧凑。下面这个 HLA 宏可以把一个字符串字面常量转换为一个七位字符串。

```
#macro sbs( s );

    // 截取最后一个字符以外的全部字符:

    (@substr( s, 0, @length(s) - 1) +

        // 连接高位被置 1 的最后一个字符:

        char( uns8( char( @substr( s, @length(s) - 1, 1))) | $80 ) )

#endmacro
    . . .
byte sbs( "Hello World" );
```

4. HLA 字符串

　　如果不介意每个字符串多几个字节的开销，完全可以创建一种字符串格式，其既能结合带长度前缀和零结尾两种字符串的优点，也能避免两种格式的缺点。高级汇编语言就采用了这样的原生字符串格式。[1]

　　HLA 字符串格式的最大缺点是每个字符串都有 9 个字节的额外开销，[2]如果处在内存受限的环境中并且有大量短字符串需要处理，大量的额外字节开销会造成严重的影响。

　　HLA 字符串格式的长度前缀有 4 个字节，支持超过 40 亿个字符（显然这远远超出任何 HLA 实际应用程序需要的范围）的字符串长度。HLA 还在字符串数据最后加上一个值为 0 的字节，另外还有 4 个字节用来表示字符串允许的最大长度。利用这个额外的字段，HLA 字符串函数就可以在需要时检查字符串是否溢出。HLA 字符串在内存中的表示形式如图 5-3 所示。

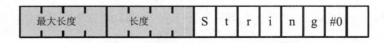

图 5-3 HLA 字符串在内存中的表示形式

---

1 注意，HLA 是一种汇编语言，可以支持任何字符串格式，使用也不难。HLA 原生字符串格式是字符串字面常量的格式，这也是 HLA 标准库中大多数例程支持的格式。
2 实际上由于内存对齐的限制，额外的开销可能会多达 12 个字节，这取决于具体字符串的长度。

紧挨在第一个字符前面的 4 个字节表示当前字符串的长度。字符串长度之前还有 4 个字节表示字符串允许的最大长度。紧跟在字符数据后面的是一个值为 0 的字节。最后，出于性能上的考虑，HLA 会确保字符串数据结构的长度一定是 4 个字节的整数倍，所以内存中对象的末尾最多还要填充 3 个字节。（注意，图 5-3 中的字符串只需要填充 1 个字节，就可以确保数据结构的长度是 4 个字节的倍数）。

HLA 的字符串变量是指针，指向字符串中第一个字符的字节地址。将字符串指针的值加载到 32 位寄存器中，在寄存器的地址基础上偏移 −4 可以访问 Length 字段，偏移 −8 可以访问 MaxLength 字段。代码示例如下：

```
static
    s :string := "Hello World";
        . . .
    mov( s, esi );              // 将"Hello World"中'H'的地址加载到
                                // esi 中
    mov( [esi-4], ecx );        // 将字符串长度加载到 ECX 中
                                // ("Hello World"的长度为 11)
        . . .
    mov( s, esi );
    cmp( eax, [esi-8] );        // 检查 EAX 中的值是否超过了字符串的最大长度
    ja StringOverflow;
```

如果只是作为只读对象，HLA 字符串和零结尾字符串是兼容的。如果一个 C 函数希望传入一个零结尾的字符串，则可以像下面这样传入一个 HLA 字符串变量进行调用：

```
someCFunc( hlaStringVar );
```

唯一需要注意的是，C 函数对字符串所做的任何修改都不能让长度变化（因为 C 代码无法更新 HLA 字符串中的长度字段）。当然，可以在函数返回时自行调用 C 语言中的 strlen() 函数来更新长度字段，但一般来说，最好不要将 HLA 字符串传给可能修改零结尾字符串的函数。

5. 基于描述符的字符串

目前为止讨论的字符串格式都会把字符串的属性信息（即长度和结尾字节）和

字符数据一起保存在内存中。此外，还有一种更灵活的方案可以把这些信息保存到一个被称为描述符（Descriptor）的记录结构中。这个结构还要包含一个指向字符数据的指针。比如下面这个 Pascal/Delphi 数据结构：

```
type
    dString :record
            curLength :integer;
            strData    :^char;
    end;
```

注意，这个数据结构并没有保存真正的字符数据，而是通过 **strData** 指针指向字符串中第一个字符的地址；**curLength** 字段指定字符串现在的长度。如果需要，可以向这个记录结构添加任何字段，如指定最大长度的字段。尽管最大长度通常来说不是必须的，因为大多数采用描述符的字符串格式都是动态的（下一节讨论）。而采用描述符的字符串格式大多只会保留 **Length** 字段。

基于描述符的字符串格式还有一个有趣的特点，一个字符串实际的字符数据可能是另一个更长的字符串的一部分。因为实际的字符数据中没有长度或结尾字节，所以有可能出现两个字符串的字符数据重合的情况（如图 5-4 所示）。

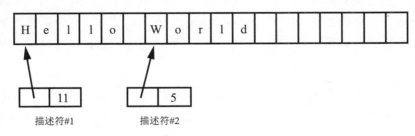

图 5-4 用描述符表示的字符串可能重合

这个例子中的两个字符串："Hello World"和"World"存在重合的情况。这样可以节省内存，一些函数的处理也会非常高效，比如 **substring()**。当然，重合的字符串数据是不能修改的，因为修改可能会将其他字符串的一部分抹去。

6. Java 字符串

Java 采用的就是基于描述符的字符串表示形式。实际的 **String** 数据类型（即定义 Java 字符串内部表示的结构/类）是不公开的，这意味着 Java 字符串具体的实现不希望被关注或者搞乱。通过 Java 字符串 API 以外的方法来操作 Java 字符串是非常不现实的，因为 Java 标准的字符串内部表示已经修改过好几次了。

例如，Java 最初的 **String** 类型定义是一个具有四个字段的描述符：一个字段为指向（原始的）16 位 Unicode 字符数组的指针（不支持 16 位以上的扩展）、一个计数字段、一个偏移字段和一个哈希码字段。偏移字段和计数字段保证了子串操作的效率，因为较长字符串的全部子串都共享同一个字符数组。可惜，在某些退化的情况下，这种格式会产生内存泄漏，所以 Java 设计者修改了格式，取消了这些字段。如果代码中使用了偏移和计数字段（这是不正确的做法），这种设计的改变会让代码崩溃。

当发现 16 位字符不够用时，Java 又从原始的 Unicode 双字节定义切换成了 UTF-16 编码。然而，在调研了互联网上各种各样的 Java 程序之后，甲骨文公司（Java 的所有者）发现大多数程序只用到了 Latin-1 字符集（基本上是 ASCII 字符集）。用甲骨文公司自己的话来说：

> 来自不同应用程序的数据表明，字符串是占用 Java 堆空间的主要组件，而大多数 **java.lang.String** 对象只包含 Latin-1 字符。这些字符只需要一个字节的存储空间。因此，**java.lang.String** 对象内部的字符数组中有一半的空间没有使用。Java SE 9 中引入的紧凑字符串功能可以减少内存占用并减少垃圾收集活动。

这一变化对 Java 用户及他们编写的程序基本上是透明的。甲骨文公司在字符串描述符中增加了一个新的字段来指定编码是 UTF-16 还是 Latin-1。再强调一次，如果程序依赖内部的表示形式，表示形式设计上的变化会让程序崩溃。

可以认为 Java 使用的 Unicode 字符串（一般是 UTF-16 编码）总是合理的。Java 并没有掩饰多字字符的问题。作为 Java 程序员，必须意识到字符串中的字符数、码位数和字素簇数的区别。Java 提供了一些函数来统计这些数值，如 **String.length()**、**String.codePointCount()** 和 **BreakIterator.getCharacterInstance()**，在代码中必须明确区分调用的是哪个函数。

7. Swift 字符串

Swift 中的字符串和 Java 一样使用的是 Unicode 字符。Swift v4.x 及更早的版本使用 macOS 原生的 UTF-16 编码（苹果公司在 macOS 上开发了 Swift）。随着 Swift v5.0 的发布，苹果将 UTF-8 作为 Swift 字符串的原生编码。与 Java 一样，Swift 的字符串类型是不公开的，所以不要乱用（最好别用）它的内部表示形式。

8. C#字符串

C# 中的字符串使用 UTF-16 编码的字符。与 Java 和 Swift 一样，C#的字符串类型也是不公开的，所以也不要乱用（最好别用）它的内部表示形式。但微软公司的文档明白写着 C#字符串是一个（Unicode）字符数组。

9. Python 字符串

Python 中的字符串最初使用的是 UCS-2 编码（原始的 16 位 Unicode 编码，仅支持 BMP）的字符。随后 Python 被修改成支持 UTF-16 或 UTF-32 编码（被编译成 16 位字符的"窄"版本或 32 位字符的"宽"版本）。现在，Python 的新版本使用一种特殊的字符串格式，其用最紧凑的表示形式将字符存储为 ASCII、UTF-8、UTF-16 或 UTF-32 字符。在 Python 中，内部字符串表示形式是无法直接访问的，所以也就不存在其他语言类型不公开带来的问题。

5.2.2 静态字符串、伪动态字符串和动态字符串

到目前为止，我们介绍的各种字符串格式都可以按照系统为字符串分配内存的时机分成三种类型：静态字符串、伪动态字符串和动态字符串。

1. 静态字符串

纯静态字符串（Static String）的最大长度在程序员写下程序代码时就确定了。Pascal 字符串和 Delphi 的"短"字符串就属于这个类别。C/C++中用来保存零结尾字符串的字符数组也属于这一类别。例如，下面这段 Pascal 声明：

```
(* Pascal static string example *)
```

```
var pascalString :string(255);   // 最大长度为固定的 255 个字符
```

还有这个 C/C++的例子：

```
// C/C++ 静态字符串例子:

char cString[256];        // 最大长度为固定的 255 个字符
                          // (再加上为 0 的结尾字节)
```

静态字符串的最大长度在程序运行起来之后就无法再增加了，占用的内存空间也没有办法压缩。这些字符串对象在运行时会消耗 256 个字节的空间。纯静态字符串有一个优点：编译器可以在编译时确定字符串的最大长度，并将这一隐含信息传递给字符串函数。这样，字符串函数可以在运行时检查字符串是否越界。

2. 伪动态字符串

伪动态字符串（Pseudo-Dynamic String）的内存空间由系统在运行时调用 `malloc()` 之类的内存管理函数来分配并设置长度。然而，一旦系统为字符串分配了内存空间，其最大长度也就固定了。HLA 字符串一般属于这一类别。[1]HLA 程序员常常会调用 `stralloc()` 函数为特定的字符串变量分配存储空间，然后这个字符串对象的长度就固定了，不能再改变。[2]

3. 动态字符串

动态字符串（Dynamic String）系统通常使用的是基于描述符的格式，每当创建一个新的字符串时，或者执行一些影响现有字符串的操作时，都会为字符串对象自动分配足够的内存空间。动态字符串系统的字符串赋值和子串操作更简单：这些操作通常只需要复制字符串描述符的数据，所以执行很快。然而，正如前所述，对这种格式的数据的修改不能保存回字符串对象中，因为被修改的数据可能还属于系统中的其他字符串对象。

解决这个问题的方法是使用写时拷贝（Copy-on-Write）技术。当字符串函数需

---

[1] HLA 虽然是一种汇编语言，但也可以创建静态字符串和纯动态字符串。
[2] 实际上，可以调用 `strrealloc()`函数来改变 HLA 字符串的长度，但一般会由动态字符串系统自动完成。而现有的 HLA 字符串函数在发现字符串溢出时并不会自动增加字符串的长度。

要修改动态字符串中的字符时，首先要创建字符串副本，再对副本进行必要的修改。研究表明，许多典型应用程序的性能可以通过写时拷贝语义得到提升，因为字符串赋值和子串提取（只用字符串的一部分）操作远比修改字符串数据的操作更常见。这种方法只有一个缺点，数据经过多次修改之后，字符串所占用的内存堆空间中包含字符数据的部分区域再也不会被用到。为了避免内存泄漏（Memory Leak），采用写时拷贝的动态字符串系统通常还要提供垃圾收集（Garbage Collection）代码。垃圾收集会扫描字符串占用的堆空间，找到过时（Stale）的字符数据，释放其占用内存空间。可惜，垃圾收集可能会因为采用的某些特定算法而变得异常缓慢。

5.2.3　字符串的引用计数

考虑下面这种情况：有两个字符串描述符（或指针）指向内存中的同一个字符串数据。显然，当数据仍然被程序的一个指针访问时，不能通过指向同一数据的另一个指针释放（Deallocate）内存（作为他用）。常见的解决方法是让程序员自己跟踪这些细节。可惜，随着应用程序变得越来越复杂，这种方法常常导致软件中存在悬空指针、内存泄漏和其他与指针有关的问题。更好的解决方法是让程序员释放字符串中的字符数据的内存空间，但要将实际的内存释放过程推迟到引用该数据的最后一个指针被释放之后。字符串系统可以使用引用计数器来实现这种机制，计数器可以跟踪指针及其关联的数据。

引用计数器（Reference Counter）是一个整数，其对内存中引用字符串字符数据的指针计数。每当字符串的地址被分配给某个指针时，引用计数器就加 1。同样地，每当字符串的字符数据关联的内存需要释放时，引用计数器就减 1。但在引用计数器递减到 0 之前，字符数据的内存空间不会真地被释放。

如果字符串赋值的细节全都由编程语言自动处理，则引用计数的效果很明显。如果手动实现引用计数，则必须确保当字符串指针被赋值给其他指针变量时，引用计数器递增。最好是永远不要直接分配指针，而是通过函数（或宏）调用来处理所有字符串分配，这些函数（或宏）除可复制指针数据外，还要更新引用计数器。如果代码不能正确地更新引用计数器，就会出现悬空指针或内存泄漏的情况。

5.2.4 Delphi 字符串

尽管 Delphi 提供了一种兼容早期版本带长度前缀字符串的"短字符串"格式，但 Delphi 新版本（4.0 及以上版本）还是使用了动态字符串。虽然这种字符串格式没有公开（可能会发生变化），但种种迹象表明，Delphi 的字符串格式与 HLA 的字符串格式非常相似。Delphi 的字符串格式使用零结尾的字符序列，其以字符串长度和引用计数器打头（没有像 HLA 那样使用最大长度）。图 5-5 显示了 Delphi 字符串在内存中的数据格式。

图 5-5 Delphi 字符串在内存中的数据格式

和 HLA 字符串一样，Delphi 的字符串变量是指向实际字符串数据第一个字符的指针。Delphi 字符串函数使用字符数据基址偏移–4 和–8 来访问字符串的长度和引用计数器字段。然而，这种字符串格式没有公开，因此应用程序不应该直接访问长度或引用计数器字段。Delphi 提供了一个可以获取字符串长度的函数，而且应用程序也确实没有必要访问引用计数器字段，因为 Delphi 的字符串函数会自动维护计数器。

5.2.5 自定义字符串格式

通常情况下，我们只会使用编程语言提供的字符串格式，除非有特殊的需要。如果是这样，大多数语言也都支持用户定义的数据结构，用户可以创建自己的字符串格式。

注意，编程语言可能只会使用一种字符串格式来处理字符串字面常量。但可以编写简短的转换函数，以将编程语言中的字符串字面值转换成需要的任何格式。

5.3 字符集数据类型

像字符串一样，字符集数据类型（或简称字符集）是一种建立在字符数据类型基础上的复合数据类型。字符集（Character Set）是字符的数学集合。集合与字符元素之间的关系是二元的：字符要么在集合里，要么不在集合里，而且一个字符不能在一个字符集里重复出现多次。此外，字符集并不存在序列的概念（如字符串中一个字符一定在另一个字符之前或之后）。如果两个字符同时属于一个集合，则它们在集合中是没有顺序的。

表 5-4 列出了应用程序可以对字符集执行的一些通用操作。

表 5-4　通用的字符集函数

函数/运算符	说　　明
属于	检查字符是否为字符集的成员（返回 true/false）
交集	返回两个字符集的交集（即同时属于两个集合的字符）
并集	返回两个字符集的并集（即属于一个字符集或两个字符集的全部字符）
差集	返回两个集合的差值（即属于一个集合但不属于另一个集合的字符)
提取	从字符集中提取单个字符
子集	如果一个字符集是另一个字符集的子集，则返回 true
真子集	如果一个字符集是另一个字符集的真子集，则返回 true
超集	如果一个字符集是另一个字符集的超集，则返回 true
真超集	如果一个字符集是另一个字符集的真超集，则返回 true
相等	如果一个字符集与另一个字符集相等，则返回 true
不等	如果一个字符集与另一个字符集不相等，则返回 true

5.3.1　字符集的幂集表示形式

字符集有许多不同的表示形式。一些语言使用布尔数组实现（每一个字符编码对应一个布尔值）。每个布尔值表示其对应的字符是（true）或者不是（false）字符集的成员。为了节省内存，多数字符集表示形式的实现只会为每个字符分配一位，因此，128 个字符需要 16 个字节（128 位）的内存，32 个字节（256 位）内存则可以最多支持 256 个字符。这种字符集的表示形式被称为幂集（Powerset）。

HLA 使用 16 个字节的数组表示 128 个 ASCII 字符，组织方式如图 5-6 所示。

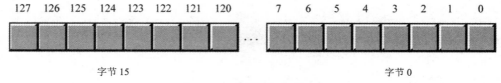

图 5-6 HLA 字符集表示形式

字节 0 的第 0 位对应 ASCII 编码 0（NUL 字符）。如果这一位是 1，那么当前字符集就包含 NUL 字符；如果这一位是 0，那么当前字符集就不包含 NUL 字符。同样，字节 8 的第 1 位对应 ASCII 编码 65，即大写字母 A。如果 A 属于当前字符集，则第 65 位为 1；如果 A 不属于当前字符集，则第 65 位为 0。

Pascal（如 Delphi）使用类似的字符集表示方案。Delphi 字符集最多允许 256 个字符，所以需要 256 位（即 32 个字节）的内存。

尽管还有其他一些实现字符集的方法，但这种位向量（数组）实现使得集合操作异常简单，包括并集、交集、差集和属于的判断。

5.3.2 字符集的列表表示形式

有时，幂集位图（Bitmap）并不是正确的字符集表示形式的选择。例如，如果字符集总是非常小（不超过 3~4 个元素），每一个字符都用 16 或 32 个字节来表示过于奢侈。这种情况下，最好的办法是用一个字符串来表示字符列表。[1]如果一个字符集中只用到了少数几个字符，那么对于大多数应用程序来说，扫描字符串来定位一个特定的字符可能就足够了。同样，如果字符集中存在大量字符，那么幂集表示形式可能会变得很大（例如，原始 Unicode UCS-2 字符集的幂集实现需要 8192 字节内存，哪怕字符集中只有一个元素）。在这种情况下，列表或字符串可能比幂集更适合表示字符集，因为没有必要为全部元素预留内存（只要为那些实际存在的元素预留内存就可以了）。

---

1 虽然这样做意味着字符串也要遵循集合语义（也就是说，字符串中也不能存在重复字符）。

5.4　设计自定义字符集

不要过度神化 ASCII、EBCDIC 和 Unicode 字符集。这些字符集的优势在于它们是许多系统都需要遵守的国际标准。只要遵循一种标准，就能与其他系统交换信息，这是这些编码被设计出来的原因。

然而，简化各种字符计算并不是这些字符集的设计目标。ASCII 和 EBCDIC 字符集的设计分别考虑了过时的硬件：机械式电传打字机键盘和打孔卡系统。这样的设备现在只能在博物馆里找到，而这些字符集的编码布局对现代计算机系统几乎没有任何好处。如果现在能够设计其他的字符集，一定和 ASCII 或 EBCDIC 字符集完全不同。新的设计可能会以现代键盘为基础（因此会包括常见按键的编码，如左箭头、右箭头、上页和下页），布局也会让各种常见计算更加简便。

尽管 ASCII 和 EBCDIC 字符集并不会那么快就消亡，但完全可以为特定的应用程序定义专门的字符集。当然，这样的字符集是应用程序专属的，包含自定义字符集编码字符的文本文件无法共享给那些不知道这种私有编码的应用程序。但是，使用查找表就可以实现不同字符集之间的转换，这并不难。因此，应用程序内部字符集和外部字符集（如 ASCII）之间的转换可以在执行 I/O 操作时进行。如果合适的编码可以使程序的整体效率更高，那么 I/O 过程中损失一点效率也是值得的。但是，如何才能选择一种合适的编码呢？

第一个要考虑的问题是："字符集需要支持多少个字符？"显然，字符数量将直接影响字符数据的大小。容易想到的是 256 个字符，因为软件用来表示字符数据的原始数据类型最常见的就是字节。但请记住，不要在字符集中定义这么多字符，除非真正需要 256 个字符。如果自定义字符集只有 128 甚至 64 个字符，那么采用这个字符集创建出来的"文本文件"能被压缩得更小。而且，如果每个字符只需要传输 7 位或 6 位，而不是 8 位，那么数据传输也会更快。如果用到的字符超过 256 个，就要仔细权衡使用多内码表、双字节字符集或 16 位字符的利弊。注意，Unicode 字符集是支持用户定义字符的。因此，如果需要的字符集超过了 256 个字符，则可以考虑把这些字符加入 Unicode 字符集，以保持和世界上其他系统兼容的"某种标准"。

本节我们将定义一个使用 8 位字节表示 128 个字符的字符集。大多数情况下，我们只是简单地重新排列了 ASCII 字符集中的编码，希望能简化一些计算。我们将重命名一些老式大型机和电传打字机创建的控制编码，让它们对现代系统更有意义，还将在 ASCII 标准字符之外再增加一些新的字符，主要目的也是让各种计算更加高效，而不是为了创造新的字符。我们把这种字符集称为 HyCode 字符集。

注意：再次重申，本章使用 HyCode 的目的并不是为了创建某种新的字符集标准，仅仅是为了演示如何创建一个可以改进程序的自定义专属字符集。

5.4.1 设计高效的字符集

设计新字符集应该考虑几个方面。例如，新的字符串是否能够使用现有的字符串格式来表示？这可能会影响到字符串的编码：如果还想使用支持零结尾字符串的函数库，那么自定义字符集中就要保留作为字符串结束标记的编码 0。但请记住，无论怎样设计，一定会有相当多的字符串函数无法支持新字符集。只有使用和 ASCII（或其他通用字符集）完全一样的字母字符表示，`stricmp()` 这类函数才能正常工作。因此，不要因为某些字符串表示的特殊要求而犹豫，无论如何处理自定义字符，一定都需要编写很多自定义字符串函数。HyCode 字符集并没有保留标记字符串结束的编码 0，这没什么问题，因为零结尾的字符串的处理效率并不高。

研究一下需要使用字符串函数的程序，就会发现下面这些函数经常出镜。

- 判断一个字符是不是数字。
- 将一个数字字符转换为等价的数字。
- 将一个数字转换为等价的数字字符。
- 判断一个字符是不是字母。
- 判断一个字符是不是小写。
- 判断一个字符是不是大写。
- 比较两个字符（或字符串）的大小（不区分大小写，Case-Insensitive）。
- 对一组字母字符串进行排序（区分大小写或不区分大小写）。
- 判断一个字符是不是字母或数字。
- 判断一个字符是不是合法的标识符字符。
- 判断一个字符是不是常见的算术或逻辑运算符。

- 判断一个字符是不是括号字符（即 (、)、[、]、{、}、<、> 之一）。
- 判断一个字符是不是标点符号字符。
- 判断一个字符是不是空白字符（如空格、制表符或换行符）。
- 判断一个字符是不是光标控制字符。
- 判断一个字符是不是滚动控制键字符（如 PgUp、PgDn、HOME 和 END）。
- 判断一个字符是不是功能键。

HyCode 字符集的设计就是让这些操作尽可能简单高效。为同类型字符（如字母字符和控制字符）分配连续的字符编码就是相对于 ASCII 字符集的巨大进步。这样在任何情况下我们都可以通过两次比较提前做一些检查。例如，只要对字符编码和标点符号编码范围的上下限进行比较，就可以高效地判断字符是不是某种标点符号。ASCII 字符集无法做到这一点，因为 ASCII 字符集中的标点符号散布在整个字符集当中。虽然这种方式不能满足所有可能的范围比较，但我们可以设计字符集，让最常见的检查用尽量少的比较来完成。

5.4.2　数字字符的编码分组

保留 0~9 作为数字 0~9 的字符编码，就可达到上面清单中前三个函数的要求。首先，用一次无符号比较来判断字符编码是否小于或等于 9，也就能判断该字符是不是数字。其次，字符和数字表示之间的转换直截了当，因为字符编码就是数字。

5.4.3　字母字符分组

虽然 ASCII 字符集有些设计不像 EBCDIC 字符集那么糟糕，但对字母字符的判断和操作也不太方便。我们想通过 HyCode 字符集解决下面这些 ASCII 字符集的问题。

- 字母字符的两个范围不连续。字母字符的判断需要四次比较。
- 小写字母的 ASCII 编码大于大写字母的编码。如果要进行区分大小写的比较，则让小写字母小于大写字母更符合直觉。
- 任何小写字母的值都比任何大写字母的值大，这会产生反直觉的结果，如 a 大于 B。

HyCode 字符集解决这些问题的办法很有趣。首先，HyCode 使用$4C~$7F 范围的编码来表示 52 个字母字符。因为 HyCode 字符集只有 128 个字符编码（$00...$7F），而字母字符占用的是最后 52 个字符编码，这意味着判断编码是否大于或等于 $4C 就可以判断字符是不是字母编码。高级语言中的比较代码如下：

```
if( c >= 76) . . .
```

如果编译器支持 HyCode 字符集，也可以这样写：

```
if( c >= 'a') . . .
```

汇编语言则可以使用下面这一对指令：

```
    cmp( al, 76 );
    jnae NotAlphabetic;

        // 如果是字母字符则执行这里的语句

NotAlphabetic:
```

HyCode 字符集中的小写字母和大写字母是交替排列的（也就是说，编码按照字符 a、A、b、B、c、C 的顺序排列，依此类推）。无论是区分大小写还是不区分大小写的搜索，字符串的排序和比较都非常简单。交替排列可以使我们通过字符编码的低位来判断字符编码是小写(低位为 0)还是大写(低位为 1)。字母字符使用的 HyCode 编码如下：

```
a:76, A:77, b:78, B:79, c:80, C:81, . . . y:124, Y:125, z:126, Z:127
```

判断 HyCode 中的字母大小写比判断是不是字母麻烦一点，但是用汇编语言实现 HyCode 字符的判断仍然要比同样的 ASCII 字符简单。判断一个字符是大写字母还是小写字母需要两次比较：首先判断它是不是字母，再判断大小写。C/C++可以使用如下语句：

```
if( (c >= 76) && (c & 1) )
{
    // 如果是大写字母则执行这里的代码
```

```
}

if( (c >= 76) && !(c & 1) )
{
    // 如果是小写字母则执行这里的代码
}
```

如果 c 是字母，当 c 的低位为 1 时，子表达式 (c & 1) 求值的结果为 true (1)，这意味着 c 是大写字母。同理，当 c 的低位为 0 时，!(c & 1) 求值的结果为 true，这意味着 c 是小写字母。如果采用 80x86 汇编语言，判断一个字符是大写字母还是小写字母可以使用下面这三条机器指令：

```
// 注意：ROR(1, AL) 将小写字母的范围映射到$26..$3F (38..63)；将大写字母的范围
// 映射到$A6..$BF (166..191)。其他字符的映射值都比这两个范围中的值要小。

        ror( 1, al );
        cmp( al, $26 );
        jnae NotLower;        // 注意：必须使用无符号跳转！

            // 处理小写字母的代码
NotLower:

// 对于大写字母来说，ROR 产生的编码范围是$A8..$BF，这个范围里的值都是（8 位）负数
// 这个范围里的值恰好也是 HyCode 字符集可以通过 ROR 产生的*最大*的负数。

        ror( 1, al );
        cmp( al, $a6 );
        jge NotUpper;        // 注意：必须使用带符号跳转！

            // 处理大写字母的代码

NotUpper:
```

提供 ror() 等价操作的语言很少，能够（方便地）在同一段代码中区分带符号和无符号字符值的语言就更少了。因此，这段代码可能仅适用于汇编语言程序。

5.4.4　比较字母字符

HyCode 字母字符的编码范围采用词法排序（"字典排序"）几乎没有成本。利用 HyCode 字符值比较就可以把字符串按照词法的顺序排序，因为 HyCode 定义的字母字符有如下关系：

```
a < A < b < B < c < C < d < D < . . . < w < W < x < X < y < Y < z < Z
```

这正好是词法排序的顺序，也是大多数人直觉上期望的关系。如果比较不区分大小写，则只需将字母的低位屏蔽掉（或强制置 1）。

为了说明 HyCode 字符集进行不区分大小写比较时的优势，我们先来看看 C/C++中两个 ASCII 字符不区分大小写的标准比较是什么样子：

```
if( toupper( c ) == toupper( d ))
{
    // 区分大小写的比较结果为 c==d 的处理代码
}
```

这段代码看起来还行，但考虑到 **toupper()** 函数（通常是宏）展开后的内容：[1]

```
#define toupper(ch) ( (ch >= 'a' && ch <= 'z') ? ch & 0x5f : ch )
```

当 C 预处理程序展开上面 if 语句中的宏之后，代码如下：

```
if
(
    ( (c >= 'a' && c <= 'z') ? c & 0x5f : c )
  == ( (d >= 'a' && d <= 'z') ? d & 0x5f : d )
)
{
        // 区分大小写的比较结果为 c==d 的处理代码
}
```

展开后的 80x86 汇编代码类似下面这样：

1　实际情况更糟糕，因为大多数 C 标准库会使用查找表来映射字符范围，但这里我们先忽略这个问题。

```
        // 假设 c 保存在 cl 中，d 保存在 dl 中。

        cmp( cl, 'a' );         // 判断 c 在不在'a'..'z'的范围内
        jb NotLower;
        cmp( cl, 'z' );
        ja NotLower;
        and( $5f, cl );         // 将 cl 中保存的小写字母转换成大写字母
NotLower:

        cmp( dl, 'a' );         // 判断 d 在不在'a'..'z'的范围内
        jb NotLower2;
        cmp( dl, 'z' );
        ja NotLower2;
        and( $5f, dl );         // 将 dl 中保存的小写字母转换成大写字母
NotLower2:
        cmp( cl, dl );          // 比较两个字符(字母现在都转换成了大写)。
        jne NotEqual;           // 如果不相等则跳过 c==d 时的处理
                                // 代码。

        // 区分大小写的比较结果为 c==d 的处理代码
NotEqual:
```

而 HyCode 字符集不区分大小写的比较要简单得多。HLA 汇编代码实现类似下面这样：

```
// 判断 CL 是不是字母。不需要判断 DL，因为 DL 不是字母的话，比较的结果就是不相等。

        cmp( cl, 76 );          // 如果 CL < 76 ('a') 那么其就不是字母，两个字符
        jb TestEqual;           // 无论如何也不会相等（就算是忽略大小写）。

        or( 1, cl );            // 如果 CL 是字母则强制转换成大写。
        or( 1, dl );            // DL 可能是字母也可能不是。如果是字母会被强制转换
                                // 成大写。
TestEqual:
        cmp( cl, dl );          // 比较两个字母的大写。
        jne NotEqual;           //不相等就退出。

TheyreEqual:
        // 区分大小写的比较结果为 c==d 的处理代码。

NotEqual:
```

我们发现，两个 HyCode 字符不区分大小写的比较代码用到的指令只有 ASCII 字符的一半。

5.4.5 其他字符分组

因为字母字符在整个字符编码范围的一端，而数字字符在另一端，所以需要进行两次比较来判断一个字符是否是字母数字（仍然比 ASCII 字符的四次比较高效）。下面这段 Pascal/Delphi 代码可以用来判断一个字符是否是字母数字。

```
if( ch < chr(10) or ch >= chr(76) ) then . . .
```

一些程序（除编译器外）需要有效地处理表示程序标识符的字符串。大多数语言允许在标识符中使用字母数字字符，正如刚才看到的那样，我们可以通过两次比较来判断一个字符是否是字母数字。

许多语言还允许标识符使用下画线，有些语言，如 MASM，则允许标识符使用其他字符，如"at"字符（@）和美元符号（$）。下画线的字符编码为 75，$和@的字符编码分别为 73 和 74。判断标识符字符仍然只用两次比较。

同理，HyCode 将光标控制键、空白字符、括号字符（小括号、中括号、大括号和角括号）、算术运算符、标点符号字符等分在一组。表 5-5 列出了完整的 HyCode 字符集。仔细研究一下分配给每个字符的数字编码，我们就会发现前面提到的大多数字符操作都可以通过高效的计算完成。

表 5-5 HyCode 字符集

二进制	十六进制	十进制	字符	二进制	十六进制	十进制	字符
0000_0000	00	0	0	0001_1110	1E	30	End
0000_0001	01	1	1	0001_1111	1F	31	Home
0000_0010	02	2	2	0010_0000	20	32	PgDn
0000_0011	03	3	3	0010_0001	21	33	PgUp

二进制	十六进制	十进制	字符	二进制	十六进制	十进制	字符
0000_0100	04	4	4	0010_0010	22	34	Left
0000_0101	05	5	5	0010_0011	23	35	Right
0000_0110	06	6	6	0010_0100	24	36	Up
0000_0111	07	7	7	0010_0101	25	37	Down/Linefeed
0000_1000	08	8	8	0010_0110	26	38	Nonbreaking space
0000_1001	09	9	9	0010_0111	27	39	Paragraph
0000_1010	0A	10	keypad	0010_1000	28	40	Carriage return
0000_1011	0B	11	Cursor	0010_1001	29	41	Newline enter
0000_1100	0C	12	Function	0010_1010	2A	42	Tab
0000_1101	0D	13	Alt	0010_1011	2B	43	Space
0000_1110	0E	14	Control	0010_1100	2C	44	(
0000_1111	0F	15	Command	0010_1101	2D	45	)
0001_0000	10	16	Len	0010_1110	2E	46	[
0001_0001	11	17	Len128	0010_1111	2F	47	]
0001_0010	12	18	Bin128	0011_0000	30	48	{
0001_0011	13	19	Eos	0011_0001	31	49	}
0001_0100	14	20	Eof	0011_0010	32	50	<
0001_0101	15	21	Sentinel	0011_0011	33	51	>
0001_0110	16	22	Break/ interrupt	0011_0100	34	52	=
0001_0111	17	23	Escape/ cancel	0011_0101	35	53	^
0001_1000	18	24	Pause	0011_0110	36	54	|
0001_1001	19	25	Bell	0011_0111	37	55	&
0001_1010	1A	26	Back tab	0011_1000	38	56	-
0001_1011	1B	27	Backspace	0011_1001	39	57	+

二进制	十六进制	十进制	字符	二进制	十六进制	十进制	字符
0001_1100	1C	28	Delete				
0001_1101	1D	29	Insert				
0011_1010	3A	58	*	0101_1101	5D	93	I
0011_1011	3B	59	/	0101_1110	5E	94	j
0011_1100	3C	60	%	0101_1111	5F	95	J
0011_1101	3D	61	~	0110_0000	60	96	k
0011_1110	3E	62	!	0110_0001	61	97	K
0011_1111	3F	63	?	0110_0010	62	98	l
0100_0000	40	64	,	0110_0011	63	99	L
0100_0001	41	65	.	0110_0100	64	100	m
0100_0010	42	66	:	0110_0101	65	101	M
0100_0011	43	67	;	0110_0110	66	102	n
0100_0100	44	68	"	0110_0111	67	103	N
0100_0101	45	69	'	0110_1000	68	104	o
0100_0110	46	70	`	0110_1001	69	105	O
0100_0111	47	71	\	0110_1010	6A	106	p
0100_1000	48	72	#	0110_1011	6B	107	P
0100_1001	49	73	$	0110_1100	6C	108	q
0100_1010	4A	74	@	0110_1101	6D	109	Q
0100_1011	4B	75	_	0110_1110	6E	110	r
0100_1100	4C	76	a	0110_1111	6F	111	R
0100_1101	4D	77	A	0111_0000	70	112	s
0100_1110	4E	78	b	0111_0001	71	113	S
0100_1111	4F	79	B	0111_0010	72	114	t
0101_0000	50	80	c	0111_0011	73	115	T
0101_0001	51	81	C	0111_0100	74	116	u
0101_0010	52	82	d	0111_0101	75	117	U
0101_0011	53	83	D	0111_0110	76	118	v

二进制	十六进制	十进制	字符	二进制	十六进制	十进制	字符
0101_0100	54	84	e	0111_0111	77	119	V
0101_0101	55	85	E	0111_1000	78	120	w
0101_0110	56	86	f	0111_1001	79	121	W
0101_0111	57	87	F	0111_1010	7A	122	x
0101_1000	58	88	g	0111_1011	7B	123	X
0101_1001	59	89	G	0111_1100	7C	124	y
0101_1010	5A	90	h	0111_1101	7D	125	Y
0101_1011	5B	91	H	0111_1110	7E	126	z
0101_1100	5C	92	i	0111_1111	7F	127	Z

5.5　更多信息

Hyde, Randall. "HLA Standard Library Reference Manual." n.d.

http://www.plantation-productions.com/Webster/HighLevelAsm/HLADoc/ or *https://bit.ly/2W5G1or.*

IBM. "ASCII and EBCDIC Character Sets." n.d. *https://ibm.co/33aPn3t.* Unicode, Inc.

"Unicode Technical Site." Last updated March 4, 2020.

https://www.unicode.org/.

6

内存结构和访问

本章介绍计算机系统的基本组件，包括 CPU、内存、I/O 和将它们连接在一起的总线。我们从总线的结构和内存的结构开始介绍。这两种硬件组件对软件性能的影响可能和高速 CPU 一样大。对内存性能特征、数据局部性及缓存操作的理解有助于设计出运行速度更快的软件。

6.1　基本系统组件

计算机系统的基本运作设计称为体系结构。当今使用的主要体系结构得名于计算机设计先驱约翰·冯·诺依曼（John von Neumann）。例如，80x86 系列使用的就是冯·诺依曼结构（VNA，von Neumann Architecture）。如图 6-1 所示，典型的冯·诺依曼体系结构有三个主要组件：中央处理器（CPU，Central Processing Unit）、内存（Memory）和输入/输出设备（I/O，Input/Output）。

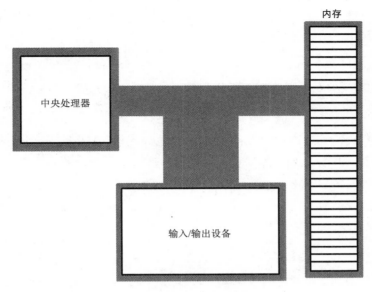

图 6-1 典型的冯·诺依曼体系结构

　　80x86 系统为代表的冯诺依曼计算机由 CPU 负责所有的运算。数据和机器指令驻留在内存中，当 CPU 需要使用它们时，系统会将数据传输给 CPU。对 CPU 来说，大多数 I/O 设备和内存没什么不同，主要区别在于 I/O 设备通常位于计算机外部，而内存位于计算机内部。

6.1.1　系统总线

　　系统总线（System Bus）将冯·诺依曼计算机的各个组件连接在一起。系统组件之间传递电信号的线束就是总线。大多数 CPU 都具有三种主要的总线：数据（Data）总线、地址（Address）总线和控制（Control）总线。总线实现因处理器而异，但对于大多数 CPU 来说，每种总线承载的信息是类似的。例如，奔腾和 80386 的数据总线虽然实现不同，但它们都是在处理器、I/O 设备和内存之间传输数据。

1. 数据总线

　　CPU 使用数据总线在计算机系统中的各个组件之间传输数据。不同 CPU 的总线位数（Size）差异很大。事实上，总线位数（又称位宽，Width）是决定处理器"容量"的主要因素之一。

大多数现代通用 CPU（如个人计算机使用的 CPU）采用的数据总线位宽为 32 位或是更常见的 64 位。有些处理器使用的是 8 位或 16 位数据总线。当本书出版时，有些 CPU 很可能已经用上了 128 位数据总线。

我们经常会听到 8 位、16 位、32 位或 64 位处理器这样的说法。处理器位数由处理器的数据总线位数和最大通用整数寄存器的位数两者中的较小者决定。例如，早期的英特尔 80x86 CPU 的总线都是 64 位，但通用整数寄存器只有 32 位，因此被归为 32 位处理器。AMD（和后期英特尔）的 x86-64 处理器支持 64 位整数寄存器和 64 位总线，因此被归类为 64 位处理器。

拥有 8 位、16 位、32 位和 64 位数据总线的 80x86 系列可以处理的数据块大小最高能达到总线的位宽，但也能访问更小的 8 位、16 位或 32 位内存单元。因此，位宽更小的数据总线能做到的，位宽更大的数据总线也能做到。但是，位宽更大的数据总线可以更快地访问内存，而且一次内存操作访问的数据块更大。这些内存访问有关的特征在本章稍后部分会详细介绍。

2. 地址总线

80x86 系列处理器的数据总线负责在内存单元或 I/O 设备和 CPU 之间传输信息。具体是哪个内存单元或 I/O 设备则由地址总线来确定。系统在设计时会为每个内存单元和 I/O 设备分配一个唯一的内存地址。当软件想要访问特定的内存单元或 I/O 设备时，需要将对应的地址交给地址总线。设备内的电路会检查地址总线上的地址，如果地址匹配就传输数据。其他所有内存单元都会忽略地址总线上的这次请求。

使用一位地址总线，处理器可以访问的地址只有两个：0 和 1。使用 n 位地址总线，处理器可以访问的不同地址一共有 2^n 个（因为 n 位二进制数可以表示的不同值一共有 2^n 个）。地址总线的位数决定了可寻址内存和 I/O 设备数量的上限。例如，早期 80x86 处理器的地址总线只有 20 位。因此，这种处理器能访问的内存单元最多只有 1 048 576（即 2^{20}）个。地址总线位数越多，可以访问的内存空间也就越大（如表 6-1 所示）。

表 6-1　80x86 系列的寻址能力

处理器	地址总线位宽	最大可寻址内存空间
8088、8086、80186、80188	20	1 048 576 (1MB)
80286、80386sx	24	16 777 216 (16MB)
80386dx	32	4 294 976 296 (4GB)
80386dx	32	4 294 976 296 (4GB)
80486、奔腾	36	68 719 476 736 (64GB)
酷睿、i3、i5、i7、i9	≥40	≥1 099 511 627 776 (≥1TB)

　　越新的处理器支持的地址总线位宽越大。很多其他处理器（如 ARM 和 IA-64）提供了位宽更大的地址总线，而且实际支持的软件地址已经达到了 64 位。

　　64 位地址的范围对于内存来说可以说是无限的。还没有人把 2^{64} 个字节大小的内存放入计算机系统中，更不会有人觉得这还不够。当然，过去人们也有类似的认知。几年前，人们都不会想到一台计算机需要 1GB 的内存，如今拥有 64GB（或更多）内存的计算机比比皆是。但是 2^{64} 可以说就是无穷的。原因很简单，根据当前对宇宙规模的估算（大约由 2^{86} 个不同的基本粒子组成），物理上是不可能构建出这么大的内存的。除非地球上的每个基本粒子都能附上 1 个字节的内存，否则任何计算机系统都无法拥有接近 2^{64} 的内存。但话也不能说得太满，也许有一天我们真地会把整个行星当作计算机系统，就像道格拉斯·亚当斯在《银河系漫游指南》中描写的那样。谁知道呢？

　　虽然较新的 64 位处理器的内部地址空间可以达到 64 位，但从芯片引出的地址线缆却很少达到 64 条。因为大型 CPU 上的引脚非常宝贵，引脚被永远都不会被用到的地址线占用得不偿失。目前地址总线的上限是 40~52 位。也许在遥远的未来地址总线需要扩展，但实在想不出有什么需求会用上 64 位物理地址总线。

　　现代处理器的内存控制器被 CPU 厂商直接构建在 CPU 上。较新的 CPU 没有传统的用于连接内存设备的地址总线和数据总线，而是内置了专门用于和特定动态随机存取存储器（Dynamic Random-Access Memory，DRAM）模块通信的总线。典型 CPU 的内存控制器能够连接的 DRAM 模块数量有限，因此，CPU 可以连接的 DRAM 容量上限直接由 CPU 内置的内存控制器决定，和外部地址总线位宽无关。这就是一些较早的便携式计算机内存上限只能达到 16MB 或 32MB 的原因，哪怕它们的 CPU 是 64 位的[1]。

3. 控制总线

控制处理器和系统其他部分通信的特殊信号集合就是控制总线。我们结合数据总线来了解控制总线的重要性。CPU 使用数据总线在它和内存之间传输数据。而系统需要使用控制总线的两条线路（读取线路和写入线路）来确定数据流的方向（是从 CPU 传输到内存，还是从内存传输到 CPU）。当 CPU 想要将数据写入内存时，会让写入控制线路生效（Assert，产生信号）。当 CPU 想要从内存中读取数据时，则会让读取控制线路生效。

尽管控制总线的组合因处理器而异，但有一些控制总线对所有处理器都是通用的，如系统时钟线路、中断线路、状态线路和字节生效线路。字节生效线路出现在一些支持按字节寻址内存的 CPU 的控制总线上。16 位、32 位和 64 位处理器在传输数据的同时通过字节生效线路沟通传送数据的大小，这样就能处理比数据总线位宽小的数据块。更多细节请参考 6.2.2 节和 6.2.3 节的内容。

80x86 系列处理器的控制总线还包含了用于区分地址空间的信号线路。与许多其他处理器不同，80x86 系列提供了两种不同的地址空间：一种用于内存；一种用于 I/O 设备。但 I/O 设备和内存共享一条物理地址总线。因此，这条额外的控制线路决定了地址是 I/O 设备的还是内存的。当信号生效时，I/O 设备使用地址总线的低 16 位作为地址。当信号失效时，地址总线上的地址则由内存子系统来处理。

6.2　内存的物理结构

典型的 CPU 可寻址的内存单位数量最高可以达到2^n，其中 n 是地址总线的位宽（大多数基于 80x86 系列 CPU 构建的计算机系统的内存并不会达到可寻址空间的上限）。但内存单位究竟是什么？例如，80x86 支持按字节寻址内存（Byte-Addressable

---

1 从技术上讲，便携式计算机的厂商可以添加很多外部电路来突破这个限制，其中包括外部（对 CPU 来说是外部）内存控制器。然而，这种设计的成本高昂，非常罕见。

Memory）。因此，基本的内存单位是一个字节。80x86 处理器使用由 20 条、24 条、32 条、36 条或 40 条地址线路组成的地址总线，可寻址的内存分别是 1MB、16MB、4GB、64GB 或 1TB。某些 CPU 系列并不支持按字节寻址内存，它们通常只能按照双字甚至四字寻址内存块。然而，大量的软件会假定内存是可以按字节寻址的（如全部 C/C++ 程序），即使 CPU 硬件不支持按字节寻址内存，但其仍然会使用字节地址并通过软件模拟字节寻址。我们稍后再来讨论这个话题。

内存可以被看作一个字节数组。第一个字节的地址为 0，最后一个字节的地址为 $2^n - 1$。对于地址总线为 20 位的 CPU 来说，下面这段声明 Pascal 数组的伪代码模拟的就是内存：

```
Memory: array [0..1048575] of byte; // 1MB 地址空间 (20 位)
```

CPU 将值 0 放在数据总线上，将地址 125 放在地址总线上，并让控制总线上的写入线路生效，这就相当于执行了 Pascal 语句 Memory [125] := 0;，如图 6-2 所示。

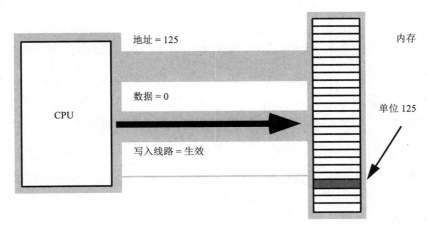

图 6-2 内存写入操作

CPU 将地址 125 放在地址总线上，让控制总线的读取线路生效，然后从数据总线读取数据，这就相当于执行了 Pascal 语句 CPU:= Memory [125];，如图 6-3 所示。

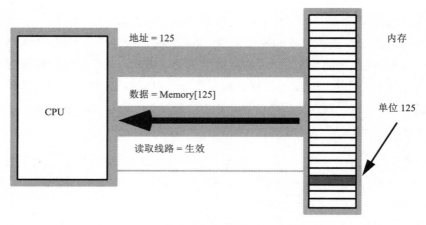

图 6-3 内存读取操作

上面的操作仅适用于处理器对内存中单个字节的访问。当需要访问的是一个字或一个双字时会发生什么呢？因为内存是一个由字节组成的数组，那我们怎样才能处理 8 位以上的值呢？

不同的计算机系统有不同的解决方案。80x86 系列把一个字中的低位字节存储在指定地址的内存单位，把高位字节存储在下一个内存单位。因此，一个字将占用两个连续的内存单位（因为我们期望 2 个字节能组成一个字）。同理，一个双字将占用四个连续的内存单位。

字或双字的地址就是它们低位字节的地址。其他字节紧跟在低位字节之后，字的高位字节位于字地址加 1，而双字的高位字节位于双字地址加 3（如图 6-4 所示）。

字节、字和双字的值很可能在内存中重叠。例如，图 6-4 中一个字变量可以从地址 193 开始，一个字节变量可以从地址 194 开始，一个双字变量可以从地址 192 开始。字节、字和双字可以从任何有效的内存地址开始。然而，我们很快就会发现，访问从任意地址开始的大对象并不方便。

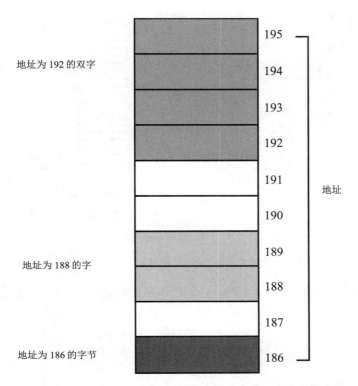

图 6-4 （80x86）内存中的字节、字和双字存储

6.2.1 8 位数据总线

8 位总线的处理器（如古老的 8088 CPU）一次可以传输 8 位数据。由于每个内存地址对应一个 8 个字节，因此从硬件角度来看 8 位总线的架构最合理，如图 6-5 所示。

术语按字节寻址内存阵列（Byte-Addressable Memory Array）的意思就是 CPU 可以寻址的内存最小单位是单个字节块。这也是处理器一次能访问的最小内存单位。换句话说，处理器如果想要访问一个 4 位的值也必须一次读取 8 位，再忽略掉多余的 4 位。

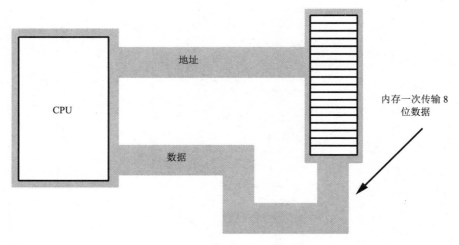

图 6-5 8 位 CPU 与内存接口

具备按字节寻址的能力并不是说 CPU 可以从任意位置开始访问 8 位数据。通过内存地址 125 获得的是该地址完整的 8 位数据——不多也不少。地址必须是整数，比如，不能用地址 125.5 来获取 8 位以下的数据或者横跨两个字节地址的字节。

除可以方便地处理字节值外，8 位数据总线的 CPU 还可以操作字和双字值，但需要进行多次内存操作，因为这类处理器一次只能移动 8 位数据。加载一个字需要两次内存操作，加载一个双字需要四次内存操作。

6.2.2　16 位数据总线

有些 CPU（如 8086、80286 和 ARM 系列处理器的变体）的数据总线有 16 位。在同样时间内，这些处理器能够访问的内存是 8 位处理器的两倍。这些处理器的内存结构分成了两个**组**（Bank）：一个"偶数"组和一个"奇数"组（如图 6-6 所示）。

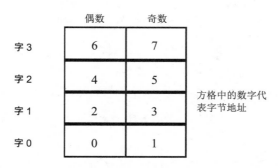

图 6-6 字存储器中的字节寻址

图 6-7 展示的是和这些 CPU 相连的数据总线，图中数据总线 D0~D7 传输的是一个字的低位字节，而总线 D8~D15 传输的是这个字的高位字节。

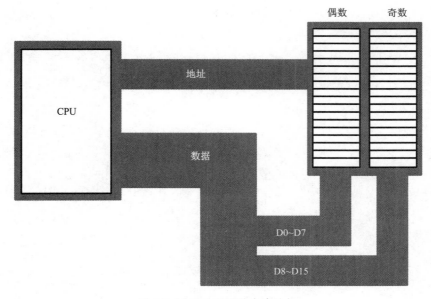

图 6-7 16 位处理器的内存结构

80x86 系列的 16 位处理器成员可以从任意地址开始加载一个字。如前所述，处理器从给定的地址中获取值的低位字节，从下一个连续的地址中获取值的高位字节。然而，这会产生一个微妙的问题。如果访问的字从奇数地址开始会怎样？假设从单位 125 开始读取一个字。这个字的低位字节在单位 125，而高位字节在单位 126。这种方法实际上存在两个问题。

如图 6-7 所示，数据总线中的线路 D8~D15（高位字节）连接的是内存的奇数组，线路 D0~D7（LO 字节）连接的是偶数组。访问内存单位 125 时，数据将通过数据总线的线路 D8~D15 传输给 CPU 并被当作高位字节，但我们期望它是低位字节！还好，80x86 CPU 会自动识别并处理这种情况。

第二个问题隐藏得更深。访问一个字实际上等于访问两个独立的字节，这两个字节各自都有字节地址。那么，地址总线上出现的是哪个地址呢？16 位 80x86 CPU 的地址总线上出现的一定是偶数地址。偶数地址的字节总是出现在数据总线的 D0~D7 上，而奇数地址的字节总是出现在数据总线的 D8~D15 上。当访问以偶数地址开始的字时，CPU 可以在一次内存操作中加载完整的 16 位数据块。当需要访问单个字节时，CPU 会（通过字节生效控制线路）激活对应的内存组（偶数或奇数），并在地址对应的数据线路（D0~D7 或 D8~D15）上传输该字节。

但是，在前面的例子中，如果 CPU 要访问的是以奇数地址开始的字时会发生什么呢？CPU 没有办法将地址总线设置成地址 125，也就没办法从内存中读取以奇数地址开始的 16 位数据。16 位 80x86 CPU 的地址只可能是偶数，不可能是奇数。因此，如果想将地址总线的地址设置为 125，实际出现在数据总线上的却是 124。想读取的是从地址 125 开始的 16 位的字，实际得到的却是地址 124（低位字节）和地址 125（高位字节）组成的字——这不符合预期。访问以奇数地址开始的字需要两次内存操作（和 8 位总线的 8088/80188 一样）。首先，CPU 必须先读取地址 125 处的字节，再读取地址 126 处的字节。其次，CPU 内部需要交换两个字节的位置，因为两个字节被载入 CPU 时都错误地出现在另一半数据总线上。

好在 16 位 80x86 CPU 隐藏了这些细节。程序可以访问任何地址上的字，而 CPU 将会正确地访问并交换（如有必要）内存中的数据。但是，由于访问奇数地址上的字需要两次操作，因此 16 位处理器访问偶数地址上的字更快。仔细规划内存的使用，可以提高这些 CPU 上程序的运行速度。

6.2.3　32 位数据总线

访问 32 位数据，16 位处理器需要至少两次内存操作。要访问以奇数地址开始的 32 位数据，16 位处理器可能需要三次内存操作。

像奔腾和酷睿这样拥有 32 位数据总线的 80x86 处理器，和 32 位数据线连接的是四组内存（如图 6-8 所示）。

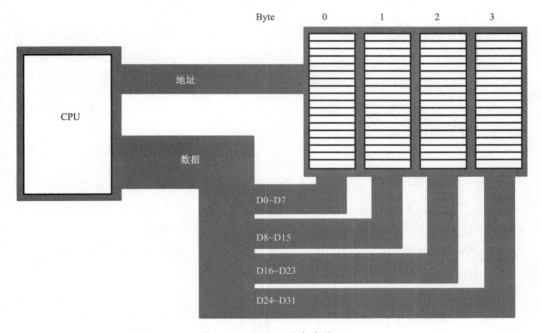

图 6-8　32 位处理器内存接口

借助 32 位内存接口，80x86 CPU 访问任意一个字节只需要一次内存操作。对于 16 位内存接口来说，地址总线上的地址一定是偶数；而对于 32 位内存接口来说，地址一定是 4 的倍数。CPU 通过不同的字节生效控制线路来从地址上的 4 个字节中选出软件想要访问的那一个。和 16 位处理器一样，CPU 会按需自动对字节重新排序。

对于 32 位 CPU 来说，访问大多数地址上的字都只用一次内存操作，尽管访问某些地址上的字需要两次内存操作（如图 6-9 所示）。这种情况和 16 位处理器访问奇数地址上的字一样，只不过发生的概率只有一半——只有当地址除以 4 的余数为 3 时才会发生。

（第一次访问得到）低位字节

（第二次访问得到）高位字节

图 6-9 32 位处理器访问（模 4 等于 3 的地址）字

只有双字值的地址可以被 4 整除时，32 位 CPU 才能在一次内存操作中访问该双字。如果地址不能被 4 整除，则 CPU 可能需要两次内存操作才能访问一个双字。

同样，80x86 CPU 会自动处理这些情况。但是，合理对齐数据可以提升性能。通常，一个字的低位字节应始终放在偶数地址处，而一个双字的低位字节应始终放在可以被 4 整除的地址处。

6.2.4　64 位数据总线

奔腾及更高版本处理器（如英特尔 i 系列）提供了 64 位数据总线和特殊缓存，来降低未对齐的数据访问对性能的影响。尽管访问不恰当的地址上的数据仍然可能会出现问题，但和早期的 CPU 相比，现代 x86 CPU 出现问题的概率更低。我们将在 6.4.3 节中详细说明。

6.2.5　非 80x86 处理器对小单位内存的访问

80x86 处理器并不是唯一允许访问任意地址上的字节、字或双字对象的处理器，但过去 30 年里，大多数处理器都不允许这样的访问。例如，在最早的苹果 Macintosh 系统中，68000 处理器可以访问任意地址上的字节，但如果访问以奇数地址开始的字就会发生异常。[1] 许多处理器要求访问对象的地址是对象大小的整倍数，否则就会发生异常。

---

1 后续 Macintosh 系统的 680x0 系列处理器从 68020 开始，已经修正了这个问题，可以访问任意地址上的字和双字。

大多数 RISC 处理器根本不允许访问字节和字对象，包括现代智能手机和平板电脑处理器（通常是 ARM 处理器）。大多数 RISC CPU 要求所有访问数据的大小和数据总线位数（或通用整数寄存器的大小，两者中以较小者为准）相同，通常是双字（32 位）或四字（64 位）。在这些机器上访问字节或字，必须把它们当成打包的字段，使用移位和掩码技术从双字中提取或向其插入字节和字数据。只要需要处理字符和字符串，软件中的字节访问几乎就是不可避免的，但如果希望软件能在各种现代 RISC CPU 上高效运行，就应该使用双字而不是字数据类型（避免访问字数据时的性能损失）。

6.3 大端序与小端序结构

前面我们了解到，80x86 系列 CPU 将字或双字值存储在内存中的特定地址上，先存低位字节，接着依次存储高位字节。本节我们将深入探讨不同的处理器是如何在按字节寻址的内存中存储多字节对象的。

"位数"为 2 的幂（8、16、32、64 等）的 CPU 几乎都可以把数据按位和或半字节进行编号，我们在前面几章中已经见到过。有一些例外，但很少见，而且大多数时候变化的只有表示符号，含义是相通的（这意味着我们大可以忽略这些差异）。然而，一旦处理的对象大于 8 位，事情就会变得复杂。对于多字节对象中的字节，不同 CPU 的组织方式也不尽相同。

以 80x86 CPU 双字的字节布局为例（如图 6-10 所示）。0~7 位的低位字节是这个二进制数的最小的部分，存储在内存中最低的地址上。最小的位在内存中的地址也最低，似乎合情合理。

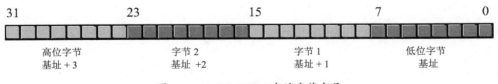

图 6-10 80x86 CPU 双字的字节布局

然而，这并不是唯一的组织方式。有些 CPU 使用图 6-11 所示的组织方式，将双字中所有字节的内存地址反转过来。

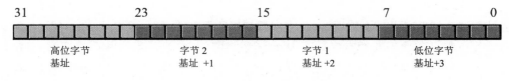

图 6-11 反转的双字字节布局

早期的苹果 Macintosh（68000 和 PowerPC）和大多数非 80x86 UNIX 机器使用的就是图 6-11 中的数据结构。即使在 80x86 系统上，某些协议（如网络传输）也要求使用这种数据结构。因此，这种格式并非小众，而是很常见的，只要和 PC 打交道，就不能忽视数据结构。

英特尔使用的字节格式被脑洞大开地命名为小端序字节格式（Little-Endian Byte Organization）。另一种形式则被称为大端序字节格式（Big-Endian Byte Organization）。

注意：这两个术语来自乔纳森·斯威夫特的《格列佛游记》。在小说中，小人国为水煮蛋该从大的一端（Big-End）剥开还是小的一端（Little-End）剥开而争论不休。这是斯威夫特在创作时对当时天主教徒和新教徒关于教义争论的讽刺。

在使用不同字节序（Endianness）的不同 CPU 出现之前，关于哪种格式更好的争论就已经存在了。今天，谁对谁错已经无关紧要了。无论哪种格式，我们都必须接受 CPU 不同字节序就有可能不同的事实，如果希望程序能够运行在两种类型的处理器上，编写软件时就必须小心。

二进制数据在两台计算机之间传递时就会遇到大端序和小端序的问题。例如，在小端序机器上 256 的双字二进制表示的字节值如下：

低位字节：	0
字节 1：	1
字节 2：	0
高位字节：	0

在小端序机器上会按照下面的布局组织这 4 个字节：

| 字节： | 3 | 2 | 1 | 0 |
| 256： | 0 | 0 | 1 | 0（每个数字代表一个 8 位的值） |

但是在大端序机器上的布局如下：

字节：	3	2	1	0	
256:	0	1	0	0	（每个数字代表一个 8 位的值）

这意味着如果获取其中一台机器上的 32 位值，然后在另一台（字节序不同）机器上使用，结果会不正确。例如，当把值 256 的大端序版本解释为小端序版本的时候，第 16 位的 1 实际上在小端序的机器上被解释为 65 536（即 **%1_0000_0000_0000 _0000**）。

如果要在两台机器之间交换数据，最好的解决方法是先将值转换为某种规范格式，如果本地格式和规范格式不同，则需再将规范格式转换回本地格式。"规范"格式的构成通常取决于传输媒介。例如，跨网络传输数据时规范格式通常是大端序格式。这是因为 TCP/IP 和其他部分网络协议使用的是大端序格式。而通用串行总线（USB）传输数据使用的规范格式是小端序格式。当然，如果两端的软件都是可控的，规范格式的选择就没什么限制了。不过，应当优先使用符合传输媒介的格式，以避免后续出现混乱。

要在不同的字节序格式之间进行转换，必须镜像交换（Mirror-Image Swap）对象中的字节：首先交换二进制数两端的字节，然后向对象中间移动，逐对交换字节。以双字的大端序和小端序格式转换为例，首先交换字节 0 和字节 3，然后交换字节 1 和字节 2（如图 6-12 所示）。

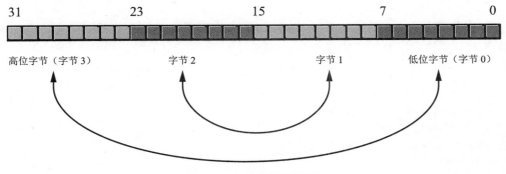

图 6-12 双字的字节序转换

要改变一个字的字节序，只用交换高位和低位字节。如果是四字值的话，需要交换的是字节 0 和字节 7、字节 1 和字节 6、字节 2 和字节 5、字节 3 和字节 4。因为鲜有软件会处理 128 位整数，所以大可不必担心长字的字节序转换，但如果碰到这种情况，做法是一样的。

注意，字节序的转换过程是自反（Reflexive）的，也就是说，将大端序转换为小端序的算法也能把小端序转换为大端序。将算法在数据上应用两次之后得到的就是原来的格式。

即便我们编写的软件不涉及在两台计算机之间进行数据转换，字节序也可能造成问题。有些程序会将离散的字节组装成一个更大的值，这些字节会被分配到这个更大的对象中特定的字节位置。如果软件把低位字节放到了大端序机器上的第 0~7 位（这是小端序格式），程序就会出错。因此，如果软件需要在字节序结构不同的多种 CPU 上运行，就必须确定运行软件的机器的字节序，并且相应地调整将字节组装为更大对象的方法。

我们用一个简单的例子来演示如何将四个独立的字节组装成一个 32 位的对象。这个例子说明了如何将离散的字节构建成一个更大的对象。最常见的方法是创建一个由 32 位对象和 4 字节数组组成的判别联合（Discriminant Union）结构。

注意：许多语言（但不是全部）都支持判别联合数据类型。比如，Pascal 可以使用条件变体记录代替判别联合。具体细节请参阅相关编程语言的参考手册。

联合和记录（或结构）类似，只不过联合中的每个字段会被编译器分配到内存中的同一地址。以 C 语言的两个声明为例：

```
struct
{
    short unsigned i;    // 假定短整型是 16 位。
    short unsigned u;
    long unsigned r;     // 假定长整型是 32 位。
} RECORDvar;

union
{
```

```
    short unsigned i;
    short unsigned u;
    long unsigned r;
} UNIONvar;
```

如图 6-13 所示，RECORDvar 对象占用了内存中的 8 个字节的空间，而且每个字段不会和任何其他字段共享内存（也就是说，每个字段都是从基址不同的偏移开始）。而 UNIONvar 对象中的所有字段都在相同的内存单位，会互相覆盖。因此，向联合中的 i 字段写入值时会覆盖 u 字段及 r 字段的两个字节（CPU 整体的字节序决定这两个字节在低位还是高位）。

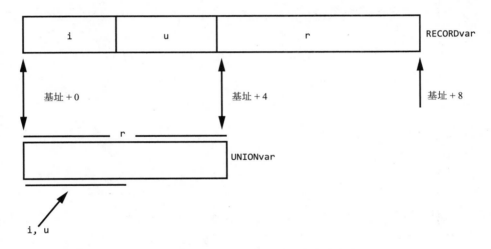

图 6-13 联合和记录（或结构）在内存中的字节布局

C 语言可以利用联合的行为来访问 32 位对象中的各个字节。以下面这个 C 语言的联合声明为例：

```
union
{
    unsigned long bits32;      /* 假定 C 语言的无符号长整型是 32 位*/
    unsigned char bytes[4];
} theValue;
```

这个声明在小端序机器上会创建出如图 6-14 所示的数据类型，而在大端序机器上会创建出如图 6-15 所示的结构。

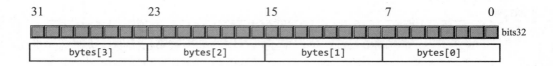

图 6-14 小端序机器上的 C 语言联合

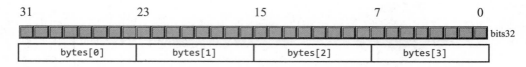

图 6-15 大端序机器上的 C 语言联合

在小端序机器上，可以使用下面这段代码把四个离散的字节组装为一个 32 位的对象：

```
theValue.bytes[0] = byte0;
theValue.bytes[1] = byte1;
theValue.bytes[2] = byte2;
theValue.bytes[3] = byte3;
```

这段代码可以正常工作，因为 C 语言会把内存中最低的地址分配给数组的第一个字节（在小端序机器上对应的是 theValue.bits32 对象中的 0~7 位），接下来是数组的第二个字节（8~15 位），然后是第三个字节（16~23 位），最后是高位字节（分配到内存中最高的地址，对应 24~31 位）。

但这段代码在大端序机器上无法正常工作，因为 theValue.bytes[0]在 32 位值中对应的是 24~31 位，而不是 0~7 位。下面这段代码才能在大端序机器上组合出正确的 32 位值：

```
theValue.bytes[0] = byte3;
theValue.bytes[1] = byte2;
theValue.bytes[2] = byte1;
theValue.bytes[3] = byte0;
```

但如何确定代码是运行在小端序机器还是大端序机器上呢？实际上很简单。参考下面这段 C 语言代码：

```
theValue.bytes[0] = 0;
theValue.bytes[1] = 1;
theValue.bytes[2] = 0;
theValue.bytes[3] = 0;
isLittleEndian = theValue.bits32 == 256;
```

在大端序机器上，这段代码会将值 1 保存到第 16 位，得到的 32 位值绝对不等于 256。而在小端序机器上，这段代码会将值 1 保存到第 8 位，得到的 32 位值一定等于 256。因此，可以检查 isLittleEndian 变量的值来确定当前机器是小端序（为 true）还是大端序（为 false）。

6.4 系统时钟

尽管现代计算机的操作速度已经非常快而且还在提升，但即便是最小的任务，执行仍然需要时间。冯·诺依曼机器上的大多数操作都是序列化（Serialized）的，这意味着计算机要按照写好的顺序执行指令。[1] 在下面这段 Pascal 代码中，语句 I := J;结束之前，I := I * 5 + 2; 是不会执行的：

```
I := J;
I := I * 5 + 2;
```

这些操作并不是发生在一瞬间。将 J 的拷贝移入 I 需要一时间，将 I 乘以 5，然后加上 2 再将结果存储回 I 也需要时间。

处理器需要使用系统时钟（System Clock）作为系统内的计时标准，这样才能保证语句按照正确的顺序执行。要搞清楚为什么有些操作执行的时间比其他操作更长，必须首先理解系统时钟的工作原理。

系统时钟是控制总线上的一个电信号，周期性地在 0 和 1 之间震荡（如图 6-16

---

1 注意，现代 CPU 支持乱序执行（Out-of-Order Execution），先开始执行的指令还没有执行完 CPU 就开始执行后面的指令了。然而，CPU 通常会尽量保持语义和顺序执行一致。

所示）。CPU 内的所有活动都与这个时钟信号的边沿（上升沿或下降沿）同步。

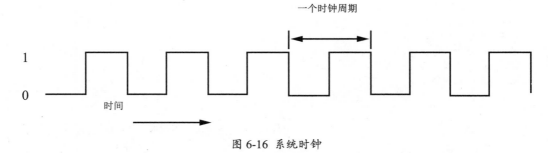

图 6-16 系统时钟

　　系统时钟在 0 和 1 之间切换的速率就是系统时钟频率（System Clock Frequency），系统时钟从 0 切换到 1 再切换回到 0 所花费的时间就是时钟周期（Clock Period/Clock Cycle）。大多数现代系统的系统时钟频率已经超过每秒数十亿个周期。2004 年左右出现的奔腾 IV 芯片颇具代表性，其运行速度达到了每秒 30 亿个周期甚至更高。赫兹（Hz，Hertz）是每秒一个周期对应的单位，所以前面提到的奔腾芯片运行在（3,000~4,000）百万赫兹之间，即（3,000~4,000）MHz（Megahertz，兆赫）或（3~4）GHz（Gigahertz，吉赫，每秒 10 亿个周期）。80x86 组件的典型频率范围为 5 兆赫到几千兆赫甚至更高。

　　时钟周期是时钟频率的倒数。例如，时钟频率为 1MHz（每秒一百万个周期）的时钟周期为 1 微秒（μs^1，即百万分之一秒）。时钟频率为 1GHz 的 CPU 时钟周期为 1 纳秒（ns，即十亿分之一秒）。时钟周期通常以微秒或纳秒为单位。

　　为了确保操作的同步，大多数 CPU 会在下降沿（Falling Edge，时钟信号从 1 变为 0 时）或上升沿（Rising Edge，时钟信号从 0 变为 1 时）开始进行操作。系统时钟大多数时候都在 0 或 1 上，很少会在两者之间。因此，时钟边沿是完美的同步点。

　　CPU 的全部操作都和时钟是同步的，所以 CPU 执行任务的速度最快也只能达到时钟的运行速度。然而，CPU 运行在某个时钟频率上并不意味着每秒就要执行那么多操作。许多操作需要多个时钟周期才能完成，因此 CPU 操作的速度通常要慢得多。

---

1 希腊字符 mu 不可用时，常常写作 **us**。

6.4.1　内存访问和系统时钟

内存访问操作和系统时钟是同步的，也就是说，在每个时钟周期对内存的访问最多也就一次。在一些较早的处理器上，访问一次内存单位需要好几个时钟周期。内存访问时间（Memory Access Time）是从内存请求（读或写）开始到内存操作完成所经历的时钟周期数。这个值非常重要，因为内存访问时间越长，性能就越差。

现代CPU比内存设备快得多，因此围绕CPU构建的系统通常会使用第二个时钟，总线时钟（Bus Clock）。总线的频率是 CPU 频率的分数，例如，典型的处理器时钟频率为 100 MHz~4 GHz，它们使用的总线时钟有 1600 MHz、800 MHz、500 MHz、400 MHz、133 MHz、100 MHz 或 66 MHz（CPU 通常会支持几种不同的总线时钟频率，而具体范围取决于 CPU）。

读取内存时，内存访问时间指的是从 CPU 将地址放到地址总线上，到 CPU 从数据总线取走数据之间的时间。对于典型的 80x86 CPU 的一次内存访问时间周期来说，读取操作的时序大致如图 6-17 所示。写入操作的时序大致相同，如图 6-18 所示。

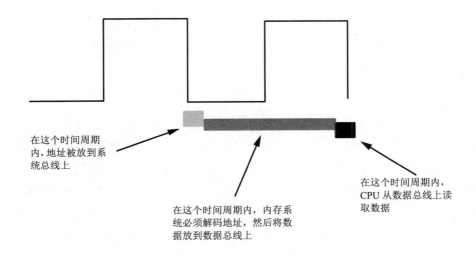

在这个时间周期内，地址被放到系统总线上

在这个时间周期内，内存系统必须解码地址，然后将数据放到数据总线上

在这个时间周期内，CPU 从数据总线上读取数据

图 6-17 典型的内存读取周期

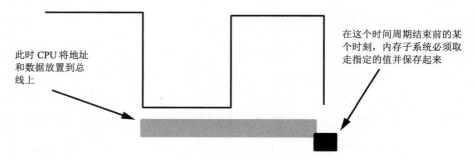

图 6-18 典型的内存写入周期

CPU 是不会等待内存的。而访问时间由总线时钟频率决定。如果内存子系统的处理速度不够快，跟不上 CPU 预期的访问时间，那么 CPU 在内存读取操作中读到的就是垃圾数据，而且在内存写入时也无法正确地存储数据。这必然会导致系统错误。

存储设备可以用多个维度评判，但容量和速度是最基本的维度。典型的动态 RAM（随机存取存储）设备容量为 16GB（或更多），速度在（0.1~100）ns 之间。典型的 4 GHz 英特尔系统使的内存设备频率为 1600 MHz（1.6 GHz 或 0.625 ns）。

刚说过内存速度必须与总线速度匹配，否则系统会出错。4 GHz 的时钟周期大约是 0.25 ns。现在问题来了，系统设计师如何才能使用 0.625ns 的内存呢？这就要用到等待状态（Wait State）了。

6.4.2　等待状态

等待状态是一个额外的时钟周期，其目的是给设备留出更多时间来响应 CPU。例如，100MHz 奔腾系统的时钟周期为 10ns，这意味着内存频率也要达到 10ns。实际上内存设备还要更快，因为许多计算机系统的 CPU 和内存之间存在额外的解码和缓冲逻辑，这些逻辑电路本身还有延迟，例如，图 6-19 中的缓冲和解码额外花费了系统 10ns 时间。如果 CPU 需要在 10ns 时间内返回数据，则内存必须在 0ns 时间内响应（这显然是不可能的）。

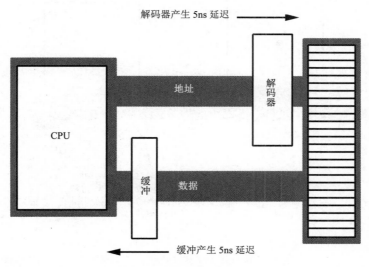

图 6-19 解码和缓冲延迟

如果经济实惠的内存无法与高速处理器配合，那么高速 PC 怎么能卖出去呢？是因为有等待状态。假设我们有一个 100MHz 的处理器，其内存周期为 10ns，而缓冲和解码一共损失了 2ns，那么内存的速度需要达到 8ns。但如果系统只能支持 20ns 内存该怎么办？加入等待状态将内存周期延长到 20ns，这个问题就可以解决了。

现存的通用 CPU 几乎都会提供一个引脚（其信号出现在控制总线上）来控制等待状态的插入。如有必要，内存地址解码电路会让该信号生效，给内存留出足够的访问时间（见图 6-20）。

从系统性能角度来看，等待状态带来的影响是负面的。只要 CPU 还在等待来自内存的数据，它就无法操作数据。等待状态的加入通常会让内存访问时间翻倍（某些系统上情况会更糟）。如果每次内存访问都需要等待状态，则处理器的时钟频率几乎等于被拦腰减半。相同时间能够完成的工作也会减少。

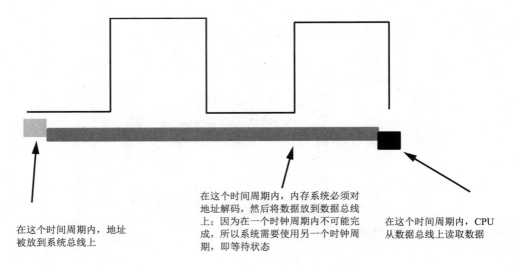

在这个时间周期内，地址被放到系统总线上

在这个时间周期内，内存系统必须对地址解码，然后将数据放到数据总线上；因为在一个时钟周期内不可能完成，所以系统需要使用另一个时钟周期，即等待状态

在这个时间周期内，CPU从数据总线上读取数据

图 6-20 在内存读取操作中插入了等待状态

然而，等待状态的加入并不一定会降低执行速度。大多数情况下，硬件设计师会采用各种技巧做到零等待。最常见的是使用缓存（Cache）。

6.4.3 缓存

典型的程序会呈现出重复访问相同内存单位的情形（称为引用的时间局部性，Temporal Locality of Reference），或是呈现出访问相邻内存单位的情形（称为引用的空间局部性，Spatial Locality of Reference）。在下面这段 Pascal 代码中，两种局部性都有体现：

```
for i := 0 to10do
    A [i] := 0;
```

在这个循环中，体现出空间局部性和时间局部性的各有两处。我们先从明显的开始。

在这段 Pascal 代码中，变量 i 被多次引用。for 循环通过比较 i 和 10 来判断循环是否完成。循环最后还要将 i 加 1。赋值语句还会把 i 作为数组索引。这些都体现了操作中引用的时间局部性。

循环本身的作用是将数组 A 中的元素清 0，方法是将 0 写入数组 A 中的第一个位置，然后写入第二个位置，依此类推。Pascal 会把数组 A 中的元素存储在连续的内存单位，因此每次循环迭代访问的内存单位都是相邻的。这体现了引用的空间局部性。

时间局部性和空间局部性又在哪里体现了第二次呢？机器指令也驻留在内存中，CPU 会依次从内存中取出这些指令重复执行，每次循环都要迭代一次。

如果对典型程序的执行概况进行分析，我们会发现程序中真正执行的语句可能还不到一半。通常，分配给程序的内存只有 10%~20% 会被程序用到。在任意给定的时间内，一个 1MB 的程序访问的数据和代码可能只有 4KB~8KB。因此，即使花大价钱获得了昂贵的零等待状态 RAM，对于任何给定的时间用到的却只是其中的一小部分。如果能够购买少量高速 RAM 并在程序执行时动态地重新分配地址，岂不更好？这正是缓存的设计思路。

缓存是位于 CPU 和主存之间的少量高速内存。和普通内存不一样的是，缓存中的字节没有固定的地址。缓存可以动态地重新分配地址，这样系统就能将最近访问的值保留在缓存中。CPU 从未访问过的地址或者在一段时间内没有访问过的地址则留在（低速）主存中。由于大多数的内存访问都会访问最近访问过的变量（或最近访问过的内存单位周围的单位），因此这些数据往往都会出现在缓存中。

当 CPU 访问内存时，能在缓存中找到数据，就是缓存命中（Cache Hit）。这种情况下，CPU 通常就是零等待状态访问数据。如果在缓存中找不到数据，就是缓存未命中（Cache Miss）。这种情况下 CPU 必须从主存读取数据，这会造成性能损失。要想充分利用引用的时间局部性，当 CPU 访问的地址不在缓存中时就需要将数据复制到缓存中。因为系统很可能很快就会再次访问这个地址，所以将数据保存到缓存中能够节省未来访问的等待状态。

缓存不能完全消除等待状态。尽管程序大部分时间执行的代码都集中在内存的一个区域里，但最终总会调用另一个过程或者游荡到缓存之外去执行某些代码。这种情况下 CPU 必须从主存获取数据。由于主存速度很慢，因此等待状态是必需的。然而，只要 CPU 访问过某个数据，就可以将其放在缓存中以备将来使用。

上面我们讨论了缓存是如何利用内存访问的时间局部性的，还没有讨论缓存是如何利用空间局部性的。如果访问的同时缓存了内存单位，但后续访问的却是附近从未访问过的连续单位，程序速度依然不会得到提升。为了解决这个问题，大多数缓存系统在缓存未命中时都会读取主存中的若干连续字节（工程师称之为缓存行，Cache Line）。例如，80x86 CPU 在缓存未命中时会读取 16~64 个字节。如今，大多数内存芯片都有一种特殊模式，使用这种模式可以快速访问芯片上多个连续的内存单位。缓存利用此功能来减少访问连续内存单位时的平均等待状态数。每次缓存未命中都读取 16 个字节的缓存行，如果其中只有少数几个字节会被访问，开销就会很大；但平均来看缓存系统的效果很好。

缓存命中的比率会随着缓存子系统的容量（以字节为单位）而增加。例如，80486 CPU 的片上缓存有 8 192 个字节。英特尔声称其缓存可以达到 80%~95% 的命中率（意味着 CPU 能在缓存中找到数据的时间占到 80%~95%）。这个数字听起来非常鼓舞人心，但我们可以推敲一下这些数字。以 80% 这个比率为例，这意味着平均有五分之一的内存访问没有发生在缓存中。如果处理器的频率是 50 MHz（时钟周期为 20ns）并且内存访问时间是 90ns，那么五分之四发生在缓存里的内存访问仅需要 20 ns（一个时钟周期）；而剩下的五分之一的每次访问需要大约四个等待状态（正常的内存访问需要 20ns，再加四个等待状态的 80ns，才能达到 90ns）。然而，缓存一次总是要从内存中读取 16 个连续的字节（4 个双字）。大多数 80486 时代的内存子系统在访问第一个内存单位后大约 40ns 才能读取连续的地址。因此，80486 需要额外 6 个时钟周期来读取剩下的 3 个双字，总共的时间达到了 220ns。这等于 11 个时钟周期（每个周期为 20ns），即一个正常的内存周期加 10 个等待状态。

剩下五分之一的内存单位，系统每次需要 15 个时钟周期才能完成访问，整体平均下来每次内存访问需要 3 个时钟周期。这相当于每次内存访问都要加入两个等待状态。听起来是不是没有那么鼓舞人心了？升级更快的 CPU 会让 CPU 和内存之间的速度差距越来越大，情况会变得更糟。

增加缓存的容量可以提高命中率。无奈的是，不能把英特尔 i9 芯片拆开以焊接更多的缓存。然而，现代英特尔 CPU 的缓存已经比 80486 大得多，而且平均等待状态的数量也更少。缓存命中率因此得到了提升。命中率从 80% 提升到 90% 后就能够在 20 个时钟周期内访问 10 个内存单位。每次内存访问的平均等待状态数量将减少为一个——这是非常显著的提升。

构建二级（L2）缓存系统是另一种提高性能的方法。许多英特尔 CPU 都采用了这种方案。第一级是 8 192 个字节的片上缓存。二级缓存在片上缓存和主存之间（如图 6-21 所示）。在更新一些的处理器上，一级和二级缓存通常和 CPU 封装在一起。这样 CPU 设计师就可以构建出性能更好的 CPU/内存接口，让 CPU 能够在缓存和 CPU（以及主存）之间更快地传输数据。

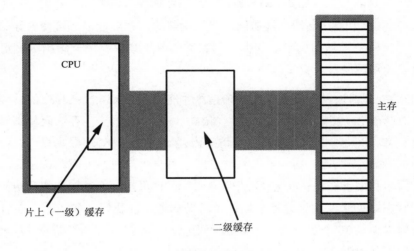

图 6-21 一个二级缓存系统

典型的 CPU 二级缓存的存储容量至少达到了 32 768 个字节，最多可以超过 2MB。

二级缓存通常不会以零等待状态运行。这么快的存储器电路非常昂贵，因此大多数系统设计师会使用慢一点的存储器，这些存储器需要一两个等待状态，但仍然比主存快得多。结合片上的 L1 缓存，具备 L2 缓存子系统的系统可以获得更好的性能。

如今许多 CPU 已经具备了三级（L3）缓存。尽管 L3 缓存带来的性能提升远不及 L1 或 L2 缓存子系统，但 L3 缓存子系统的容量可以做到非常大（通常能达到若干兆字节[1]），并且可以和具有千兆字节主存的大型系统配合得很好。对于需要处理大量数据且引用局部性特别明显的程序来说，L3 缓存子系统非常有效。

6.5 CPU 的内存访问模式

大多数 CPU 都有两种或三种不同的内存访问模式。现代 CPU 支持的最常见的内存寻址模式（Memory Addressing Mode）有直接（Direct）、间接（Indirect）和变址（Indexed）。有些 CPU（如 80x86）还支持其他寻址模式，如比例变址（Scaled-Index）。而有些 RISC CPU 只支持间接访问。一些特殊的内存寻址模式可使内存访问更加灵活。有时，复杂数据结构中的数据使用特殊的寻址模式只用一条指令就可以访问，否则就要使用两条甚至更多指令。

RISC 处理器通常需要使用 3~5 条指令才能完成 80x86 一条指令的功能。然而，这并不意味着 80x86 程序的运行速度会快 3~5 倍。别忘了，内存访问特别慢往往是需要等待状态。80x86 处理器需要经常访问内存，而 RISC 处理器则很少访问内存。因此，RISC 处理器执行的前 4 条指令可能根本不会访问内存，而单条 80x86 指令可能因为访问内存而卡在等待状态上空转。RISC CPU 可能第 5 条指令才会访问内存并进入等待状态。如果两种处理器平均每个时钟周期都能执行一条指令，而且必须要在主存访问中加入 30 个等待状态，那么我们讨论的就是 31 个时钟周期（80x86）和 35 个时钟周期（RISC）的差别，大约只有 12%。

使用合理的寻址模式，通常可以使用更少的指令和更少的内存访问得到相同的运算结果，从而提高应用程序的性能。因此，如果想要写出快速紧凑的代码，则非常有必要了解应用程序如何利用 CPU 提供的各种寻址模式。

6.5.1 直接内存寻址模式

直接内存寻址模式将变量的内存地址编码作为访问变量的实际机器指令的一部分。在 80x86 机器上，直接地址是附加在指令编码中的 32 位值。通常，程序使用直

---

1 例如，2019 年的英特尔 i7 CPU 支持 8MB 的片上 L3 缓存.

接寻址模式访问全局静态变量。下面是一个 HLA 汇编语言的例子：

```
static
  i:dword;
     . . .
  mov( eax, i ); // 将 EAX 的值保存到变量 i 中。
```

如果要访问的变量内存地址在程序执行之前是已知的，则非常适合使用直接寻址模式。只用一条指令就可以访问与变量关联的内存单位。在不支持直接寻址模式的 CPU 上，可能需要使用一条或多条额外的指令先将变量内存地址加载到寄存器中，然后才能访问变量。

6.5.2　间接寻址模式

间接寻址模式通常使用寄存器来保存内存地址（有些 CPU 会使用内存单位来保存间接地址，但现代 CPU 中这种形式的间接寻址已经很少见了）。

间接寻址模式和直接寻址模式相比有几个优点。首先，间接地址的值（保存在寄存器中）可以在运行时修改。其次，指定间接地址寄存器的指令编码要比使用 32 位（或 64 位）直接地址的指令编码短得多。但这种模式有一个缺点，需要先用一条或多条指令把地址加载到寄存器中，然后才能访问地址。

下面这段 HLA 代码就用到了 80x86 的间接寻址模式（寄存器名字两边的方括号说明使用的是间接寻址模式）：

```
static
  byteArray: byte[16];
     . . .
  lea( ebx, byteArray );    // 将 byteArray 的地址加载到 EBX 寄存器中。
  mov( [ebx], al );         // 将 byteArray[0] 加载到 AL 中。
  inc( ebx );               // 将 EBX 指向内存中的下一个字节 (byteArray[1])。
  mov( [ebx], ah );         // 将 byteArray[1] 加载到 AH 中。
```

许多操作都适合使用间接寻址模式，如访问指针变量引用的对象。

6.5.3　变址寻址模式

变址寻址模式是直接寻址和间接寻址两种模式的结合。具体来讲，就是使用这种寻址模式的机器指令对偏移量（直接地址）和寄存器进行编码，并将该编码作为指令编码的一部分。运行时 CPU 会计算这两个地址分量之和，得到有效地址（Effective Address）。这种寻址模式非常适合访问数组元素，或间接访问结构和记录等对象。尽管其指令编码通常比间接寻址模式的要长，但变址寻址模式的优点是可以在指令中直接指定地址，无须再用单独的指令把地址加载到寄存器中。

下面是一段典型的采用 80x86 变址寻址模式的 HLA 代码示例：

```
static
  byteArray: byte[16];
    . . .
  mov( 0, ebx );                      // 初始化数组的索引。
  while( ebx <16) do

    mov( 0, byteArray[ebx] );         // 将 byteArray[ebx] 清 0
    inc( ebx );                       // EBX := EBX +1，移到下一个数组元素。

  endwhile;
```

在这段简短的程序中，byteArray[ebx] 指令采用的就是变址寻址模式。有效地址等于 byteArray 变量的地址加上当前保存在 EBX 寄存器中的值。

如果每条使用变址寻址模式的指令都要把 32 位或 64 位地址编码到指令中，将会浪费大量的空间。为了避免这种浪费，许多 CPU 提供更短的形式，将 8 位或 16 位的偏移量编码为指令的一部分。在这种更短的形式中，寄存器提供的是内存中对象的基址，偏移量提供的是内存中该数据结构的固定偏移量。这样，使用指向记录或结构的指针就可以方便地访问内存中该记录或结构的字段。在前面 HLA 示例中，byteArray 的地址使用了 4 个字节的地址编码。可以和下面这段采用变址寻址模式的代码进行比较：

```
lea( ebx, byteArray );   // 将 byteArray 的地址加载到 EBX 中。
  . . .
mov( al, [ebx+2] );      // 将 al 保存到 byteArray[2]中。
```

最后一条指令中的偏移量使用的是一个字节（而不是 4 个字节）的编码，因此，指令更短，效率更高。

6.5.4　比例变址寻址模式

许多 CPU 都支持比例变址寻址模式，它提供了变址寻址模式不具备的两个功能：

- 能够使用两个寄存器（的值，再加上偏移量）来计算有效地址
- 能够将两个寄存器（的值）之一先乘以一个比例常数（通常是 1、2、4 或 8），再计算有效地址。

如果数组元素的大小正好和比例常数一样，那么使用这种寻址模式访问元素特别有效（参考第 7 章中对数组的讨论了解背后的原因）。

80x86 提供的比例寻址模式有多种形式，可以参考下面这些 HLA 中的声明：

```
mov( [ebx+ecx*1], al );             // EBX 是基址，ecx 是索引。
mov( wordArray[ecx*2], ax );        // wordArray 是基址，ecx 是索引。
mov( dwordArray[ebx+ecx*4], eax );  // 有效地址是
                                    // dwordArray 的偏移+ebx+(ecx*4)。
```

6.6　更多信息

Hennessy, John L., and David A. Patterson. *Computer Architecture: A Quantitative Approach*. 5th ed. Waltham, MA: Elsevier, 2012.

Hyde, Randall. *The Art of Assembly Language*. 2nd ed. San Francisco: No Starch Press, 2010.

Patterson, David A., and John L. Hennessy. *Computer Organization and Design: The Hardware/Software Interface*. 5th ed. Waltham, MA: Elsevier, 2014.

注意：本书的第 11 章提供了更多关于缓存和内存体系结构的信息。

7

复合数据类型与内存对象

复合数据类型由其他更简单的数据类型组成，指针、数组、记录、结构，还有元组和联合都是复合数据类型的例子。很多高级语言都提供了用于复合数据类型的抽象语法，简化了这些类型的声明与使用，同时也隐藏了这些类型底层的复杂性。

尽管复合数据类型的使用成本并不高，但如果不了解这些类型的使用成本，很容易导致应用效率不高。本章概要地介绍了使用这些复合数据类型的成本，以及读者如何写出卓越代码。

7.1 指针类型

指针是一种变量，它的值指向其他对象。Pascal 和 C/C++等高级语言对指针进行了抽象，然而抽象带来的复杂性会让程序员胆怯，因为他们不知道幕后的真相。其实，多一点了解，程序员就可以从容应对。

我们从简单的数组开始。以下面 Pascal 数组声明为例：

```
M:array  [0..1023] of integer:
```

M 是一个包含 1024 个整数的数组，可以使用 M[0]~M[1023] 来索引。数组的每个元素都保存了一个独立的整数值。换句话讲，这个数组提供了 1024 个不同的整型变量，每个变量都可以使用数组下标来访问，没有办法通过名字访问。

语句 M[0] := 100 将 100 存入数组 M 的第一个元素中。再来看下面两条语句：

```
i := 0; (*假设 1 是整型*)
M [i] := 100;
```

这两条语句和 M[0] = 100; 的效果是一样的。实际上，任意整数表达式只要求值的结果在 0~1023 范围，其就可以作为数组下标。下面这条语句执行的操作仍然和前面的语句一样：

```
i := 5;          (*假设所有变量都是整型*)
j := 10;
k := 50;
m [i * j - k] := 100;
```

那下面这两条语句呢？

```
M [1] := 0;
M [ M [1] ] := 100;
```

这就需要点儿时间来消化了。慢慢分析就会发现其实这两条指令完成的操作依然没有变化。第一条语句将 0 存入数组元素 M[1]中，第二条语句先获取 M[1]的值，也就是 0，并用它来确定 100 要存到哪个元素中。

如果读者理解了这个例子的原理，虽然可能有点奇怪，但却是合理的，那么理解指针就不会有任何问题，因为 M[1]就是指针！好吧，其实这还算不上真正的指针，但是如果将 M 换成"内存（memory）"，将数组的每个元素看成一个独立的内存单位，那么 M[1]就是真正意义上的指针了：指针就是一种内存变量，其值为其他内存对象的地址。

7.1.1 指针的实现

尽管大多数编程语言都使用内存地址来实现指针，但指针实际上是对内存地址的抽象。因此，编程语言可以使用任何机制来定义指针，只要这种机制可以将指针的值映射成内存中的对象地址。例如，Pascal 中有些实现就把相对于某个固定内存地址的偏移量作为指针的值。有些语言（例如 LISP 这样的动态编程语言）使用双重间址（Double Indirection）来实现指针，即指针对象包含的是某个内存变量的地址，而该内存变量的值才是最终要访问的对象的地址。双重间址方法可能有点画蛇添足，但是对于复杂的内存管理系统来说确实有一些优势。不过，为简单起见，本章我们讨论的指针的定义是，指针变量的值就是内存中其他对象的地址。

在前面几章的例子中我们已经看到，下面这两条 32 位 80x86 机器指令（或者其他 CPU 上类似的指令序列）可以通过指针间接地访问一个对象（一重间址）：

```
mov( PointerVariable, ebx );    // 把指针变量加载到寄存器中
mov( [ebx], eax );              // 使用寄存器间址模式来访问数据
```

通过双重间址访问数据的效率比直接实现指针要低，因为从内存中获取数据需要一条额外的机器指令。对于 C/C++或 Pascal 这些高级编程语言来说这一点不太明显，在这些语言中双重间址写法如下：

```
i = **cDblPtr;      // C/C++
i := ^^pDblPtr;     (* Pascal *)
```

上面这些写法和一重间接寻址很像，但是换成汇编语言，就能够看到多出来的指令了：

```
mov( hDblPtr, ebx ); // 获取指向指针的指针
mov( [ebx], ebx );   // 获取指向数值的指针
mov( [ebx], eax );   // 获取数值
```

和前面使用一重间址访问对象时需要的两条汇编指令相比，双重间址方法需要的代码多出 50%。因此，许多编程语言都采用一重间址来实现指针。

7.1.2 指针与动态内存分配

指针一般被用来引用在堆（Heap，为动态存储分配保留的内存区域）上分配的匿名变量。堆内存分配使用的是内存分配/释放函数，比如 C 语言的 malloc()/free()、Pascal 的 new()/dispose() 以及 C++ 的 new()/delete()（注意，C++ 11 以及更新版本使用 std::unique_ptr 和 std_shared_ptr 来分配内存，这样分配的内存可以自动释放）。Java、Swift、C++11（以及更新版本）和其他现代编程语言只提供了和 new() 等价的内存分配函数。这些编程语言可以通过垃圾回收自动释放内存。

在堆上分配的对象被称为匿名变量（Anonymous Variable），因为这些对象是通过地址访问的，没有可以访问的变量名。分配函数返回的是堆上对象的地址，因此函数的返回值通常会被保存到一个指针变量中。指针变量可以有名字，但这个名字对应的是指针的数据（一个地址），而不是这个地址引用的对象。

7.1.3 指针操作与指针运算

大多数提供指针数据类型的语言都允许将地址赋值给指针变量，比较指针值相等还是不相等，并使用指针来间接引用对象。某些语言还允许其他一些操作，下面一一介绍。

很多语言提供有限的指针运算功能。这些语言最起码都允许指针加上或者减去一个整型常数。要理解这两种算术运算的目的，我们来看看 C 标准库中 malloc() 函数的语法：

```
ptrVar = malloc( bytes_to_allocate );
```

传给 malloc() 的参数指定了需要分配多少字节的存储。优秀的 C 程序员一般会使用 sizeof(int) 这样的表达式作为参数。sizeof() 返回的是其参数 int 需要的字节数，因此，传入 sizeof(int) 就是告诉 malloc() 分配足够存储 int 变量的存储空间。来看下面 malloc() 调用：

```
ptrVar = malloc( sizeof( int ) *8);
```

如果整型数的大小是 4 字节，那么 malloc() 调用会从内存中的连续地址分配出 32 个字节的存储（如图 7-1 所示）。

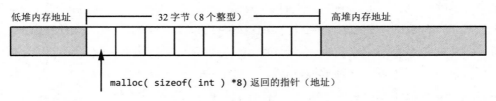

图 7-1 使用 malloc(sizeof(int) *8) 分配内存

malloc() 返回的指针是第一个整型数的地址，因此 C 程序能够直接存取的是这 8 个整型数中的第一个。将这个基（Base）址加上整型偏移量才能访问其他 7 个整型数各自的地址。在支持可字节寻址内存的机器上（例如 80x86），每个整型数的地址是前一个整型数的地址加上整型数的大小。例如，如果 C 标准库 malloc() 函数调用返回的内存地址是 $0300_1000，那么分配的 8 个 4 字节整型数在内存中的地址如表 7-1 所示。

表 7-1 从基址 $0300_1000 分配的 8 个整型数的地址

整型数（的序号）	内存地址
0	$0300_1000..$0300_1003
1	$0300_1004..$0300_1007
2	$0300_1008..$0300_100b
3	$0300_100c..$0300_100f
4	$0300_1010..$0300_1013
5	$0300_1014..$0300_1017
6	$0300_1018..$0300_101b
7	$0300_101c..$0300_101f

1. 指针加整型数

前一节提到的整型数的大小都正好是 4 字节，因此将第一个整型数的地址加上 4 就得到了第二个整型数的地址；第二个整型数的地址加上 4 就得到了第三个整型数的地址，依此类推。汇编语言可以使用下面这段代码访问这 8 个整型数：

```
malloc( @size( int32 ) *8);        // 返回的是 8 个 int32 对象的存储
                                    // EAX 指向这段存储

mov( 0, ecx );
mov( ecx, [eax] );                 // 将 32 个字节全部清 0（每次 4 个字节）
mov( ecx, [eax+4] );
mov( ecx, [eax+8] );
mov( ecx, [eax+12] );
mov( ecx, [eax+16] );
mov( ecx, [eax+20] );
mov( ecx, [eax+24] );
mov( ecx, [eax+28] );
```

注意，这里使用了 80x86 的变址寻址模式来访问 malloc() 分配的 8 个整型数。EAX 寄存器保存的是这段代码分配的 8 个整型数的基址（第一个地址），而 mov() 指令寻址模式中的常数就是每个整型数相对于基址的偏移量。

大多数 CPU 都按字节地址访问内存对象。因此，如果程序分配的是多个 n 字节大小的内存对象，则这些对象的内存地址并不连续，而是间隔了 n 字节。然而，有些机器不允许应用程序访问任意内存地址，而要求应用程序访问的数据地址边界必须是字、双字甚至四字的整数倍。访问其他地址边界会产生异常，还有可能终止程序。支持指针运算的高级编程语言必须考虑这一点，需提供一套可以适配不同 CPU 体系结构的通用指针运算机制。在高级编程语言中最常见的解决方案是，当将指针加上整型偏移量的时候，将偏移量乘以指针引用的对象的大小。也就是说，如果指针 p 指向的是内存中一个大小为 16 字节的对象，那么 p+1 指向的就是 p 的地址再加 16 字节。同理，p+2 指向的就是 p 的地址再加 32 字节。在数据访问必须对齐的计算机体系结构中，只要数据对象的大小是要求对齐的块大小的整数倍（如果需要的话，编译器还会加入填充字节保证数据对齐），这种机制就能避免前面提到的问题。

注意，指针只有和整型数相加才有意义。比如，在 C/C++中可以使用*(p + i) 这样的表达式来访问内存对象（其中 p 是指针，i 是一个整型数）。指针和指针相加或指针和非整型数相加都没有意义。比如，将指针加上一个浮点值就没有意义，基址加上 1.5612 没有对应的数据可以引用。整型数（包括带符号和无符号的）是唯一可以和指针相加的合理数值。

指针可以加上整型数，反过来整型数也可以加上指针，得到的结果还是指针（p + i 与 i + p 都是合法的）。加法满足交换律（Commutative），因此操作数的顺序对结果没有影响。

2. 指针减整型数

指针减去整型数的结果引用的是紧挨在原指针地址之前的内存单位。但是，减法不满足交换律，因此整型数减去指针是非法操作（p − i 可以，但是 i− p 不行）。

在 C/C++中，语句 *(p - i) 访问的是 p 指向的对象之前 i 个对象。在 80x86 汇编语言及其他很多处理器汇编语言中，使用变址寻址模式可以指定负的偏移量常数，比如：

```
mov( [ebx-4], eax );
```

记住，80x86 汇编语言的偏移量是以字节为单位的，而不是像 C/C++ 那样以对象为单位。因此，这条语句在 EAX 中加载的是紧挨在 EBX 指向的地址之前一个双字的地址。

3. 指针减指针

和加法不一样，指针减指针是有意义的。以下面这段 C/C++代码为例，这段代码遍历一个字符串，寻找第一个 a 之后的第一个 e：

```
int distance;
char *aPtr;
char *ePtr;
   . . .
aPtr = someString;      // 让 aPtr 指向字符串的开始位置

// 循环直到字符串结尾或者当前字符是'a'

while( *aPtr != '\0' && *aPtr != 'a' )
{
    aPtr = aPtr + 1;    // 让 aPtr 指向下一个字符
}
```

```
// 循环直到字符串结尾或者当前字符是'e'

ePtr = aPtr;                    // 从找到的字符 'a'  开始
                               //（如果没有找到'a'，则从字符串结尾开始）
while( *ePtr != '\0' && *ePtr != 'e' )
{
    ePtr = ePtr + 1;    // 让 ePtr 指向下一个字符
}

// 计算 'a'和'e' 之间间隔的字符数（将'a' 算在内但 'e'不算在内）:

distance = (ePtr - aPtr);
```

两个指针相减得到的是两个指针指向的数据对象之间间隔的数据对象数量（上面这个例子中，`aPtr` 和 `ePtr` 指向两个字符，因此相减得到的是字符数，也是两个指针之间的字节数）。

只有在两个指针引用的数据结构相同时，指针相减才有意义（比如这个 C/C++ 例子中，指针指向的是同一个字符串中的不同字符）。尽管 C/C++（汇编语言显然也可以）允许两个指向不同内存对象的指针相减，但结果可能没什么意义。

C/C++中的指针相减要求两个指针的基类型必须相同（即两个指针指向的是两个相同类型的对象）。C/C++ 指针相减的结果是两个指针之间的对象数量，不是字节数量，因此才会有这种限制。计算内存中一个字节和一个双字之间有多少对象没有任何意义，要计算的究竟是字节数量还是双字数量呢？使用汇编语言就没有这个问题（指针相减的结果永远是两个指针之间的字节数）。但是，在语义上这仍然没有什么意义。

在指针相减时，如果左操作数指向的内存地址比右操作数更低，则结果会是一个负数。如果关心的是两个指针之间的间隔，而不关心哪个指针指向的地址更高，则结果可能需要取绝对值，具体情况要根据使用的编程语言及其实现而定。

4. 指针比较

几乎所有支持指针的语言都可以比较两个指针是否相等。比较指针是否相等可以判断指针引用的是不是内存中的同一个对象。有些语言（例如汇编语言和 C/C++）

还允许比较两个指针的大小。但是，只有在指针的基类型相同而且指向的都是同一数据结构（比如数组、字符串或者记录）中的对象地址时，比较大小才有意义。如果一个指针的值小于另一个，则意味着数据结构中这个指针引用的对象出现在另一个指针引用的对象之前，大于则相反。

7.2　数组

数组可能是除了字符串最常见的复合（或聚合，Aggregate）数据类型了。从抽象层面上说，数组是一种聚合数据类型，其成员（元素）类型相同。使用整数（或者底层表示是整型值，比如字符、枚举及布尔类型）指定数组下标，从而从数组中选择对应成员。本章假设数组的下标是连续的数值（虽然这不是必须的）。也就是说，如果 x 和 y 都是有效的数组下标，且 x < y，那么任何 i 只要满足 x < i < y 就是有效的下标。我们还假设数组元素在内存中占用的内存单位也是连续的。5 个元素的数组在内存中的布局如图 7-2 所示。

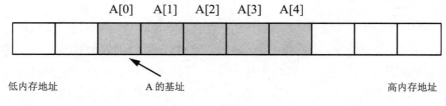

图 7-2 数组在内存中的布局

数组的基址（Base Address）是数组第一个元素的地址，占用的内存单位也处于最低位置。内存中紧跟在第一个元素之后的是第二个数组元素，紧跟在第二个元素之后的是第三个，依次类推。下标不一定从 0 开始，可以从任何一个数字开始，只要是连续的。但是，如果没什么特殊要求的话，还是选择下标从 0 开始。

对数组应用下标操作符得到的就是下标对应的数组元素。例如，A[i]就是选中数组 A 中的第 i 个元素。

7.2.1 数组声明

很多高级编程语言的数组声明都很相似。C、C++还有 Java 允许在声明数组的时候指定数组元素的数量。这种数组声明语法如下:

```
data_type array_name [ number_of_elements ];
```

下面是一些 C/C++ 数组声明的例子:

```
char CharArray[ 128 ];
int intArray[8];
unsigned char ByteArray[10];
int *PtrArray[ 4 ];
```

如果这些数组被声明为自动变量,则 C/C++ 会用对应内存单位中当前的值来"初始化"数组元素。相反地,如果这些数组被声明为静态对象,则 C/C++ 会将数组的全部元素清 0。如果想自己来初始化数组,则可以使用下面的 C/C++语法:

```
data_type array_name[ number_of_elements ] = {element_list};
```

下面是这种语法的典型例子:

```
int intArray[8] = {0,1,2,3,4,5,6,7};
```

Swift 的数组声明和 C 衍生语言略有不同,其采用的是下面两种(等价)形式:

```
var array_name = Array<element_type>()
var array_name = [element_type]()
```

和其他语言不同,Swift 中的数组完全是动态的。Swift 通常不会在创建数组的时候指定数组元素的数量,而是使用 append() 或者 insert() 这样的函数向数组添加元素。如果想提前声明数组的元素数量,则可以使用下面这种特殊形式的数组构造函数:

```
var array_name = Array<element_type>( repeating: initial_value, count: elements)
```

在上面这个例子中,initial_value 是 element_type 类型的值,elements 则是要创建的数组的元素数量。例如,下面这段 Swift 代码创建了两个数组,每个数组都包含了 100 个 Int 值，而且每个元素都被初始化为 0：

```
var intArray = Array<Int>( repeating: 0, count: 100)
var intArray2 = [Int]( repeating: 0, count: 100)
```

这两个数组的长度依然可以增加（比如使用 append() 函数），因为 Swift 数组是动态的，其长度在运行时可以增加或缩短。

Swift 也可以用初始值创建数组，比如像下面这样：

```
var intArray = [1, 2, 3]
var strArray = ["str1", "str2", "str3"]
```

C# 数组也是动态对象，尽管语法上和 Swift 有点不同，但概念是一样的：

```
type[ ] array_name = new type[elements];
```

这里的 *type* 是数据（数组元素）的类型（比如 double 或者 int），*array_name* 是数组变量的名称，*elements* 则是需要分配的元素数量。

下面的声明也可以初始化 C# 数组（还有其他的语法，这里只是简单举例）：

```
int[ ] intArray = {1, 2, 3};
string[ ] strArray = {"str1", "str2", "str3"};
```

HLA 的数组声明语法和 C/C++ 数组声明相同，形式如下：

```
array_name : data_type [ number_of_elements ];
```

下面列举了一些 HLA 数组声明的例子，这些声明的数组均被分配了存储空间，但未初始化（其中第二个例子假定在 HLA 程序的 *type* 段中已经定义好了 *integer* 数据类型）：

```
static

    CharArray: char[128];          //字符数组，元素从 0~127
    IntArray: integer[8];          //整型数组，元素从 0~7
    ByteArray: byte[10];           //字节数组，元素从 0~9
    PtrArray: dword[4];            //双字数组，元素从 0~3
```

还可以使用下面这些声明来初始化数组元素：

```
RealArray: real32[8] := [ 0.0, 1.0, 2.0, 3.0, 4.0, 5.0, 6.0, 7.0 ];
IntegerAry: integer[8] := [ 8, 9, 10, 11, 12, 13, 14, 15 ];
```

上面两个声明创建的都是包含 8 个元素的数组。在第一个声明中，将每个 4 字节的 real32 类型数组元素都初始化为 0.0~7.0 的数值，在第二个声明中，将每个整型数组元素都初始化为 8~15 的数值。

Pascal/Detphi 使用如下语法来声明数组：

```
array_name : array[ lower_bound..upper_bound ] of data_type;
```

和前面的例子一样，*array_name* 是标识符，而 *data_type* 是数组中每个元素的类型。和 C/C++、Java 及 HLA 不同，Pascal/Delphi 指定的是数组的上界和下界而非数组长度。典型的 Pascal 数组声明如下：

```
type
    ptrToChar = ^char;
var
    CharArray: array[0..127] of char;        // 128 个元素
    IntArray: array[ 0..7 ] of integer;      // 8 个元素
    ByteArray: array[0..9] of char;          // 10 个元素
    PtrArray: array[0..3] of ptrToChar;      // 4 个元素
```

尽管这些 Pascal 例子中的下标都是从 0 开始，但 Pascal 中的数组下标并不一定要从 0 开始。下面的 Pascal 数组声明也是完全合法的：

```
var
    ProfitsByYear : array[ 1998..2039 ] of real;    // 42 个元素
```

声明这个数组的程序在访问数组中的元素时，使用的下标是 1998~2039，而不是 0~41。

很多 Pascal 编译器都提供了一个有用的特性，来帮我们发现程序中的问题。当访问数组中的元素时，这些编译器会自动插入代码，检查数组下标是否在数组声明指定的范围之内。这些插入的额外代码如果发现下标越界就会终止程序。例如，如果 ProfitsByYear 使用的下标不在 1998~2039 的范围内，程序会中断并报告错误[1]。

通常，数组下标都是整型数值，但是有些语言允许使用其他有序类型（Ordinal Type，这些数据类型的底层实现就是整型）的值作为下标。例如，Pascal 可以使用 char 和 boolean 类型值作为数组下标。在 Pascal 中，下面这段数组声明也完全没有问题：

```
alphaCnt : array[ 'A'..'Z' ] of integer;
```

也可以使用字符表达式作为数组下标来访问 alphaCnt 中的元素。例如，下面这段 Pascal 代码会将 alphaCnt 的所有元素初始化为 0（假设 ch:char 已经包含在 var 段中了）：

```
for ch := 'A' to 'Z' do
    alphaCnt[ ch ] := 0;
```

汇编语言和 C/C++ 都将大多数有序值当成整型数值的特例，因此有序值可以作为合法的数组下标。在大多数 BASIC 实现中，浮点数也可以作为数组下标，但 BASIC 会将浮点数截断为整数再用作下标。[2]

7.2.2 内存中的数组表示形式

从抽象层面说，数组就是一个可以使用下标访问的变量集合。从语义上说，我们想怎样定义数组都行，只要能把不同的下标和不同的内存对象对应起来，并且同一个下标始终对应的是同一个对象。但大多数语言实际上只会采用少数几种通用算法来实现数组数据的高效访问。

一个数组占用的字节数是数组元素个数和每个元素所占字节数的乘积。很多语言还会在数组末尾加上额外的几个填充字节，让数组的总长度正好是 4 或 8 的整数倍（在 32 位或 64 位机器上，编译器可能会在数组末尾添加字节来扩展数组长度，保

---

1 许多 Pascal 编译器都提供了关闭越界检查功能的选项，前提是程序经过了充分的测试，这样编译后的程序性能更好。

2 BASIC 允许使用浮点数值作为数组下标，是因为最初 BASIC 语言不支持整型表达式，只支持实数值和字符串值。

证其长度正好是机器字的长度的整数倍）。但是，程序一定不能依赖这些额外的填充字节，因为它们可能存在也可能不存在。一些编译器始终都会加上填充字节，一些始终不会，还有一些则会根据内存中紧跟在数组之后的对象类型来决定加还是不加。

很多优化编译器会让数组从某些常见数字（如 2、4 或者 8 字节）的整数倍的地址处开始。这实际上是在数组开头加上了填充字节，或者也可以认为，这是在内存中数组前面的对象末尾加上了填充字节（请见图 7-3）。

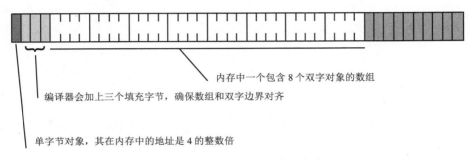

图 7-3 在数组前面添加填充字节

在不支持按字节寻址内存的机器上，如果想把数组的第一个元素对齐到容易访问的边界上，编译器就要按照机器所支持的边界为数组分配存储空间。如果数组中每个元素的大小都比 CPU 支持的最小内存对象还要小，那么编译器的实现有两种选择：

- 为数组中每个元素都分配一个最小的可访问内存对象。
- 将多个数组元素打包，一起放进一个内存单位里。

第一个选择的优点是访问速度快，但是会浪费内存，因为每个数组元素都浪费了一些额外存储。第二个选择的优点是数据更紧凑但访问更慢，因为访问数组元素的时候需要使用额外的数据打包和解包指令。这些机器上的编译器通常都会提供用于数据打包的选项，这样可以自己控制空间和速度之间的平衡。

支持按字节寻址的机器（如 80x86）可能就不用操心这个问题了。但是，如果使用的是高级编程语言，而且代码未来可能会运行在不同体系结构的机器上，则应该选择在各种机器上都运行高效的数组组织方式。

7.2.3　访问数组元素

如果为一维数组分配的全部存储空间是连续的内存单位，而且数组的第一个下标是 0，那访问元素很简单。利用下面这个公式可以算出任何数组元素的地址：

$Element\_Address = Base\_Address + index * Element\_Size$

Element_Size 是每个数组元素占用的字节数。如果数组元素是 byte 类型，那么 *Element_Size* 就是 1，计算非常简单。如果数组中每个元素都是字（或是其他双字节类型），则 *Element_Size* 是 2，依此类推。

以下面 Pascal 数组声明为例：

```
var SixteenInts : array[ 0..15 ] of integer;
```

假定整型是 4 字节，在支持按字节寻址的机器上访问 *SixteenInts* 数组的元素，计算如下：

$Element\_Address = AddressOf(SixteenInts) + index * 4$

在汇编语言中（编译器不会计算，必须手工计算），需要使用下面这段代码来访问数组元素 *SixteenInts[index]:*

```
mov( index, ebx );
mov( SixteenInts[ ebx*4 ], eax );
```

7.2.4　多维数组

大多数 CPU 都可以轻松处理一维数组。可是多维数组的元素访问起来就没那么容易了。没有神奇的寻址模式来帮忙。访问多维数组的元素需要做一些工作，并且需要使用多条机器指令。

在讨论多维数组的声明及访问之前，我们先来看看在内存中多维数组是如何实现的。首先要解决的问题是如何在一维的内存空间中存储多维的对象。

先来看看下面这种形式的 Pascal 数组：

```
A:array[0..3,0..3] of char;
```

这个数组有 16 个字节，一共四行，每行四个字节。数组中的 16 个字节和主内存中的 16 个连续字节需要映射起来。图 7-4 展示了一种映射方式。

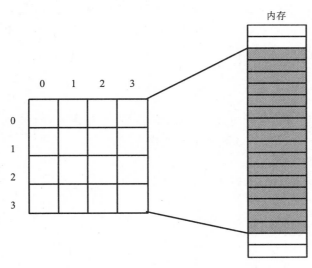

图 7-4 4×4 数组和连续内存单位之间的映射

只要满足以下两个条件，具体怎样映射并不重要：

- 数组的任意两个元素不要占用同一个内存单位。
- 数组中的每个元素总是对应同一个内存单位。

因此，我们需要使用一个函数来算出元素在这块 16 个连续内存单位中的偏移量，它需要两个入参分别指定行和列。只要满足上面两个条件，函数就能工作。但是，我们真正想要的是映射函数，该函数的计算效率要高，支持任意维数，而且每个维度还要支持任意范围。虽然满足这些条件的函数很多，但大多数高级语言使用的函数都属于下面两类：行序优先（Row-Major Ordering）和列序优先（Column-Major Ordering）。

在解释行序优先和列序优先之前，我们先来解释一些术语。行下标（Row Index）是指元素在其所在行的数字下标；也就是说，如果把一行元素看作一维数组，则行下标就是元素在这个一维数组中的下标。列下标（Column Index）的含义与行下标相似。如果把一列元素看作一维数组，则列下标就是元素在这个一维数组中的下标。再来看图 7-4，每一列上面的数字 0、1、2、3 是列号（Column Number），每一行左边的数字是行号（Row NUmber）。很容易混淆这两个术语中的行和列，因为列号与行下标的值相同；也就是说，列号相当于任意一行中的元素下标。同样，行号的值与列下标的值相同。本书使用行下标和列下标这对术语，但是，其他书籍中使用的行和列可能代表的是行号和列号。

1. 行序优先

在分配连续内存单位的时候，行序优先先分配的是同一行中的元素，然后再按列移动，分配下一行。图 7-5 展示了这种映射方式。

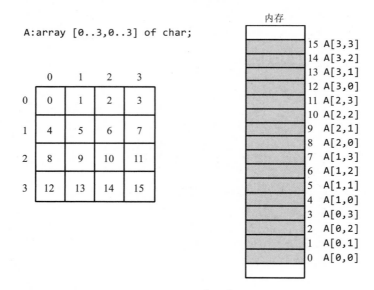

图 7-5 行序优先

大多数高级编程语言使用的都是行序优先的方法，包括 Pascal、C/C++、Java、Ada及 Modula-2。这种排列方式非常容易实现，而且很容易在机器语言中使用。二维数据结构到一维序列的转换非常直观。图 7-6 从另一个视角展示了 4×4 数组的内存排列顺序。

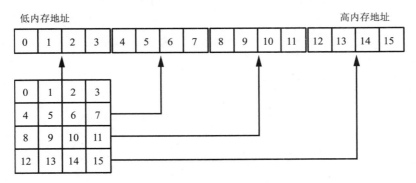

图 7-6 另一种视角下的 4×4 行序优先数组

把计算一维数组元素地址的函数简单修改一下，就可得到将多维数组下标转换成偏移量的函数。访问 4×4 二维数组元素的方法如下：

A[*colindex*][*rowindex*]

而计算元素行序优先偏移量的公式如下：

Element_Address = *Base_Address* + (*colindex* * *row_size* + *rowindex*) * *Element_Size*

和其他例子一样，*Base_Address* 是数组第一个元素的地址（这里是 A[0][0]），*Element_Size* 是数组中每个元素的大小。*row_size* 是数组中每一行的元素个数（这里是 4，因为每行有 4 个元素）。假设 *Element_Size* 是 1，按照上面公式计算出来的相对于基地址的偏移量如表 7-2 所示。

表 7-2 二维行序优先数组的偏移量

列下标	行下标	数组内的偏移量
0	0	0
0	1	1
0	2	2
0	3	3
1	0	5
1	1	6
1	2	6

列下标	行下标	数组内的偏移量
1	3	7
2	0	8
2	1	9
2	2	10
2	3	11
3	0	12
3	1	13
3	2	14
3	3	15

下面这段 C/C++代码访问的就是二维行序优先数组对应的连续内存单位：

```
for( int col=0; col < 4; ++col )
{
    for( int row=0; row < 4; ++row )
    {
        A[ col ][ row ] = 0;
    }
}
```

对于三维数组，计算内存偏移量的公式只不过稍复杂一些。C/C++的三维数组声明如下：

```
someType A[depth_size][col_size][row_size];
```

如果像 A[*depth_index*][*col_index*][*row_index*] 这样访问数组，内存偏移量的计算如下：

```
Address = Base + ((depth_index * col_size + col_index) * row_size + row_index) * Element_Size
```

同样，*Element_Size* 是数组元素的大小，单位是字节。

如果 C/C++的 *n* 维数组声明如下：

```
dataType A[bn-1][bn-2]...[b0];
```

而且内存元素的访问如下：

```
A[an-1][an-2]...[a1][a0]
```

则计算特定数组元素地址的方法如下：

```
Address := an-1
for i := n-2 downto 0 do
    Address := Address * bi + ai
Address := Base_Address + Address * Element_Size
```

2. 列序优先

列序优先是另一种常见的数组元素地址计算方法，FORTRAN 和多种 BASIC 方言（比如微软 BASIC 的早期版本）使用的都是这种方法。列序优先数组的排列如图 7-7 所示。

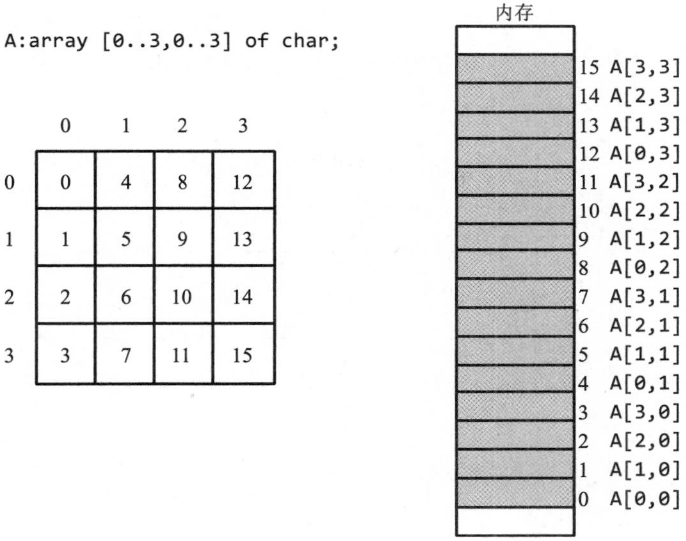

A:array [0..3,0..3] of char;

	0	1	2	3
0	0	4	8	12
1	1	5	9	13
2	2	6	10	14
3	3	7	11	15

内存

```
      
15 A[3,3]
14 A[2,3]
13 A[1,3]
12 A[0,3]
11 A[3,2]
10 A[2,2]
9 A[1,2]
8 A[0,2]
7 A[3,1]
6 A[2,1]
5 A[1,1]
4 A[0,1]
3 A[3,0]
2 A[2,0]
1 A[1,0]
0 A[0,0]
```

图 7-7 列序优先

按列序优先计算数组元素地址的公式和行序优先类似。两者的区别在于计算时公式中的下标与大小都要换成列的。也就是说，最右边的下标（列）优先，而不是最左边的下标（行）优先。

二维列序优先数组的地址计算公式如下：

Element_Address = Base_Address + (rowindex * col_size + colindex) * Element_Size

三维列序优先数组的地址计算公式如下：

```
Element_Address =
    Base_Address + ((rowindex * col_size + colindex) * depth_size + depthindex) *
Element_Size
```

更多维的计算依此类推。列序优先数组和行序优先数组计算地址的公式虽然不一样，但访问方法是一样的。

3. 声明多维数组

一个 $m \times n$ 数组包含 $m \times n$ 个元素，需要 $m \times n \times Element\_Size$ 个字节的存储空间。必须保留这么多的内存，才能给数组分配足够的存储空间。对于一维数组，不同的高级编程语言的声明语法非常相似。但对于多维数组，不同的语言声明语法就有些不一样了。

C、C++和 Java 采用下面的语法来声明多维数组：

```
data_type array_name [dim1][dim2] . . . [dimn];
```

例如，C/C++的三维数组声明如下：

```
int threeDInts[ 4 ][2][8];
```

这个例子创建了一个包含 64 个元素的数组，一共 2 行 8 列，深度为 4。假设每个整型对象需要 4 个字节，则这个数组占用的存储空间就是 256 字节。

Pascal 支持下面两种声明多维数组的方法，效果一样：

```
var
    threeDInts : array[0..3] of array[0..1] of array[0..7] of integer;
    threeDInts2 : array[0..3, 0..1, 0..7] of integer;
```

C#使用下面语法定义多维数组：

```
type [,]array_name = new type [dim1,dim2] ;
type [,,]array_name = new type [dim1,dim2,dim3] ;
type [,,,] array_name = new type [dim1,dim2,dim3,dim4] ;
```

从语义上来说，不同的编程语言的多维数组声明只有两个主要区别。第一，数组声明指定的是每个维度的大小还是每一个维度的上界与下界。第二，起始下标是0、1还是某个指定的数值。

Swift 并不支持传统意义上的多维数组，但是可以创建数组的数组（的数组……）。其可以提供和多维数组相同的功能，只是行为略有不同。更多细节请参考 7.2.4.5 节。

4. 访问多维数组元素

在高级编程语言中，访问多维数组的元素简单到大多数程序员都不会考虑其代价。本节我们会用一些汇编语言代码访问多维数组元素，给大家清楚地展示这些访问背后的代价。

回顾前一节中 `ThreeDInts` 数组的 C/C++ 声明：

```
int ThreeDInts[ 4 ][2][8];
```

在 C/C++中，可以使用下面这条语句将该数组的元素 `[i][j][k]` 赋值给 n：

```
ThreeDInts[i][j][k] = n;
```

但这条语句隐藏了访问的复杂性。回顾一下访问三维数组元素的公式：

```
Element_Address =
    Base_Address +
        ((rowindex * col_size + colindex) * depth_size + depthindex)
            * Element_Size
```

这个例子并不是不需要计算，只是计算被隐藏了起来。C/C++ 编译器生成的机器码类似下面这样：

```
intmul( 2, i, ebx );           // EBX =2* i
add( j, ebx );                 // EBX =2* i + j
```

```
intmul( 8, ebx );                    // EBX = (2 * i + j) *8
add( k, ebx );                       // EBX = (2 * i + j) *8+ k
mov( n, eax );
mov( eax, ThreeDInts[ebx*4] );       // ThreeDInts[i][j][k] = n
```

事实上，`ThreeDInts` 还有点特殊，这个数组各维度的大小正好都是 2 的幂。这意味着 CPU 可以把上面机器码中 EBX 乘以 2 或 4 的乘法指令换成移位指令。移位通常比乘法要快。优秀的 C/C++ 编译器会生成下面这样的机器码：

```
mov( i, ebx );
shl( 1, ebx );                       // EBX =2* i
add( j, ebx );                       // EBX =2* i + j
shl( 3, ebx );                       // EBX = (2 * i + j) *8
add( k, ebx );                       // EBX = (2 * i + j) *8+ k
mov( n, eax );
mov( eax, ThreeDInts[ebx*4] );       // ThreeDInts[i][j][k] = n
```

注意，只有数组维度是 2 的幂的时候，编译器才能使用这种速度更快的机器码。因此，很多程序员会想办法在声明数组维度大小的时候使用 2 的幂。当然，如果在数组声明时必须分配多余的元素才能满足这个条件，结果则是速度虽然提升了但空间可能浪费了（数组维度越高浪费越大）。

例如，如果需要一个 10×10 的行序优先数组，则可以创建一个 10×16 的数组。这样就可以利用移位（4 位）指令代替乘法指令（乘以 10）。如果是列序优先，则要声明 16×10 的数组，才能达到同样的效果。因为，行序优先计算偏移量时没有用到第一个维度的大小，而列序优先在计算偏移量时没有用到第二个维度的大小。然而，两种情况下，数组都包含了 160 个元素而不是 100 个元素。唯一需要决策的是，为了这点速度上的提升而额外占用存储空间是否值得。

5. Swift 数组实现

Swift 数组不同于许多其他编程语言中的数组。首先，Swift 数组是一种基于 `struct` 对象的类型（不只是内存中的元素集合）。Swift 的数组类型是不公开的，不保证数组元素对应的内存单位是连续的。但是，Swift 提供了下面这种 `ContinuousArray` 类型规范，这种类型能保证数组元素对应的内存单位是连续的（和 C/C++ 及其他编程语言一样）：

```
var array_name = ContiguousArray<element_type> ():
```

到目前为止，一切还好。如果使用连续数组，数组数据实际的存储和其他编程语言是一致的。但是，当声明的是多维数组时，就不是一回事了。如前所述，Swift 实际支持的并不是多维数组而是数组的数组。

对于大多数编程语言，数组对象严格来说就是内存中数组元素的序列，数组的数组和多维数组实际上是一回事。然而，Swift 使用一组描述符对象（基于 **struct** 数据结构）描述数组。和字符串描述符一样，Swift 数组是一个包含了多个字段的数据结构（比如当前数组元素的数量，以及指向实际数组数据的一个或多个指针）。

创建数组的数组，实际上就是创建一个把这些描述符作为元素的数组，每个描述符指向的都是一个子数组。请看下面两种（等价的）Swift 数组的数组声明（**a1** 和 **a2**）及示例程序：

```
import Foundation

var a1 = [[Int]]()
var a2 = ContiguousArray>()
a1.append( [1,2,3] )
a1.append( [4,5,6] )
a2.append( [1,2,3] )
a2.append( [4,5,6] )

print( a1 )
print( a2 )
print( a1[0] )
print( a1[0][1] )
```

运行这个程序，输出如下：

```
[[1, 2, 3], [4, 5, 6]]
[[1, 2, 3], [4, 5, 6]]
[1, 2, 3]
2
```

这种形式的输出和期望的二维数组是匹配的。但是，**a1** 和 **a2** 内部都是有两个元素的一维数组。这两个元素都是数组描述符，描述符本身指向的数组各自又包含了三个元素。

即便 a2 是一个 ContiguousArray 类型的数组，与 a2 关联的 6 个数组元素也不太可能出现在连续的内存单位中。a2 包含的两个数组描述符的内存单位可能是连续的，但它们指向的 6 个数据元素的内存单位不一定是连续的。

因为 Swift 数组是动态分配的，所以二维数组中每一行的元素数量可能不一样。把前面的 Swift 程序修改一下：

```
import Foundation

var a2 = ContiguousArray>()
a2.append( [1,2,3] )
a2.append( [4,5] )

print( a2 )
print( a2[0] )
print( a2[0][1] )
```

运行程序，得到的输出如下：

```
[[[1, 2, 3], [4, 5]]
[1, 2, 3]
2
```

a2 数组中的两行的元素数量不一样。这可能是有意义的，也可能造成缺陷，具体取决于程序想要实现的目标。

在 Swift 中，有一种方法可以创建标准多维数组存储：声明一个能够容纳多维数组中全部元素的一维 ContiguousArray；使用行序优先（或者列序优先）的算法（不需要考虑元素的大小）计算出数组元素的下标。

7.3 记录/结构体

Pascal 的记录（Record）及 C/C++的结构体（Struct）是另一类常用的复合数据结构。Pascal 采用的术语可能更好，因为记录这个词不会和术语数据结构（Data

Structure）混为一谈。因此，我们统一使用记录这一术语。

数组是同质（Homogeneous）的，也就是说数组的元素类型都相同。记录则不然，记录是异质（Heterogeneous）的，记录的元素类型可以不同。记录的目的是将逻辑上相关的值封装到一个对象里。

对于数组，可以通过整数下标来选定一个元素。访问记录中的各个元素（称为字段，Field）则必须使用字段的名字。每个字段的名字在记录内必须是唯一的，也就是说，同一个记录中，同样的字段名称只能出现一次。但是，字段名称只有在记录内是唯一的，在程序中其他地方可以重用这些名称。

7.3.1 Pascal/Delphi 记录

Pascal/Delphi 中常见的记录声明像下面 **Student** 数据类型的声明：

```
type
    Student =
        record
            Name:       string (64);
            Major:      smallint;        // Delphi 的双字节整型
            SSN:        string (11);
            Mid1:       smallint;
            Midt:       smallint;
            Final:      smallint;
            Homework:   smallint;
            Projects:   smallint;
        end;
```

很多 Pascal 编译器都会将所有字段分配到连续的内存单位中。也就是说 Pascal 会把前 65 个字节留给字段 Name [1]，后面的 2 个字节留给 Major 编码字段，再后面的 12 个字节留给 SSN 字段，依此类推。

---

1 除了包含字符串中所有字符，Pascal 字符串一般需要一个额外字节来指定字符串长度。

7.3.2 C/C++记录

C/C++中同样的记录声明如下：

```
typedef
    struct
    {
        char Name[65];        // 64 个字符的零结尾字符串需要的空间
        short Major;          // C/C++中通常是双字节整型
        char SSN[12];         // 11 个字符的零结尾字符串需要的空间
        short Mid1;
        short Mid2;
        short Final;
        short Homework;
        short Projects
    } Student;
```

C++结构体实际上是一种特殊的类，其行为和 C 结构体不同，而且在内存中还可能包含 C 结构体中没有的额外数据（这就是 C++结构的内存存储可能不太一样的原因，参考 7.3.5 节的内容）。C 和 C++结构体还有一些命名空间及其他的小区别。

但实际上，可以使用 extern "C" 块让 C++ 编译真正的 C struct 定义：

```
extern "C"
{
    struct
    {
        char Name[65];     // 64 个字符的零结尾字符串需要的空间
        short Major;       // C/C++中通常是双字节整型
        char SSN[12];      // 11 个字符的零结尾字符串需要的空间
        short Mid1;
        short Mid2;
        short Final;
        short Homework;
        short Projects
    } Student;
}
```

注意：Java 不支持 C 结构体这样的东西——只支持类（参考 7.5 节）。

7.3.3 HLA 记录

在 HLA 中也可以使用 record/endrecord 声明来创建结构体类型，前面两节中的记录类型定义如下：

```
type
    Student:
        record
            Name:      char[65];      // 64 个字符的零结尾字符串需要的空间
            Major:     int16;
            SSN:       char[12];      // 11 个字符的零结尾字符串需要的空间
            Mid1:      int16;
            Mid2:      int16;
            Final:     int16;
            Homework:  int16;
            Projects:  int16;
        endrecord;
```

可以看到，这个 HLA 记录声明和 Pascal 声明很接近。为了和 Pascal 声明保持一致，这个例子中 Name 和 SSN 使用的不是字符串而是字符数组。通常 HLA 记录的 Name 字段至少应该使用字符串类型（注意字符串变量是一个四字节长的指针）。

7.3.4 Swift 记录（元组）

Swift 虽然没有类似记录的概念，但可以用元组（Tuple）来模拟记录。Swift 记录（元组）的内存存储和其他编程语言不太一样（参考 7.3.5 节的内容）。如果想要创建复合/聚合数据类型，又不想承担创建类的开销，则元组是一种不错的结构。

Swift 元组就是一个简单的值列表，形式如下：

```
( value1, value2, ..., valuen )
```

元组中的值类型可以不一样。

Swift 的元组通常用在函数需要返回多个值的时候。来看看下面这一段 Swift 代码：

```
func returns3Ints()->(Int, Int, Int )
{
    return(1, 2, 3)
}
var (r1, r2, r3) = returns3Ints();
print( r1, r2, r3 )
```

函数 returns3intts() 需要返回三个值（1、2 和 3）。下面这条语句会将三个整数值分别保存到 r1、r2、r3 里面：

```
var (r1, r2, r3) = returns3Ints();
```

也可以将元组整个赋值给一个变量，把整数下标当成字段名访问元组的"字段"：

```
let rTuple = ( "a", "b", "c" )
print( rTuple.0, rTuple.1, rTuple.2 )    // 打印出 "a b c"
```

显然，像 .0 这样的字段名会导致代码非常难维护。记录虽然可以用元组模拟，但在真正的程序中如果用整数下标来引用字段会很别扭。

好在 Swift 可以给每个元组字段分配一个标签，然后就可以用标签代替整数下标来引用字段。请看下面这段 Swift 代码片段：

```
typealias record = ( field1:Int, field2:Int, field3:Float64 )

var r = record(1, 2, 3.0 )
print( r.field1, r.field2, r.field3 )    // 打印出 "123.0"
```

这种 Swift 元组的用法和 Pascal 记录或 HLA 记录（还有 C 结构）在语法上是等价的。但是，注意元组在内存中的存储布局可能和其他语言中的记录或结构不一样。和 Swift 数组一样，元组也是不公开的类型，Swift 并没有明确说明其内存的存储方式。

7.3.5　记录的内存存储

下面这个 Pascal 例子是一个典型的 Student 变量声明：

```
var
    John: Student;
```

按照上面给出的 Student 数据类型的声明，要给这个变量分配 81 个字节的存储空间，其内存布局如图 7-8 所示。

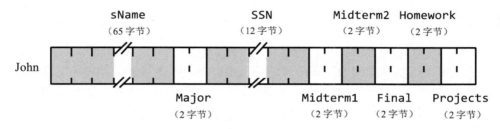

图 7-8 Student 数据结构的内存存储

如果 John 标签指向的是整个记录的基址（Base Address），则 sName 字段会从偏移量 John+0 开始，Major 字段会从偏移量 John+65 开始，而 SSN 字段会从偏移量 John+67 开始，依此类推。

大多数编程语言都用名字而不是偏移量来访问记录的字段。在字段访问语法中，通常会使用记录变量的点操作符（Dot Operator）来选择字段。以前面例子中的变量 John 为例，下面是一些访问该记录中不同字段的代码：

```
John.Mid1 = 80;              // C/C++ 示例
John.Final := 93;            (* Pascal 示例 *)
mov( 75, John.Projects );    // HLA 示例
```

图 7-8 表明记录字段在内存中的存储顺序和声明的顺序一样。虽然理论上编译器可以按照自己的方式任意排列内存中的字段，但实际上编译器一般都会按照声明顺序排列。第一个字段的地址在记录中一般是最低的；第二个字段的地址高一点，跟在第一个字段后面；第三个字段的地址则紧跟在第二个字段后面，依此类推。

图 7-8 还表明编译器会让记录字段的内存单元紧挨在一起，中间不会留空隙。尽管很多语言都是这样做的，但这肯定不是最常见的内存布局形式。考虑到性能，实际上大多数编译器会将记录字段的地址对齐到合适的内存边界。具体的实现细节会因语言、编译器实现还有 CPU 而变化，但是编译器通常会让实现更"自然"，即字段

在记录存储区域中的偏移量和字段的数据类型是匹配的。以 80x86 为例，符合 Intel ABI（Application Binary Interface，应用二进制接口）的编译器会把字节对象地址分配到记录中的任意偏移量上，而字对象的地址只会分配到偶数偏移量上，双字或者更大的对象地址则分配在双字边界上。大多数 80x86 编译器都支持 Intel ABI，这样在 80x86 上，使用不同语言编写的函数和过程就可以共享记录。其他 CPU 厂商也会提供各自处理器的 ABI，只要遵循同样的 ABI，程序就可以在运行时共享二进制数据。

除了要把记录字段的地址和合理的偏移量对齐，大多数编译器还要确保整个记录的长度是 2 字节、8 字节甚至 16 字节的整数倍。前面已经介绍过，编译器会在记录末尾添加填充字节，保证记录长度一定是记录中最大标量对象（非复合数据类型的对象）的大小和 CPU 最优对齐大小两者中较小值的整数倍。例如，假定记录的字段长度是 1 字节、2 字节、4 字节、8 字节及 10 字节，那么 80x86 编译器通常会将记录长度填充到 8 的整数倍。这样就可以确保在创建记录数组的时候，数组中的每个记都会对齐到合理的内存地址上。

尽管有些 CPU 不允许访问内存中未对齐地址的对象，很多编译器还是可以禁止记录字段自动对齐。编译器一般都会提供禁止对齐功能的全局选项。很多编译器还提供了能够禁止单个记录字段对齐的 **pragma** 或 `packed` 关键字。禁止自动字段对齐后，会去掉字段之间及记录末尾的填充字节，这样可以节省一些内存（不过 CPU 要支持未对齐的字段）。但是，访问内存中未对齐的值会让程序运行慢下来。

如果需要自行对齐记录中的字段，使用紧凑记录（Packed Record）也是一种方法。例如，假设有两个以不同编程语言编写的函数需要访问同一个记录中的数据，而这两个函数各自的编译器使用的字段对齐算法不一样。下面这样的 Pascal 记录声明可能就无法兼容两个函数对记录数据的访问：

```
type
    aRecord: record
        bField : byte; (* 假设 Pascal 编译器支持字节类型 *)
        wField : word; (* 假设 Pascal 编译器支持字类型 *)
        dField : dword; (* 假设 Pascal 编译器支持双字类型 *)
    end; (* record *)
```

这里的问题在于， bField、wField 及 dField 三个字段的地址偏移量，一个编译器可能分配的是 0、2 和 4，而另一个编译器可能分配的是 0、4 和 8。

但是，假设前一个编译器允许在 record 关键字前面加上 packed 关键字把字段紧挨着保存在一起。虽然 packed 关键字本身并不能让记录兼容两个函数的访问，但是我们可在记录声明里人为增加一些填充字段让它兼容，例如：

```
type
    aRecord: packed record
        bField :byte;
        padding0 :array[0..2] of byte; (* 让 wField 和 dword 对齐的填充*)
        wField :word;
        padding1 :word;                 (* 让 dField 和 dword 对齐的填充*)
        dField :dword;
    end; (* record *)
```

人为填充会让代码非常难维护。然而，如果要在不兼容的编译器之间共享数据，这种技巧还是有必要了解的。紧凑记录的具体细节请参考相关编程语言手册。

7.4 判别联合

判别联合（Discriminant Union）或者简称为联合（Union）和记录非常像。联合也有字段，也可以像记录那样使用点操作符访问。实际上很多编程语言中记录和联合在语法上的唯一区别可能就是关键字了：记录是 record，联合是 union。但是，记录和联合在语义上的区别明显大多了。记录中的每个字段相对于记录基址的偏移量都是不同的，字段不会重叠。但是，联合的字段偏移量全都是 0，所有字段重叠在一起。因此，记录的大小是所有字段大小之和（可能还要加上填充字节），而联合的大小就是最大字段的大小（可能还要加上末尾的填充字节）。

联合的字段都重叠在一起，可能会让人误以为实际程序中联合没什么用处。毕竟，如果所有字段都重叠在一起，修改一个字段值就会改变其他所有字段的值。这意味着联合中的字段是互斥（Mutually Exclusive）的。换句话说，任何时刻都只有一个字段生效。这一点确实导致联合没有记录通用，但联合还是有应用场景的。

7.4.1 C/C++联合

下面这个例子是 C/C++ 的联合声明：

```
typedef union
{
    unsigned int i;
    float r;
    unsigned char c[4];

} unionType;
```

假设 C/C++ 编译器给无符号整数分配 4 个字节，那么 unionType 对象的大小就是 4 个字节（因为所有字段都是 4 个字节的对象）。

注意：因为涉及安全问题，Java 并不支持判别联合。可以通过子类实现判别联合的一些特性，但 Java 不支持内存单位在不同的变量之间被显式地共享。

7.4.2 Pascal/Delphi 联合

Pascal/Delphi 使用条件变体记录（Case Variant Record）创建判别联合。条件变体记录的语法如下：

```
type
    typeName =
        record
            <<不变/联合记录字段在这里>>
            case tag of
                const1:(字段声明 );
                const2:(字段声明 );
                        .
                        .
                        .
                constn:(字段声明 ) (* 最后一个字段之后没有分号 *)
        end;
```

在上面这个例子中，tag 要么是类型标识符（比如 boolean、char 或者某个用户定义的类型），要么是 `identifier:type` 形式的字段声明。如果 `tag` 采用的是后一种形式，那么 `identifier` 也会变成记录的字段，这个字段不同于变体部分的成员（跟在 `case` 后面的声明），它有明确的类型 `type`。除此之外，Pascal 编译器还会生成一段代码，当应用程序试图访问非 `tag` 指定的变体字段时，都会产生异常。但实际上几乎没有 Pascal 编译器会做这种检查。但是，Pascal 语言标准建议编译器应该增加这种检查，因此有编译器可能会增加该项检查。

下面是两种不同的 Pascal 条件变体记录的例子：

```
type
    noTagRecord=
        record someField: integer;
        case boolean of
            true:( i:integer );
            false:( b:array[0..3] of char)
        end; (* record *)

    hasTagRecord=
        record
            case which:0..2 of
                0:( i:integer );
                1:( r:real );
                2:( c:array[0..3] of char )
            end; (* record *)
```

可以发现，Pascal 的条件变体记录像 `hasTagRecond` 联合展示的，不需要任何普通记录字段。没有 `tag` 字段也可以声明联合。

7.4.3　Swift 联合

Swift 没有直接支持判别联合的概念。但和与 Java 不一样的是，Swift 提供了相当于 Pascal 条件变体记录的替代品——支持安全使用的联合：枚举数据类型。

下面是一段 Swift 枚举定义：

```
enum EnumType
{
```

```
    case a
    case b
    case c
}

let et = EnumType.b
print( et ) //输出"b"
```

目前这还只是一个枚举数据类型，和联合没什么关系。但是，枚举数据类型中每个 case 都可以关联一个值（实际上是一个元组中的值）。下面这段 Swift 程序展示了 enum 的关联值（Associated Value）：

```
import Foundation

enum EnumType
{
    case isInt( Int )
    case isReal( Double )
    case isString( String )
}

func printEnumType( _ et:EnumType )
{
    switch( et )
    {
        case .isInt( let i ):
            print( i )
        case .isReal( let r ):
            print( r )
        case .isString( let s ):
            print( s )
    }
}

let etI = EnumType.isInt( 5 )
let etF = EnumType.isReal( 5.0 )
let etS = EnumType.isString( "Five" )

print( etI, etF, etS )
printEnumType( etI )
```

```
printEnumType( etF )
printEnumType( etS )
```

这段程序产生的输出如下：

```
isInt(5) isReal(5.0) isString("Five")
5
5.0
Five
```

EnumType 类型的变量取三个枚举值 isInt、isReal 及 isString 之一
（EnumType 类型就是这三个常量之一）。Swift 除了会为这三个常量选择内部编码（可能是 0、1 和 2，实际值是什么无关紧要），还会把 isInt 关联到一个整型值，把 isReal 关联到一个 64 位双精度浮点值，把 isString 关联到一个字符串值。三条 let 语句会把适当的值赋给 EnumType 变量；就像代码展示的，赋值的时候对应的值要放在常量名称后面的圆括号中。然后就可以使用 switch 语句提取枚举值了。

7.4.4 HLA 联合

HLA 也支持联合，下面是一个典型的 HLA 联合声明：

```
type
   unionType:
      union
         i: int32;
         r: real32;
         c: char[4];
      endunion;
```

7.4.5 联合的内存存储

前面提到，联合和记录的重要区别在于，记录给每个字段分配的是不同地址偏移量的存储空间，而联合的所有字段重叠在一起，在内存中的偏移量是一样的。以下面 HLA 记录声明和联合声明为例：

```
type
   numericRec:
```

```
record
    i: int32;
    u: uns32;
    r: real64;
endrecord;
numericUnion:
    union
        i: int32;
        u: uns32;
        r: real64;
    endunion;
```

声明一个 numericRec 类型的变量 n，就可以用 n.i、n.u、n.r 访问其字段，而声明一个 numericUnion 类型的变量 n 也同样可以。但是，一个 numericRec 对象的大小是 16 字节，因为记录包含两个双字字段和一个四字（real64）字段。而一个 numericUnion 变量的大小是 8 个字节。图 7-9 展示了记录和联合各自的 i、u、r 字段在内存中的布局。

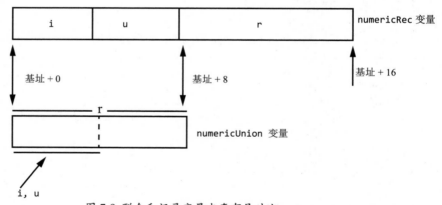

图 7-9 联合和记录变量内存布局对比

注意，Swift 的 enum 类型是不公开的。枚举各个条件的关联值可能不会保存在相同的内存地址。即便现在是这样实现的，也不能保证 Swift 未来的版本还会这样实现。

7.4.6　联合的其他用途

　　除了节省内存，程序员一般还会使用联合在代码中创建别名。别名是内存对象另外的名字。尽管在程序中别名往往会导致混乱，使用时要谨慎，但有时候使用别名会很方便。例如。程序中的某些地方可能会经常使用强制类型转换来引用某个对象。声明一个联合变量，每个字段代表想要应用到该对象的一种类型，使用这个联合就可以避免强制转换。以下面的 HLA 代码片段为例：

```
type
    CharOrUns:
        union
            c:char;
            u:uns32;
        endunion;

static
    v:CharOrUns;
```

　　这种联合声明可以通过 v.u 来操作 uns32 类型的对象。如果需要将这个 uns32 变量的低位字节当作一个字符，直接访问 v.c 变量就可以了，代码如下：

```
mov( eax, v.u );
stdout.put( "v, as a character, is '", v.c, "'" nl );
```

　　还有一种常见的做法是利用联合将大对象分解成字节。来看看下面这段 C/C++ 代码：

```
typedef union
{
    unsigned int u;
    unsigned char bytes[4];
} asBytes;

asBytes composite;
    .
    .
    .
    composite.u = 1234567890;
    printf
```

```
(
    "HO byte of composite.u is %u, LO byte is %u\n",
    composite.u[3],
    composite.u[0]
);
```

尽管有时候利用联合对数据类型进行组合或分解是个挺有用的技巧，但是请注意这种代码不是可移植的。多字节对象的高位和低位字节在大端序和小端序机器上的地址是不一样的。这段代码虽然在小端序机器上没问题，但在大端序 CPU 上显示的字节就不对了。当使用联合来分解大对象的时候，要清楚地理解这种限制。但是，这种联合技巧的效率通常比使用左移、右移及逻辑与运算的效率要高，因此应用还是挺普遍的。

> 注意：Swift 的类型安全系统不允许判别联合把一组位当成不同的类型访问。如果一定要通过赋值将一种类型的原始位转换为另一种类型，则可以使用 Swift 的 `unsafeBitCast()` 函数。更多细节请参考 Swift 标准库文档。

7.5 类

C++、Object Pascal 或 Swift 等编程语言中的类第一眼看起来就像记录（或结构体）的简单扩展，所以内存结构也应该是类似的。在大多数编程语言中，类数据字段在内存中的布局也确实和记录与结构体类似。编译器会将类声明中的字段排列在连续的内存单位上。然而，类也具备一些纯记录和结构体没有的额外特性。特别是成员函数（类中声明的函数）、继承和多态，这些特性极大地影响了编译器在内存中实现类对象的方式。

以下面 HLA 结构体和 HLA 类声明为例：

```
type
    student: record
        sName: char[65];
        Major: int16;
        SSN: char[12];
```

```
        Midterm1: int16;
        Midterm2: int16;
        Final: int16;
        Homework: int16;
        Projects: int16;
endrecord;

student2: class
    var
        sName: char[65];
        Major: int16;
        SSN: char[12];
        Midterm1: int16;
        Midterm2: int16;
        Final: int16;
        Homework: int16;
        Projects: int16;

    method setName( source:string );
    method getName( dest:string );
    procedure create;    //类构造器
endclass;
```

HLA 为类中的所有 **var** 字段分配了连续的存储空间，这和记录一样。实际上，如果一个类只包含 **var** 数据字段，其内存表示形式几乎和记录一样（参考图 7-10 和图 7-11）。

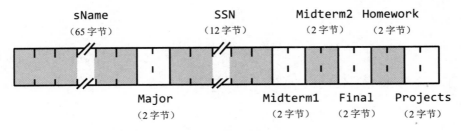

图 7-10 HLA student 记录的内存布局

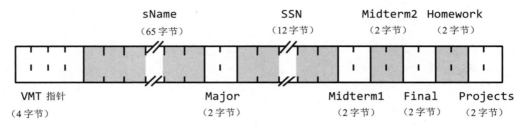

图 7-11 HLA student2 类的内存布局

我们可以从图中看出两者的不同：student2 类数据开头有一个 VMT 指针字段。VMT 即虚拟方法表（Virtual Method Table），它是一个数组指针，数组的元素是类关联的方法（函数）指针。[1]在 student2 这个例子中，VMT 字段指向的方法表包含两个 32 位指针：一个指向 setName() 方法，另一个指向 getName() 方法。当虚拟方法 setName() 或 getName() 中任何一个被调用时，程序并不会直接调用内存中的两个方法。程序会先从内存中的对象里获取 VMT 的地址，再使用这个指针获取特定方法的地址（setName() 可能位于 VMT 的第一个下标处，而 getName() 位于第二个下标处），然后使用获取到的地址间接地调用对应的方法。

7.5.1 继承

从 VMT 获取方法地址要做很多工作，那编译生成的代码为什么不直接调用方法而是要多此一举呢？这是因为类和对象需要支持一对神奇的特性：继承和多态。以下面 HLA 类声明为例：

```
type
    student3: class inherits( student2 )
        var
            extraTime: int16;   // 分配给考试的额外时间
        override method setName;
        override procedure create;
    endclass;
```

类 student3 继承了类 student2 的所有数据字段和方法（通过类声明中的

---

1 注意，create 不是方法，而是一个类过程，类过程不会出现在 VMT 中。

inherits 子句指定），然后定义了一个新的数据字段 extraTime。这个字段表示的
是考试期间为学生分配的额外时间，以分钟为单位。student3 声明还定义了一个新
方法 setName()，取代了原来 student2 中的 setName() 方法（它还定义了重写
的 create 过程，但我们现在先忽略这个问题）。student3 对象的内存布局如图 7-12
所示。

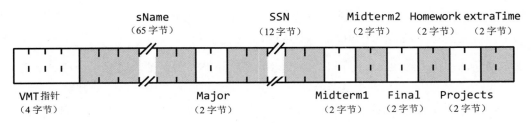

图 7-12 HLA student3 类内存布局

在内存中 student2 和 student3 对象之间的区别在于，student3 数据结构末
尾多出的 2 个字节和 VMT 字段中保存的值。student2 对象的 VMT 字段指向的是
类 student2 的 VMT（内存中实际只有一张 student2 VMT，所有的 student2 对
象包含的 VMT 指针都指向它）。假设我们有一对 student2 对象，名字分别是 John
和 Joan，它们的 VMT 字段包含的是内存中同一个 VMT 的地址，如表 7-3 所示。

表 7-3 类 student2 VMT 的条目

偏移量[1]	条目
0（字节）	指向（类 student2 的）setName() 方法的指针
4（字节）	指向 getName() 方法的指针

现在假设有这样一种情况，内存中有一个 student3 对象（就叫 Jenny 吧）。
Jenny 的内存布局和 John 及 Joan 的内存布局非常相似（见图 7-11 和图 7-12）。John
和 Joan 的 VMT 字段包含的值是一样的（都是指向 student2 的 VMT 的指针），而
Jenny 对象的 VMT 字段指向的是 student3 的 VMT（见表 7-4）。

---

1 在汇编语言中，表的下标是按字节算的。因为 HLA 指针是 4 个字节，所以表中的每一个偏移量都比前一个
大 4 个字节。

表 7-4　类 student3 VMT 的条目

偏移量	条　　目
0（字节）	指向（类 student3 的）setName() 方法的指针
4（字节）	指向 getName() 方法的指针

虽然类 student3 的 VMT 和类 student2 的 VMT 看起来几乎一样，但有一个关键区别：表 7-3 中的第一条指向的是类 student2 的 setName() 方法，而表 7-4 中的第一条指向的是类 student3 的 setName() 方法。

把从基类（Base Class）那里继承下来的字段添加到另一个类时必须小心。记住，字段继承自基类的类有一个重要的特性，即可以通过基类的指针来访问基类的字段，哪怕该指针指向的是其他类（从基类继承字段的类）的地址。以下面这些类为例：

```
type
    tBaseClass: class
        var
            i:uns32;
            j:uns32;
            r:real32;

        method mBase;
    endclass;

    tChildClassA: class inherits( tBaseClass )
        var
            c:char;
            b:boolean;
            w:word;

        method mA;
    endclass;

    tChildClassB: class inherits( tBaseClass )
        var
            d:dword;
            c:char;
            a:byte[3];
```

```
endclass;
```

tChildClassA 和 tChildClassB 都从 tBaseClass 继承了字段，所以这两个子类都包括了 i、j 和 r 字段，还有各自的字段。

i、j 和 r 字段在所有子类中的偏移量必须和在 tBaseClass 中的偏移量一样，继承机制才能正常工作。这样的话，即使 EBX 指向的对象类型是 tChildClassA 或 tChildClassB，指令 mov((type tBaseClass [ebx]).i, eax); 仍然可以正确地访问字段 i。图 7-13 展示了子类和基类的内存布局。

注意，两个子类中的新字段彼此之间没有关系，哪怕字段的名字一模一样（例如，两个子类中的字段 c 的偏移量就不一样）。尽管这两个子类从公共基类继承来的字段是一样的，但添加的任何新字段都是不同的、独立的。不同类中的两个字段，如果不是继承自共同的基类，偏移量相同的话一定是巧合。

所有类（哪怕是没有关系的类）指向 VMT 的指针在其内存对象的偏移量都是一样的（偏移量通常为 0）。程序中每个类都只会关联一张 VMT，即使是从基类继承字段的子类，它们的 VMT（通常）也和基类的 VMT 不一样。图 7-14 展示了三个类型为 tBaseClass、tChildClassA 和 tChildClassB 的对象都指向的是各自的 VMT。

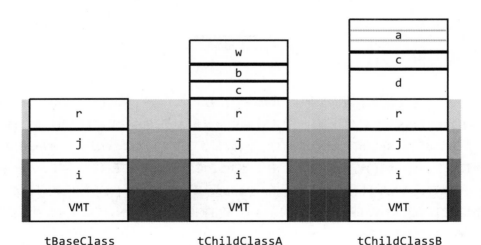

tBaseClass   tChildClassA   tChildClassB

派生（子）类给继承来的字段分配的偏移量和基类字段一样。

图 7-13 基类和子类的内存布局

```
var
    B1:    tBaseClass
    CA:    tChildClassA
    CB:    tChildClassB
    CB2:   tChildClassB
    CA2:   tChildClassA
```

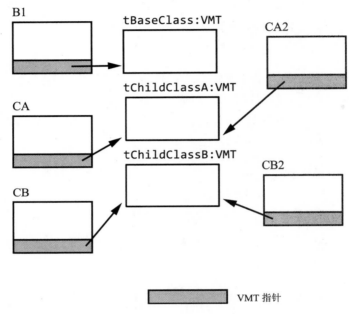

图 7-14 对象引用的 VMT

    子类从基类继承字段的同时，子类 VMT 也继承了基类 VMT 中的条目。例如，类 **tBaseClass** 的 VMT 只有一个条目：指向 **tBaseClass.mBase()** 方法的指针。类 **tChildClassA** 的 VMT 有两个条目：指向 **tBaseClass.mBase()** 和 **tChildClassA.mA()** 方法的指针。由于 **tChildClassB** 没有定义任何新方法或迭代器，所以它的 VMT 只有一个条目：指向 **tBaseClass.mBase()** 方法的指针。注意，**tChildClassB** 的 VMT 与 **tBaseClass** 的 VMT 内容是一样的，但 HLA 会生成两张不同的 VMT。图 7-15 展示了这种关系。

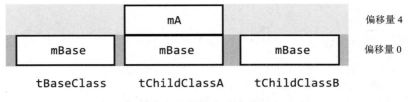

派生（继承）类的虚拟方法表

	mA		偏移量 4
mBase	mBase	mBase	偏移量 0
tBaseClass	tChildClassA	tChildClassB	

图 7-15 基类和子类的内存布局

7.5.2 类构造函数

在调用任何 VMT 中的方法之前，都必须确保 VMT 在内存中是真实存在的（保存着类定义的方法的地址），而且每个创建出来的类都必须初始化 VMT。如果使用的是高级编程语言（比如 C++、C#、Java 或 Swift)，编译器将在编译类定义的时候自动生成 VMT。至于对象本身的 VMT 指针字段的初始化，通常是由每个类的默认构造函数（对象初始化函数）负责完成的。所有这些工作对使用高级编程语言的程序员来说都是不可见的。这就是使用 HLA 类示例的原因：在汇编语言（甚至是高级汇编语言）中，几乎没有什么是不可见的。我们可以透过 HLA 示例真切地看到对象的工作原理和使用成本。

首先，HLA 不会自动创建 VMT。定义的每个类都必须在代码中显式地声明 VMT。示例 student2 和 student3 的声明如下：

```
readonly
    VMT( student2 );
    VMT( student3 );
```

从技术上讲，这段声明不一定要放在 readonly 段（也可以放在 HLA 的 static 部分）。但是，VMT 的值是永远不会被改变的，因此声明放在这段很合理。

示例中的 VMT 声明定义的两个符号 student2._VMT_ 和 student3._VMT_，HLA 程序都可以访问。这两个符号分别对应的是两张 VMT 中的第一个条目的地址。在代码的某个地方（通常是在构造过程中），对象的 VMT 字段会使用关联类的 VMT 地址初始化。下面这段代码展示了 HLA 中惯用的类构造函数：

```
procedure student2.create; @noframe;
begin create;

    push( eax );

    // 通过"student2.create();" 调用这个过程，ESI 为 NULL
    // 通过对象引用调用这个过程，ESI 则不为 NULL，
    // 比如 "John.create();" 这种情况下 ESI 指向的是对象，也就是 John。

    if( esi == NULL ) then

        // 如果是类调用，在堆上为对象分配存储空间。

        mov( malloc( @size( student2 )), esi );

    endif;
    mov( &student2._VMT_, this._pVMT_ );

    // 如果类还有其他字段要初始化，可以在这里进行

    pop( eax );
    ret();

end create;

procedure student3.create; @noframe;
begin create;

    push( eax );
    if( esi == NULL ) then

        mov( malloc( @size( student3 )), esi );

    endif;

    // 必须调用基类构造函数，完成必要的类初始化工作

    (type student2 [esi]).create(); // 必须调用基类构造函数。

    // 专属于 student3 的字段（比如 extraTime）可能在这里初始化：
```

```
// student2.create 会把 student2 的 VMT 地址写到 VMT 指针里。
// 但 VMT 指针真正需要指向的是 student3 的 VMT。这里修正过来。

mov( &student3._VMT_, this._pVMT_ );
pop( eax );
ret();
```

```
end create;
```

student2.create()和 student3.create() 是类过程（Class Procedure，某些语言中称为静态类方法或静态类函数，Static Class Method/Function）。类过程可以直接调用，不需要通过 VMT 间接调用，这是类过程的主要特点。所以，调用 John.create()或 Joan.create() 时调用的总是 student2.create()类过程。同样，调用 Jenny.create() 或者任意 student3 变量的 create 构造函数时，调用的总是 student3.create() 过程。

下面这两条语句会把（指定的类的）VMT 地址复制到正在创建的对象的 VMT 指针字段（this._pVMT_）中：

```
mov( &student2._VMT_, this._pVMT_ );
```

```
mov( &student3._VMT_, this._pVMT_ );
```

注意下面这条 student3.create() 构造函数中的语句：

```
(type student2 [esi]).create(); // 必须调用基类构造函数。
```

这里 80x86 ESI 寄存器包含一个指向 student3 对象的指针。(type student2 [esi]) 这段代码会将其类型转换为 student2 指针。这次（初始化基类中的字段）调用的其实是父类的构造函数。

最后来看下面这段代码：

```
var
    John        :pointer to student2;
    Joan        :pointer to student2;
    Jenny       :pointer to student3;
```

```
        .
        .
student2.create();          //等于在其他语言中调用"new student2"
mov( esi, John );           // 把新的对象指针保存到 John 变量
student2.create();
mov( esi, Joan );
student3.create();
mov( esi, Jenny );
```

检查对象 John 和对象 Joan 中的_pVMT_字段，就会发现它们包含的是 student2 类的 VMT 地址。同样，对象 Jenny 中的_pVMT_字段包含的是 student3 类的 VMT 地址。

7.5.3 多态

对于 HLA 的 student2 变量（即包含的指针指向内存中一个 student2 对象的变量)，可以通过下面这段 HLA 代码调用该对象的 setName()方法：

```
John.setName("John");
Joan.setName("Joan");
```

这些调用就是 HLA 中发生的高级活动的例子。对于第一条语句，HLA 编译器生成的机器码如下：

```
mov( John, esi );
mov ( (type student2 [esi])._pVMT_, edi );
call( [edi+0] );            // 注意：VMT 中方法 setName 的偏移量是 0。
```

这段机器码的作用如下：

1. 第一行将 John 指针中保存的地址复制到 ESI 寄存器。这是因为 80x86 上大多数的间接访问都发生在寄存器里，没有发生在内存变量中。

2. VMT 指针是 student2 对象结构中的一个字段。代码需要获取保存在 VMT 里的 setName() 方法指针。（内存）对象的_pVMT_字段保存了 VMT 的地址。同样，我们必须将其加载到寄存器中才能间接访问数据。所以程序将 VMT 指针复制到

80x86 EDI 寄存器中。

3.（EDI 现在指向的）VMT 包含两个条目。第一个条目（偏移量为 0）包含的是 `student2.setName()` 方法的地址；第二个条目（偏移量为 4）包含的是 `student2.getName()` 方法的地址。我们想要调用的是 `student2.setName()` 方法，所以代码中第三条指令调用的方法，其地址保存在[edi+0]指向的内存单位中。

可以看到，这比直接调用 `student.setName()` 方法复杂多了。既然我们都知道了 John 和 Joan 都是 `student2` 对象，也知道了 Jenny 是 `student3` 对象，为什么还要这么麻烦？我们应该能够直接调用 `student2.setName()` 或 `student3.setName()` 方法。而且这只需要一条机器指令，那样程序会变得更快也更短。

所有这些额外的工作都是为了支持多态。假设我们声明了一个普通的 `student2` 对象：

```
var student:pointer to student2;
```

当我们将 Jenny 的值赋给 `student` 并调用 `student.setName()` 时会发生什么？其实，这段代码和前面通过 John 调用 `setName()` 方法是一样的。也就是说，代码先将 `student` 中保存的指针加载到 ESI 寄存器，再将_pVMT_字段复制到 EDI 寄存器中，然后通过 VMT 的第一个条目（指向 `setName()` 方法）间接跳转。但是这个例子和前面的例子有一个主要的区别：这个例子中的 `student` 指向的是内存中的 `student3` 对象。因此，当代码将 VMT 的地址加载到 EDI 寄存器时，EDI 实际上指向的是 `student3` 的 VMT，而不是 `student2` 的 VMT（这和我们使用 John 指针时的情况一样)。因此，当程序调用 `setName()` 方法时，实际上调用的是 `student3.setName()`而不是 `student2.setName()` 方法。这种行为是现代面向对象编程语言支持多态的基础。

7.5.4　抽象方法和抽象基类

抽象基类（Abstract Base Class）的存在只是为了向其派生类提供一组公共字段。不要声明类型为抽象基类的变量，一定要使用它派生出来的某个类作为变量的类型。

抽象基类只是创建其他类的模板而已。

标准基类和抽象基类在语法上的唯一区别在于，抽象基类至少要声明一个抽象方法。抽象方法（Abstract Method）是一种特殊的方法，抽象基类不提供抽象方法的真正实现。调用抽象方法会导致异常。想知道抽象方法到底的优点在哪，继续看下去。

假设我们要创建一组保存数值的类，一个表示无符号整数，一个表示带符号整数，一个实现 BCD 值，还有一个支持 real64 值。我们可以创建 4 个毫不相干、功能彼此独立的类，但这样的话就不能方便地使用这组类。要搞清楚其中的缘由，我们来看看下面的 HLA 类声明：

```
type
    uint: class
        var
            TheValue: dword;

        method put;
        << 该类的其他方法 >>
    endclass;

    sint: class
        var
            TheValue: dword;

        method put;
        << 该类的其他方法 >>
    endclass;

    r64: class
        var
            TheValue: real64;

        method put;
        << 该类的其他方法 >>
    endclass;
```

这些类的实现并非不合理，它们有数据字段，有可以把数据写入标准输出设备的 put() 方法。这些类可能还有其他一些方法和过程来实现各种数据操作。然而，这些类有一个小问题和一个大问题，都是这些类没有从公共基类继承字段造成的。

第一个小问题是这些类不得不反复声明几个同样的字段。例如，每个类都声明了一个 put() 方法[1]。第二个大问题在于这种方法不够通用，换句话说就是不能通过这种方法创建出通用的"数字"对象指针，也不能对"数字"执行通用的加、减和输出等操作（无论类底层的数字表示形式是什么）。

将前面这些类的声明转换为一组派生类，这两个问题就解决了。下面这段代码展示了一种简单的方法：

```
type
    numeric: class
        method put;
        << 所有类共享的其他方法 >>
    endclass;

    uint: class inherits( numeric )
        var
            TheValue: dword;

        override method put;
        << 该类的其他方法 >>
    endclass;

    sint: class inherits( numeric )
        var
            TheValue: dword;

        override method put;
        << 该类的其他方法 >>
    endclass;

    r64: class inherits( numeric )
        var
            TheValue: real64;

        override method put;
```

---

1 顺便提醒一下，TheValue 不是一个公共字段，因为在 r64 类中这个字段的类型不一样。

```
        << 该类的其他方法 >>
endclass;
```

首先，这段代码中的 put()方法都继承自 numeric，并使派生类始终使用名称
put()，这样程序维护会更加容易。其次，这个例子使用了派生类，所以我们就可以
创建一个指向 numeric 类型的指针，把 uint、sint 或 r64 对象的地址加载到这个
指针里。还可以通过这个指针调用 numeric 类中的方法来完成加法、减法或数字输
出等操作。因此，使用指针的应用程序不需要知道具体的数据类型，它只以通用的
方式处理数值。

这个方案有一个问题。也可以声明和使用 numeric 类型的变量。但这些 numeric
变量无法表示任何类型的数字（注意，数字字段的数据存储实际上都在派生类里）。
更糟糕的是，因为 numeric 类已经声明了 put() 方法，哪怕 numeric 类中的这个
方法实际上不应该被调用，也得写一些实现代码。真正有意义的实现应该只写在派
生类的 put() 方法里。虽然可以编写一个打印错误消息（抛出异常就更好了）的哑
方法，但不应该这样做。还好，有了抽象方法之后，就不必这样做了。

当方法声明后面出现 abstract 关键字时，HLA 就知道这个类不会提供该方法
的实现，这个抽象方法的具体实现全部由派生类提供。如果直接调用抽象方法，HLA
将抛出异常。下面这段代码把 numeric 类的 put()方法 变成了抽象方法：

```
type
   numeric: class
      method put; abstract;
      << 所有类共享的其他方法 >>
   endclass;
```

抽象基类至少要包含一个抽象方法，但并不要求全部方法都是抽象方法；在抽
象基类中当然也可以声明一些标准方法（当然需要提供实现）。

抽象方法声明提供了一种机制，基类通过这种机制可以指定派生类必须实现的
一些通用方法。如果一个派生类没有给全部抽象方法提供具体实现，其本身也是一
个抽象基类。

前面我们已经了解到，一定不要创建抽象基类类型的变量。记住，执行抽象方

法程序将立即抛出异常，告知这是非法的方法调用。

7.6　C++类

到目前为止，所有例子中的类和对象都是用 HLA 语言写的。这是因为前面的讨论都和类的底层实现有关，而 HLA 能够很好地展示底层实现的原理。然而，我们不一定有机会使用 HLA 编写程序。现在，我们来看看高级语言中的类和对象是如何实现的。我们从最早支持类的高级编程语言 C++ 开始。

下面是 C++中 **student2** 类的变体：

```cpp
class student2
{
    private:
        char    Name[65];
        short   Major;
        char    SSN[12];
        short   Midterm1;
        short   Midterm2;
        short   Final;
        short   Homework;
        short   Projects;

    protected:
        virtual void clearGrades();

    public:
        student2();
        ~student2();

        virtual void getName(char *name_p, int maxLen);
        virtual void setName(const char *name_p);
};
```

C++类和 HLA 类的第一个主要区别是 **private**、**protected** 和 **public** 关键字。C++ 和其他高级编程语言都支持封装（Encapsulation，信息隐藏），而这三个关键字是 C++ 强化封装的主要手段之一。对于软件工程中的结构，作用域、私有和封装都是非常有意义的语法要素，但实际上它们并不会影响类和对象在内存中的实现（Implementation）。本书的重点是实现，对封装的深入讨论我们放到第 4 卷和第 5 卷中。

C++ student2 对象在内存中的布局和 HLA 的对象十分相似（当然，内存布局可能会因编译器而异，但数据字段和 VMT 布局的基本思路是一致的）。

```
class student3 : public student2
{
    public:
        short extraTime;
        virtual void setName(char *name_p, int maxLen);
        student3();
        ~student3();
};
```

C++中的结构体和类几乎一样。两者的主要区别是：类的默认可见性是 private，而 struct 的默认可见性是 public。因此，我们也可以将 student3 类重写为：

```
struct student3 : public student2
{
    short extraTime;
    virtual void setName(char *name_p, int maxLen);
    student3();
    ~student3();
};
```

7.6.1　C++中的抽象成员函数和类

C++ 声明抽象成员函数的方式特别奇怪：在类的函数定义后面加上"= 0;"，就像这样：

```
struct absClass
{
    int someDataField;
    virtual void absFunc( void ) = 0;
};
```

和 HLA 一样，如果一个类至少包含一个抽象函数，那么这个类就是一个抽象类。注意，抽象函数必须是虚函数，因为必须在派生类中重写它才有意义。

7.6.2　C++的多重继承

C++ 是少数支持多重继承（Multiple Inheritance）的现代编程语言之一，也就是说，一个类可以从多个类继承数据和成员函数。以下面 C++ 代码片段为例：

```
class a
{
    public:
        int i;
        virtual void setI(int i) { this->i = i; }
};

class b
{
    public:
        int j;
        virtual void setJ(int j) { this->j = j; }
};

class c : public a, public b
{
    public:
        int k;
        virtual void setK(int k) { this->k = k; }
};
```

在这个例子中，类 c 继承了类 a 和类 b 的所有信息。典型的 C++ 编译器会在内存中创建一个如图 7-16 所示的对象。

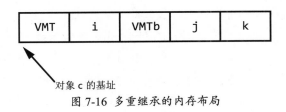

图 7-16　多重继承的内存布局

VMT 指针项指向的是一个典型的 VMT，其中包含了 setI()、setJ() 和 setK() 三个方法的地址（如图 7-17 所示）。如果调用的是 setI() 方法，则编译器生成的代码会把对象 VMT 指针项的地址（图 7-16 中对象 c 的基址）加载成 this 指针。在进入 setI() 方法时，系统就会认为 this 指向的对象类型为 a。具体来说，字段 this.VMT 指向的 VMT 第一个（目前对象被当作类型 a，VMT 中也只有这一个条目）条目就是 setI() 方法的地址。同理，setI() 方法会在内存中（this+4）（因为 VMT 指针是 4 个字节）偏移处找到数据值 i。在 setI() 方法看来，this 指向的是一个类型为 a 的对象（但它指向的实际上是一个类型为 c 的对象)。

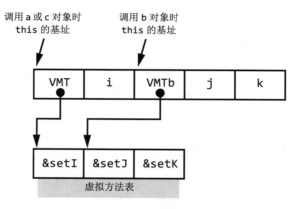

图 7-17 多重继承的 this 值

调用 setK() 方法时，系统传递的同样是 c 对象的基址。当然，setK() 方法期望 this 指向的是 c 类型的对象，而 this 实际指向的也确实是 c 类型的对象，因此对象中的所有偏移量都完全符合 setK()方法的期望。注意 c 类型的对象（以及 c 类中的方法）通常会忽略 c 对象中的 VMT2 指针字段。

当程序调用 setJ() 方法时，问题来了。因为 setJ() 方法属于类 b，所以它希望 this 保存的 VMT 指针地址指向的是类 b 的 VMT，而且数据字段 j 出现在偏移量为（this+4）的地方。如果我们将 c 对象的 this 指针传给 setJ()，则访问（this+4）得到的是数据字段 i 不是 j。此外，当一个 b 类方法调用另一个 b 类方法时（比如 setJ() 递归调用自己），VMT 指针也会有问题，其指向的 VMT 中偏移量为 0 的方法是 setI()，而类 b 希望 VMT 中偏移量为 0 的指针条目指向的方法是 setJ()。

为了解决这个问题，典型的 C++ 编译器会在 c 对象的数据字段 j 之前插入一个额外的 VMT 指针。第二个 VMT 字段初始化时指向的是 c VMT 中，类 b 的方法指针（&setJ）开始的位置（如图 7-17 所示）。当调用类 b 的方法时，编译器生成的代码会用第二个 VMT 指针的地址（而不是 c 类对象开始的地址）来初始化 this 指针。现在，进入类 b 的方法（比如 setJ()）时，this 指向的是类 b 合法的 VMT 指针，而且数据字段 j 的偏移量正是类 b 的方法期望的(this+4)。

7.7　Java 类

作为一种从 C 语言衍生出来的语言，Java 的类定义和 C++ 相似（尽管 Java 不支持多重继承，而且声明抽象方法的方式更合理）。下面这一组类声明可以让我们了解 Java 类的工作机制：

```java
public abstract class a
{
        int i;
        abstract void setI(int i);
};

public class b extends a
{
    int j;
    void setI( int i )
    {
        this.i = i;
    }

    void setJ(int j)
    {
        this.j = j;
    }
};
```

7.8　Swift 类

Swift 也是 C 语言家族的一员。和 C++ 一样，Swift 使用 **class** 或 **struct** 关键字来声明类。和 C++不同的是，Swift 的结构体和类是不同的概念。Swift 结构体有点像 C++的类变量，而 Swift 类则类似于 C++的对象指针。按照 Swift 的术语，结构体是值（Value）对象，类则是引用（Reference）对象。在创建结构体对象的时候，Swift基本上会为整个对象分配足够的内存，把存储和变量绑定起来。[1]Swift 和 Java 一样只支持单继承，不支持多重继承。还要注意的是，Swift 不支持抽象成员函数或抽象类。下面是一对 Swift 类的例子：

```
class a
{
    var i: Int;
    init( i:Int )
    {
        self.i = i;
    }
    func setI( i :Int )
    {
        self.i = i;
    }
};

class b : a
{
    var j: Int = 0;
    override func setI( i :Int )
    {
        self.i = I;
    }
    func setJ( j:Int)
    {
        self.j = j;
```

---

1 在技术上并不总是这样。考虑到性能，Swift 会使用写时拷贝来提升性能；因此，只要不改变结构体中任何字段的值，多个结构体对象就可以共享内存单位。然而，一旦修改了结构，Swift 就会制作一份副本并对副本进行修改（因此得名写时拷贝，Copy-on-Write）。更多细节请参考 Swift 文档。

```
    }
};
```

在 Swift 中，所有成员函数默认都是虚函数。此外，`init()` 函数是 Swift 的构造函数，而析构函数为 `deinit()`。

7.9　协议与接口

Java 和 Swift 都不支持多重继承，因为多重继承有一些逻辑问题。最经典的就是"钻石"（Diamond Lattice）数据结构。当两个类（比如 b 和 c）都从同一个类（比如 a）继承信息，然后第四个类（比如 d）又从 b 和 c 继承信息时，就会发生这种情况。结果 a 的数据被 d 继承了两遍——一遍从 b 继承，另一遍从 c 继承。

尽管多重继承可能会导致这样或那样的奇怪问题，但毫无疑问，从多个源继承的能力往往是有用的。因此，Java 和 Swift 等语言的解决方案是：一个类可以从多个来源继承方法或函数，但只能从一个祖先类继承数据字段。这样就可以避免多重继承的大多数问题（特别是不知道该从哪里继承数据字段），而程序员也可以继承不同来源的方法。这些扩展在 Java 中叫接口（Interface），在 Swift 中叫协议（Protocol）。

下面这个例子包含了一些 Swift 的协议声明及一个支持协议的类：

```
protocol someProtocol
{
    func doSomething()->Void;
    func doSomethingElse() ->Void;
}
protocol anotherProtocol
{
    func doThis()->Void;
    func doThat()->Void;
}

class supportsProtocols: someProtocol, anotherProtocol
{
    var i:Int = 0;
    func doSomething()->Void
```

```
{
    // 适当的函数体
}
func doSomethingElse()->Void
{
    // 适当的函数体
}
func doThis()->Void
{
    // 适当的函数体
}
func doThat()->Void
{
    // 适当的函数体
}
}
```

Swift 协议不提供任何函数实现。协议指定的函数由支持该协议的类负责实现。在前面的例子中，`supportsProtocols` 类负责提供它所支持的协议要求的全部函数。实际上，协议就像只包含抽象方法的抽象类，而继承类必须为所有的抽象方法提供真正的实现。

下面这个例子把前面的例子用 Java 实现了一遍，展示了 Java 中和协议类似的接口机制：

```
class InterfaceDemo {
    interface someInterface
    {
        public void doSomething();
        public void doSomethingElse();
    }
    interface anotherInterface
    {
        public void doThis();
        public void doThat();
    }

    class supportsInterfaces implements someInterface, anotherInterface
    {
```

```
    int i;
    public void doSomething()
    {
        // 合适的方法体
    }
    public void doSomethingElse()
    {
        // 合适的方法体
    }
    public void doThis()
    {
        // 合适的方法体
    }
    public void doThat()
    {
        // 合适的方法体
    }
}

public static void main(String[] args) {
    System.out.println("InterfaceDemo");
}
}
```

Java 接口和 Swift 协议的行为与基类类型相似。如果实例化了一个类的对象，并将该实例分配给一个接口/协议类型的变量，那么就可以执行接口或协议支持的成员函数。下面是一个 Java 代码的例子：

```
someInterface some = new supportsInterfaces();

// 我们可以调用 someInterface 定义的成员方法：

some.doSomething();
some.doSomethingElse();

// 注意，通过变量"some" 调用 doThis 或者 doThat 方法（或者访问 i 数据字段）是非法的
```

下面是一个效果类似的 Swift 代码例子：

```
import Foundation

protocol a
{
    func b()->Void;
    func c()->Void;
}

protocol d
{
    func e()->Void;
    func f()->Void;
}
class g : a, d
{
    var i:Int = 0;
    func b()->Void {print("b")}
    func c()->Void {print("c")}
    func e()->Void {print("e")}
    func f()->Void {print("f")}

    func local()->Void {print( "local to g" )}
}

var x:a = g()
x.b()
x.c()
```

协议或接口是通过 VMT 指针实现的，VMT 中包含的是在协议或接口中声明的函数地址。在前面例子中，Swift 类 g 的数据结构中有三个 VMT 指针：协议 a 一个、协议 d 一个、类 g 一个（包含指向 local() 函数地址的指针）。

在创建一个类型为协议/接口的变量（前面例子中的 x）时，变量持有的就是协议/接口的 VMT 指针。在这个例子中，为 x 变量赋 g() 值时实际上只是将协议 a 的 VMT 指针复制给了 x。然后，当代码执行 x.b 和 x.c 时，从 a 的 VMT 中获取实际的函数地址。

7.10 泛型和模板

有了面向对象编程，软件工程师可以通过类和对象来扩展系统，但对象还无法提供完全通用的解决方案。泛型（Generic）提供了常规面向对象编程缺乏的关键可扩展特性。1973 年 ML 编程语言首次引入泛型，并在 Ada 编程语言中得到了推广。现在大多数先进的编程语言都支持某种形式的泛型编程，包括 C++（模板）、Swift、Java、HLA（宏）及 Delphi。泛型编程风格允许在任意数据类型还未定义时就开发操作算法，只要在使用泛型类型时提供实际数据类型即可。

链表就是一个经典的泛型例子。编写一个简单的、单一用途的链表类非常容易，比如，用来管理整数的列表。但是，有了整数列表之后，如果还需要一个双精度浮点数列表，快速复制粘贴就可以得到一个新的链表类（要把链表节点的类型从 int 改成 double）。什么？还想要一个字符串列表？再来一次复制粘贴，得到字符串列表。现在，又需要一个对象列表？好的，再来一次复制粘贴……大家都学会了吧。很快我们就创建出了 6 个不同的列表类，然后，倒霉，最早的链表实现出错了，现在每个列表类都得修改这个错误。如果多个不同项目中都提供了列表实现，那就自求多福吧（我们刚刚明白过来"复制粘贴"得到的不是什么好代码）。

这就要靠泛型了（比如 C++ 模板）。在泛型类定义中，可以指定操作列表的算法（方法/成员函数），不用关心列表节点的类型。节点类型在声明泛型类类型的对象时指定。只需给泛型列表类提供期望的类型，就可以创建出整数、双精度数、字符串或对象列表。如果最初的（泛型）实现出错了，要做的就是修复这个缺陷而且只修复一次，然后重新编译代码，这样用到泛型类型的地方都会得到修正。

下面是 C++中节点和列表的定义：

```
template< class T >
class node {
    public:
        T data;
    private:
        node< T > *next;
};


template< class T >
```

```
class list {
    public:
        int isEmpty();
        void append( T data );
        T remove();
        list() {
            listEnd = new node< T >();
            listEnd->next = listEnd;
        }
    private:
        node< T >* listEnd;
};
```

在这段 C++代码中，<T> 是一个参数化类型（Parameterized Type）。这意味着编译器会把模板中出现的 T 替换为我们提供的类型。因此，在前面的代码中，如果提供 int 作为参数类型，则 C++ 编译器会用 int 替换 T 的每个实例。可以使用以下这段 C++代码创建整数和双精度浮点数列表：

```
#include <iostream>
#include <list>

using namespace std;

int main(void) {
    list< int > integerList;
    list< double > doubleList;

    integerList.push_back( 25 );
    integerList.push_back( 0 );
    doubleList.push_back( 1.2 );
    doubleList.push_back( 3.14 );

    cout << "integerList.size() " << integerList.size() << endl;
    cout << "doubleList.size() " << doubleList.size() << endl;

    return 0;
}
    doubleList.add( 3.14 );
```

实现泛型最简单的方法是使用宏。当编译器看到像 list <int> integerList;

这样的声明时，会展开相关的模板代码，在展开的过程中用 int 替换 T。

由于模板扩展会生成大量的代码，现代编译器都尽最大可能优化这个过程。比如，以下面这两个变量声明为例：

```
list <int> iList1;
list <int> iList2;
```

实际上，这里没有必要创建两个独立的 int 类型列表类。从两个类模板扩展出来的结果显然是一样的，因此这两个声明优秀的编译器会使用同一份类定义。

更智能一些的编译器甚至还可以发现，有些函数实际上并不关心底层节点的数据类型，比如 remove()。基本的删除操作对所有数据类型来说都是一样的，因为列表数据类型使用的是指向节点数据的指针，没有必要为每种类型生成不同的 remove() 函数。借助多态，一个 remove() 成员函数就够了。这需要编译器做更多的工作，但肯定是可行的。

归根结底，模板/通用扩展还是一个宏扩展的过程。其他任何事情都是编译器提供的优化。

7.11　更多信息

Hyde, Randall. *The Art of Assembly Language*. 2nd ed. San Francisco: No Starch Press, 2010.

Knuth, Donald. *The Art of Computer Programming, Volume I: Fundamental Algorithms*. 3rd ed. Boston: Addison-Wesley Professional, 1997.

8

布尔逻辑与数字设计

 布尔逻辑是现代计算机系统的计算基础。任何算法或者任何电子计算机电路都可以使用一套布尔方程系统表示。理解基本的布尔逻辑与数字设计，才能理解软件是如何运转的。

对于要设计电路或者要编写软件控制电路的人来说，这一部分内容尤其重要。即使没有这两种打算，掌握布尔逻辑的知识也有助于软件的优化。许多高级编程语言也要处理布尔表达式，比如对 if 语句或 while 循环的控制。理解布尔逻辑对优化布尔表达式和提升代码性能大有裨益。

本章涵盖的主题如下，这些都有助于布尔表达式的优化：

* 布尔代数、布尔运算符和布尔函数
* 布尔假设和定理
* 真值表和布尔函数优化
* 规范形式

- 电路和对应的布尔函数

如果只是编写常见的应用程序，不必深入了解布尔代数和数字电路设计的细节，但熟悉这些知识我们可以理解为什么 CPU 制造商会以这些特定的方式来实现指令。当我们开始深入研究 CPU 的底层实现时一定会碰到这些问题。

8.1 布尔代数

布尔代数是演绎数学体系。二元运算符（Binary Operator）（°）接受一对布尔输入，产生一个布尔值。例如，布尔运算符 AND 接受两个布尔输入，产生一个布尔输出（即两个输入的逻辑 AND）。

8.1.1 布尔运算符

本书我们将基于以下值和运算符对布尔代数展开讨论：

- 布尔系统中只有两个可能的取值：0 或 1，通常这两个值被称为 false 或 true。
- 符号 •代表逻辑与（AND）运算。A•B 就是将布尔值 A 和 B 做逻辑与运算的结果，也被称作 A 和 B 的积（Product）。如果变量名只有一个字符，本书将省略符号•，因此，AB 表示的也是变量 A 和 B 的逻辑与。
- 符号 +（加号）表示逻辑或（OR）运算。A+B 就是布尔值 A 和 B 做逻辑或的结果，也被称为 A 与 B 的和（Sum）。
- 逻辑反、逻辑非及 NOT 都是同一个一元运算符的名称。本章将使用符号'（撇号）来表示逻辑反。例如，A'表示 A 的逻辑非。

8.1.2 布尔假设

每个代数系统都会遵循一套最基本的假设，这些假设又叫作公理（Postulate）。系统中其他的规则、定理及另外一些属性都是从这些基本的公理演绎出来的。布尔代数系统遵循的公理如下：

封闭：布尔系统是封闭（Closed）的，对每个二元运算符来说，对任意一对布尔值输入的运算结果还是布尔值。

满足交换律：如果系统中所有布尔值 A 和 B 都满足 A ° B = B ° A，那么二元运算符就满足交换律（Commutative）。

满足结合律：如果系统中所有布尔值 A、B 和 C，都满足 (A ° B) ° C = A ° (B ° C)，那么二元运算符°就满足结合律（Associative）。

满足分配律：如果系统中所有布尔值 A、B 和 C，都满足 A ° (B % C) = (A ° B) % (A ° C)，那么二元运算符° 与%就满足分配律（Distributive）。

单位元：对于一个二元运算符°，如果 A ° I = A 对所有的布尔值 A 都成立，I 就被称为单位元（Identity Element）。

逆元：对于一个二元运算符°，如果 A ° I = B 并且 B ≠ A（即 B 和 A 在布尔系统中相反）对所有的布尔值 A 和 B 都成立，I 就被称为逆元（Inverse Element）。

把布尔代数的这些公理应用到布尔运算符上，就产生了以下布尔假设（Boolean Postulate）：

假设 1　使用逻辑与、逻辑或和逻辑非运算符的布尔代数是封闭的。

假设 2　逻辑与（·）的单位元是 1，逻辑或（+）的单位元是 0，而逻辑非（'）没有单位元。

假设 3　运算符·和+都满足交换律。

假设 4　运算符·和+ 互相都满足分配律，即 A · (B + C) = (A · B) + (A · C) 并且 A + (B · C) = (A + B) · (A + C)。

假设 5　·和+都满足结合律，即 (A · B) · C = A · (B · C) 并且 (A + B) + C = A + (B + C)。

假设 6　对于任何一个值 A，都可以找到另一个值 A'，满足 A · A' = 0 及 A + A' = 1，这个值 A'就是 A 的逻辑非。

有了这些布尔假设，我们就可以证明布尔代数的其他定理。本章不会深入探讨下面这些定理的形式化证明，但这些定理还是需要熟悉的：

定理 1 $A + A = A$

定理 2 $A \cdot A = A$

定理 3 $A + 0 = A$

定理 4 $A \cdot 1 = A$

定理 5 $A \cdot 0 = 0$

定理 6 $A + 1 = 1$

定理 7 $(A + B)' = A' \cdot B'$

定理 8 $(A \cdot B)' = A' + B'$

定理 9 $A + A \cdot B = A$

定理 10 $A \cdot (A + B) = A$

定理 11 $A + A'B = A + B$

定理 12 $A' \cdot (A + B') = A'B'$

定理 13 $AB + AB' = A$

定理 14 $(A' + B') \cdot (A' + B) = A'$

定理 15 $A + A' = 1$

定理 16 $A \cdot A' = 0$

注意：定理 7 和定理 8 又被称为德摩根定律（DeMorgan's Theorems），其是以发现这些定律的数学家命名的。

对偶（Duality）是布尔代数系统的一个重要原则。这里每一对定理都是对偶的（Dual），定理 1 和定理 2、定理 3 和定理 4，依此类推。任何遵循布尔代数公理和定理创建出来的合法表达式，其中的运算符和常数互换之后得到的表达式仍然是合法的。具体来说，表达式中的 • 和 + 运算符及 0 和 1 互换后，得到的表达式仍然遵循全部布尔代数规则。对偶表达式的运算并不会产生同样的结果，只是两个表达式在布尔代数系统中都是成立的。

8.1.3 布尔运算符优先级

如果一个布尔表达式中包含了多个布尔运算符，则表达式的结果取决于各个运算符的优先级（Precedence）。布尔运算符的优先级从高到低排列如下：

- 圆括号
- 逻辑非
- 逻辑与
- 逻辑或

逻辑与和逻辑或运算符都满足左结合律（Left Associative）。这意味着，如果三个操作数之间出现了两个优先级相同的运算符，则表达式将从左到右进行求值。逻辑非则满足右结合律（Right Associative）。其实无论是左结合还是右结合，逻辑非的结果都是一样的，因为逻辑非是只有一个操作数的一元运算符。

8.2 布尔函数与真值表

布尔表达式（Expression）由一系列 0、1 和字母组成，用布尔运算符隔开。字母（Literal）是带撇号（也就是取反）或者不带撇号的变量名，变量名都只有一个字母。布尔函数是一种特殊的布尔表达式，一般会把布尔函数命名为 F，再加上可选的下标。比如下面这个布尔函数：

$$F_0 = AB + C$$

这个函数先计算 A 和 B 的逻辑与，再将结果和 C 进行逻辑或。如果 A = 1、B = 0、C = 1，那么 F_0 的结果是 1（1 · 0 + 1 = 1）。

布尔函数还可以用真值表（Truth Table）来表示，逻辑与和逻辑或的真值表如表 8-1 和表 8-2 所示。

表 8-1 逻辑与的真值表

逻辑与	0	1
0	0	0
1	0	1

表 8-2　逻辑或的真值表

逻辑或	0	1
0	0	1
1	1	1

对于只有两个输入变量的二元运算符来说，这种形式的真值表非常直观，使用也很方便。但是，对于变量超过两个的函数来说，这种真值表就不太合适了。

表 8-3 展示了真值表的另一种表现形式。这种形式有一些优点：表格填起来更容易，也支持三个以上（含三个）的变量，而且两个及以上的函数的表示更紧凑。

表 8-3　三个变量的函数的真值表

C	B	A	F = ABC	F = AB + C	F = A + BC
0	0	0	0	0	0
0	0	1	0	0	1
0	1	0	0	0	0
0	1	1	0	1	1
1	0	0	0	1	0
1	0	1	0	1	1
1	1	0	0	1	1
1	1	1	1	1	1

布尔函数变化无穷，但并不都是完全不同的。例如，F = A 和 F = AA 这两个函数形式不一样。但是根据定理 2 很容易就可以得出结论：无论给 A 提供什么输入值，这两个函数的输出都是相同的。显然，如果输入变量的个数是确定的，那么不同的布尔函数的个数也是有限的。例如，具有两个输入变量的布尔函数只有 16 个，而具有三个输入变量的布尔函数有 256 个。如果输入变量的个数为 n，则不同的布尔函数就有 2^{2^n}（2 的 2 的 n 次幂的幂）个。当输入变量的个数为 2 时，不同的函数就有 2^{2^2} 个，即 16 个；当输入变量的个数为 3 时，不同的函数有 2^{2^3}，即 256 个；而当输入变量的个数为 4 时，不同的布尔函数有 2^{2^4} 即 2^{16} 个，也就是 65536 个。

如果（有两个输入变量的）布尔函数只有 16 个，则可以给每个不同的函数都起个名字（见表 8-4）。

表 8-4　具有两个输入变量的布尔函数常见命名

函数编号[1]	函数名称	简述
0	（清）零	无论 A 和 B 的输入值是什么，永远返回 0
1	逻辑或非（NOR）	(NOT (A OR B)) = (A + B)'
2	抑制 (AB')	AB' (A AND not B)，等价于 A > B 或 B < A
3	非 B	忽略 A 的值，返回 B'
4	Inhibition (BA')	BA' (B AND not A)，等价于 B > A 或 A < B
5	非 A	忽略 B 的值，返回 A'
6	异或（XOR）	$A \oplus B$，等价于 A ≠ B.
7	逻辑与非（NAND）	(NOT (A AND B)) = (A · B)'
8	逻辑与（AND）	A · B = (A AND B)
9	相等（exclusive-NOR）	(A = B)，也称为异或非（异或的非。）
10	A	复制 A。忽略 B 的值，返回 A 的值
11	蕴涵，B 意味着 A	A + B'，(If B then A)，等价于 B ≥ A
12	B	复制 B。忽略 A 的值，返回 B 的值
13	蕴涵，A 意味着 B	B + A'，(If A then B)，等价于 A ≥ B
14	逻辑或（OR）	A + B，返回 A OR B
15	（置）1	无论 A 和 B 的输入值是什么，永远返回 1

8.3　函数编号

　　输入变量超过两个后，布尔函数的数量就太多了，不可能给每个函数都起一个名字。因此，输入变量超过两个的函数只能通过函数编号来引用，不再使用函数的名字。例如，F_8 代表有两个输入的逻辑与函数，而 F_{14} 代表有两个输入的逻辑或函数。显然，输入变量超过两个的函数会碰到一个问题，如何确定函数该用哪个编号呢？比如，函数 F = AB + C 对应的编号是多少？我们按照函数的真值表算出函数的编号。

1　见下面函数编号的内容。

A、B 和 C 组成的二进制串对应的数值为 0~7，我们将这三个数值看作一个二进制数中的各个位（C 在最高位而 A 在最低位）。由每种数值组合出来的二进制串都可以对应算出一个函数的结果，要么是 0 要么是 1。把 A、B 和 C 组合计算的函数结果按照 A、B 和 C 组合的二进制串排列起来，就可以得到一个二进制数。这个二进制数就是对应的函数编号。这有点不好理解，我们用一个例子来说明。以 F = AB + C 的真值表为例（见表 8-5）。

表 8-5 F = AB + C 的真值表

C	B	A	F = AB + C
0	0	0	0
0	0	1	0
0	1	0	0
0	1	1	1
1	0	0	1
1	0	1	1
1	1	0	1
1	1	1	1

把输入变量 C、B 和 A 组成的二进制数按顺序排列，从 %000 开始到 %111（0~7）。把每个组合的数值当作 8 位数值的位（函数计算结果在二进制函数编号中的位）的位置（CBA = %111 就是第 7 位，CBA = %110 是第 6 位，依此类推），再将每个 C、B 和 A 组合对应的 F = AB+C 的计算结果放到这个组合的"位置"上，就得到了函数编号（的二进制值）：

```
CBA:          7 6 5 4 3 2 1 0
F = AB + C:   1 1 1 1 1 0 0 0
```

现在，把这个位串看成二进制数 $F8，这就是函数编号，也就是 248。函数编号一般使用十进制表示。这就是为什么 n 个输入变量可以组成 2^{2^n} 个不同的函数：n 个输入变量可以组成 2^n 个不同的值，函数编号的二进制数值就有 2^n 位。而 m 位的二进制数值又有 2^m 种不同的组合，因此，n 个输入变量有 $m = 2^n$ 个可能的位，也就有 2^m 或者 2^{2^n} 个可能的函数。

8.4　布尔表达式的代数运算

可以运用布尔代数的假设和定理将布尔表达式转换成另一个等效的表达式。如果想把表达式转换成规范形式（见下一节），或者想让表达式中字母或项尽可能地少，转换的方法十分关键。字母（Literal）是带撇号或者不带撇号的变量，项（Term）是变量或者几个不同字母量的积，即逻辑与。电路中通常会包含各种实现了字母或项的元件，因此，尽量减少字母和项就意味着电路设计者使用的电子元件会更少，进而节省系统的成本。

可惜的是，表达式的优化没有什么固定规律可循。这种转换就像数学证明，多是靠个人经验。无论如何，下面这几个例子展示了一些可行的转换：

ab + ab' + a'b	= a(b + b') + a'b	遵循假设 4
	= a • 1 + a'b	遵循假设 5
	= a + a'b	遵循定理 4
	= a + b	遵循定理 11
(a'b + a'b' + b')'	= (a'(b + b') + b')'	遵循假设 4
	= (a' • 1 + b')'	遵循假设 5
	= (a' + b')'	遵循定理 4
	= ((ab)')'	遵循定理 8
	= ab	遵循逻辑非定义
b(a + c) + ab' + bc' + c	= ba + bc + ab' + bc' + c	遵循假设 4
	= a(b + b') + b(c + c') + c	遵循假设 4
	= a • 1 + b • 1 + c	遵循假设 5
	= a + b + c	遵循定理 4

8.5　规范形式

对于每个布尔函数来说，等价（可以互相转换）的逻辑表达式是有限的。为了消除混乱，逻辑设计人员一般会用规范（Canonical）或者标准的形式来表示布尔函数。每一个不同的布尔函数，我们都可以从一套事先定义好的集合里找到一个规范的表达形式。

对于所有变量个数为 n 的布尔函数，定义规范表达形式集合的方法不止一种。在每一套规范集合中，系统中的每个布尔函数都只能用一个表达式代表，因此，集合中的所有函数都是唯一的。本章我们会讨论极小项和（Sum of Minterms）与极大项积（Product of Maxterms）两种规范系统，但只会展开讨论前面一种系统。这两个系统可以按照对偶原则互相转换。

如前所述，一个项是一个字母或者几个不同字母的积（逻辑与）。例如，两个变量 A 和 B 可以组成 8 个不同的项：A、B、A'、B'、A'B'、A'B、AB'和 AB；三个变量则可以组成 26 个不同的项：A、B、C、A'、B'、C'、A'B'、A'B、AB'、AB、A'C'、A'C、AC'、AC、B'C'、B'C、BC'、BC、A'B'C'、AB'C'、A'BC'、ABC'、A'B'C、AB'C、A'BC 和 ABC。项的数量随着变量数量的增长而急剧增长。极小项（Minterm）是一个刚好包含了 n 个字母的积，其中 n 就是输入变量的个数。例如，两个输入变量 A 和 B 的极小项就是 A'B'、AB'、A'B 和 AB。同理，三个变量 A、B 和 C 的极小项是 A'B'C'、AB'C'、A'BC'、ABC'、A'B'C、AB'C、A'BC 和 ABC。通常，n 个变量有 2^n 个极小项。极小项集合很容易得到，把它们和由变量组成的二进制数对应就行了（见表 8-6）。

表 8-6　根据二进制数生成极小项

（和 CBA 组合）等价的二进制数值	极小项
000	A'B'C'
001	AB'C'
010	A'BC'
011	ABC'
100	A'B'C
101	AB'C
110	A'BC
111	ABC

任意布尔函数的规范形式都可以从极小项和（逻辑与）得到。比如 $F_{248}=AB+C$，其等价的规范形式是 ABC + A'BC + AB'C + A'B'C + ABC'。我们可以从代数上证明这个规范形式等价于 AB + C：

ABC + A'BC + AB'C + A'B'C + ABC'	= BC(A + A') + B'C(A + A') + ABC'	遵循假设 4
	= BC • 1 + B'C • 1 + ABC'	遵循定理 15
	= C(B + B') + ABC'	遵循假设 4
	= C + ABC'	遵循定理 15 和定理 4
	= C + AB	遵循定理 11

显然规范形式不是最优的。但是，很容易从布尔函数的规范形式得到布尔函数的真值表，从真值表再得到极小项和的规范形式方程也很容易。

8.5.1 极小项和规范形式与真值表

从极小项和规范形式建立真值表的步骤如下：

1. 用 1 替换极小项中不带撇号的变量，用 0 替换带撇号的变量，将极小项转换为等价的二进制数：

$$F_{248} = CBA + CBA' + CB'A + CB'A' + C'BA$$
$$= 111 + 110 + 101 + 100 + 011$$

2. 在各个极小项对应真值表表项的"函数"一列填 1：

C	B	A	F = AB + C
0	0	0	
0	0	1	
0	1	0	
0	1	1	1
1	0	0	1
1	0	1	1
1	1	0	1
1	1	1	1

3. 最后，在剩下表项的"函数"一列填 0：

C	B	A	F = AB + C
0	0	0	0
0	0	1	0
0	1	0	0
0	1	1	1
1	0	0	1
1	0	1	1
1	1	0	1
1	1	1	1

反过来，从真值表得到逻辑函数的步骤如下：

1. 找到真值表中所有函数计算结果为1的表项。对于这个例子就是最后5个表项。结果为1的表项的数量就是规范方程中极小项的数量。

2. 把这些表项中的 1 换成 A、B、C，表项中的 0 换成 A'、B'、C'，得到单个最小项。在本例中，CBA组合等于 111、111、101、100 或者 011 时 F_{248} 的结果等于 1。替换之后，F_{248} = CBA + CBA' + CB'A + CB'A' + C'AB。

3. 逻辑或和逻辑与都满足交换律。因此，可以根据需要调整每个极小项中各个项的顺序和极小项在整个方程中的顺序。

包含任意多个变量的函数都可以按照上面步骤生成逻辑函数，例如，由表 8-7 中的真值表可以生成规范形式函数 F_{53504} = ABCD + A'BCD + A'B'CD + A'B'C'D。

表 8-7　F_{53504} 函数的真值表

D	C	B	A	F = ABCD + A'BCD + A'B'CD + A'B'C'D
0	0	0	0	0
0	0	0	1	0
0	0	1	0	0
0	0	1	1	0
0	1	0	0	0
0	1	0	1	0

D	C	B	A	F = ABCD + A'BCD + A'B'CD + A'B'C'D
0	1	1	0	0
0	1	1	1	0
1	0	0	0	1
1	0	0	1	0
1	0	1	0	0
1	0	1	1	0
1	1	0	0	1
1	1	0	1	0
1	1	1	0	1
1	1	1	1	1

　　创建布尔函数的真值表，再根据真值表创建函数的规范形式，这也许是生成布尔函数的规范形式最容易的方法了。实际上，可以使用这种技术在两种标准形式之间进行转换。

8.5.2　使用代数方法得到极小项和规范形式

　　我们可以使用代数方法生成极小项和的规范形式，遵循的是分配律和定理 15（A + A' = 1）。以 F_{248} = AB + C 为例。这个函数有两个项 AB 和 C，但都不是极小项。我们可以按照下面步骤将第一项转换成极小项和：

AB	= AB · 1	遵循定理 4
	= AB · (C + C')	遵循定理 15
	= ABC + ABC'	遵循分配律
	= CBA + C'BA	遵循交换律

　　同样，F_{248} 的第二项也可以转换成极小项的和，步骤如下：

C	= C · 1	根据定理 4
	= C · (A + A')	根据定理 15
	= CA + CA'	根据分配律
	= CA · 1 + CA' · 1	根据定理 4

= CA • (B + B') + CA' • (B + B')	根据定理 15
= CAB + CAB' + CA'B + CA'B'	根据分配律
= CBA + CBA' + CB'A + CB'A'	根据交换律

在上面两次转换中，最后一步（重新排序）都是可选的。只需要将这两次转换的结果相加，就得到了 F_{248} 最终的规范形式：

$$F_{248} = (CBA + C'BA) + (CBA + CBA' + CB'A + CB'A')$$
$$= CBA + CBA' + CB'A + CB'A' + C'BA$$

8.5.3 极大项积规范形式

极大项积（Product of Maxterms）是另一种规范形式。极大项是所有带撇号及不带撇号的变量之和（逻辑或）。例如，下面这个三个输入变量的逻辑函数 G 就是极大项积的形式：

$$G = (A + B + C) • (A' + B + C) • (A + B' + C)$$

与极小项和形式一样，每个逻辑函数都只有一种极大项积形式。每个最大项积形式都有一个等价的极小项和形式。实际上，这个例子中的函数 G 和前面极小项形式的函数 F_{248} 就是等价的：

$$F_{248} = CBA + CBA' + CB'A + CB'A' + C'BA = AB + C$$

遵循对偶原则，我们可以从最大项积生成真值表，即将函数中的逻辑与换成逻辑或，逻辑或换成逻辑与，0 换成 1，1 换成 0。为了创建真值表，首先要按照对偶原则把函数 G 中带撇号的字母和不带撇号的字母进行转换，得到：

$$G = (A' + B' + C') • (A + B' + C') • (A' + B + C')$$

接下来交换逻辑或和逻辑与，得到：

$$G = A'B'C' + AB'C' + A'BC'$$

最后，交换所有的 0 和 1。这意味着上面表达式中极小项对应的真值表表项的"函数"一列填 0，余下表项的"函数"一列填 1。这样真值表的第 0、1 和 2 行"函数"

一列是 0，余下每一行的"函数"一列都是 1，得到的就是 F_{248}。

根据一种规范形式生成真值表，然后根据真值表反向生成另一种规范形式，我们可以在两种规范形式之间轻松地转换。以两个变量的函数 $F_7 = A + B$ 为例。极小项和的规范形式为 $F_7 = A'B + AB' + AB$。其真值表如表 8-8 所示。

表 8-8 两个变量逻辑或函数的真值表

A	B	F_7
0	0	0
1	0	1
0	1	1
1	1	1

要反向生成极大项积规范形式，首先要找到真值表中所有结果为 0 的表项。这里只有 A 和 B 都等于 0 时表项的"函数"一列结果为 0，这样第一步得到了 $G = A'B'$。但是，还需要将这个结果中所有变量取反，得到 $G = AB$。根据对偶原则，还需要交换逻辑或和逻辑与运算符，得到 $G = A + B$。这就是极大项积（Product of Maxterms）的规范形式。

8.6 布尔函数简化

n 个变量的布尔函数的数量是无限的，但其中完全不同（不能互相转换）的函数数量是有限的。那么有没有方法可以简化布尔函数？即如何让表达式中包含的操作符最少。所有函数都存在最优的形式，但我们不会把最优形式作为规范形式。有两个原因：首先，真值表与规范形式的相互转换非常容易，但是从真值表得到最优形式就没那么简单了；其次，一个函数可能存在多种最优形式。

使用代数变换也可以得到最优形式，但并不能保证结果是最佳的。有两种方法可以保证布尔函数简化后得到的一定是最优形式：一种是图（Mapping）方法；一种是质蕴涵项（Prime Implicants）方法。本书讨论的是图方法。

当布尔函数只有 2 个、3 个或者 4 个参数的时候，才适合通过图方法手工优化。

5个或者6个变量的函数也可以手工优化，但非常非常烦琐。如果参数超过了6个，还是写程序处理吧。

图优化的第一步要为函数创建一张特殊的二维真值表（如图8-1所示）。认真观察这些真值表。它们的格式和在本章前面出现的真值表不一样。特别是表中两位组合的二进制值顺序是00、01、11、10，不是00、01、10、11。这一点非常关键！如果真值表按照二进制数值的大小顺序排列，图优化方法就行不通了。为了区分这种真值表和标准的真值表，我们称其为真值图（Truth Map）。[1]

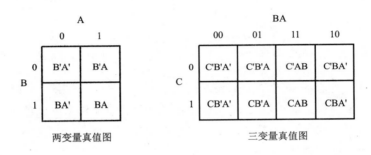

图 8-1 2个、3个和4个变量的真值图

---

1 这些图也被称为卡诺图（Karnaugh Map）或卡诺/维奇图（Karnaugh/Veitch diagram），以莫里斯·卡诺（Maurice Karnaugh）的名字命名。卡诺对爱德华·维奇（Edward Veitch）的布尔优化图进行了改进，创造了卡诺图。

假设一个布尔函数已经是极小项和的规范形式。第一步是把每个极小项在真值图中对应的格子填上 1，其他格子填上 0。以三变量函数 F = C'B'A + C'BA' + C'BA + CB'A' + CB'A + CBA' + CBA 为例，图 8-2 展示的就是这个函数对应的真值图。

BA

	00	01	11	10
0	0	1	1	1
1	1	1	1	1

C

图 8-2 F = C'B'A + C'BA' + C'BA + CB'A' + CB'A + CBA' + CBA 的真值图

下一步是将真值表中包含 1 的格组成的矩形圈出来，这些矩形的长和宽（格子数）都必须是 2 的幂。对于三变量的函数来说，矩形的长和宽可以是 1、2 和 4 个格子，而且圈出来的这些矩形必须覆盖真值图中所有包含 1 的格子。卡诺图的技巧在于圈出来的矩形要尽量少，但一个矩形又不能被另一个矩形完全包含。注意，矩形可以部分重叠，只要没有完全包含另一个矩形。在图 8-3 的真值图中可以找到三个这样的矩形。

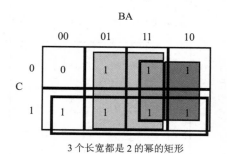

3 个长宽都是 2 的幂的矩形

图 8-3 把真值图中为 1 的格圈出来的矩形

每个矩形都代表布尔函数化简后的表达式中的一项。因此，这个布尔函数化简后只包含 3 项。将一个矩形中同时出现的带撇号和不带撇号的变量消去（正负互相抵消），就得到了一项。图 8-3 中圈出 C = 1 这一行的细长矩形就包含了带撇号和不带撇号的 A、B。因此 A 和 B 都可以从该项中消去。这个矩形覆盖了 C = 1 的区域，它代表的项就是一个字母 C。

图 8-3 中浅灰色的正方形包含了 C、C'、B、B'和 A，这个正方形代表的项就是一个字母 A。同理，图中深灰色正方形包含了 C、C'、A、A'和 B，它代表的项就是一个字母 B。

最终得到的最优函数是 3 个矩形代表的项之和（逻辑或），即 F = A + B + C。真值图中其余为 0 的格子不用考虑。

真值图是首尾相连的（Torus，形成一个圆环，类似一个甜甜圈的形状）。真值图的右边和左边是相连的，反过来也一样。同理，上边和下边也是首尾相连的。这样真值图中能圈出 1 组合的矩形就更多了。以布尔函数 F = C'B'A' + C'BA' + CB'A' + CBA' 为例，图 8-4 是这个函数的真值图。

BA

	00	01	11	10
C 0	1	0	0	1
1	1	0	0	1

图 8-4 F = C'B'A' + C'BA' + CB'A' + CBA'的真值图

一眼看过去，感觉这样的矩形最少也有两个，如图 8-5 所示。

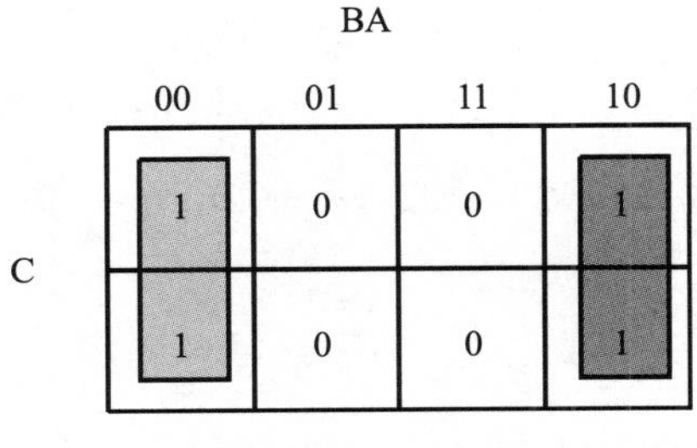

BA

	00	01	11	10
C 0	1	0	0	1
1	1	0	0	1

图 8-5 第一次试着把为 1 的格子圈起来得到的矩形

但是，真值图是首尾相连的，右边和左边连接在一起。因此，其实可以只圈出来一个正方形，如图 8-6 所示。

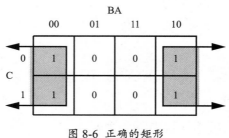

图 8-6 正确的矩形

为什么要关注真值图中圈出来的矩形是 1 个还是 2 个呢？这是因为矩形越大，可以消去的项就越多；而矩形越少，最终得到的布尔函数中的项就越少。

图 8-5 中有两个矩形，得到的函数就有两项。左边的矩形消去了变量 C，剩下的项就是 A'B'。而右边的矩形消去的也是变量 C，剩下的是 BA'。因此，以这种真值图矩形的圈法得到的是 F = A'B' + A'B，显然这不是最优的（参考定理 13）。

再来看图 8-6 中的真值图。这里只圈出了一个矩形，因此得到的布尔函数只有一项。很显然，这比有两项要好。这个矩形覆盖了 C 和 C'，还有 B 和 B'，只剩下一项 A'，因此。这个布尔函数可以化简为 F = A'。

有两种真值图，卡诺图方法处理起来不太方便：全 0 或者全 1。这两种情况对应的布尔函数是 F = 0 和 F = 1（函数编号是 0 和 $2^n - 1$）。如果见到这两种真值图，我们应该知道其对应的函数的优化表示形式。

在使用卡诺图方法优化布尔函数时，很重要的一点是，一定要选择边长为 2 的幂的最大矩形，即便矩形有重叠（一个矩形不会包含另一个矩形）也要这么做。以布尔函数 F = C'B'A' + C'BA' + CB'A' + C'AB + CBA' + CBA 为例，其对应的真值图如图 8-7 所示。

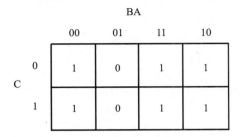

图 8-7 F = C'B'A' + C'BA' + CB'A' + C'AB + CBA' + CBA 的真值图

我们很容易就会想到图 8-8 中的两组矩形，但正确的卡诺图应该是图 8-9。

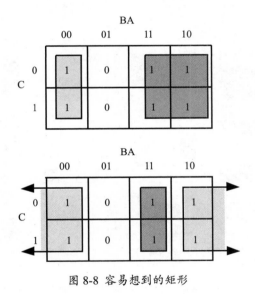

图 8-8 容易想到的矩形

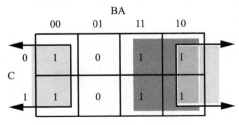

图 8-9 F = C'B'A' + C'BA' + CB'A' + C'AB + CBA' + CBA 正确的矩形

这三组矩形得到的布尔函数包含的项都是两个。但是，前两组得到的表达式分别是 F = B + A'B' 和 F = AB + A'，第三组得到的是 F = B + A'。最后这个函数才是最优的（参见定理 11 和定理 12）。

四变量函数的真值图就更加麻烦了，每条边上都有很多不容易发现的矩形。图 8-10 中列出的这些圈法远远不够！例如，图 8-10 中这些圈法中一个 1×2 的矩形都没有。

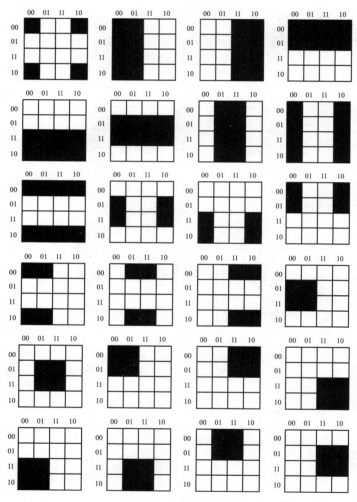

图 8-10 4×4 真值图的部分圈法

我们用最后一个例子来展示四变量函数的优化。这个函数是 F = D'C'B'A' + D'C'B'A + D'C'BA + D'C'BA' + D'CB'A +D'CBA + DCB'A + DCBA + DC'B'A' + DC'BA'，其真值图如图 8-11 所示。

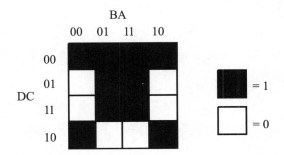

图 8-11 F = D'C'B'A' +D'C'B'A + D'C'BA + D'C'BA' + D'CB'A + D'CBA + DCB'A + DCBA + DC'B'A' + DC'BA'的真值图

图 8-12 展示了这个函数两种可能的最大矩形组合，每组都有 3 项。

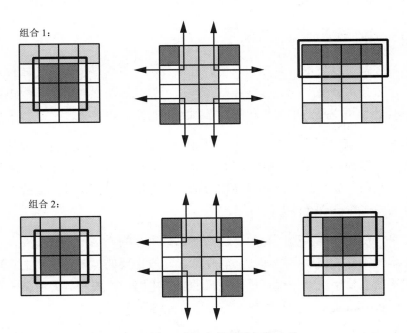

图 8-12 由两种组合得到的都是 3 项

两种组合都包含了真值图的 4 个角组成的矩形，这个矩形包含了可以消去的 B、B'、D 和 D'。这个矩形还剩下 C'和 A'项，因此，该矩形代表的项是 C'A',。

中间四格组成的正方形两种组合中也都有，这个正方形包含的变量有 A、B、B'、C、D 和 D'。消去 B、B'、D、D' 之后得到了 CA。

组合 1 的第 3 个项由上边一行组成。该项包含变量 A、A'、B、B'、C'和 D'。A、A'、B 和 B'可以消去，剩下的项就是 C'D'。因此，上边的真值图组合 1 代表的函数是 F = C'A' + CA + C'D'。

组合 2 的第 3 项是由中间靠上的 4 格组成。这个矩形包含变量 A、B、B'、C、C'和 D'，可以消去 B、B'、C 和 C'，剩下 AD'项。因此，下边的真值图组合 2 代表的函数是 F = C'A' + CA + AD'。

两个函数是等价的，也都是最优的（还记得我们前面提到最优解不一定是唯一的）。两种组合都满足我们的目标：用最少的电路元件实现布尔函数。

8.7　这和计算机有什么关系

任何程序都可以使用一系列的布尔方程来表示。也就是说，任何软件实现的算法，都可以直接用硬件实现。任何布尔函数都可以找到与之对应的一组电路。设计 CPU 和其他计算机电路的电气工程师们必须对这些知识非常熟悉。

使用 Pascal、C 甚至汇编等语言来表示程序设计问题的解决方案，要比使用布尔方程的解决方案简单。因此，我们不太可能用一套状态机和逻辑电路来实现一个完整的程序。然而，硬件解决方案可能比等价的软件解决方案快几个量级，一些对速度要求高的操作也需要硬件解决方案。

反过来，使用软件实现所有的硬件功能也是可行的。这一点很重要，很多通常由硬件实现的操作，使用微处理器加软件来实现成本要低得多。事实上，现代系统中汇编代码的主要用途就是代替价格高昂的复杂电路。一块两美元的微机芯片就可以通过编程实现和几十上百美元的电子元件等价的函数。

这就是整个嵌入式系统（Embedded System）领域要解决的问题。嵌入式系统是嵌入在其他产品中的计算机系统。例如，大多数微波炉、电视机、视频游戏机、CD 播放器及其他消费类设备都包含了一个以上的完整的计算机系统。取代复杂的硬件设计是这些系统的唯一目的。工程师们选用计算机就是因为计算机比传统电路的成本更低，设计也更容易。

我们需要理解布尔函数及如何通过软件实现布尔函数，才能编写软件读取开关（即输入变量）来启动发动机、点亮发光二极管或者电灯、锁门或开门。

8.7.1 电路与布尔函数

任何布尔函数都可以设计成一个等价的电路，反过来也一样。我们可以使用逻辑与（AND）、逻辑或（OR）和逻辑非（NOT）三种运算符来组成任何电路，逻辑与、逻辑或及逻辑非函数分别对应与门、或门和反相器（非门）电路，如图 8-13 所示。这些符号是电路原理图（Schematic Diagram）的标准电路符号（想要了解更多关于电路原理图的知识，请参考关于电子设计的书籍）。

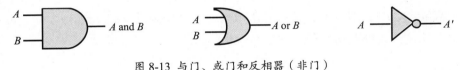

图 8-13 与门、或门和反相器（非门）

每个逻辑门左侧标记为 A 和 B 的线代表逻辑函数的输入，右侧的线则表示函数的输出。

电路（Electronic Circuit）是实现一组布尔函数的逻辑门组合。以函数 $F = AB + B$ 为例。这个函数可以用与门和或门来实现，只需要先将两个输入变量（A 和 B）连接到与门的输入，再将与门的输出连接到或门的一个输入，最后将输入变量 B 连接到或门的另一个输入。这样得到的（硬件）电路就是这个函数的实现。

实际上，只需要一种逻辑门就可以实现任何电路。这种门就是与非门（NAND，NOT AND），如图 8-14 所示。与非门有两个输入（A 和 B），如果两个输入都为 true 则输出为 false；如果两个输入都为 false 则输出为 true。然而从晶体管/硬件的角度来看，与非门实际上比与门更容易构造，因此，与非门（比如 7400 集成电路）非常常见。

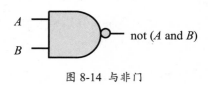

图 8-14 与非门

既然与非门可以实现反相器（非门）、与门和或门[1]，那任何布尔函数就可以只用与非门来构造。反相器非常容易实现，只要将两个输入连在一起就可以了（如图 8-15 所示）。

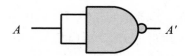

图 8-15 使用与非门实现反相器

有了反相器之后，将与非门的输出取反就可以实现与门了。因为 NOT(NOT(*A* AND *B*)) 和 *A* AND *B* 等价（如图 8-16 所示）。一个与门需要两个与非门才能实现（只用与非门来实现电路是可行的，但不是最优的）。

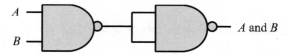

图 8-16 使用两个与非门实现与门

还剩下逻辑或门没有实现。运用德摩根定理很容易从与非门变换到或门。

(A or B)'	=	A' and B'	应用德摩根定理
A or B	=	(A' and B')'	等式两边再取反
A or B	=	A' nand B'	就是逻辑与非的定义

这些变换的结果就是图 8-17 中的电路。

---

1 实际上，7408 晶体管-晶体管逻辑（TTL，Transistor-Transistor Logic）集成电路的 4 个与门，内部很可能是由与非门和反相器排列的晶体管构成的。

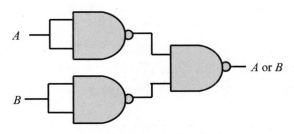

图 8-17 使用与非门实现或门

与其他逻辑门相比，与非门的成本更低，而且使用同一种基本元件来构建复杂的集成电路要比使用不同的基本逻辑门容易得多。

8.7.2 组合电路

计算机 CPU 是用组合电路（Combinatorial Circuit）实现的，组合电路是一个包含了基本布尔运算（与、或、非）、一组输入及一组输出的系统。一个组合电路通常实现了多个不同布尔函数，电路的每个输出都对应着一个逻辑函数。

注意：一定要记住，组合电路的每个输出都代表一个不同的布尔函数。

1. 加法组合电路

使用布尔函数可以实现加法。假设 A 和 B 是两个 1 位的数。使用两个布尔函数分别得到 1 位的"和"与 1 位的"进位"：

S	$= AB' + A'B$	A 与 B 之和
C	$= AB$	A 与 B 相加的进位

这两个布尔函数实现的是一个半加器（Half Adder）。半加器得名是因为它可以把两个位相加，但是不能再加上前一次运算的进位。注意，如果 A 和 B 有一个为 1，则 $S=1$，如果 A 和 B 都为 0 或都为 1，则 $S=0$（A 和 B 都为 1 会产生进位，也就是表达式 $C=AB$ 的结果）。

全加器（Full Adder）可以把三个 1 位输入相加（两个 1 位输入加上前一次运算得到的进位）并产生两个输出：和与进位。全加器的两个逻辑方程如下：

$$S = A'B'C_{in} + A'BC_{in}' + AB'C_{in}' + ABC_{in}$$
$$C_{out} = AB + AC_{in} + BC_{in}$$

尽管这些方程只能产生一个 1 位的结果（和一个进位），但是很容易通过多个加法电路的组合创建出一个 n 位加法器（见图 8-18）。

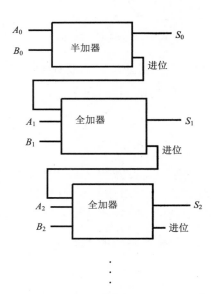

图 8-18 使用半加器和全加器实现 n 位加法器

把两个 n 位的输入 A 和 B 一位一位地传给加法器，从最低位的输入 A_0 和 B_0 开始，直到最高位的 A_{n-1} 和 B_{n-1}。最低位的和是 S_0，依此类推，最高位的和为 S_{n-1}，而最后的进位表示加法是否溢出超过了 n 位。

2. 七段 LED 解码器

七段解码器（Seven-Segment Decoder）是另一种常见的组合电路，它是计算机系统设计中重要的电路之一。解码器电路让计算机具备了识别，即解码（Decode）位串的能力。

七段解码器电路根据接收到的 4 位输入决定七段 LED 显示器中哪些数码管应该点亮。七段显示器有 7 个输出值（每个输出值对应一个数码管），因此关联了 7 个逻辑函数（第 0 ~6 段）。每个数码管的编号如图 8-19 所示。而图 8-20 展示的是用 10 个十进制数值点亮的数码管。

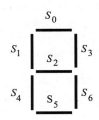

图 8-19 七段显示器

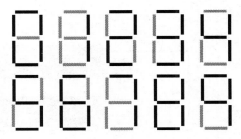

图 8-20 "0" ~ "9" 的七段显示值

这 7 个布尔函数的 4 个输入分别对应一个二进制数的 4 个位，这个二进制数的范围在 0~9 。假设 D 是最高位，A 是最低位。如果以图 8-20 中点亮的数码管对应数字的二进制值作为输入，则点亮的数码管对应的逻辑函数的结果都应该为 1（表示点亮）。例如，数字是 0、2、6、8 时，S_4（第 4 个数码管）会被点亮。这 4 个数字的二进制值分别是 0000、0010、0110、1000。每个能点亮数码管的二进制值，都对应着逻辑方程中的一个极小项：

$$S_4 = D'C'B'A' + D'C'BA' + D'CBA' + DC'B'A'$$

再举一个例子，当输入为 0、2、3、5、6、7、8、9 时，S_0（第 0 个数码管）会被点亮。这些数字对应的二进制值分别是 0000、0010、0011、0101、0110、0111、1000 和 1001。因此，S_0 的逻辑函数如下：

$$S_0 = D'C'B'A' + D'C'BA' + D'C'BA + D'CB'A + D'CBA' + D'CBA + DC'B'A' + DC'B'A$$

3. 内存地址解码

内存扩展也会经常用到解码器。假设系统设计师需要安装 4 个（相同的）256MB 的内存模块，让系统的 RAM 总量达到 1GB。如果这些 256MB 的内存模块位宽都是 8 位[1]，那么每个模块的地址总线就有 28 条（$A_0 \cdots A_{27}$）（$2^{28} \times 8$ 位等于 256 MB）。

如果系统设计师真的将这 4 个内存模块接入 CPU 地址总线，那么总线上同一个地址会有 4 个模块同时做出响应，这就乱套了。要解决这个问题，每个内存模块需要响应的是出现在地址总线上的不同地址集（地址总线中的低 28 位是模块地址）。给每个内存模块加上一条片选控制线，再使用一个两输入四输出的解码电路，我们就可以把内存地址的最高两位 A_{28} 和 A_{29} 当成两位的片选控制线（现在地址总线一共有 30 位）。详请参考图 8-21。

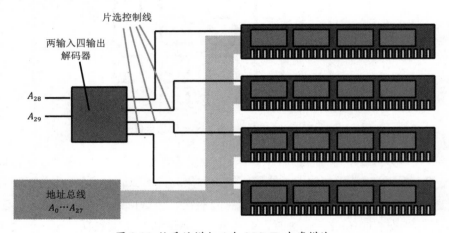

图 8-21 给系统增加 4 个 256MB 内存模块

图 8-21 中的 2-4 线解码器电路包含 4 个不同的逻辑函数：每个输出对应一个函数。每一组输入组合都会让一条片选控制线生效，让其余三条失效。假设输入是 A 和 B（$A = A_{28}$ 和 $B = A_{29}$），则个输出函数如下：

---

1 实际上，大多数内存模块的位宽都不止 8 位，所以真正的 256MB 内存模块的地址控制线少于 28 条，但这个例子我们不会考虑这个技术细节。

$$Q_0 = A'B'$$
$$Q_1 = AB'$$
$$Q_2 = A'B$$
$$Q_3 = AB$$

这些等式遵循标准的电路符号标注法，使用 Q 来表示输出。

注意，大多数电路设计师都会在解码器和片选信号上使用低电平有效逻辑（Active Low Logic）。也就是说，输入是低电平（0）时电路生效，而输入为高电平（1）时电路失效。真实的解码电路会使用下面这些极大项和形式的函数：

$$Q_0 = A + B$$
$$Q_1 = A' + B$$
$$Q_2 = A + B'$$
$$Q_3 = A' + B'$$

4. 机器指令解码

解码电路还可以解码机器指令。我们将在第 9 章和第 10 章深入探讨相关话题，但是这里用一个简单的例子解释一下。

大多数现代计算机系统在内存中都会使用二进制数来表示机器指令。要执行一条指令，CPU 需要先从内存中获取该指令的二进制数，然后使用解码器电路解码，再进行相应的操作。为了展示这个过程，我们"创造"了一个指令集非常简单的 CPU。图 8-22 给出了这个 CPU 的指令格式（每个编码都对应不同的指令）。在 1 个字节的操作码（opcode）中，有 3 位（**iii**）表示指令，有 2 位（**ss**）表示源操作数，还有 2 位（**dd**）表示目标操作数。

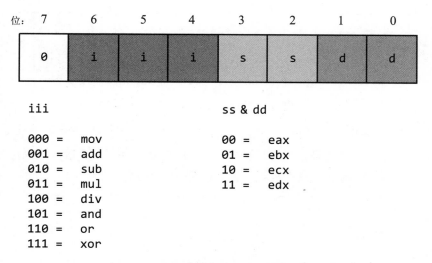

图 8-22 一种简单的 CPU 指令（操作码）格式

要确定一条指令的 8 位操作码，需要查找图 8-22 中的表格中指令的各个组成部分，替换成对应的二进制值，

我们以 mov(eax，ebx)；这个简单的指令为例。要将这条指令转换为等价的二进制数，需要把 mov 编码为 000，eax 编码为 00，ebx 编码为 01。把这三个字段组合成一个操作码字节（这是一个打包数据类型），得到了二进制值：%00000001。因此，指令 mov(eax，ebx)；转换后的二进制值就是 $1（如图 8-23 所示）。

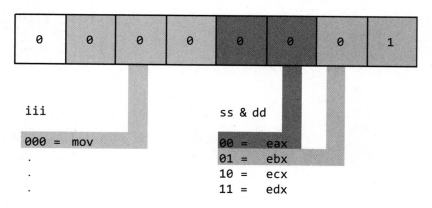

图 8-23 指令 mov(eax, ebx);的编码

图 8-24 展示的就是这条示例指令典型的解码器电路。这个电路使用了三个独立的解码器，分别解码操作码的各个字段。这比采用单个 7-128 线的解码器来解码整个操作码要简单得多。

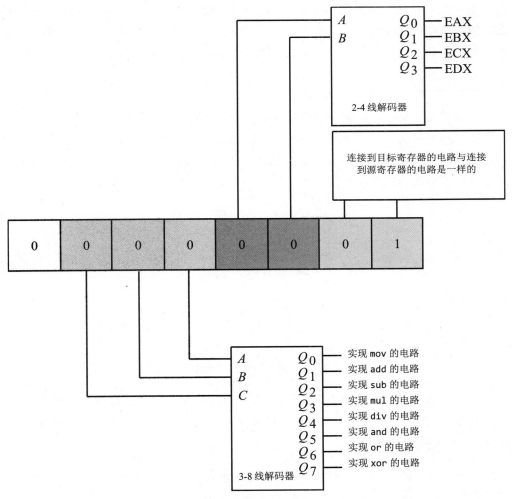

图 8-24 简单机器指令的解码

图 8-24 中的电路告诉我们操作码的指令和操作数分别是什么。但要让指令真正执行起来，还需要一些电路。这些电路从一组寄存器中读取源操作数和目标操作数，

再执行运算。这超出了本章的讨论范围，更多细节请阅读后面章节。

8.7.3 时序与时钟逻辑

组合电路存在一个很大的问题：组合电路是无记忆的。理论上，所有的逻辑函数的输出只依赖当前的输入。输入值的任何变化会立刻体现在输出上[1]。但是，计算机要能够记住之前的计算结果。这就是时序或者时钟逻辑大显身手的领域了。

1. 置/复位触发器

内存单元（Memory Cell）电路在输入值消失后仍然可以记住输入值。最简单的内存单元电路是置/复位（S/R）触发器（Set/Reset Flip-Flop）。如图 8-25 所示，使用两个与非门就可以创建一个 S/R 触发器内存单元。图中两个与非门的输出都与另一个与非门的输入相接形成回路。

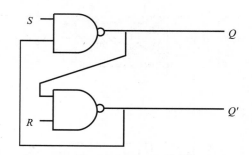

图 8-25 使用与非门构成的 S/R 触发器

输入 S 和 R 通常是高电平，即 1。如果将 S 输入暂时置为 0 然后再置回为 1，则输出 Q 就会被置为 1。同理，如果将 R 输入从 1 置 0 再置回为 1（切换），则输出 Q 会被置为 0。输出 Q' 和 Q 正好相反。

如果 S 和 R 都是 1，则输出 Q 取决于自身原来的值。也就是说，不管 Q 是什么，两个与非门中上面的那个输出还是 Q 原来的值。如果 Q 原来是 1，那么下面与非门的输入（Q 和 R）都是 1，输出（Q'）为 0。这样上面与非门的两个输入（Q' 和 S）就

---

1 实际上，任何布尔函数的电路实现，从输入发生变化到输出相应变化，都要经历一段很短的传播延迟（Propagation Delay）。

是 0 和 1，因此输出为 1，正好就是 Q 原来的值。

反过来，如果 Q 原来是 0，那么下面与非门的输入就是 $Q = 0$ 和 $R = 1$，得到的输出为 1。这样上面与非门的输入就是 $S = 1$ 和 $Q' = 1$，得到的输出是 0，正好也是 Q 原来的值。

现在假设 Q 为 0，S 为 0，R 为 1。这时上面与非门的两个输入是 1 和 0，输出（Q）被强制置为 1。即使将 S 置回高电平也不会改变结果，因为 Q' 的值是 1。Q 为 1，S 为 0，R 为 1 的时候结果也一样。这种情况下，即使把 S 从 0 置回到 1，输出 Q 的值也会保持为 1。必须切换输入 S（置为 0 再置为 1），才能解决这个问题，让 Q 的输出为 1。输入 R 也是一样，只不过切换 R 会让 Q 的输出为 0，而不是 1。

这个电路有一个问题：输入 S 和 R 同时置 0 就无法正常工作。因为这会让输出 Q 和 Q' 都是 1（逻辑上这是矛盾的）。保持 0 的时间较长的那个输入决定了触发器的最终状态。在这种模式下工作的触发器是不稳定的。

表 8-9 列出了 S/R 触发器在所有输入和原有输出下的输出状态。

表 8-9 S/R 触发器在当前输入和原有输出下的输出状态

Q 原来的值	Q' 原来的值	输入 S	输入 R	输出 Q	输出 Q'
x[1]	x	0 (1 > 0 > 1)	1	1	0
x	x	1	0 (1 > 0 > 1)	0	1
x	x	0	0	1	1[2]
0	1	1	1	0	1
1	0	1	1	1	0

2. D 触发器

S/R 触发器唯一的问题是需要两个不同的输入才能够记住一个 0 或 1。如果内存单元只用一个输入值来指定需要记住的数据，再加上一个时钟输入（Clock Input）值

---

1 x 的意思是无所谓，也就是说 0 或者 1 都不会影响输出结果。
2 这个设置是不稳定的，只要 S 或者 R 被置为 1 它就会发生变化。

就可以锁存（Latch）输入的数据，就更有价值。[1]这种类型的触发器叫作 D 触发器（D 代表数据，Data），其电路如图 8-26 所示。

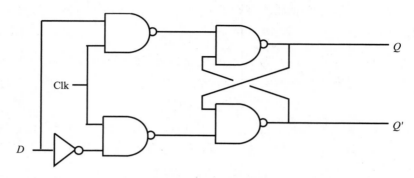

图 8-26 使用与非门实现的 D 触发器

假定 Q 和 Q' 的输出稳定在 0/1 或者 1/0，那么发送一个从 0 到 1 再到 0 的时钟脉冲（Clock Pulse）就可以将输入 D 复制到输出 Q（并且将 Q' 置为 Q 的取反）。要理解这背后的原理，可以看图 8-26 中电路图右半部分的 S/R 触发器。如果数据输入为 1，则当时钟线为高电平时，S/R 触发器的输入 S 为 0（输入 R 为 1）。相反，如果数据输入为 0，则当时钟线为高电平时，S/R 触发器的输入 R 为 0（输入 S 为 1），而这会清除 S/R 触发器的输出。当时钟输入为低电平时，输入 S 和 R 都是高电平，这样 S/R 触发器的输出将保持不变。

能记住一位很有意义，但大多数计算机系统需要记住的是一组多个位。将多个 D 触发器并行组合起来就可以记住多个位。将多个触发器串联起来就可以保存一个 n 位数，这就是一个寄存器（Register）。图 8-27 中的电路图展示的就是一组 D 触发器组成的 8 位寄存器。

---

1 "锁存"就是记住数据。换句换说，D 触发器就是最基本的内存单元，因为它可以记住输入 D 上出现的一位数据。

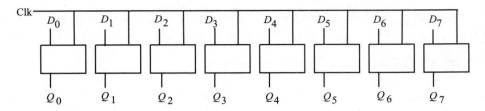

图 8-27 由 8 个 D 触发器实现的 8 位寄存器

注意，图 8-27 中的 8 个 D 触发器共用一条时钟线。在这个电路图中没有显示触发器的输出 Q'，因为寄存器基本不会用到 Q'。

除了寄存器，很多时序电路也会用到 D 触发器。例如，移位寄存器（Shift Register）也可以用 D 触发器来构建，每当接收到时钟脉冲时就将每一位都左移一位。图 8-28 所示就是一个 4 位移位寄存器。

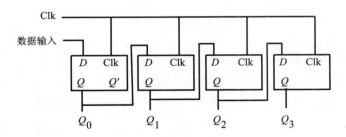

图 8-28 采用 D 触发器构建 4 位移位寄存器

把时钟切换（从 1 到 0 再到 1）的次数记录下来，触发器也可以用来实现计数器（Counter）。图 8-29 中的电路使用 D 触发器实现了一个 4 位计数器。

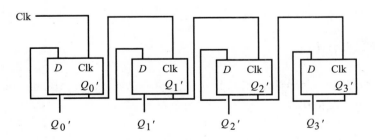

图 8-29 采用 D 触发器构建 4 位计数器

神奇的是，使用这些组合电路加上少量时序电路就可以搭建一个完整的 CPU 了。例如，将一个计数器和一个解码器组合起来就可以实现一个被称为定序器（Sequencer）的简单状态机（如图 8-30 所示）。

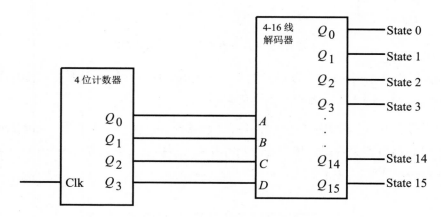

图 8-30　一个简单的 16 状态的定序器

图 8-30 中的定序器的每个时钟周期都会激活某一条输出线路。这些线路会轮流控制其他电路。依次激活解码器的 16 条输出线路，让连接在这些线路上的其他电路"点火"启动，这样我们就可以控制这些电路完成任务的顺序。这实际上就是 CPU，因为我们经常需要控制不同操作的顺序。例如，如果 add(eax, ebx); 指令在取出 EAX（或 EBX）中的源操作数之前就把结果存入了 EBX，肯定会出现问题。一个简单的定序器就可以告诉 CPU 什么时候该取第一个操作数，什么时候该取第二个操作数，什么时候该相加，什么时候又该保存结果。这有点超前了，相关细节我们将在接下来的两章中讨论。

8.8　更多信息

Horowitz, Paul, and Winfield Hill. *The Art of Electronics*. 3rd ed. Cambridge, UK: Cambridge University Press, 2015.

（《电子学》（第 2 版），电子工业出版社，2009 年出版，注：第 3 版尚未翻译成中文）

注意：无论如何，这一章都不是布尔代数和数字设计的完整介绍。如果读者们有兴趣，这方面的著作非常多，找一本学习就可以了。

9

CPU 体系结构

毋庸置疑，中央处理单元（CPU）的设计对软件性能的影响最大。每执行一条指令（或命令），CPU 都需要有一定数量专为该指令设计的电路。CPU 支持的指令数量越多，CPU 的复杂性也就越高，而执行指令所需的电路或逻辑门的数量也就越多。因此，要想控制逻辑门的数量及其成本，CPU 设计者必须控制 CPU 能够执行的指令数量和 CPU 复杂性。这组指令就是 CPU 的指令集。

本章和下一章讨论 CPU 及其指令集的设计。这些信息对于编写高性能的软件至关重要。

9.1 CPU 设计基础

早期计算机系统中的程序通常要在电路中硬接线。也就是说，计算机能够执行的算法完全由计算机电路决定。要解决不同的问题，就要重新接线改变计算机的电路。这项工作挑战很大，只有电气工程师才能做。

因此，可编程计算机系统是计算机设计历史上的一次重大的进步。计算机操作员通过一块布满插孔和插线的插接板（Patch Board）就可以方便地“重接”计算机系统。这种计算机程序由多排插孔组成，每一排代表程序将要执行的一个操作（一条指令）。程序员将连线插入指令对应的插孔（如图 9-1 所示）中就可以执行这条指令了。

mov
add
sub
mul
div
and
or
xor
指令 #1
指令 #2
指令 #3

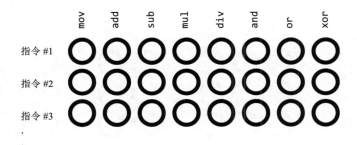

图 9-1 插接板编程

插接板上每一排可以放下的插孔数量限制了可以执行的指令数量。CPU 设计师们很快就发现，增加一点逻辑电路就可以减少指令需要的插孔数量，他们把支持 n 条不同指令的插孔数量从 n 降到了 $\log_2(n)$。做法是给每条指令分配一个唯一的二进制编号（例如，图 9-2 所示的 8 条指令只用 3 位就够了）。

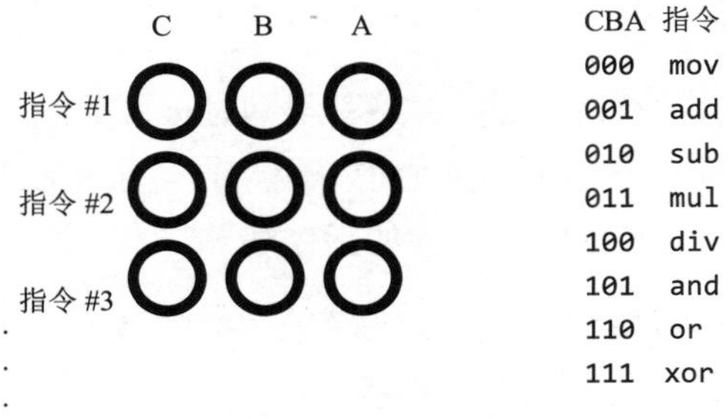

C
B
A
指令 #1
指令 #2
指令 #3
CBA 指令
000 mov
001 add
010 sub
011 mul
100 div
101 and
110 or
111 xor

图 9-2 指令编码

在图 9-2 的例子中，插接板上的 A、B、C 三位需要 8 个逻辑函数来解码。这个额外的电路（3-8 线解码器）物有所值，因为每条指令需要的插孔数量从 8 降到了 3。

很多 CPU 指令都需要操作数。例如，mov 指令能够将数据从计算机中的一个位置移动到另一个位置，比如从一个寄存器移动到另一个寄存器。因此 mov 指令需要一个源操作数和一个目标操作数。操作数被编码到了机器指令当中，因此插接板上的一部分插孔对应源操作数，另一些插孔则对应目标操作数。图 9-3 展示了一种可以处理 mov 指令的插孔组合。

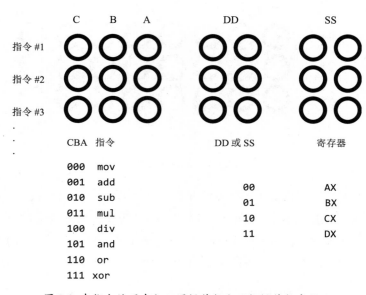

图 9-3　在指令编码中加入源操作数和目标操作数字段

这样，mov 指令可以将数据从源寄存器移动到目标寄存器，而 add 指令也可以将源寄存器的值加到目标寄存器上，其他指令也一样。采用这种方法，一条指令会用到 7 个插孔，一共可以支持 128 条不同的指令编码。

前面我们提到，插接板编程的一大问题是程序能够实现的功能受限于机器提供的插孔数量。计算机设计师前辈们把插接板上的插孔和内存中的位联系在了一起。他们发现可以把和机器指令等价的二进制数值保存在主存中，当 CPU 需要执行指令的时候，再从内存中获取对应的二进制数值并加载到特殊的寄存器中解码出指令。

这便是存储程序计算机（Stored Program Computer），这是计算机设计历史上的又一次巨大进步。

这种设计的巧妙之处在于 CPU 中新加入的特殊电路：控制单元（CU，Control Unit）。控制单元使用一个特殊的指令指针（Instruction Pointer）寄存器来保存指令的二进制数字编码的地址。指令的二进制数字编码也称为操作码（Operation Code/opcode）。控制单元获取内存中的指令操作码，放入指令解码寄存器中执行。当指令执行完毕，控制单元递增指令指针，继续获取内存中的下一条要执行的指令。

9.2 指令的解码与执行：随机逻辑与微码

传统 CPU 控制单元获取到内存中的指令之后，有两种方法来执行指令：随机逻辑（硬接线）和微码（仿真）。例如，80x86 系列处理器就用到了这两种技术。

随机逻辑[1]（Random Logic）或者硬接线方法使用解码器、锁存器、计数器及其他硬件逻辑设备来操作操作码数据。随机逻辑方法速度虽快，但电路设计难度更大。对于指令集庞大和复杂的 CPU 来说，在芯片空间里合理地布局逻辑电路让电路靠得更近这件事非常有挑战性。

基于微码的 CPU 包含一个小巧快速的执行单元（Execution Unit，执行特定功能的电路）。这个单元又被称为微引擎（Microengine），它通过二进制操作码从微码库中选择一套微指令。这条微码每个时钟周期执行一条微指令，而这套微指令序列完成了对应指令所需的全部计算。

尽管微引擎自身的速度非常快，但它必须从微码 ROM（只读内存）中获取微指令。因此，如果逻辑执行比内存读取要快，那么微引擎必须降速和微码 ROM 保持一致，这又会限制 CPU 的运行速度。

随机逻辑方法执行操作码指令的时间更短，前提是 CPU 要比内存的速度快，但这并不意味着它一定比微码方法快。随机逻辑通常会包含一个定序器，来按顺序激

---

1 这个逻辑实际上不是完全随机的。观察微码 CPU 核心的显微照片，微码部分看起来非常规则；而观察硬件逻辑 CPU 核心的同样的显微照片，则完全看不出来这样规则的模式。随机逻辑因此得名。

活各个状态（每个时钟周期一个状态）。无论是执行微指令还是按顺序激活随机的逻辑状态，时钟周期消耗的时间都是一样的。

哪一种 CPU 设计更好完全取决于当时的内存技术。如果内存技术能达到的速度比 CPU 技术能达到的快，则微码方法更加合理。但如果内存技术能达到的速度比 CPU 技术能达到的慢，那么随机逻辑执行机器指令的速度更快。

9.3　指令执行详解

无论 CPU 使用哪种设计方法，理解 CPU 如何执行每一条机器指令都是很有必要的。我们以四条常见的 80x86 指令 mov、add、loop 和 jnz（非零跳转）为例进行说明，帮助读者们理解 CPU 指令集中的所有指令都是如何执行的。

在前面的章节已经介绍过，mov 指令会将数据从源位置复制到目标位置。而 add 指令会将源操作数的值加到目标操作数上。loop 和 jnz 都是条件跳转（Conditional Jump）指令，它们会检查某个条件，条件为真则跳转到内存中的某条指令，条件为假则继续执行下一条指令。jnz 指令检查的是 CPU 内一个名为零标志（Zero Flag）的布尔变量，当零标志为 0 时跳转到目标指令去执行。或者当零标志为 1 时继续执行下一条指令。程序需要给出内存中 jnz 指令地址到目标指令（跳转到的指令）地址的距离（单位是字节）。

loop 指令会递减 ECX 寄存器的值，如果 ECX 递减之后不等于 0 则跳转到目标指令。这是一条很不错的复杂指令集计算机（CISC，Complex Instruction Set Computer）指令的例子，因为它要完成多个操作：

1. 将 ECX 减 1。

2. 如果 ECX 不等于 0 就执行条件跳转。

也就是说，loop 指令大体上等价于下面这个指令序列：

```
sub( 1, ecx );      // 在 80x86 系统中通过 sub 指令设置零标志
jnz SomeLabel;      // 减法结果为 0
```

CPU 需要执行多个不同的操作，才能完成 mov、add、jnz 和 loop 指令。每

个操作都需要一段时间来完成，执行整条指令所需要的时间通常是 CPU 执行每个操作或者阶段（步骤）的时钟周期总和。显然，指令执行的阶段越多，执行的速度就越慢。复杂指令往往比简单指令执行得更慢，因为复杂指令执行的阶段更多。

尽管 80x86 系列的 CPU 不完全一样，执行指令时也会执行不同的步骤，但操作序列是类似的。本节列举了一些可能出现的序列，它们全部都是从下面三个执行阶段开始：

1. 从内存中获取指令的操作码。

2. 更新 EIP（Extended Instruction Pointer，扩展指令指针）寄存器，使其指向紧随在操作码之后的字节的地址。

3. 解码操作码得到指定的指令。

9.3.1 mov 指令

32 位 80x86 解码的 *mov(srcReg, destReg)*；指令可能会使用下面这些（后续的）执行阶段：

1. 从源寄存器（*srcReg*）获取数据。

2. 将取到的值保存到目标寄存器（*destReg*）。

而 *mov(srcReg, destMem*)；指令可能会使用下面这些执行阶段：

1. 从紧随在操作码之后的内存单位中获取内存操作数的位移。

2. 更新 EIP，使其指向紧随在操作码和操作数之后的第一个字节。

3. 如果 mov 指令使用的是复杂寻址模式（比如变址寻址模式），则计算目标内存单位的有效地址。

4. 从源寄存器（*srcReg*）中获取数据。

5. 将取到的值保存到目标内存单位。

mov(srcMem, destReg)；指令也是类似的动作，只要将上述步骤中的寄存器访

问和内存访问互换即可。

mov(*constant, destReg*); 指令可以使用下面这些执行阶段：

1. 从紧随操作码之后的内存单位获取源操作数的常量值。

2. 更新 EIP，使其指向紧随在操作码和操作数之后的第一个字节。

3. 将取到的常量值保存到目标寄存器。

假定每一步需要一个时钟周期来执行，则这个序列需要 6 个时钟周期（包括前面 3 个所有指令都有的共同步骤）。

mov(*constant, destMem*)；指令可以使用下面这些执行阶段：

1. 从紧随在操作码之后的内存单位获取内存操作数的位移。

2. 更新 EIP，使其指向紧随在操作码和操作数之后的第一个字节。

3. 从紧随在内存操作数之后的内存单位获取常量操作数的值。

4. 更新 EIP，使其指向紧随在常量之后的第一个字节。

5. 如果 mov 指令使用的是复杂寻址模式（比如变址寻址模式），则计算目标内存单位的有效地址。

6. 将常量值保存到目标内存单位。

9.3.2　add 指令

add 指令要稍微复杂一点。下面是解码的 add(*srcReg, destReg*) 指令（除了 3 个共同阶段）必须完成的一套典型操作：

1. 获取源寄存器的值，传给 ALU（Arithmetic Logical Unit，算术逻辑单元），ALU 负责 CPU 中的算术运算。

2. 获取目标寄存器中操作数的值，传给 ALU。

3. 指示 ALU 将这两个值相加。

4. 将结果回存为目标寄存器的操作数。

5. 根据加法运算的结果更新标志寄存器。

注意：标志寄存器（Flag Register）又名条件码寄存器（Condition-Code Register）或程序状态字（Program Status Word），它是 CPU 中的一组布尔变量，用于记录前一条指令结果是否溢出、是否为零、是否为负等类似的状态。

如果源操作数来自内存单位而不是寄存器，则 add 指令的形式是 add(*srcMem*, *destReg*);，此时操作就要稍微复杂一点了：

1. 从紧随在操作码之后的内存单位获取内存操作数的位移。

2. 更新 EIP，使其指向紧随在操作码和操作数之后的第一个字节。

3. 如果 add 指令使用的是复杂寻址模式（比如变址寻址模式），则计算目标内存单位的有效地址。

4. 从内存中获取源操作数的数据，传给 ALU。

5. 获取目标寄存器中操作数的值，传给 ALU。

6. 指示 ALU 将这两个值相加。

7. 将结果回存为目标寄存器的操作数。

8. 根据加法运算的结果更新标志寄存器。

如果源操作数是常量而目标操作数是寄存器，则 add 指令的形式是 add(*constant*, *destReg*);，此时 CPU 处理该指令的步骤如下：

1. 从紧随在操作码之后的内存单位获取常量操作数，传给 ALU。

2. 更新 EIP，使其指向紧随在操作码常量之后的第一个字节。

3. 获取目标寄存器中操作数的值，传给 ALU。

4. 指示 ALU 将这两个值相加。

5. 将结果回存为目标寄存器的操作数。

6. 根据加法运算的结果更新标志寄存器。

上述指令序列需要 9 个时钟周期才能完成。

如果源操作数是一个常量，而目标操作数是一个内存单位，则 add 指令的格式是 add(*constant*, *destMem*);，此时操作序列还要再复杂一点：

1. 从紧随在操作码之后的内存单位获取内存操作数的位移。

2. 更新 EIP，使其指向紧随在操作码和操作数之后的第一个字节。

3. 如果 add 指令使用的是复杂寻址模式（比如变址寻址模式），则计算目标内存单位的有效地址。

4. 从紧随在内存操作数之后的内存单位获取常量操作数，传给 ALU。

5. 从内存中获取目标操作数的数据，传给 ALU。

6. 更新 EIP，使其指向紧随在内存操作和常量之后的第一个字节。

7. 指示 ALU 将这两个值相加。

8. 将结果回存为目标内存单元的操作数。

9. 根据加法运算的结果更新标志寄存器。

上述指令序列需要 11~12 个时钟周期才能完成，具体取决于是否需要计算有效地址。

9.3.3　jnz 指令

80x86 的 jnz 指令只支持同一种类型的操作数，所以只存在一种执行序列。解码的 jnz label; 指令可能会使用下面这些额外的执行阶段：

1. 获取位移值（跳转距离），传给 ALU。

2. 更新 EIP 寄存器，使其指向紧随在位移操作数之后指令的第一个字节。

3. 检查零标志是否被清零（为 0 即被清零）。

4. 如果零标志被清零，将 EIP 的值复制到 ALU。

5. 如果零标志被清零，指示 ALU 将位移和 EIP 的值相加。

6. 如果零标志被清零，将相加的结果复制回 EIP。

请注意，不需要跳转的时候，jnz 指令执行的步骤更少，运行需要的时钟周期也更少。这对于条件跳转指令来说很常见。

9.3.4　loop 指令

80x86 的 loop 指令也只支持同一种类型的操作数，所以也只有一种执行序列。解码的 jnz label; 指令可能会使用下面这样的执行序列[1]：

1. 获取 ECX 寄存器的值，传给 ALU。

2. 指示 ALU 将该值递减。

3. 将结果保存回 ECX 寄存器。如果结果非零则将一个特殊的内部标志置位。

4. 获取内存中紧随在操作数之后的位移值（跳转距离），传给 ALU。

5. 更新 EIP 寄存器，使其指向紧随位移操作数之后指令的第一个字节。

6. 检查特殊的内部标志，判断 ECX 的值是否非零。

7. 如果该标志被置位（为 1 即被置位），将 EIP 的值复制到 ALU。

8. 如果该标志被置位，指示 ALU 将位移和 EIP 的值相加。

9. 如果该标志被置位，将相加的结果复制回 EIP。

注意，和 jnz 指令一样，如果没有进入分支，则 CPU 继续执行紧随 loop 指令之后的指令，这样 loop 指令会执行得更快。

---

1 当然还要加上序列开始的 3 条共同指令。

9.4　RISC 还是 CISC：通过执行更多更快的指令来提高性能

早期的微处理器（包括 80x86 及其前身）都是复杂指令集计算机（CISC，Complex Instruction Set Computer）。设计这些 CPU 的人们当时的想法是：每条指令做的工作更多，程序才会运行得更快，因为这样需要执行的指令就会更少（相反，指令简单的 CPU 完成同样的工作需要执行的指令更多）。DEC（Digital Equipment Corporation，数字设备公司）的 PDP-11 和它的继任者 VAX 都体现了这种设计理念。

20 世纪 80 年代早期，计算机体系结构研究人员发现伴随复杂性而来的是巨大的代价。支持这些复杂指令所需的硬件最终都会限制 CPU 的总体时钟速度。在 VAX 11-780 小型计算机上的实验表明，指令更多但更简单的程序比指令更少但更复杂的程序执行得更快。研究人员设想把指令精简到最基本的程度，如果只使用简单的指令，他们就能（通过提高时钟速度）提高硬件性能。这种新的体系结构被称为精简指令集计算机（RISC，Reduced Instruction Set Computer）[1]。这开启了"RISC 还是 CISC"的大辩论：究竟哪个体系结构更好？

至少在纸面上，RISC CPU 看起来更好。在实践中，一开始 RISC 的时钟速度更慢，因为当时 CISC 设计已经具备巨大的先发优势（CISC 设计者已经花费了数年时间进行优化）。当 RISC CPU 设计逐渐成熟可以运行在更高的时钟速度之后，CISC 设计也已经进化，并利用了 RISC 研究的成果。现在 80x86 CISC CPU 仍然是性能之王，RISC CPU 则开辟了一个全新的利基市场：由于比 CISC 处理器更节能，所以 RISC 通常被用在便携和低功耗的设计中（比如手机和平板电脑）。

80x86（CISC CPU）的性能虽然还保持着领先，但是，用更多更简单的 80x86 指令编写的程序可能还是比用更少更复杂的 80x86 指令编写的程序运行得更快。80x86 的设计师保留了这些复杂的遗留指令，那些还在使用这些指令的老旧软件仍然可以运行。但是，新的编译器为了生成运行速度更快的代码会避免使用这些遗留指令。

无论如何，对 RISC 的研究得到了一个重要的结论：指令的执行时间很大程度上取决于它的工作量。一条指令需要的内部操作越多，执行的时间就越长。除了通过

1　顺便提醒一下，精简指令集计算机的断句应该是"（精简指令）集计算机"，而不是"精简（指令集）计算机"。RISC 降低的是单条指令的复杂度，并没有缩减指令集的规模。

减少内部操作的数量来改善执行时间，RISC 还对内部操作进行优先级排序，让操作可以并发执行。这就是并行（Parallel）。

9.5 提高处理速度的关键：并行

如果我们能够减少 CPU 执行指令集中每条指令所需要的时间，那么包含这些指令序列的应用程序也会运行得更快（和没有加速的 CPU 相比）。

RISC 处理器最初的一个设计目标就是平均每个时钟周期执行一条指令。但是，即使 RISC 指令已经精简了，实际执行一条指令还是需要多个步骤。那么这个设计目标应该如何达成呢？答案就是并行。

以下面展示的执行 `mov(srcReg, destReg);`指令的步骤为例：

1. 从内存中获取指令的操作码。

2. 用紧随在操作码之后的字节地址更新 EIP 寄存器。

3. 解码操作码得到对应指令。

4. 从 `srcReg` 中获取数据。

5. 将取到的值保存到目标寄存器（`destReg`）。

CPU 必须先从内存中获取指令操作码，才能更新 EIP 寄存器，让它指向紧随在操作码之后的字节的地址。解码指令操作码之后才知道需要获取源寄存器的值。CPU 必须先获取源寄存器的值才能将取到的值存入目标寄存器。

除了一个步骤，这条 mov 指令执行的所有阶段都是串行（Serial）的。也就是说，CPU 必须执行完一个阶段之后才能执行下一个阶段。唯一的例外是第二步，更新 EIP 寄存器。虽然这一阶段必须在第一阶段之后发生，但是后续的各个阶段都不会依赖它。因此，我们可以让这一阶段和其他任何一阶段并行执行，这也不会影响 mov 指令的操作。让两个阶段并行执行，mov 指令的执行时间能够减少一个时钟周期。下面展示的就是一种可能的并行执行序列：

1. 从内存中获取指令的操作码。

2. 解码操作码得到其指定的指令。

3. 从 srcReg 中获取数据，并用紧随在操作码之后的字节地址更新 EIP 寄存器。

4. 将取到的值保存到目标寄存器（destReg）。

尽管 mov(srcReg, destReg); 这条指令中剩下的各个阶段只能串行执行，但其他形式的 mov 指令也可以通过阶段的并行执行来节省时钟周期，达到类似的优化效果。例如下面这条 80x86 指令 mov([ebx+disp], eax);:

1. 从内存中获取指令的操作码。

2. 用紧随在操作码之后的字节地址更新 EIP 寄存器。

3. 解码操作码得到其指定的指令。

4. 获取计算源操作数有效地址所需的位移量。

5. 更新 EIP 寄存器，使其指向紧随在位移值之后指令的第一个字节。

6. 计算源操作数的有效地址。

7. 从内存中获取源操作数的值。

8. 将结果保存为目标寄存器的操作数。

同样，这条指令的某些阶段也可以同时执行。在下面这个例子中，通过让更新 EIP 的两个操作和其他两个操作同时执行，将指令从 8 步降到了 6 步：

1. 从内存中获取指令的操作码。

2. 解码操作码得到其指定的指令，并用紧随在操作码之后的字节地址更新 EIP 寄存器。

3. 获取计算源操作数有效地址所需的位移量。

4. 计算源操作数的有效地址，并更新 EIP 寄存器，使其指向紧随在位移值之后指令的第一个字节。

5. 从内存中获取源操作数的值。

6. 将结果保存为目标寄存器的操作数。

我们最后再用 add(constant, [ebx+disp]); 指令举例。这条指令串行执行的步骤如下：

1. 从内存中获取指令的操作码。

2. 用紧随在操作码之后的字节地址更新 EIP 寄存器。

3. 解码操作码得到其指定的指令。

4. 从紧随在操作码之后的内存单位获取内存操作数的位移值。

5. 更新 EIP，使其指向紧随在操作码和位移操作数之后的第一个字节。

6. 计算第二个操作数的有效地址。

7. 获取内存中紧随在位移值之后的常量操作数，传给 ALU.

8. 获取内存中的目标操作数数据，传给 ALU.

9. 更新 EIP，使其指向位移操作数和常量之后的第一个字节。

10. 指示 ALU 将这两个值相加。

11. 将结果保存回目标（第二个）操作数。

12. 根据加法运算的结果更新标志寄存器。

这条指令中的一些步骤可以同时执行，因为这些阶段不依赖于之前阶段的结果：

1. 从内存中获取指令的操作码。

2. 解码操作码得到其指定的指令，并用紧随在操作码之后的字节地址更新 EIP 寄存器。

3. 从紧随在操作码之后的内存单位获取内存操作数的位移值。

4. 更新 EIP，使其指向紧随在操作码和位移操作数之后的第一个字节，并计算第二个操作数的有效地址。

5. 获取内存中紧随在位移值之后的常量操作数，传给 ALU.

6. 获取内存中的目标操作数数据，传给 ALU.

7. 指示 ALU 将这两个值相加，并更新 EIP，使其指向位移操作数和常量之后的第一个字节。

8. 将结果保存回第二个操作数上，并根据加法运算的结果更新标志寄存器。

看起来 CPU 似乎可以在同一步中获取常量和内存操作数，因为这两个值之间并没有依赖关系，但实际上（还）不能这么做！因为 CPU 还只有一条数据总线，而两个值都来自内存。下一节我们将介绍如何解决这个问题。

让一些步骤同时执行，就能够大大减少执行的步骤，从而减少完成指令所需的时钟周期。这就是 CPU 性能在不提高芯片时钟速度的前提下仍然可以提升的关键。但是，同时执行指令的步骤能够获得的性能提升也就这么多了，因为指令本身还是串行执行的。从下一节开始，我们介绍如何同步执行连续的指令来节省更多的时钟周期。

9.5.1 功能单元

前面我们看到，add 指令中的两个值相加和保存结果的步骤是不能并行执行的，因为在没有计算出结果之前是不能保存结果的。而且，有些资源 CPU 是无法在指令的各个步骤之间共享的。系统只有一条数据总线，CPU 不能在保存内存数据的同时获取指令操作码。次外，CPU 的功能单元也是由一条指令执行需要的多个步骤共享的。

功能单元（Functional Unit）是执行公共操作的一组逻辑，比如算术逻辑单元（ALU）和控制单元（CU）。一个功能单元一次只能执行一个操作，两个使用同一功能单元的操作是不可能并行执行的。要设计出可以并行执行多个步骤的 CPU，要么规划好这些步骤，减少冲突；要么增加更多的逻辑电路，让两个（或者更多）操作可以在不同的功能单元中分别执行，达到并行执行的效果。

我们再来研究一下 mov(srcMem, destReg); 指令可能需要的步骤：

1. 从内存中获取指令的操作码。

2. 更新 EIP，使其指向紧随在操作码之后的位移值。

3. 解码操作码得到其指定的指令。

4. 获取计算源操作数有效地址所需的位移量。

5. 更新 EIP，使其指向紧随在位移值之后的第一个字节。

6. 计算源操作数的有效地址。

7. 获取源操作数的值。

8. 将取到的值保存到目标寄存器。

第一步操作用到了 EIP 寄存器的值，而第二步操作更新 EIP 的值，因此，这两步操作无法同时执行。而且第一步操作从内存中获取指令操作码时占用了总线，而后续的所有步骤都依赖这个操作码，因此，第一步不太可能和其他步骤同时执行。

第二步和第三步操作没有共享任何功能单元，而且第三步操作也不会依赖被第二步改变的 EIP 寄存器的值。因此，可以调整控制单元来合并这些步骤，在解码指令的同时修改 EIP 寄存器。这样 mov 指令可以节省一个时钟周期。

第三步解码指令操作码和第四步获取位移值看起来并不能并行执行，因为必须先解码指令操作码才能确定 CPU 是否需要从内存中获取位移值。但是，我们可以把 CPU 设计成不管怎样都要获取位移值，这样如果需要的话数据已经就绪了。

显然，mov 指令的第 7 步和第 8 步是不可能同时执行的，因为值必须先获得才能被存入。

将 mov 指令中所有可以合并的步骤合并后，得到的是下面这个操作序列：

1. 从内存中获取指令的操作码。

2. 解码操作码得到其指定的指令，并更新 EIP，使其指向紧随在操作码之后的位移值。

3. 获取计算源操作数有效地址所需的位移量，并更新 EIP，使其指向紧随在位移值之后的第一个字节。

4. 计算源操作数的有效地址。

5. 获取源操作数的值。

6. 将取到的值保存到目标寄存器。

只要在 CPU 中添加少量逻辑，就可以让 mov 指令减少一到两个执行周期。这种简单的优化方法对大多数指令都是有效的。

现在，我们来看看 loop 指令。这条指令有几个步骤都用到了 ALU。如果 CPU 只有一个 ALU，那么这些步骤就只能顺序执行。但是，如果 CPU 有多个 ALU（即多个功能单元），那么其中一些步骤就可以并行执行了。例如，CPU 可以在更新 EIP 值的同时，（使用 ALU）递减 ECX 寄存器中的值。注意，虽然 loop 指令在比较递减后的 ECX 值和 0 （确定是否应该跳转）的时候也要用到 ALU，但是递减 ECX 和与 0 比较这两个步骤之间存在数据依赖关系。因此，CPU 不能同时执行这两个操作步骤。

9.5.2　预取队列

前面讨论了一些简单的优化技术，想象一下 mov 指令在 32 位数据总线的 CPU 上是怎样执行的。如果 mov 指令从内存中获取的位移值只有 8 位，但实际上在获取位移值的同时 CPU 还取到了另外三个字节的值（32 位数据总线在一个总线周期内可以获取 4 个字节）。数据总线上的第二个字节实际上是下一条指令的操作码。如果我们能够把这个操作码保存下来，轮到下一条指令执行的时候就不用再去获取操作码了，这样就可以节省一个时钟周期。

1. 利用空闲的总线周期

还有进一步提升的空间。注意，CPU 在执行 mov 指令的时候，并不是每个时钟周期都要访问内存。例如，在将数据保存到目标寄存器的时候，总线是空闲的。在总线空闲的时候，我们可以预取并保存下一条指令的操作码和操作数。

实现这项功能的硬件叫作预取队列（Prefetch Queue）。图 9-4 展示的就是带预取队列的 CPU 内部结构。

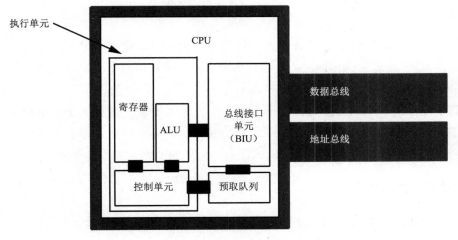

图 9-4 带预取队列的 CPU 设计

顾名思义，总线接口单元（BIU，Bus Interface Unit）用于控制地址总线和数据总线的访问。BIU 扮演的是"交警"，负责处理不同模块（比如执行单元和预取队列）同时发起的访问请求。每当 CPU 的某个部件需要访问主存时，都会把请求发送给 BIU。

在没有被执行单元使用的时候，BIU 可以从内存中获取额外一些字节值并保存到预取队列中，这些字节中就有机器指令。接下来，当 CPU 需要指令操作码或者操作数的时候，就可以从预取队列中获取下一个字节值。BIU 一次可从内存中获取多个字节值，而且每个时钟周期 CPU 往往消费不完预取队列中的字节值，所以，CPU 使用的指令一般都能从预取队列获取。

但是，请注意，并不能保证所需的指令和操作数一定会出现在预取队列中。以 80x86 的 jnz label; 指令为例。如果该指令的两个字节值分别位于内存地址 400 和 401，而预取队列包含的可能是地址为 402、403、404、405、406、407 等字节的值。如果 jnz 指令跳转的 label 目标地址是 480，则地址 402、403、404 这些字节的值对 CPU 没有任何用处。系统将不得不停下来先获取地址为 480 字节的数据，然后才能继续。大多数时候 CPU 获取的是内存中连续的数据，因此，在预取队列中保存数据确实可以节省时间。

2. 指令重叠

下一条指令操作码的解码阶段和前一条指令的最后阶段也可以重叠，这是另一项提升。当 CPU 处理完操作数之后，预取队列中下一个可用的字节值就是一个操作码。这时 CPU 可以先解码这个操作码，因为还在执行当前指令的步骤，而 CPU 的指令解码器是空闲的。当然，如果当前指令修改了 EIP 寄存器，则解码下一条指令的时间就浪费了。但是，解码下一条指令是和当前指令的其他操作并行发生的，因此这并不会降低系统的运行速度（尽管的确使用了额外的电路来完成这个功能）。

3. 后台预取事件小结

到目前为止，我们列举的指令执行序列，其后台可能（并发）发生的 CPU 预取事件如下：

1. 如果预取队列还有空余（通常，预取队列可以保存 8~32 个字节值，具体取决于 CPU）而且当前时钟周期 BIU 是空闲的，那么时钟周期一开始 CPU 就预取 EIP 寄存器指向的地址上的双字。

2. 如果指令解码器是空闲的并且当前指令不需要指令操作数，则 CPU 应该解码预取队列最前面的操作码。如果当前指令需要指令操作数，那么 CPU 会从预取队列中位于操作数之后的字节开始解码。

现在，我们再来看看 mov(srcReg, destReg); 指令。加入预取队列和 BIU 之后，获取并解码当前指令的阶段和前一条指令的特定阶段就可以重叠了，步骤调整如下：

1. 获取并解码操作码，这个阶段和上一条指令中的阶段重叠

2. 获取源寄存器的数据并将 EIP 寄存器更新为下一条指令的地址。

3. 将取到的值保存到目标寄存器。

这个例子中的指令执行有两个假设：一是操作码已经保存在预取队列中；二是 CPU 已经解码了这个操作码。只要有一个假设不成立，就需要使用额外的时钟周期来获取内存中的操作码并解码。

9.5.3 影响预取队列性能的情况

跳转或者条件跳转指令将控制权转移到目标位置的时候，它们执行得比其他指令要慢，因为这时 CPU 是无法将下一条指令的获取和解码与转移控制权的跳转指令重叠执行的。跳转指令执行后可能需要几个时钟周期才能恢复预取队列的内容。

注意：如果想要写出的代码运行得快，就要尽量避免在程序中跳转来跳转去。

只有在条件跳转指令真正转移到目标位置时，预取队列才会失效。如果跳转条件判断为 `false`，就会继续执行下一条指令，这时预取队列依然是有效的。因此，在编写程序的时候，如果能够确定哪一个跳转条件最为常见，就要仔细地规划程序，当最常见的条件满足时应该继续执行下一条指令而不是跳转到另一个地址。

此外，指令长度（以字节为单位）也会影响预取队列的性能。指令越长，预取队列被 CPU 取空的速度就越快。最长的指令一般会包含常量和内存操作数。连续执行这种指令可能导致 CPU 等待，因为 CPU 从预取队列移出指令的速度要比 BIU 向预取队列中复制数据的速度快。因此，尽量使用短一些的指令。

最后，数据总线位宽越宽预取队列的性能越好。16 位 8086 处理器比 8 位 8088 处理器要快得多，因为它能用更少的总线访问次数填满预取队列。别忘了 CPU 总线还有其他用途。访问内存的指令会和预取队列争抢总线的使用权。如果一系列指令都需要访问内存，预取队列可能很快就会被取空。一旦预取队列被取空，CPU 必须等待 BIU 从内存获取新的操作码，然后才能继续执行指令。

9.5.4 同时执行多条指令的流水线

BIU 和执行单元并行执行指令是流水线的一个特例。大多数现代处理器都会利用流水线来提升性能。除了极少的例外情况，流水线每个时钟周期都可以执行一条指令。

预取队列的优势在于：CPU 可以让指令操作码的获取和解码与其他指令的执行重叠。只要可以添加硬件，几乎所有的操作都可以并行执行。这就是流水线的思路。

流水线操作通过并行执行多条指令来提升应用程序的平均性能。但是，和我们前面看到的预取队列一样，某些指令（还有组合）在使用流水线的系统中运行得更好。了解流水线操作的原理，可以更好地组织应用程序，从而提高它们的运行速度。

1. 典型的流水线

以一个常见的操作需要的各个步骤为例，每个步骤需要一个时钟周期来执行：

1. 从内存中获取指令的操作码。

2. 解码操作码，并在必要时预取一个位移操作数和/或一个常量操作数。

3. 必要时计算内存操作数的有效地址（比如 [ebx+disp]）。

4. 必要时获取内存操作数的值和/或寄存器的值。

5. 计算结果。

6. 将结果保存到目标寄存器。

只要舍得硅元素，上述每个步骤都可以制造一个小型的迷你处理器来处理，按照图 9-5 组织起来。

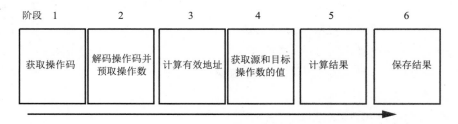

图 9-5 流水线实现的指令执行

在阶段 4 中，CPU 同时获取了源和目标操作数。要达成这样的效果，需要在 CPU 中实现多个数据通路（从寄存器到 ALU），还要保证两个操作数不会争抢数据总线（也就是说，内存到内存的操作是不存在的）。

如果图 9-5 中流水线的每个阶段都有一个独立的硬件支持，那么这些步骤几乎全都可以并行执行。当然，同时获取和解码多条指令的操作码是不行的，但是在解码当前指令的操作码时可以获取下一条指令的操作码。假设流水线有 n 个阶段，那么可以并行的指令数通常为 n。图 9-6 展示了流水线是怎样运转的。T1、T2、T3 等代表的是连续的"跳"（时间 = 1，时间 =2，依此类推，一跳就是一个时钟周期）。

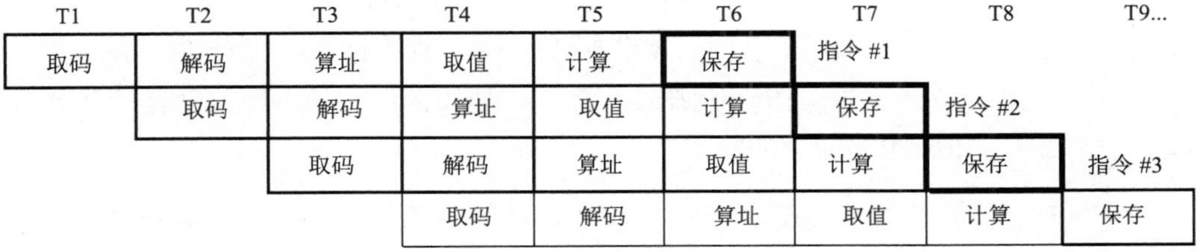

T1	T2	T3	T4	T5	T6	T7	T8	T9...
取码	解码	算址	取值	计算	保存	指令 #1		
	取码	解码	算址	取值	计算	保存	指令 #2	
		取码	解码	算址	取值	计算	保存	指令 #3
			取码	解码	算址	取值	计算	保存

图 9-6 在流水线上执行的指令

当时间 T = T1 时，CPU 获取第一条指令的操作码字节。当 T = T2 时，CPU 开始解码第一条指令的操作码，如果第一条指令有操作数，它会并行地从预取队列读取几个字节的数据。与解码并行的还有，CPU 指示 BIU 获取第二条指令的操作码，因为第一条指令已经不再需要该电路了。

注意，这里有一点小冲突，CPU 要读取预取队列的下一个字节数据作为操作数，也要读取预取队列的操作数数据作为操作码。那么 CPU 是如何同时完成这两项操作的呢？很快我们就会看到解决方案。

当时间 T = T3 时，如果第一条指令需要访问内存，CPU 会计算内存操作数的地址。如果第一条指令不用访问内存，CPU 也就不会计算地址。在 T3 期间，CPU 还要解码第二条指令的操作码并获取第二条指令的操作数。最后，CPU 还要获取第三条指令的操作码。时间往前跳动一个周期，流水线上每条指令的执行阶段就完成一步，而 CPU 也会从内存中获取下一条指令的操作码。

这个过程按部就班，直到 T = T6，这时 CPU 结束了流水线上第一条指令的执行，正在计算第二条指令的结果，还在获取第 6 条指令的操作码。这里有一点非常关键，在 T = T5 之后的每个时钟周期 CPU 都能完成一条指令的执行。一旦 CPU 的操作填满了流水线，每个周期都能完成一条指令。即使获取内存操作数的寻址模式的计算特别复杂，或者在非流水线处理器上操作需要多个时钟周期，这个目标也是能达到的。我们需要做的就是增加流水线的阶段，这样依然能够让 CPU 每个时钟周期都处理一条指令。

现在我们回过头来看看前面提到的小冲突。假设 T = T2 时，CPU 一边预取包含第一条指令操作数的一块数据，一边获取第二条指令的操作码。CPU 在完成第一条指令的解码之前，实际上不知道这条指令需要多少操作数，也不知道操作数的长度。而且，如果不知道第一条指令有没有操作数或者操作数的长度，CPU 也不知道哪一个字节才是第二条指令的操作码。那么，流水线是如何同时获取下一条指令的操作码和当前指令的地址操作数的呢？

第一种解决方案是禁止这种并行操作，避免潜在的数据冒险。如果一条指令有地址或者常量操作数，我们可以直接让下一条指令延时开始执行。但是，很多指令都有额外的操作数，这种方法会大大拖慢 CPU 的执行速度。

第二种解决方案是堆砌更多硬件来解决问题。操作数和常量的长度一般是 1、2 或 4 个字节。因此，实际上我们可以读取内存中在当前正在解码的操作码之后偏移量为 1、3、5 的各个字节，这 3 个字节中有一个很可能就是下一条指令的操作码。解码当前指令之后，我们就知道了它的操作数消耗的字节数，也就知道了下一个操作码的偏移量。一个简单的数据选择器电路就可以从 3 个候选的操作码字节中选出想要的那一个。

下一个操作码的候选字节实际上不止 3 个，因为 80x86 的指令长度不一。例如，把 32 位常量复制到内存的 mov 指令可能有 10 个字节甚至更长。况且，1~15 字节的指令都有。而且，80x86 中有些操作码的长度也超过了 1 个字节，因此 CPU 可能需要获取不止一个字节才能正确解码当前的指令，但是，只要堆砌更多的硬件，解码当前操作码和获取下一个操作码一定可以同时执行。

2. 流水线停顿

前一节中介绍的场景有点过于简单了。这种简单的流水线忽略了两个问题：一是两条指令会争抢访问总线，即总线争用（Bus Contention）；二是指令可能不按顺序执行。这两个问题都可能影响流水线上指令的平均执行时间。只有清楚地理解了流水线的工作原理，才可以在编写软件的时候避免这些问题，改善应用程序的性能。

只要指令需要访问内存中的数据，总线争用的情况就会发生。比如，假设

mov(reg, mem); 指令正在把数据保存到内存中，而 mov(mem, reg); 指令正在读取内存中的数据。这时地址总线和数据总线就可能出现争用问题，因为 CPU 会同时尝试在内存中读写数据。

流水线停顿（Pipeline Stall）是一种非常简单的解决总线争用的方法。当遇到总线争用问题的时候，CPU 认为指令在流水线上待得越久，它的优先级越高。这样流水线上靠后的指令会停顿，并且需要等两个周期才能执行（如图 9-7 所示）。

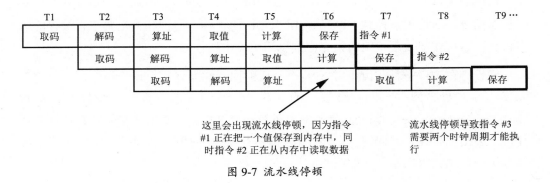

图 9-7 流水线停顿

还有很多场景也会出现总线争用的情况。比如，一条指令获取操作数时需要访问预取队列，同时 CPU 又要访问预取队列获取下一条指令的操作码。就我们现在讨论的这种简单流水线机制而言，大多数指令都无法做到一个 CPI（Clock/Cycle per Instruction，即一条指令只用一个时钟周期就能完成）。

我们再来举一个流水线停顿的例子，如某条指令修改了 EIP 寄存器中的值，这时会发生什么？例如，**jnz** 指令满足条件将控制权转移到目标地址时，就会修改 EIP 寄存器的值。这意味着后续要执行的一组指令并没有紧跟在 **jnz** 的指令之后。当 **jnz label；**指令执行完成后（假定零标志被清 0，跳转到了分支），流水线上已经有了 5 条指令，而且只要再过一个时钟周期其中的第一条指令就会完成。但 CPU 不能执行这些指令，不然就要出错。

清空（Flush）整条流水线并且重新开始读取操作码是唯一合理的解决方案。但是，这样会导致性能急剧下降。下一条指令需要经历完整的流水线阶段（这个例子是 6 个时钟周期）才能执行结束。流水线越长，每个周期完成执行的指令就越多，跳转多的程序运行反而慢。流水线中的阶段数量是无法控制的[1]，但是程序中跳转指令的数量是可以控制的。显然，在流水线系统中，跳转越少越好。

9.5.5　指令缓存：提供多条内存访问通路

系统设计师们充分发挥了聪明才智，巧妙地利用预取队列和缓存子系统解决了许多总线争用问题。我们在前面已经看到，他们使用预取队列来缓存指令流的数据。然而，他们也可以使用独立的指令缓存（Instruction Cache）（和数据缓存分开）来保存机器指令。尽管无法控制 CPU 如何组织它们的缓存，但程序员也要了解缓存的运作机制，这样才能使用特定的指令序列以避免流水线停顿。

假设存在这样一种 CPU，它有两个独立的内存空间，一个用于指令，一个用于数据，而且每个内存空间都有自己的总线。这种体系结构被称为哈佛体系结构（Harvard Architecture），因为哈佛制造出了第一台这样的计算机。哈佛体系结构的计算机不会出现总线争用问题，在通过数据/内存总线访问内存的同时，BIU 可以继续通过指令总线获取操作码（如图 9-8 所示）。

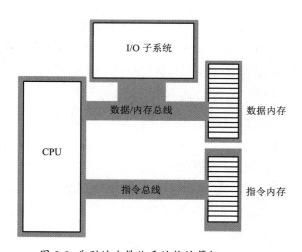

图 9-8　典型的哈佛体系结构计算机

1　顺便提醒一下，各个 CPU 上流水线的阶段数量不一样。

实际上，真正的哈佛体系结构计算机非常罕见。支持两条独立的物理总线需要额外的引脚，这增加了处理器的成本，还引入了很多其他的工程问题。但是，微处理器设计师们发现，只要处理器的数据和指令使用独立的片上缓存，也可以具备很多哈佛体系结构的优势，且引入的问题还不多。高级 CPU 对内采用哈佛体系结构，对外采用冯·诺伊曼体系结构。图 9-9 所示就是使用了独立数据和指令缓存的 80x86处理器结构。

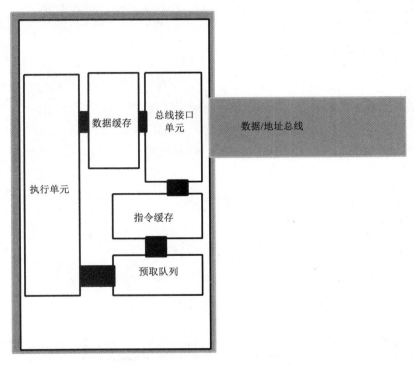

图 9-9 代码缓存和数据缓存分开

CPU 内各部分之间的通路分别代表一条独立的总线，数据可以在所有通路上并行传输。这意味着，在预取队列从指令缓存中提取指令操作码的同时，执行单元可以向数据缓存写入数据。但是，即便是用上了缓存，也不能完全避免总线争用问题。在这种使用两个独立缓存的结构中，如果指令不在指令缓存中，BIU 仍然需要使用数据/地址总线来获取内存中的操作码。同样，数据缓存也要时不时地缓存来自内存的数据。

虽然 CPU 有没有缓存，有多少缓存，有哪些类型的缓存都没办法控制，但是只有了解缓存的工作原理，才能写出高质量的程序。片上的一级（L1）指令缓存往往比主存小很多（典型的 CPU 一级缓存大小在 4KB~64KB）。因此，指令越短，缓存能够装下的指令就越多（又是"指令越短"，是不是都听腻了？）缓存中的指令越多，总线争用出现的次数就越少。同理，把临时结果保存到寄存器也能减轻数据缓存的压力，这样数据缓存就不用频繁地把数据刷到内存又从内存把数据取回来。

9.5.6　流水线冒险

使用流水线还会碰到另外一个问题：冒险（Hazard）。冒险有两种：控制冒险和数据冒险。实际上我们已经在讨论这两种冒险了，只不过没有提到这两个名字罢了。当 CPU 的控制权跳转到某个新的内存单位，导致不得不清空流水线上执行到不同阶段的指令时，就会发生控制冒险。如果两条指令访问同一内存单位的顺序不对，就会发生数据冒险。

我们来剖析下面这段指令序列的运行情况，了解什么是数据冒险：

```
mov( SomeVar, ebx );
mov( [ebx], eax );
```

这两条指令执行的流水线看上去应该和图 9-10 类似。

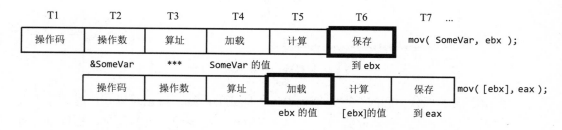

图 9-10　数据冒险

这两条指令要获取指针变量 SomeVar 指向的地址上的 32 位值。但是，上面这段指令序列是无法正常工作的！在第一条指令将内存单位的地址值 SomeVar 复制到

EBX 之前，第二条指令就已经访问了 EBX 中的值（图 9-10 中的 T5 和 T6）。

80x86 为代表的 CISC 处理器会自动处理冒险（有些 RISC 芯片不会，在某些特定的 RISC 芯片上运行上面这段指令序列，最后存入 EAX 中的是错误的值）。为了解决这个例子中的数据冒险问题，CISC 处理器会通过流水线停顿来同步两条指令。实际执行情况应该如图 9-11 所示。

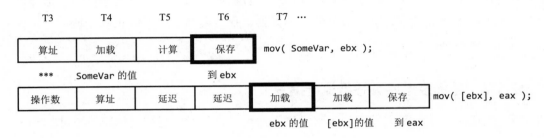

图 9-11 CISCCPU 如何处理数据相关

只要将第二条指令延迟两个时钟周期，CPU 就能保证存入 EAX 的数据来自正确的地址。可惜这样的话 mov([ebx], eax);指令需要 3 个时钟周期来执行，而不是 1 个。然而，耗费两个额外的时钟周期总要好过错误的结果。

还好，我们（或者使用的编译器）可以降低软件中数据冒险对程序执行速度的影响。造成数据冒险的原因是：后一条指令的源操作数是前一条指令的目标操作数。将 SomeVar 加载到 EBX 中，然后再将 [EBX]（即 EBX 指向的内存单位中的双字）加载到 EAX 中的操作没什么问题，只要它们不紧挨着执行就可以了。假定原来的代码序列如下：

```
mov( 2000, ecx );
mov( SomeVar, ebx );
mov( [ebx], eax );
```

只需要像下面这样调整一下指令的顺序，就可以减轻数据冒险的影响：

```
mov( SomeVar, ebx );
mov( 2000, ecx );
mov( [ebx], eax );
```

现在，调整顺序后的 mov([ebx]，eax); 指令只多使用一个时钟周期。如果再向 mov(SomeVar，ebx); 指令和 mov([ebx]，eax); 指令之间插入另外一条指令，就可以完全消除数据冒险的影响（当然了，插入的指令一定不能修改 EAX 和 EBX 寄存器中的值）。

在流水线处理器中，程序指令的执行顺序对程序性能的影响十分显著。如果编写的是汇编代码，始终都要注意可能出现的数据冒险问题，尽可能通过调整指令执行的顺序来消除数据冒险。如果使用编译器，那也要选一个能够正确处理指令执行顺序的编译器。

9.5.7　超标量运算：并行执行指令

到目前为止，我们看到的流水线体系结构，执行时间最好的情况下能够达到一个 CPI（一条指令用一个时钟周期完成）。执行指令的速度还有可能更快吗？我们可能想当然地认为这不可能："每个时钟周期最多只能执行一次操作，一个时钟周期怎么可能执行超过一条指令。"但是别忘了，一条指令并不是一个操作。前面例子中的每一条指令都需要 6~8 个操作才能完成。如果在 CPU 中加入七八个独立单元，那么在一个时钟周期内执行的操作可以达到 8 个，执行速度可以达到一个 CPI。如果加入更多的硬件，则同时执行的操作可以多达 16 个。执行速度能达到 0.5 个 CPI 吗？可以说能。包含了这类额外硬件的 CPU 被称为超标量（Superscalar）CPU。这种 CPU 在一个时钟周期内可以执行超过一条指令。80x86 系列 CPU 从奔腾处理器开始支持超标量执行。

超标量 CPU 有多个执行单元（如图 9-12 所示），如果预取队列中有两条以上可以独立执行的指令，它就会像上面那样执行。

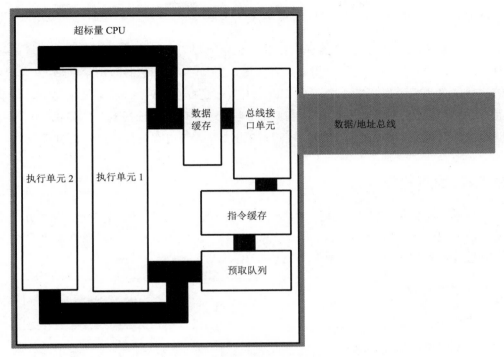

图 9-12 支持超标量运算的 CPU

超标量运行的优点有很多。假定指令流中的指令如下：

```
mov( 1000, eax );
mov( 2000, ebx );
```

如果这段代码前后都没有其他问题或者冒险，而且这两条指令的所有 6 个字节数据已经在预取队列中，CPU 没有理由拒绝并行获取并执行这两条指令。只需要在 CPU 芯片上多用一点硅元素来实现两个执行单元即可。

超标量 CPU 不只可以加速独立的指令，还可以加速出现冒险问题的程序序列。普通 CPU 存在一个限制：当流水线发生冒险问题时，肇事的指令会让流水线完全停顿。出现停顿的指令后，全部指令都必须等着 CPU 和肇事指令的执行同步。超标量 CPU 则不同，流水线上发生冒险后的指令可能还可以继续执行，只要这些执行本身不会造成流水线冒险问题。这一定程度上缓解了（虽然无法完全消除）缜密调度指令的要求。

超标量 CPU 上软件的性能和软件的写法息息相关。最最重要的规则我们耳朵都听起来茧了：使用短指令。指令越短，一次操作中 CPU 能够获取的指令就越多，CPU 的执行速度也就越有可能小于一个 CPI。大多数超标量 CPU 并没有复制整个执行单元。它们可能会复制多个 ALU、浮点单元等，这意味着有些指令的序列执行快，有些指令的序列执行慢。只有清楚了 CPU 的组成，才知道哪些指令序列的性能最好。

9.5.8　乱序执行

普通的超标量 CPU 会把调度指令避免冒险和流水线停顿的工作交给程序员（或编译器）。更先进的 CPU 则可以承担一部分工作，在程序执行时自动重新调度指令来提高性能。我们用下面这个指令序列来说明：

```
mov( SomeVar, ebx );
mov( [ebx], eax );
mov( 2000, ecx );
```

这个例子中的第一条指令和第二条指令之间存在数据冒险。第二条指令必须延迟执行，等待第一条指令执行完毕。这会导致一次流水线停顿，进而导致程序运行时间增加。通常，停顿会影响后续全部指令。但是，第三条指令的执行并不依赖前两条指令任何一条的结果。因此，mov(2000, ecx); 指令没有任何理由停顿。在第二条指令等待第一条指令的时候它可以继续执行。这种技术被称为乱序执行（Out-of-Order Execution），因为代码流中先出现的指令还没有执行完毕 CPU 就可以执行后面的指令了。

注意，只有当乱序执行的结果和顺序执行完全一样时，CPU 才能这么做。尽管有很多小的技术问题需要解决，实现起来比看上去要困难，但是只要肯在工程上投入，就可以实现。

9.5.9　寄存器重命名

还有一个问题影响了 80x86 CPU 的超标量运算效果：通用寄存器数量有限。如果 CPU 有 4 条流水线，可以同时执行 4 条指令。即使真的有 4 条没有冲突可以同时执行的指令，要真正做到每个时钟周期执行 4 条指令仍然很困难，因为大多数指令都要操作两个寄存器操作数。并行执行 4 条指令需要 8 个不同的寄存器：4 个目标寄存器和 4 个源寄存器（目标寄存器全都不能代替其他指令的源寄存器）。拥有大量寄存器的 CPU 没有这个烦恼，但 80x86 的寄存器数量有限。幸运的是，我们还可以通过寄存器重命名（Register Renaming）在一定程度上缓解这个难题。

寄存器重命名用一种障眼法让 CPU 能够提供比实际数量更多的寄存器。程序不能直接访问这些额外的寄存器，但是 CPU 在某些情况下可以用它们来防止数据冒险。以下面这段指令序列为例：

```
mov( 0, eax );
mov( eax, i );
mov( 50, eax );
mov( eax, j );
```

这里第一条和第二条指令之间、第三条和第四条指令之间都存在数据冒险。超标量 CPU 的乱序执行允许第一条和第三条指令、第二条和第四条指令并行执行。然而，第一条和第三条指令之间还存在另一种数据冒险，因为它们使用了同一个寄存器。这个问题不难解决，程序员只要在第三条和第四条指令中使用不同的寄存器（比如 EBX）就可以解决。但是，假定其他寄存器当前全都保存着重要的数据，程序员就不能这么做了。本以为这段代码在超标量 CPU 上只用两个时钟周期，现在看来是不是需要 4 个时钟周期？

CPU 有一种巧妙的先进机制，可以为每个通用寄存器都创建一组寄存器。也就是说，CPU 提供的不是一个 EAX 寄存器，而是一组 EAX 寄存器，我们可以这样命名：EAX[0]、EAX[1]、EAX[2]，依此类推。同样，其他寄存器也可以使用寄存器组，比如 EBX[0]~EBX[n]、ECX[0]~ECX[n]，等等。虽然指令集本身并不支持程序员选择使用寄存器组的某个寄存器，但是 CPU 可以自动选择其中一个寄存器，前提是这样做不会改变运算过程并且能够加速程序执行。这就是寄存器重命名。以下面这段代码为例（这里 CPU 自动从寄存器组中选择寄存器）：

```
mov( 0, eax[0] );
mov( eax[0], i );
```

```
mov( 50, eax[1] );
mov( eax[1], j );
```

EAX[0]和 EAX[1] 实际上是不同的寄存器，因此 CPU 可以并行执行第一条和第三条指令，同样，第二条和第四条指令也可以并行执行。

例子虽然简单，而且不同 CPU 上寄存器重命名的实现方式也有差异，但是这已经足够让我们理解 CPU 是如何使用这种技术来提升性能的。

9.5.10　甚长指令字体系结构

超标量运算通过硬件来调度多条指令同时执行。而英特尔在 IA-64 体系结构中还使用了另一种技术，甚长指令字（VLIW，Very Long Instruction Word）。在 VLIW 计算机系统中，CPU 一次获取一大块字节数据（IA-64 安腾 CPU 是 41 位）一起解码执行。这个字节数据块一般包含了两条甚至更多指令（IA-64 是 3 条）。虽然 VLIW 计算要求程序员或者编译器合理调度字节数据块中的指令，避免流水线冒险或者其他冲突，但只要能做到这一点，CPU 在每个时钟周期就可以执行 3 条甚至更多指令。

9.5.11　并行处理

通过改进体系结构来提升 CPU 性能的技术大都和指令并行执行有关。如果程序员了解底层体系结构，就能写出运行速度更快的代码。但是，即便程序员没有编写可以利用这些特性的特殊代码，体系结构上的改进依然可以显著地提升系统性能。

忽视体系结构唯一的问题在于，对于顺序执行才能正确运算的程序来说，硬件能够提供的并行优化也就这么多了。程序员必须专门编写并行代码，当然这需要 CPU 提供的体系结构支持。我们将在本节和下节介绍 CPU 提供的各种支持。

普通 CPU 采用的是单指令流单数据流（SISD，Single Instruction，Single Data）模型。也就是说，CPU 一次执行一条指令，而一条指令一次操作一条数据[1]。而单指令流多数据流（SIMD，Single Instruction，Muluiple Data）和多指令流多数据流（MIMD，Multiple Instruction，Multiple Data）是两种常见的并行模型。包括 80x86 在内的很多

---

[1] 这里我们没有考虑流水线和超标量运算提供的并行支持。

现代 CPU 都对这些并行执行模型提供了有限的支持，形成了 SISD/SIMD/MIMD 的混合体系结构。

在 SIMD 模型中，CPU 执行的是和纯 SISD 模型一样的单一指令流，但是可以并行操作多个数据。以 80x86 的 add 指令为例，这就是一条操作（产生）单一数据的 SISD 指令。这条指令确实要获取两个源操作数的值，但是 add 指令会将相加的和保存到一个目标操作数。相反，SIMD 版本的 add 指令可以同时计算几个数的和。80x86 的 MMX 和 SIMD 指令扩展、ARM 的 Neon 指令及 PowerPC 的 AltiVec 指令都是这样的。以 MMX 指令 paddb 为例，一条指令就可以执行最多 8 对数值的相加。下面就是这条指令的例子：

```
paddb( mm0, mm1 );
```

虽然这条指令看上去只有两个操作数（和典型的 80x86 SISD add 指令一样），但实际上 MMX 寄存器（MM0 和 MM1）保存了 8 个独立的字节值（MMX 寄存器位宽是 64 位，被当作 8 个 8 位数处理）。

如果我们使用的算法不能发挥 SIMD 的优势，SIMD 就没有任何作用。还好，高速 3D 图形和多媒体应用程序可以极大地受益于 SIMD（还有 MMX）指令，因此 80x86 CPU 中包含的这些指令让这些重要的应用程序性能有了极大的提升。

MIMD 模型使用多条指令，操作多个数据（通常是一条指令操作一个数据对象，也有一条指令操作多个数据项的情况）。这些指令都是分开执行的，因此单个程序（确切地说是单个执行线程）很少使用 MIMD 模型。但是，在多个程序需要同时执行的多程序环境中，MIMD 模型可以让这些程序同时执行自己的代码流，这种并行系统被称为多处理器系统（Multiprocessor System）。

9.5.12　多处理

流水线、超标量运算、乱序执行还有 VLIW 设计都是 CPU 设计师们用来并行执行多个操作的技术。这些技术实现的都是细粒度的并行（Fine-Grained Parallelism），其对于提高计算机系统中连续指令的运行速度非常有效。如果加入更多功能单元就能够增强并行的效果，那么在系统中加入更多 CPU 会怎么样？这项技术就是多处理

（Multiprocessing），虽然也能提升系统性能，但没有其他技术应用那么普遍。

只有专门为多处理器系统编写的程序才能发挥多处理的优势。如果构建的系统有两个 CPU，则单个程序中的指令不可能让两个 CPU 交替执行。实际上，执行中的程序指令从一个处理器切换到另一个处理器的代价非常高，也非常耗时。因此，多处理器系统只有和需要同时执行多个进程或者线程的操作系统互相配合才是高效的。这种并行有别于流水线和超标量运算提供的并行，我们称之为粗粒度并行（Coarse-Grained Parallelism）。

给系统加入多个 CPU 并不是将两个或更多处理器接到主板上就可以了。要搞清楚这背后的缘由，我们假定一个多处理器系统中，两个程序正在不同的处理器上运行。这两个处理器通过写入一块共享的物理内存来进行通信。当 CPU1 向这块内存写入数据时，它会把数据缓存到本地（CPU1 的缓存），可能一段时间内都不会把数据真正写入物理内存。如果这时 CPU2 去读取这块共享内存，读到的实际上是主存（或者它的本地缓存）中的过时数据，并不是 CPU1 写入其本地缓存的新数据。这就是缓存一致性（Cache-Coherency）问题。要让这两个程序正常运行，两个 CPU 在修改共享对象的时候都必须通知对方更新本地缓存中的数据副本。

多处理是 RISC CPU 相比英特尔 CPU 的明显优势。英特尔 80x86 系统的性能提升拐点出现在大约 32 个处理器的时候，但是 Sun SPARC 及其他 RISC 处理器轻轻松松就可以支持 64 CPU 的系统（而且似乎支持的 CPU 数量每天都在增加）。这也是大型数据库和 Web 服务器系统倾向于使用昂贵的基于 UNIX 的 RISC 系统而不是 80x86 系统的原因。

新版的英特尔 i 系列和至强处理器支持一种混合形式的多处理：超线程（Hyperthreading）。超线程的思路相当简单：在典型的超标量处理器中，指令序列每个时钟周期很少能用完全部 CPU 功能单元。与其让这些功能单元闲着，不如让 CPU 并行运行两个独立的线程，占满全部 CPU 功能单元。事实上，这一项技术可以让典型多处理器系统中的单个 CPU 完成 1.5 个 CPU 的工作。

9.6　更多信息

Hennessy, John L., and David A. *Patterson. Computer Architecture: A Quantitative Approach.* 5th ed. Waltham, MA: Elsevier, 2012.

注意：本章没有介绍 CPU 指令集设计的相关内容，这是下一章的主题。

10

指令集体系结构

本章将讨论 CPU 指令集的实现。虽然通常选择什么样的指令集软件工程师说了不算，但是理解硬件设计工程师设计 CPU 指令集时的决策毫无疑问可以帮助我们写出更好的代码。

CPU 指令集中都会存在一些权衡，这些权衡都是基于计算机设计师对软件工程师编写代码方式的假设。如果我们选择的机器指令和设计师的假设吻合，写出的代码会运行得更快，消耗的机器资源会更少。相反，如果代码不符合设计假设，其性能可能没有符合假设的代码那么好。

指令集似乎是汇编语言程序员关心的事情，但是高级语言程序员了解指令集也是有好处的。毕竟，每一条高级语言语句都会被映射为一段机器指令序列。即使不打算用汇编语言编写软件，理解底层机器指令的工作原理和设计思路也很重要。

10.1 指令集设计的重要性

最初的设计提出之后的很长一段时间里，缓存、流水线、超标量特性都依然可以嫁接到 CPU 上。但是，一旦 CPU 量产，软件已经用指令集编写之后，再想改变指令集就很难了。因此，指令集的设计需要慎重思考，设计师必须在设计周期一开始就设计好指令集的体系结构（ISA，Instruction Set Architecture）。

有人认为设计指令集应该采取"什么都要有"的思路，把所有能想到的指令都包罗进来。然而，指令集设计是一个典型的平衡妥协的过程。为什么不能包含所有的指令呢？现实世界的骨感打破了我们丰满的幻想：

硅片空间 每一种特性都要在 CPU 的硅核心（芯片）上增加一定数量的晶体管。所以 CPU 设计师们也需要"预算"能够使用的晶体管数量。简单来说就是把所有特性都加到 CPU 上，晶体管就不够用了。例如，最早 8086 处理器可用的晶体管数量不到 3 万个。1999 年的奔腾 III 处理器的晶体管数量超过了 9 百万个。2019 年 AWS Graviton2（ARM）CPU 拥有超过 300 亿个晶体管[1]。这三个数字体现了 1978 年以来半导体技术上的进步。

成本 尽管现在一块 CPU 就可以用到数十亿个晶体管，但是晶体管用得越多，CPU 就越昂贵。例如，2018 年初，使用了数十亿个晶体管的英特尔 i7 处理器售价高达几百美元，而使用 3 万个晶体管的 CPU 成本连一美元都不到。

扩展性 人们需要的特性永远都无法预测。例如，英特尔增加了 MMX 与 SIMD 指令扩展，方便在奔腾处理器上进行多媒体软件开发。但回到 1978 年英特尔设计第一款 8086 处理器的时候，谁又会想到需要这些指令呢？设计师必须保证同系列 CPU 中的新成员可以对指令集进行扩展，响应意料之外的需求。

向后兼容 这一点正好与扩展性相反。很多时候那些 CPU 设计师认为重要的指令实际上用得没有想象中那么多。例如，现代高性能程序中就很少用到 80x86 CPU 的 `loop` 和 `enter` 指令。采用"什么都要有"的思路设计出来的 CPU 中，从来没有使用到的指令比比皆是。更糟糕的是，一旦一条指令被加入到了指令集，未来新版本

---

1 这是一个不太典型的数字。2019、2020 年前后，普通的桌面和服务器 CPU 包含的晶体管数量在 50 亿~100 亿个。

的处理器都必须支持该指令。除非使用这条指令的程序已经少到 CPU 设计师甘愿冒着程序无法工作的风险也要移除这条指令。

复杂性 CPU 设计师还必须考虑直接和芯片打交道的汇编程序员和编译器开发者的感受。采用"什么都要有"的方法设计出来的 CPU 对已经非常熟悉 CPU 的人还有些吸引力，但其他人可能就没什么动力学习太复杂的系统了。

"什么都要有"的思路带来的这些问题，解决方法都是一样的：给第一版 CPU 设计一个简单的指令集，为后续扩展留出空间。这也是 80x86 处理器一直这么流行的主要原因。英特尔以相对简单的 CPU 为起点，多年来一直在思考如何扩展指令集来增加新的功能。

10.2　指令设计的基本目标

程序的效率很大程度上取决于使用的指令。短指令占用的内存很少，执行往往也很快，但是处理不了复杂的任务。长一点的指令可以完成更复杂的任务，一条长指令完成的工作往往需要好几条短指令才能完成，但是长指令会占用大量内存，或者需要很多机器时钟周期来执行。为了帮助软件工程师写出质量更好的代码，计算机架构师必须尽力在两者之间求得平衡。

在典型的 CPU 上，指令被编码为数值（操作码，Operation Code/**opcode**）并保存在内存中。指令编码是指令集设计的主要任务之一，需要仔细考虑。每条指令的操作码必须是唯一的，便于 CPU 区分。n 位数字可以实现 2^n 个不同的操作码，反过来 m 条指令至少需要 $\log_2(m)$ 位来编码。一定要记住，单条 CPU 指令的长短取决于 CPU 支持的指令数量。

编码不止是给每条指令分配一个唯一的数字这么简单。在第 9 章我们介绍过，解码指令和执行对应的功能需要实实在在的电路。7 位操作码可以编码 128 条不同的指令。解码这 128 条指令需要一个非常昂贵的 7-128 线的解码器电路。但是，如果将指令操作码设计为某些（二进制）模式，则单个大解码器一般就可以用多个更小、更便宜的解码器替代。

如果一个指令集中的 128 条指令都互不相关，那除了把每条指令的整个位串解码外也没什么其他好办法。但是，大多数指令体系结构都会对指令分组。例如，80x86 CPU 中的 mov(eax, ebx); 和 mov(ecx, edx); 是两条不同的指令，因此操作码不同，但是这两条指令明显是相关的，因为它们都是将数据从一个寄存器移动到另一个寄存器。这两条指令唯一的区别在于源操作数/目标操作数。因此，CPU 设计师可以将 mov 这样的指令编码成子操作码（Subopcode），把操作码中由其他位组成的字段编码成指令的操作数。

我们以一个只有 8 条指令的指令集为例，假定每条指令都有两个操作数，而每个操作数的取值只有 4 种情况。这样我们就可以用 3 个打包字段来编码这 8 条指令，3 个字段分别有 3 位、2 位和 2 位（如图 10-1 所示）。

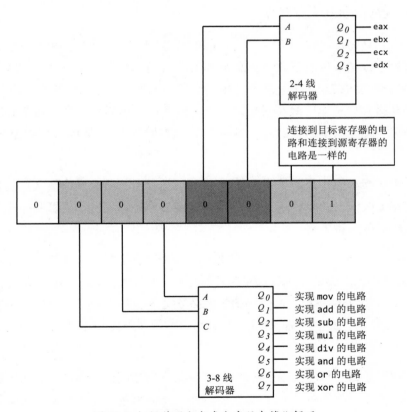

图 10-1 把操作码分成多个字段来简化解码

采用这种编码只需要 3 个简单的解码器就能确定 CPU 要做的事。这个例子虽然简单，但是说明了指令集设计的一个重要思路：操作码应当易于解码。最简单的方法是把操作码的位分成多个不同的字段。字段越小，硬件解码和指令执行就越容易。

因此，CPU 设计者的目标就是给操作码的指令字段和操作数字段分配合适的位。给指令字段分配更多的位，操作码能够编码的指令就更多，而给操作数字段分配更多的位，则操作码指定的操作数就更多（一般是内存单位或寄存器)。一般 n 位数字也就能编码 2^n 条不同的指令。2^n 条指令至少需要 n 位来编码，不能再少了。然而，我们还可以使用超过 n 位的编码。这看起来好像是浪费，但有时效果很不错。再强调一遍，选择合适的指令长度是设计指令集时的一个重要问题。

10.2.1　操作码的长度选择

操作码不是随便多长都可以。如果 CPU 以字节为单位从内存中读取数据，则操作码的长度必须是 8 位的整数倍。如果 CPU 不支持以字节为单位读取内存（大多数 RISC CPU 只能读取 32 位或者 64 位的内存数据块)，那么操作码的长度就应该是 CPU 一次能够从内存中读取的最小对象的大小。任何把操作码缩短到比这个对象还小的尝试都是白费力气。本章我们讨论的是前面一种情况：操作码的长度必须是 8 位的整数倍。

也要考虑指令操作数的长度。有些 CPU 设计师会把所有操作数全部包含在操作码中，有些 CPU 设计师则不会把立即操作数或者地址偏移操作数算到操作码中。这里我们采用后面一种方式。

8 位操作码只能编码 256 条不同的指令。即使没有把指令操作数算作操作码的一部分，256 条不同的指令也是捉襟见肘。尽管也有 8 位操作码的 CPU，但现代处理器的指令条数远超 256 。由于操作码的长度必须是 8 位的整数倍，所以最小的操作码长度就是 16 位了。2 个字节的操作码最多可以编码 65536 条指令，但是指令长度也翻倍了。

如果把缩短指令长度作为关键的设计目标，则 CPU 设计师常常会运用数据压缩理论。第一步是分析为典型 CPU 编写的程序，统计每条指令在海量的应用程序中被调用的次数。第二步是将这些指令按照调用频率从高到低的顺序排列成一张清单。

下一步，把 1 个字节的操作码留给最常用的指令；2 个字节的操作码留给不那么常用的指令，而 3 个及以上字节的操作码则留给很少用到的指令。尽管这个方案操作码的最大长度至少是 3 个字节，但实际上程序用到的大多数指令操作码只有 1 个字节或 2 个字节。操作码的平均长度在 1 个字节到 2 个字节之间（姑且认为是 1.5 字节），程序也不会有全部都使用 2 个字节指令的程序那么长（如图 10-2 所示）。

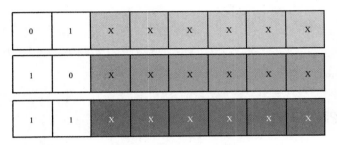

如果操作码的第一个字节的高两位不是全 0，则整个操作码就只有一个字节，这个字节中余下的 6 位可以编码 64 条单字节指令。这种操作码的字节高两位取值有 3 种组合（01、10、11），因此最多可以编码 192 条不同的单字节指令

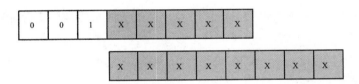

如果操作码的第一个字节的高三位是 %001，则操作码的长度为 2 个字节，而余下的 13 位可以编码 8192 条不同的指令

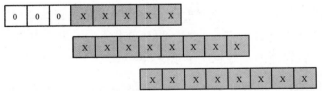

如果操作码第一个字节的高三位全都为 0，则操作码的长度为 3 个字节，余下的 21 位可以编码上百万（2^{21}）条不同的指令

图 10-2 采用变长操作码的指令编码

变长指令能够让程序变得更短，但也要付出代价。首先，变长指令的解码要比定长指令复杂一些。CPU 必须先解码出指令的长度，才能解码指令中的字段，这会消耗额外的时间。解码步骤的延迟会影响 CPU 的整体性能，进而限制 CPU 的最高时钟速度（单个时钟周期因为这些延迟变长，这样一来 CPU 的时钟频率就降低了）。变长指令还有一个问题：流水线很难解码多条指令，因为 CPU 很难判断预取队列中指令和指令之间的边界。

因为上述这些原因，还有其他一些没有提到的原因，大多数流行的 RISC 体系结构都没有选择变长指令。但本章我们探讨的是变长方法，因为节省内存是一个值得努力的设计目标。

10.2.2　规划未来

设计师必须先规划好未来，再选择 CPU 要实现的指令。前面我们提到过，初始设计完成之后，对新指令的需求一定会不断地涌现，因此应专门保留一些用于扩展的操作码。以图 10-2 中的操作码格式为例，把 64 个单字节操作码、一半的双字节操作码（4096 条）及一半三字节操作码（1 048 576 条）留给将来使用，应该是个不错的考虑。放弃 64 个宝贵的单字节操作码可能有些奢侈，但是历史会证明，把眼光放长远一些总是会有回报的。

10.2.3　选择指令

下一步是选择要实现的指令。即使把差不多一半的指令都留给了未来的扩展，也并不意味着剩下的操作码全部用来实现指令。设计师可以留出一些指令暂时不实现，实际上也是留待以后实现。正确的做法不是一下子就把指令用完，而是要在设计时折中，创建出一套一致、完备的指令集。在指令集中加入指令比删除指令容易多了，因此，第一轮设计通常是越简单越好。

首先选择通用的指令类型。设计过程的初期应该把选择的范围集中在通用的指令上，这一点非常关键。最好的参考就是其他处理器的指令集。例如，下面这些指令大多数处理器都有：

- 数据移动指令（比如 mov）
- 算术与逻辑运算指令（比如 add、sub、and、or、not）
- 比较指令
- 条件跳转指令（通常在比较指令之后会用到）
- 输入/输出指令
- 其他指令

初始指令集不应当超过硅预算，也不应当违反设计约束，因此需要适当地放弃一些指令，哪怕是那些有助于程序员写出高效程序的指令。这要求 CPU 设计师先进行严谨充分的研究、实验和模拟，然后再确定策略。

10.2.4　分配指令操作码

初始指令集选定之后，就该给这些指令分配操作码了。第一步是根据指令共同的特性进行分组。比如，add 指令和 sub 指令支持的操作数集合可能完全一样，将这两条指令分到同一组是合理的。还比如，not 指令和 neg 指令通常都只需要一个操作数，因此把这两条指令分到同一组也是合理的，但是它们和 add 指令与 sub 指令不在同一组。

将所有的指令都分好组之后，下一步是对指令进行编码。典型的编码方案会用一部分位来确定指令的分组，再用一部分位来确定是分组中哪条具体的指令，还要用一部分位来编码操作数的类型（寄存器、内存单位和常量）。指令的长度由所有使用这些信息编码得到的位的数量决定，和指令的使用频率关系不大。假定确定指令分组需要 2 位编码，确定分组中的指令需要 4 位编码，确定指令操作数的类型需要 6 位编码。这样的话一条指令 8 位的操作码肯定不够。但对于 push 指令来说，如果是将 8 个寄存器中的一个压栈，则只需要 4 位编码来确定指令分组，再用 3 位编码来指定寄存器。

怎样用最少的空间来编码指令的操作数是个普遍的难题，因为很多指令的操作数数量都不少。例如，通用的 32 位 80x86 mov 指令需要两个操作数并且需要双字节操作码。[1]但是，英特尔发现 mov(disp, eax);和 mov(eax, disp); 指令在程序中出现的频率很高，因此提供了一个特殊的单字节版本以缩短这些指令，从而减少使用这些指令的程序体积。但是，英特尔并没有去掉这些指令的双字节版本，因此有两条不同的指令可以把 EAX 保存到内存中，而把内存中的数据加载到 EAX 也有两条不同的指令。编译器或者汇编器总是会使用两对指令中更短的那一条。

英特尔针对 mov 指令做了一个重要的权衡：每条 mov 指令都额外占用一个操作码，从而提供了一个更短的版本。事实上，这个技巧英特尔屡试不爽，创建了很多更短也更容易解码的指令。在 1978 年内存还很昂贵的时候，创建冗余指令来缩小程序体积是不错的权衡。但是到了今天，CPU 设计师仍然应该考虑把这些冗余的指令好好利用起来。

10.3 假想处理器 Y86

80x86 处理器系列不断地改进、英特尔在 1978 年设定的设计目标及计算机体系结构的发展，都让 80x86 指令的编码变得非常复杂，甚至有点不合逻辑。简而言之，80x86 指令集不能算是一个入门指令集设计的好例子。因此，我们把有关指令集设计的讨论分成两个阶段：首先，我们为一款假想的 Y86 处理器设计一个简单的指令集（80x86 指令集很小的一个子集），然后延展到完整的 80x86 指令集。

10.3.1 Y86 的限制

假想的 Y86 处理器是 80x86 CPU 的极简版本，它

- 只支持 16 位这种长度的操作数。这种简化使我们无须将操作数长度编码到操作码中（减少了操作码的总数）。
- 支持 4 个 16 位寄存器：AX、BX、CX 和 DX。这样只需要 2 位就可以编码所有的寄存器操作数（而 80x86 系列的 8 个寄存器需要 3 位编码）。
- 有一条 16 位地址总线，最大支持 65 536 字节的可寻址内存空间。

---

1 事实上，英特尔声称这是一个字节的操作码，再加上一个 mod-reg-r/m 字节。但在本书中，我们把 mod-reg-r/m 视为操作码的一部分。

这些简化再加上功能极少的指令集，让 Y86 的全部指令编码只用 1 个字节的操作码和 2 个字节的位移/偏移就够了。

10.3.2　Y86 指令

Y86 CPU 支持 18 条基本指令，其中就包括两种格式的 mov 指令。指令集中有 7 条指令的操作数为两个，8 条指令有一个操作数，还有 5 条指令没有操作数，它们是 mov（两种形式）、add、sub、cmp、and、or、not、je、jne、jb、jbe、ja、jae、jmp、get、put 及 halt。

1. mov 指令

mov 实际上是一类指令，有两种形式：

```
mov( reg/memory/constant, reg );
mov( reg, memory );
```

在两种形式中，*reg* 是 ax、bx、cx 或 dx 中的一个；*memory* 是一个内存单元操作数；而 *constant* 是一个十六进制的数字常量。

2. 算术与逻辑运算指令

算术与逻辑运算指令的格式如下：

```
add( reg/memory/constant, reg );
sub( reg/memory/constant, reg );
cmp( reg/memory/constant, reg );
and( reg/memory/constant, reg );
or( reg/memory/constant, reg );

not( reg/memory );
```

add 指令将第一个操作数的值与第二个操作数的值相加，并把和保存到第二个操作数上。sub 指令用第二个操作数的值减去第一个操作数的值，并把差保存到第二个操作数上。cmp 指令比较第一个操作数的值与第二个操作数的值，比较的结果将用于条件跳转指令（下一节介绍）。and 与 or 指令计算两个操作数的位逻辑运算结果，并把结果保存到第二个操作数上。not 指令只有一个操作数，看上去有点与众不同。
not 指令是将内存或者寄存器操作数逐位取反的位逻辑操作。

3. 控制转移指令

存储在连续内存单位中的指令的执行会被控制转移指令中断，控制权会被转移到在内存中其他地方存储的指令。跳转可以是无条件的，也可以根据 cmp 指令的结果有条件地跳转。下面这些都是控制转移指令：

```
ja   dest; // 高于就跳转（比如，大于）
jae  dest; // 高于或相等就跳转（比如，大于等于）
jb   dest; // 低于就跳转（比如，小于）
jbe  dest; // 低于或相等就跳转（比如，小于等于）
je   dest; // 相等就跳转
jne  dest; // 不相等就跳转 1

jmp  dest; // 无条件跳转
```

前面 6 条指令（ja、jae、jb、jbe、je 及 jne）要检查 cmp 指令的结果，也就是 cmp 指令的第一个操作数和第二个操作数的比较结果。[1]假设用 cmp(ax, bx); 指令来比较 AX 和 BX 寄存器再执行 ja 指令。如果 AX 比 BX 大，则 Y86 CPU 会跳转到指定的目标内存单位处去执行指令；如果 AX 比 BX 小，Y86 CPU 会继续执行下一条程序指令。和前 6 条指令不同，jmp 指令会无条件地将控制权转移到目标地址处的指令。

4. 其他指令

Y86 支持三条不需要任何操作数的指令：

```
get;  // 把一个整数值读到 AX 寄存器
put;  // 显示 AX 寄存器中的值
halt; // 终止程序
```

get 和 put 指令可以读写整数值：get 指令会提示用户输入一个十六进制数并将输入值保存到 AX 寄存器；put 指令用于显示 AX 寄存器的值，格式为十六进制。

---

1 Y86 处理器只支持无符号比较。

halt 指令终止当前程序的运行。

10.3.3　Y86 的寻址模式

在分配操作码之前，我们先来看看这些指令支持的操作数。前面已经看到，18 条 Y86 指令使用了 5 种不同类型的操作数：寄存器、常量及三种寻址模式（间接寻址、变址寻址及直接寻址）的内存地址。寻址模式的详细介绍请参考第 6 章。

10.3.4　Y86 指令编码

因为真正的 CPU 会使用逻辑电路来解码操作码再采取对应的动作，所以分配操作码不能太随意。典型的 CPU 操作码使用一部分位来表示指令的分组（例如 mov、add 或 sub），一部分位来表示操作数。

典型的 Y86 指令格式如图 10-3 所示。

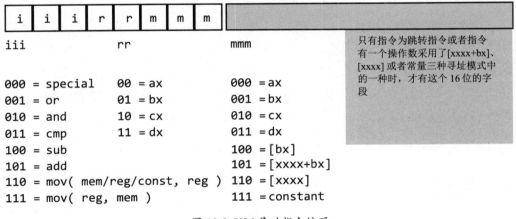

iii		rr		mmm	
000	= special	00	= ax	000	= ax
001	= or	01	= bx	001	= bx
010	= and	10	= cx	010	= cx
011	= cmp	11	= dx	011	= dx
100	= sub			100	= [bx]
101	= add			101	= [xxxx+bx]
110	= mov(mem/reg/const, reg)			110	= [xxxx]
111	= mov(reg, mem)			111	= constant

只有指令为跳转指令或者指令有一个操作数采用了[xxxx+bx]、[xxxx] 或者常量三种寻址模式中的一种时，才有这个 16 位的字段

图 10-3　Y86 基础指令编码

基础指令的长度是 1 个字节或 3 个字节，其中 1 个字节的指令操作码包含 3 个字段。高 3 位是第一个字段，定义的是指令，一共有 8 种组合。因为 Y86 有 18 条不同的指令，所以剩下的 10 条指令我们需要使用一些技巧来处理。

1. 8 条通用 Y86 指令

如图 10-3 所示，8 个基础操作码中有 7 个用来编码 or、and、cmp、sub 和 add 指令，还有两种版本的 mov 指令。第 8 个基础操作码 000 是扩展操作码（Expansion Opcode）。这个特殊的指令分组提供了一种可以扩展指令的机制，我们稍后再来讨论。

要确定一条指令完整的操作码，只需要给 iii、rr 和 mmm 字段（图 10-3 中已经标出）选择一些合适的位就可以了。rr 字段中包含的是目标寄存器（iii 字段为 111 的 mov 指令版本除外），而 mmm 字段编码的是源操作数。例如，mov(bx, ax); 指令编码，应该 3 个字段选择的位分别是 iii = 110（mov(reg, reg);）、rr = 00（ax）和 mmm = 001（bx）。最后得到 1 个字节的指令 %11000001，即 $c0。

有些 Y86 指令不止一个字节。我们以 mov([1000], ax); 指令为例来说明多字节指令存在的必要性。这条指令需要把内存单位$1000 处的值加载到 AX 寄存器，操作码编码是$11000110，即 $c6。但是 mov([2000], ax); 指令的编码也是$c6。显然这两条指令的操作是不同的：一条是把内存单位$1000 处的值加载到 AX 寄存器，另一条则是把内存单位$2000 处的值加载到 AX 寄存器。

指令操作数可能使用[xxxx]或[xxxx+bx] 寻址模式编码地址，也可能采用直接寻址模式编码常量。为了区分它们，必须在指令操作码之后附上 16 位地址或者常量。这个 16 位地址或者常量的低字节必须紧跟在内存中的操作码之后，低字节之后紧跟着高字节。因此，mov([1000], ax); 指令的三字节编码是$c6、$00、$10；而 mov([2000], ax);指令的三字节编码是$c6、$00、$20。

2. 特殊的扩展操作码

Y86 CPU 可以用图 10-3 中的特殊操作码扩展单字节指令集合。这个操作码覆盖了一些零操作数和单操作数的指令，如图 10-4 和图 10-5 所示。

图 10-4 展示的是 4 个单操作数指令分组。rr 字段的第一个两位编码组合%00 提供了一种零操作数指令的编码方法（如图 10-5 所示）来扩展指令集。零操作数指令中有 5 条是非法指令操作码；余下三个合法的操作码分别是结束程序执行的 halt 指令、读取用户输入的十六进制数并保存到 AX 寄存器的 get 指令及输出 AX 寄存器的值的 put 指令。

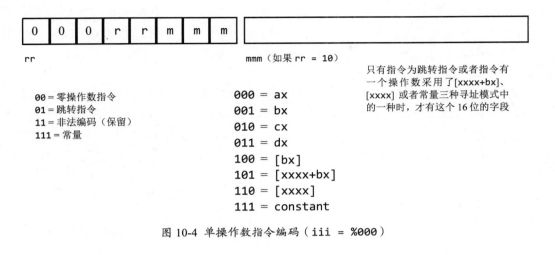

rr

00 = 零操作数指令
01 = 跳转指令
11 = 非法编码（保留）
111 = 常量

mmm（如果 rr = 10）

000 = ax
001 = bx
010 = cx
011 = dx
100 = [bx]
101 = [xxxx+bx]
110 = [xxxx]
111 = constant

只有指令为跳转指令或者指令有一个操作数采用了[xxxx+bx]、[xxxx] 或者常量三种寻址模式中的一种时，才有这个 16 位的字段

图 10-4 单操作数指令编码（iii = %000）

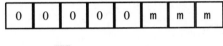

mmm

000 = 非法编码
001 = 非法编码
010 = 非法编码
011 = brk
100 = iret
101 = halt
110 = get
111 = put

图 10-5 零操作数指令编码（iii = %000 且 rr = %00）

rr 字段的第二个两位编码组合%01 也是扩展操作码的一部分，其实现了所有 Y86 跳转指令（如图 10-6 所示）。rr 字段的第三组编码 %10 用于 not 指令，第四组编码当前还未分配。iii 字段编码为%000、rr 字段编码为%11 的操作码在执行时会因非法指令错误而停掉处理器。CPU 设计师通常把这些未分配的操作码保留用于未来的扩展指令集（英特尔从 80286 处理器转换到 80386 处理器及从 32 位 x86 处理器转换到 64 位 x86-64 处理器时都是这样做的）。

Y86 指令集中 7 条跳转指令的格式都是：jxx address;。jmp 指令会将操作码之后的 16 位地址复制到指令指针寄存器中，这样 CPU 就可以从 jmp 指令要跳转的目标地址处获取下一条指令。其他 6 条指令 ja、jae、jb、jbe、je 及 jne 都要检查条件，并且只有在条件为 true 时才会将地址复制到指令指针寄存器。第 8 个操作码 %00001111 是另一个非法操作码。这些指令编码如图 10-6 所示。

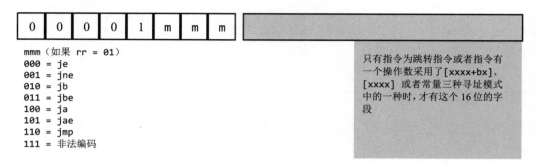

mmm（如果 rr = 01）
000 = je
001 = jne
010 = jb
011 = jbe
100 = ja
101 = jae
110 = jmp
111 = 非法编码

只有指令为跳转指令或者指令有一个操作数采用了[xxxx+bx]、[xxxx] 或者常量三种寻址模式中的一种时，才有这个 16 位的字段

图 10-6　跳转指令编码

10.3.5　Y86 指令编码示例

Y86 处理器解码执行的指令并不是像 mov(ax，bx); 这样人类可以看懂的字符串形式，而是从内存中获取的位模式 $c1。mov(ax，bx); 和 add(5，cx); 这样人类可以理解的指令必须先被转换为二进制表示，即机器码（Machine Code），才能执行。本节我们将介绍这种转换。

1. add 指令

我们以 add(cx, dx);指令为例介绍这种转换。选定指令之后，先要在图 10-3 的操作码示意图中找到该指令。add 指令属于第一个分组（见图 10-3），iii 字段为 %101。源操作数是 cx，因此 mmm 字段为 %010。目标操作数是 dx，因此 rr 字段为 %11。把这些字段的位组合在一起就得到了操作码 %10111010，即 $ba（如图 10-7 所示）。

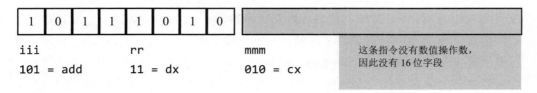

iii	rr	mmm	这条指令没有数值操作数，因此没有 16 位字段
101 = add	11 = dx	010 = cx	

图 10-7 add(cx, dx);指令编码

我们再来看看 add(5，ax) 指令。这条指令有一个立即源操作数（常量），因此 mmm 字段是%111（见图 10-3）。目标寄存器操作数是 ax(%00)，指令分组字段是%101，因此完整的操作码是%101001111，即 $a7。到这里，指令编码还没有结束，还要把 16 位常量$0005 加到指令编码中，这个二进制常量的低字节紧跟在内存中的操作码之后，低字节之后跟着的是高字节，因为它使用的是小端字节序。因此，内存中的字节序列从低地址到高地址分别是$a7、$05、$00（见图 10-8）。

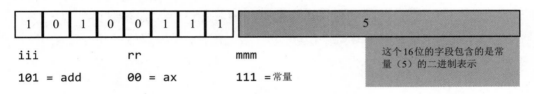

iii	rr	mmm	这个16位的字段包含的是常量（5）的二进制表示
101 = add	00 = ax	111 =常量	

图 10-8 add(5, ax);指令编码

add([2ff+bx]，cx) 指令也包含一个 16 位的常量：变址寻址模式的偏移量。我们可以用字段值 iii = %101、rr = %10 及 mmm = %101 来编码这条指令，得到操作码%10110101，即 $b5。完整的指令还需要跟上一个常量$2ff，最终得到的是三字节序列 $b5、$ff、$02（见图 10-9）。

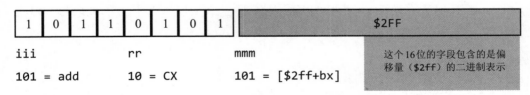

iii	rr	mmm	这个16位的字段包含的是偏移量（$2ff）的二进制表示
101 = add	10 = CX	101 = [$2ff+bx]	

图 10-9 add([2ff+bx], cx); 指令编码

再来看看 add([1000]，ax)指令。这条指令会将内存单位$1000 和$1001 共 16

位的内容加到 AX 寄存器中。代表 add 指令分组的还是 iii = %110。目标寄存器是 AX，因此 rr = %00。最后，寻址模式只有偏移量，因此 mmm = %110。这些字段组成了操作码 %10100110，即 $a6。完整指令的长度是 3 个字节，因为必须将操作后两个字节的内存单位的偏移量（地址）编码到指令中。因此，完整指令的三字节序列是 $a6、%00、$10（见图 10-10）。

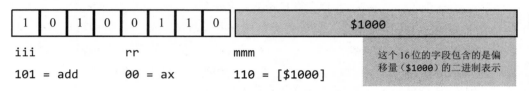

1	0	1	0	0	1	1	0	$1000

iii   rr   mmm   这个 16 位的字段包含的是偏
101 = add   00 = ax   110 = [$1000]   移量（$1000）的二进制表示

图 10-10 add([1000], ax); 指令编码

最后来看看寄存器间接寻址模式 [bx]。add([bx],bx) 指令的编码是 iii = %101、rr = %01（bx）及 mmm＝%100（[bx]）。由于 BX 寄存器中的值指定了内存地址，故指令编码中不需要加上偏移量字段。因此，这条指令的长度只有一个字节（见图 10-11）。

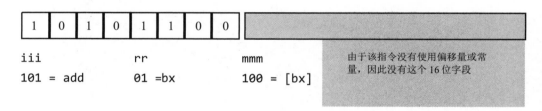

1	0	1	0	1	1	0	0	

iii   rr   mmm   由于该指令没有使用偏移量或常
101 = add   01 =bx   100 = [bx]   量，因此没有这个 16 位字段

图 10-11 add([bx],bx); 指令编码

sub、cmp、and 和 or 指令的编码方法都是一样的，这些指令的编码与 add 指令的唯一区别就是操作码分组字段 iii 的值。

2. mov 指令

Y86 mov 指令有些特殊，因为它有两种格式。mov 指令第一种格式（iii = %110）的编码和 add 指令编码的唯一区别就是 iii 字段。这种格式的 mov 指令将常量，或是由 mmm 字段指定的内存单位或寄存器中的数据，复制到 rr 字段指定的目标寄存器中。

mov 指令的第二种格式（iii = %111）则将 rr 字段指定的源寄存器的数据复制到 mmm 字段指定的目标内存单位中。mov 指令的第二种格式的 rr 字段和 mmm 字段的含义反过来了：rr 是源字段，而 mmm 是目标字段。mov 指令两种格式之间还有一个区别：第二种格式的 mmm 字段的值只能是%100（[bx]）、%101（[disp+bx]）和%110（[disp]）。目标字段 mmm 的值不能是编码 %000~%011 代表的寄存器，也不能是编码 %111 代表的常量。这些编码是非法的，因为目标为寄存器（mmm 字段为%000~%011 的值）的情况第一种格式已经处理了，把数据保存到常量（mmm = %111）没有意义。

3. not 指令

not 指令是 Y86 处理器支持的唯一一条单内存操作数或单寄存器操作数的指令，语法如下：

not(*reg*);

或：

not(*address*);

这里 *address* 代表内存寻址模式（[bx]、[disp＋bx]或[disp]）中的一种。not 指令不支持常量操作数。

由于 not 指令只有一个操作数，因此只需要用 mmm 字段来编码操作数。iii 字段为%000 且 rr 字段为%10 表示的就是 not 指令。事实上，只要 iii 字段中有 0，CPU 就知道需要继续解码其他字段来识别指令。在这种情况下，rr 字段决定了编码是 not 指令还是其他特殊指令。

编码 not(ax) 指令只需要将 iii 字段指定为%000，rr 字段指定为%10，然后按照和 add 指令一样的方法对 mmm 字段编码。mmm = %000 代表 AX，那么 not(ax) 指令的编码就是%00010000，即 $10（见图 10-12）。

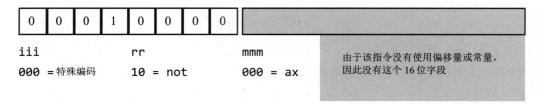

0	0	0	1	0	0	0	0	

iii
000 = 特殊编码

rr
10 = not

mmm
000 = ax

由于该指令没有使用偏移量或常量，
因此没有这个 16 位字段

图 10-12 not(ax); 指令编码

not 指令不支持立即操作数或者常量操作数，因此操作码 %00010111（$17）是非法的。

4. 跳转指令

Y86 跳转指令也使用了特殊编码，即跳转指令的 iii 字段一定是%000。跳转指令的长度也一定是 3 个字节。第一个字节是操作码，指定要执行的是哪一条跳转指令，后两个字节指定 CPU 要把控制权转移到（如果是条件转移，在条件满足的情况下转移）的目标指令的内存地址。Y86 跳转指令一共有 7 条，包括 6 条有条件跳转指令和一条无条件跳转指令 jmp。这 7 条跳转指令的 iii 字段都是%000，rr 字段都是%01，只有 mmm 字段不一样。第 8 条可用的操作码的 mmm 字段等于%111，其是非法操作码（见图 10-6）。

这些指令的编码相对来说简单一些。操作码完全由需要编码的指令决定，范围在$08~$0e（$0f 是非法操作码）。

唯一需要费点脑细胞的是操作码之后的 16 位操作数字段。这个字段保存的是目标指令所在的地址，无条件跳转总是会把控制权转移到该地址，而条件跳转只有在转移条件为真时才会跳转到该地址。必须知道目标指令操作码所在的地址才能正确编码这个 16 位的操作数。如果目标指令已经转换为二进制格式并且保存到了内存中，那就好办了。只要把跳转指令的唯一操作数指定为目标指令的地址即可。但是，如果事先没有将目标指令写下来并转换保存到内存中，则目标指令的地址没办法未卜先知。还好，我们通过计算当前跳转指令和转移到的目标指令之间所有指令的总长度，也可以得到目标地址，但这是个体力活。

最好的计算方法是把所有的指令写到纸上，算出它们的长度（这并不难，指令要么是一个字节要么是三个字节长，取决于指令有没有 16 位操作数），然后给每条指令分配一个适当的地址。做完这些，我们就知道了每条指令的起始地址，然后就可以将目标地址操作数加入到跳转指令的编码中了。

5. 零操作数指令

下面就是编码最简单的零操作数指令。因为没有操作数，所以零操作数指令一定只有一个字节。这些指令的 iii 字段总是等于 %000，rr 字段总是等于 %00，决定指令操作码的是 mmm 字段（见图 10-5）。注意 Y86 CPU 中还有 5 条这类指令没有定义（可以在未来扩展时使用这些指令）。

10.3.6 扩展 Y86 指令集

Y86 CPU 是一个极简的 CPU，只能用来演示机器指令的编码原理。但是，Y86 的设计和其他优秀的 CPU 设计一样提供了扩展能力，可以增加新的指令。

未定义的操作码和非法的操作码都可以用来扩充 CPU 指令集的指令规模。既然 Y86 CPU 有一些非法操作码和未定义操作码，我们就可以使用这些操作码来扩展指令集。

如果一个操作码分组里还有一些位的组合没有定义，正好新增的指令也属于这个分组，那么用这些未定义的操作码组合来定义新指令就再好不过了。例如，操作码 %00011mmm 组合和 iii 字段为%000 的 not 指令属于同一分组。如果觉得确实需要一条 neg（取反）指令，而 neg 指令很可能使用和 not 指令一样的语法，则用%00011mmm 操作码组合来编码 neg 指令就顺理成章了。同理，如果需要在指令集中添加一条零操作数指令，而 Y86 指令集中还有 5 条未定义的零操作数指令（%00000000~%00000100，见图 10-5），那选择一个操作码分配给新的指令就可以了。

可惜 Y86 CPU 的非法操作码不太多。如果还想要添加 shl（左移）、shr（右移）、rol（循环左移）和 ror（循环右移）等单操作数指令，那单操作数指令操作码分组中的操作码就不够用了（当前只有 %00011mmm 可用）。同样，两操作数操作码已经全部被占用了，想要添加 xor（异或）或者其他两操作数操作码就很难了。

用一个未定义的操作码作为操作码的前缀字节，是跳出这种困境的一种常见方法，也是英特尔设计师采用的方法。例如，虽然操作码 $ff 是非法的（对应的指令是 mov(dx,*constant*)），但是我们可以把它作为一个特殊的前缀字节对指令集进行扩展（如图 10-13 所示）[1]。

图 10-13 用前缀字节来扩展指令集

　　CPU 碰到扩展前缀字节时会读取内存中的下一个字节作为真正的操作码解码。但是，CPU 并不会按照没有扩展前缀字节的标准操作码方案来处理这个字节，而是由 CPU 设计师创建一个和原指令集不同的全新操作码方案。一个扩展操作码字节可以让 CPU 设计师向指令集中最多添加 256 条指令。如果还想添加更多指令，设计师可以使用（原指令集中）其他的非法操作码字节来添加更多的扩展操作码。每一个扩展前缀都有各自的指令集；或者在扩展前缀字节之后跟上双字节操作码（最多可以得到 65536 条新指令）；或者使用其他任何可行的方案。

　　当然，这个方案有一个很大的问题：新指令的长度增加了一个字节，因为这些指令的操作码中多了一个扩展前缀字节。这个方案会增加电路成本（扩展前缀字节和多个指令集的解码相当复杂），因此不应该在基本指令集上使用这个方案。不过，操作码不够用的时候这不失为一种扩展指令集的有效方法。

10.4　80x86 指令编码

　　Y86 处理器非常简单，很好理解，手动编码指令也不算太难，是一个学习分配操作码的好例子。Y86 只是为了教学假想出来的设备。现在来看看真正的 80x86 CPU 的机器指令格式，毕竟，我们编写的程序运行在真正的 CPU 上。理解真正的指令是如何编码的，就能透彻地了解编译器对代码都做了什么，这样在编写代码的时候就

---

1 $f7、$ef、$e7 都可以作为前缀，因为它们对应的指令都是把寄存器的值保存到常量。但是，$ff 解码更容易。如果还需要更多前缀字节来扩展指令集，也可以使用这 3 个值。

可以选择最合适的语句与数据结构。

即便使用的是别的 CPU，学习 80x86 的指令编码也很有意义。80x86 被称为复杂指令集计算机（CISC，Complex Instruction Set Computer）不是没有原因的。尽管还有更复杂的指令编码存在，但是没有人会否认 80x86 是当前主流的指令集中比较复杂的一种。因此，对 80x86 的研究为操作其他真实世界 CPU 提供了有价值的参考。

通用的 32 位 80x86 指令格式如图 10-14 所示。[1]

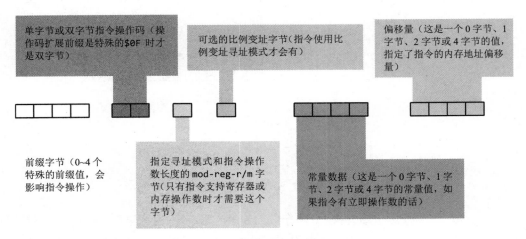

图 10-14　32 位 80x86 指令编码

注意：尽管图 10-14 展示的指令长度可以达到 16 个字节，但实际上指令的长度不能超过 15 个字节。

这里的前缀字节和我们在上一节中讨论的操作码扩展前缀字节不一样。80x86 的前缀字节会改变当前指令的行为。一条指令最多可以和 4 个前缀字节组合，但是 80x86 支持的不同前缀字节值超过了 4 种。很多前缀字节的行为是互斥的，如果在一条指令前面加上一对互斥的前缀字节，则得到的是一条未定义指令。稍后我们将讨论这种前缀字节。

（32 位）80x86 基本操作码支持两种长度：标准的单字节操作码和双字节操作码。

---

1 80x86 指令集的 64 位变体把这件事变得更加复杂了。

双字节操作码的第一个字节是 $0f 操作码扩展前缀，第二个字节才是真正的指令。这种操作码扩展前缀字节可以理解成将 Y86 编码 iii 字段扩充到了 8 位，其最多可以编码 512 个不同的指令分组，80x86 到现在都还没有用完。实际上，各种指令分组都会把操作码扩展前缀字节中的某些位用于非指令分组。我们来看看图 10-15 中 add 指令的操作码例子。

第一位（d）指定了数据传输的方向（Direction）。如果第一位是 0，则目标操作数是内存单位，例如 add(al, [ebx]);。如果第一位是 1，则目标操作数是寄存器，例如 add([ebx], al);。

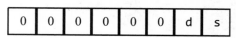

add 操作码

d = 0 把寄存器加到内存
d = 1 把内存加到寄存器

s = 0 相加的是 8 位操作数
s = 1 相加的是 16 位或者 32 位操作数

图 10-15 80x86 add 操作码

第 0 位（s）指定了 add 指令操作数的长度（Size）。但这里有一个问题。32 位 80x86 系列处理器支持三种长度的操作数：8 位、16 位和 32 位。而长度位只有一位，只能编码三种长度中的两种。在 32 位操作系统中，绝大多数操作数要么是 8 位，要么是 32 位，因此 80x86 CPU 只用操作码中的长度位编码这两种长度。对于不如 8 位和 32 位操作数常见的 16 位操作数，英特尔使用一个特殊的操作码前缀字节来指明其长度。只要 16 位操作数指令的使用还没有占到所有指令的八分之一（通常的频率），这种方案就比给指令加上额外一位要节省内存。英特尔的设计师采用长度前缀支持更多不同长度的操作数，而且这还不会改变从最初的 16 位处理器继承下来的指令编码。

注意，AMD/英特尔的 64 位架构对操作码前缀字节的使用更是变本加厉。但是，CPU 会运行在特殊的 64 位模式下。实际上，64 位 80x86 CPU（通常称为 X86-64 CPU）有两套完全不同的指令集，编码也是相互独立的。X86-64 CPU 可以切换 64 位和 32 位模式来处理用不同指令集编写的程序。本章介绍的编码是 32 位版本，64 位版本的详细信息请参考英特尔或 AMD 提供的文档。

10.4.1 指令操作码的编码

图 10-14 中的 mod-reg-r/m 字节是指令操作数的编码，其指定了访问操作数的基址寻址模式及操作数的长度。这个字节中的字段如图 10-16 所示。

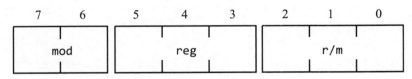

图 10-16 mod-reg-r/m 字节

reg 字段指定一个 80x86 寄存器。但是，reg 指定的寄存器可以是源操作数也可以是目标操作数。很多指令的操作码中都有一个 d（Direction，方向）字段用于区分操作数，如果 d 字段为 0，则 reg 指定的是源操作数；如果 d 字段为 1，则 reg 指定的就是目标操作数。

reg 字段 3 位寄存器编码如表 10-1 所示。前面讲过，指令操作码的长度位指定了 reg 字段指定的寄存器是 8 位还是 32 位（运行在现代 32 位操作系统上）。要让 reg 字段指定一个 16 位的寄存器，必须将长度位置 1，再加上一个额外的前缀字节才行。

表 10-1 reg 字段编码

reg 值	8 位数据长度的寄存器	16 位数据长度的寄存器	32 位数据长度的寄存器
%000	al	ax	eax
%001	cl	cx	ecx
%010	dl	dx	edx
%011	bl	bx	ebx
%100	ah	sp	esp
%101	ch	bp	ebp
%110	dh	si	esi
%111	bh	di	edi

在双操作数指令的操作码中，d 位确定了 reg 字段包含的是源操作数还是目标操作数，而 mod 和 r/m 字段组合起来确定了另一个操作数。对于 not 或者 neg 这样的单操作数指令，reg 字段包含的是一个操作码扩展，而 mod 和 r/m 组合起来指定了唯一的操作数。mod 和 r/m 字段组合起来指定的操作数寻址模式如表 10-2 和 10-3 所示。

表 10-2 mod 字段编码

mod	说明
%00	使用寄存器间接寻址模式（有两个例外：当 r/m = %100 时，是不带偏移量的操作数的比例变址 [sib] 寻址模式；当 r/m = %101 时，是仅有偏移量的寻址模式）
%01	在寻址模式字节之后有一个 1 个字节的带符号偏移量
%10	在寻址模式字节之后有一个 4 个字节的带符号偏移量
%11	直接访问寄存器

表 10-3 mod-r/m 编码

mod	r/m	寻址模式
%00	%000	[eax]
%01	%000	[eax+$disp_8$]
%10	%000	[eax+$disp_{32}$]
%11	%000	al、ax 或 eax
%00	%001	[ecx]
%01	%001	[ecx+$disp_8$]
%10	%001	[ecx+$disp_{32}$]
%11	%001	cl、cx 或 ecx
%00	%010	[edx]
%01	%010	[edx+$disp_8$]
%10	%010	[edx+$disp_{32}$]
%11	%010	dl、dx 或 edx
%00	%011	[ebx]
%01	%011	[ebx+$disp_8$]

mod	r/m	寻址模式
%10	%011	[ebx+$disp_{32}$]
%11	%011	bl、bx 或 ebx
%00	%100	比例变址（sib）模式
%01	%100	sib + $disp_8$ 模式
%10	%100	sib + $disp_{32}$ 模式
%11	%100	ah、sp 或 esp
%00	%101	仅有偏移量的模式（偏移量为 32 位）
%01	%101	[ebp+$disp_8$]
%10	%101	[ebp+$disp_{32}$]
%11	%101	ch、bp 或 epb
%00	%110	[esi]
%01	%110	[esi+$disp_8$]
%10	%110	[esi+$disp_{32}$]
%11	%110	dh、si 或 esi
%00	%111	[edi]
%01	%111	[edi+$disp_8$]
%10	%111	[edi+$disp_{32}$]
%11	%111	bh、di 或 edi

表 10-2 和 10-3 中有些地方很有意思。首先，[$reg+disp$] 寻址模式有两种形式：一种偏移量是 8 位 $disp_8$，另一种偏移量是 32 位 $disp_{32}$。偏移量在-128～+127 的寻址模式只需要在操作码之后增加一个字节的偏移量编码；而偏移量不在这个范围内的寻址模式则需要在操作码之后增加 4 个字节。相较之下，偏移量在前面这个范围内的指令更短，有时候运行得也更快一些。

需要注意的第二点是，[ebp] 寻址模式是不存在的。按照逻辑规律，表 10-3 中本该是 [ebp] 寻址模式的一栏（r/m 等于 %101 且 mod 等于 %00）现在却是 32 位仅有偏移量的寻址模式。基址寻址模式的编码方案不允许只有偏移量，因此英特尔将 [ebp] 编码移花接木用来表示这种模式。还好，[ebp] 寻址模式可以用 [ebp+ $disp_8$]

寻址模式表示，只要将 8 位偏移量置为 0 就可以了。当然，这样的话同样功能的指令就比直接使用[ebp]寻址模式长一些。英特尔预测针对这个特定寄存器的间接寻址模式的使用频率要比其他寄存器低，因此选择将这个寄存器的间接寻址模式挪作他用。

还要注意的是，表中缺少了[esp]、[esp+$disp_8$]和[esp+$disp_{32}$]这几种寻址模式。英特尔设计师们借用这三种寻址模式的编码给 80x86 系列 32 位处理器添加了比例变址寻址（Scaled-Index Addressing）模式支持。

如果 r/m = %100 且 mod = %00，则指令的寻址模式为[$reg_1$32 + $reg_2$32 * n]。这种比例变址寻址模式计算出的最终内存地址是 reg_2 乘以 n（n 为 1、2、4 或 8）加上 reg_1 的和。使用这种寻址模式时，程序通常把 reg_1 作为数组的基址，把 reg_2 作为数组的下标，而数组元素则是一个字节（n = 1）、字（n = 2）、双字（n = 4）或者四字（n = 8）。

如果 r/m = %100 且 mod = %01，则指令的寻址模式为[$reg_1$32 + $reg_2$32 * n + $disp_8$]。这种比例变址寻址模式计算出的最终内存地址是 reg_2 乘以 n（n 为 1、2、4 或 8）加上 reg_1 以及一个 8 位带符号偏移量（符号扩展为 32 位）的和。使用这种寻址模式时，程序通常把 reg_1 作为记录数组的基址，把 reg_2 作为数组的下标，而 $disp_8$ 代表的是想要访问的字段在数据记录元素中的偏移量。

如果 r/m = %100 且 mod = %10，则指令的寻址模式为[$reg_1$32 + $reg_2$32 *n + $disp_{32}$]。这种比例变址寻址模式计算出的最终内存地址是 reg_2 乘以 n（n 为 1、2、4 或 8）加上 reg_1 以及一个 32 位带符号偏移量的和。程序通常使用这种寻址模式访问字节、字、双字或者四字静态数组。

如果 mod 和 r/m 字段的组合正好能匹配上一种 sib（Scaled-index Byte，比例变址字节）模式，则指令的寻址模式就是比例变址寻址模式。这种模式的 mod-reg-r/m 字节之后会紧跟着一个字节（sib），别忘了后面还有 mod 字段指定的 0、1 或 4 个字节的偏移量。图 10-17 展示了这个额外的 sib 的格式，而表 10-4、表 10-5 和表 10-6 解释了 sib 中各个字段值的含义。

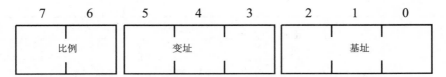

图 10-17 sib（Scaled-index Byte，比例变址字节）格式

表 10-4 比例（Scale）值

比例值	变址 * 比例的值
%00	变址 * 1
%01	变址 * 2
%10	变址 * 4
%11	变址 * 8

表 10-5 sib 编码中的变址（Index）寄存器

变址值	寄存器
%000	EAX
%001	ECX
%010	EDX
%011	EBX
%100	非法
%101	EBP
%110	ESI
%111	EDI

表 10-6 sib 编码中的基址寄存器

基址值	寄存器
%000	EAX
%001	ECX
%010	EDX
%011	EBX

基址值	寄存器
%100	ESP
%101	只有 mod = %00 时才有偏移量，如果 mod = %01 或%10 则是 EBP
%110	ESI
%111	EDI

毫无疑问，mod-reg-r/m 和 sib 字节十分复杂而且令人费解。这是因为英特尔在转换到 32 位格式时并没有抛弃而是继续使用了 16 位寻址电路。保留 16 位电路固然是一个不错的硬件方案，但却造成了一个复杂的寻址模式方案，这种情况在英特尔和 AMD 设计 x86-64 的时候进一步恶化了。

注意，如果 r/m 字段等于 %100 且 mod 不等于 %11，那么指令的寻址模式是 sib 模式而不是期望的[esp]、[esp+$disp_8$] 或者 [esp+ $disp_{32}$] 模式。在这种情况下编译器或者汇编器会在 mod-reg-r/m 字节之后生成一个 sib 字节。表 10-7 列出了 80x86 处理器上各种比例变址寻址模式的合法组合。

表 10-7 中每种寻址模式 mod-reg-r/m 字节中的 mod 字段都指定的是偏移量长度（0、1 或 4 个字节）。sib 的基址和变址字段分别指定的是基址寄存器和变址寄存器。注意，这种寻址模式不允许 ESP 作为变址寄存器。英特尔没有定义这个特殊的模式，大概是为了将来版本的 CPU 可以将寻址模式扩展为三个字节，虽然这么做看起来有点过了。

和 mod-reg-r/m 编码将[ebp] 寻址模式挪用作仅有偏移量的模式一样，sib 寻址模式也将[ebp+$index*scale$] 挪用作偏移量加变址的模式（即没有基址寄存器）。如果确实需要使用[ebp+$index*scale$] 寻址模式，就必须使用[$disp_8$+ebp+$index*scale$] 模式，并且一个字节的偏移量的值必须为 0。

表 10-7 比例变址寻址模式清单

mod	变址	合法的比例变址寻址模式[1]
%00 基址(Base) != %101	%000	$[base_{32}+eax*n]$
	%001	$[base_{32}+ecx*n]$
	%010	$[base_{32}+edx*n]$
	%011	$[base_{32}+ebx*n]$
	%100	n/a[2]
	%101	$[base_{32}+ebp*n]$
	%110	$[base_{32}+esi*n]$
	%111	$[base_{32}+edi*n]$
%00 基址(Base) = %101[3]	%000	$[disp_{32}+eax*n]$
	%001	$[disp_{32}+ecx*n]$
	%010	$[disp_{32}+edx*n]$
	%011	$[disp_{32}+ebx*n]$
	%100	n/a
	%101	$[disp_{32}+ebp*n]$
	%110	$[disp_{32}+esi*n]$
	%111	$[disp_8+edi*n]$
%01	%000	$[disp_8+base_{32}+eax*n]$
	%001	$[disp_8+base_{32}+ecx*n]$
	%010	$[disp_8+base_{32}+edx*n]$
	%011	$[disp_8+base_{32}+ebx*n]$
	%100	n/a
	%101	$[disp_8+base_{32}+ebp*n]$
	%110	$[disp_8+base_{32}+esi*n]$
	%111	$[disp_8+base_{32}+edi*n]$

---

1 基址字段指定的 base32 寄存器可以是任意一个 80x86 32 位通用寄存器。

2 80x86 不允许程序使用 ESP 作为变址寄存器。

3 80x86 不支持寻址模式 [base32+ebp*n]，但是同样的地址可以使用[base32+ebp*n+disp8] 并将 8 位偏移量置为 0 。

mod	变址	合法的比例变址寻址模式
%10	%000	$[disp_{32}+base_{32}+eax*n]$
	%001	$[disp_{32}+base_{32}+ecx*n]$
	%010	$[disp_{32}+base_{32}+edx*n]$
	%011	$[disp_{32}+base_{32}+ebx*n]$
	%100	n/a
	%101	$[disp_{32}+base_{32}+ebp*n]$
	%110	$[disp_{32}+base_{32}+esi*n]$
	%111	$[disp_{32}\ base_{32}+edi*n]$

10.4.2 add 指令编码的例子

我们以使用不同寻址模式的 80x86 add 指令为例，说明这种复杂的指令编码方法。add 指令的方向位和长度位可以组合出操作码 $00、$01、$02 或 $03（见图 10-15）。图 10-18~图 10-25 说明了不同寻址模式的 add 指令是如何编码的。

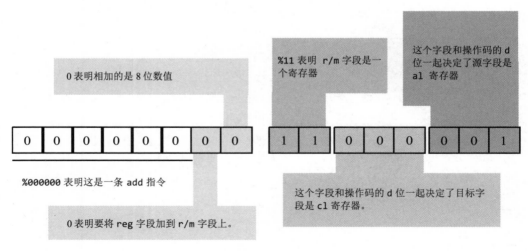

图 10-18 add(al, cl); 指令编码

mod-reg-r/m 和方向位的组合带来一个有趣的问题：一些指令会拥有两个不同的合法操作码。例如，图 10-18 中的 add(al, cl); 指令还可以编码为 $02、$08，即交换 reg 和 r/m 字段中的 AL 与 CL 寄存器并将操作码的 d 位（第一位）置 1。这适用于两个操作数都是寄存器并且带方向位的指令，比如图 10-19 中的 add(eax, ecx); 指令也可以编码为 $03, $c8。其他 add 指令编码例子如图 10-20~图 10-25 所示。

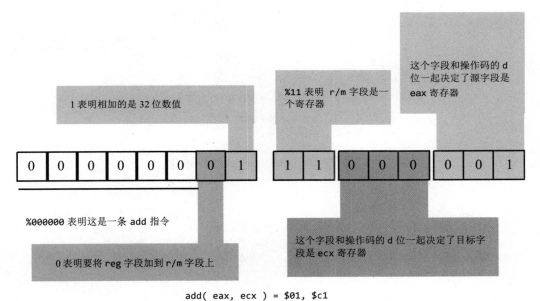

add(eax, ecx) = $01, $c1

图 10-19 add(eax, ecx); 指令编码

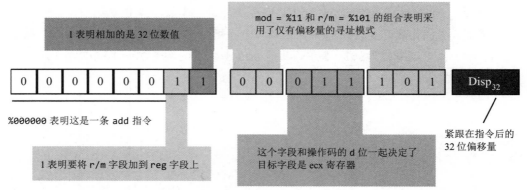

图 10-20 add(disp, edx);指令编码

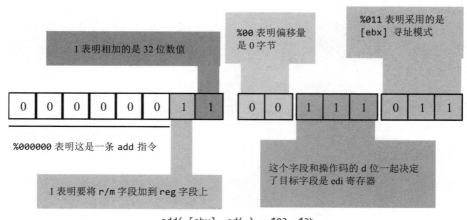

图 10-21 add([ebx], edi);指令编码

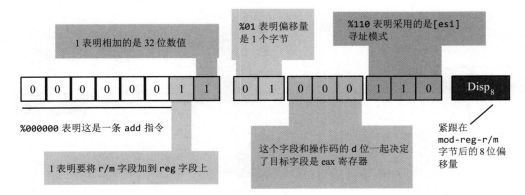

add([esi + disp$_8$], eax) = \$03, \$46, \$xx

图 10-22 add([esi+$disp_8$], eax); 指令编码

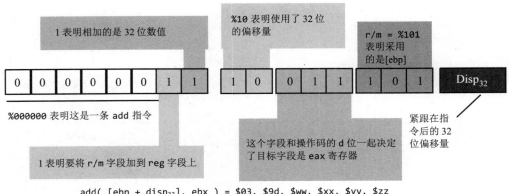

add([ebp + disp$_{32}$], ebx) = \$03, \$9d, \$ww, \$xx, \$yy, \$zz

注：\$ww、\$xx、\$yy、\$zz 表示偏移量 4 个字节的值，其中\$ww 是低字节，\$zz 是高字节。

图 10-23 add([ebp+$disp_{32}$], ebx);指令编码

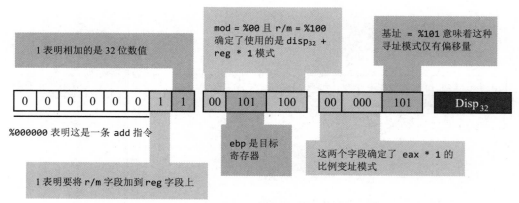

注：$ww、$xx、$yy、$zz 表示偏移量 4 个字节的值，其中$ww 是低字节，$zz 是高字节。

图 10-24 add($disp_{32}$+eax*1], ebp)；指令编码

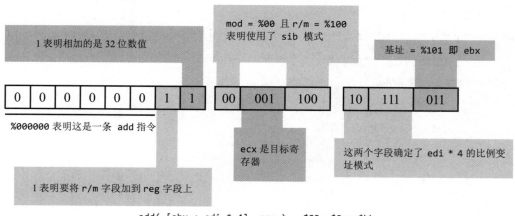

图 10-25 add([ebx+edi*4], ecx)；指令编码

10.4.3　x86 的立即（常量）操作数编码

大家可能已经发现了，mod-reg-r/m 和 sib 字节没有任何指定立即操作数的组合。80x86 使用完全不同的操作码来指定立即操作数，图 10-26 展示了立即模式的 add 指令基本编码。

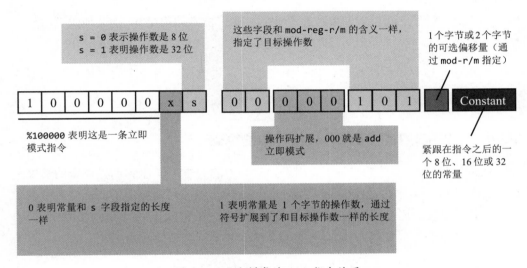

图 10-26　立即模式的 add 指令编码

立即模式的 add 指令和标准模式的 add 指令主要有三处区别。首先也是最重要的一处是操作码的最高位是 1。最高位为 1 向 CPU 表明指令有一个立即数。但 CPU 不能只靠这一位的变化就知道要执行的是 add 指令，接下来我们马上就会介绍。

第二处区别是操作码中没有方向位。这很合理，因为常量是不能作为目标操作数的。因此，目标操作数的地址一定由 mod-reg-r/m 字段中的 mod 和 r/m 组合指定。

操作码中代替方向位的是符号扩展位（x，Sign-Extension）。如果是 8 位操作数，CPU 会忽略符号扩展位。如果是 16 位或 32 位操作数，则符号扩展位指定了跟在 add 指令后面的常量长度。如果符号扩展位为 0，则说明常量的长度和操作数长度一样（不管是 16 位还是 32 位）。如果符号扩展位为 1，而常量又是一个 8 位的带符号数值，则 CPU 在把常量和操作数相加之前会将其符号扩展到正确的长度。这个小技巧往往可以大大缩小程序体积，因为在 16 位或 32 位目标操作数上加上一个很小的常量的情况在程序中太普遍了。

立即模式的 add 指令和标准模式的 add 指令之间还有一个区别：mod-reg-r/m 字节中 reg 字段的含义。由于这条指令的源操作数是常量，而且 mod-r/m 字段指定的是目标操作数，因此不需要使用 reg 字段指定操作数。80x86 CPU 把这三位当作操作码扩展。对于立即模式的 add 指令来说，这三位必须都是 0，而其他组合对应的是其他指令。

把常量和内存单位相加时，内存单位的偏移量就排在指令序列中的常量数据前面。

10.4.4　8 位、16 位和 32 位操作数的编码

英特尔在设计 8086 的时候，使用了操作码中的一位（s）来说明操作数的长度是 8 位还是 16 位。后来，80386 将其扩展到了 32 位，这时问题出现了：一位只能表示两种操作数长度，但是需要编码的却有三种（8 位、16 位及 32 位）。英特尔使用一个操作数长度前缀字节（Operand-Size Prefix Byte）来解决这个问题。

英特尔研究了自己的指令集并得出了结论：在 32 位环境中，程序使用 8 位和 32 位操作数的概率要比 16 位操作数大得多。因此，英特尔决定用操作码中的长度位代表 8 位和 32 位操作数，我们在前面几节中介绍过。虽然 16 位操作数现代 32 位程序用得不多，但不是完没有使用。于是，英特尔允许程序员给 32 位指令加上值为$66 的操作数长度前缀字节，这个前缀字节告诉CPU操作数包含的数据是 16 位而不是 32 位。

程序员不需要自己给 16 位操作数的指令加上操作数前缀字节，汇编器或者编译器会自动处理。但是，务必记住，在 32 位程序中使用 16 位的对象，指令长度会因为前缀多出一个字节。因此，如果程序体积和速度（或多或少会受影响）非常重要，使用 16 位指令一定要小心。

10.4.5　64 位操作数编码

64 位模式下的英特尔和 AMD x86-64 处理器使用特殊的操作码前缀字节来指定 64 位寄存器。处理 64 位操作数和寻址模式的 REX 操作码有 16 个。因为单字节操作码不够 16 个，所以 AMD（这套指令集的设计者）选择重新利用 16 条 `inc(reg)` 和 `dec(reg)` 指令现有的单字节操作码变体。这些指令仍然有双字节的变体，所以 AMD 并不是一下子将这些指令全部删除了，而是只删除了这些指令的单字节版本。但是，标准的 32 位代码（很多都使用了单字节的递增指令和递减指令）就不能在 64 位模型上运行了。因此，AMD 和英特尔都引入了新的 32 位和 64 位运行模式，这样一来同一块 CPU 既可以运行老的 32 位代码，也可以运行新的 64 位代码。

10.4.6　指令的替代编码

本章前面提到过，最初设计 80x86 时，内存还十分昂贵，因此英特尔的主要设计目标之一就是创建一个指令集让程序员编写的程序体积更小。英特尔给一些常用的指令创建替代编码。这些替代指令比标准版本要短，英特尔希望程序员多多使用这些更短的指令版本从而生成更小的程序。

这些替代指令中 `add(constant, accumulator);` 是一个不错的例子。指令中的 `accumulator`（累加寄存器）可以是 al、ax 或 eax。80x86 的 `add(constant, al);` 和 `add(constant, eax);` 指令都提供了单字节操作码，分别是 `$04` 和 `$05`。而且单字节操作码还不需要 `mod-reg-r/m` 字节，这些指令比立即模式的 add 指令还要短一个字节。`add(constant, ax);` 指令还需要一个操作数长度前缀，算上操作码和这个前缀字节实际上该指令有两个字节。即便是这样，这条指令仍然比立即模式的 add 指令短一个字节。

使用这些指令程序员不需要特别说明。优秀的汇编器或编译器将源码翻译成机器码的时候都会尽可能选择最短的指令。但请注意，英特尔只提供了累加寄存器的替代编码。因此，如果选择的指令中包含了累加寄存器，那么 AL、AX 和 EAX 寄存器通常是最好的选择。但是，只有汇编语言程序员才需要选择。

10.5　指令集设计对程序员的意义

只有了解计算机体系结构，特别是 CPU 机器指令的编码，程序员才能高效地使用机器指令。通过学习指令集设计，程序员可以清楚地了解：

- 为什么有些指令比其他指令短。
- 为什么有些指令比其他指令快。
- CPU 可以高效处理哪些常量值。
- 常量是否比内存单位效率更高。
- 为什么某些算术和逻辑运算比其他运算效率更高。
- 哪些类型的算术表达式比其他表达式更易于翻译成机器码。
- 为什么代码把控制权转移到距离比较远的目标代码时效率比较低。

等等。

通过学习指令集设计，我们对自己写出来的代码（就算是高级编程语言写出来的代码）如何操作 CPU 的理解更进了一步。用这些知识把自己武装起来，才能写出卓越的代码。

10.6　更多信息

Hennessy, John L., and David A. Patterson. *Computer Architecture: A Quantitative Approach*. 5th ed. Waltham, MA: Elsevier, 2012.

Hyde, Randall. *The Art of Assembly Language*. 2nd ed. San Francisco: No Starch Press, 2010.

Intel. "Intel® 64 and IA-32 Architectures Software Developer Manuals." Last updated November 11, 2019. https://software.intel.com/en-us/articles /intel-sdm/

11

内存体系结构与组织

　　本章讨论内存层次结构，即计算机系统中不同种类、不同性能级别的内存。尽管所有形式的内存程序员通常都会一视同仁地处理，但如果处理不当就可能对性能造成负面影响。本章介绍如何充分地利用内存层次结构。

11.1　内存层次结构

　　对大多数现代程序来说，快速内存肯定是多多益善。但是，内存设备容量越大，速度反而越慢。例如，缓存速度非常快，但容量却很小，而且非常昂贵。主存不贵而且容量很大，但是速度慢，还有等待状态。内存层次结构提供了一种方法来对比内存的成本和性能。图 11-1 展示的就是一种内存层次结构。

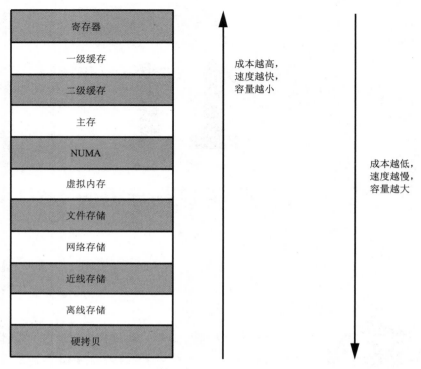

图 11-1 内存层次结构

　　CPU 的通用寄存器（Register）处在内存层次结构的顶部。寄存器是 CPU 访问数据的最快途径，寄存器文件也是内存层次结构中容量最小的内存对象（80x86 只有 8 个通用寄存器，x86-64 增加到了 16 个）。CPU 寄存器无法扩展，因此寄存器也就成为了最昂贵的内存单位。就算把 FPU、MMX/AltiVec、SSE/SIMD、AVX/2/-512 以及其他同样层次的 CPU 寄存器全部算上，CPU 寄存器的数量仍然不多，每一个字节都特别昂贵。

　　自上而下，寄存器之下的一级缓存（L1 Cache，Level One Cache）系统是内存层次结构中性能仅次于寄存器的子系统。CPU 厂商通常提供的是片上 L1 缓存，和寄存器一样，用户是没有办法扩展它的。L1 缓存的容量通常都很小，一般是在 4KB~32KB 之间，尽管这已经比寄存器的容量大多了。虽然 CPU 上的 L1 缓存大小也是固定的，但单字节成本却比寄存器的要低得多。因为 L1 缓存的容量比将所有寄存器加起来的容量还多，而在系统设计师看来这两者的成本都和 CPU 的价格相当。

有些系统的二级缓存（L2 Cache，Level Two Cache）在片上，有些则不在片上。英特尔 i3、i5、i7 和 i9 系列 CPU 的 L2 缓存都是 CPU 的一部分，而一些老的英特尔赛扬芯片却不是这样。L2 缓存通常要比 L1 缓存大很多（L2 缓存可以达到256KB~1MB，而 L1 缓存只有 4KB~32KB）。内置在 CPU 中的 L2 缓存也是不可扩展的，但是成本要比 L1 缓存低。因为，如果让两种缓存各自的全部字节来平摊 CPU 的成本，容量更大的 L2 缓存显然成本更低。

除了最老的英特尔处理器，所有处理器都有三级缓存（L3 Cache，Level Three Cache）。L3 缓存比 L2 缓存更大（较新的英特尔芯片通常有 8MB）。

在内存层次结构中排在 L3（如果没有 L3 就是 L2）缓存系统之下的是主存（Main-Memory）子系统。主存在大多数计算机系统中都存在，是一种成本相对较低的通用内存，一般是 DRAM 或者类似的廉价内存。但是，各种主存技术之间的差别造成了主存速度上的差异。主存类型包括标准 DRAM、同步 DRAM（同步动态随机存取存储器，Synchronous Dynamic Random-access Memory，SDRAM）、双数据率DRAM（双倍数据率动态随机存取存储器，Double Data Rate Random Access Memory，DDRAM）、DDR3、DDR4 等。但同一台计算机一般不会同时采用多种技术。

主存下面是 NUMA 内存子系统。NUMA 是非一致内存访问（Non-Uniform Memory Access）的简称，有点词不达意。非一致内存访问的潜台词是不同类型的内存访问时间不同，其用来描述整个内存层次结构更加贴切。但图 11-1 中的 NUMA 是一些电气上和主存类似但是因为某些原因访问速度比主存低得多的内存。显（图形）卡上的内存就是典型的 NUMA 内存。闪存也是一种 NUMA，它的访问和传输时间都比标准半导体 RAM 要慢很多。其他由外设提供的和 CPU 共享的内存，访问时间也很慢。

大多数现代计算机系统都实现了虚拟内存（Virtual Memory），即用大容量存储磁盘驱动器来模拟主存。在程序需要数据的时候，虚拟内存子系统负责在磁盘和主存之间复制数据，而这个过程应用程序是无感知的。虽然磁盘比主存要慢得多，但每位数据的成本也低几个数量级。因此，磁存储及固态存储驱动器（Solid-State Drive）保存数据的成本比内存低得多。

文件存储（File Storage）也使用磁盘介质来保存程序数据。虚拟内存子系统在程序需要时负责磁盘和主存之间的数据传输，程序是无感的，但是文件存储的数据存取却是程序自己负责。很多情况下，使用文件存储比使用虚拟内存要慢一点，这也是为什么文件存储在内存层次结构中层级更低。[1]

再往下是网络存储（Network Storage）。在这个层级，程序将数据保存在其他通过网络连接到计算机系统的内存系统中。网络存储可以是虚拟内存、文件存储或者分布式共享内存（DSM，Distributed Shared Memory）系统。分布式共享内存是不同计算机系统上运行的程序共享的一块内存，这些程序通过网络通信来同步这块内存的修改。

虚拟存储、文件存储和网络存储都是在线内存子系统（Online Memory Subsystem）。访问在线内存子系统要比访问主存子系统慢。但是，在程序请求这三种内存子系统中的数据时，这些内存设备会以硬件能达到的最快速度响应。这一点内存层次结构中剩下的层级都做不到。

在程序请求数据的时候，近线存储（Near-line Storage）和离线存储（Offline Storage）子系统可能无法立即响应。离线存储系统以电子形式（通常是磁或光）的介质保存数据，但是存储介质并不一定和需要数据的计算机系统连接在一起。磁带、独立的外部磁盘驱动器、磁盘盒、光盘、U 盘、SD 卡和软盘都是离线存储。当程序需要访问离线存储的数据时，必须停下来等人或设备将需要的介质挂载到计算机系统上。这可能要等一会（计算机操作员也许可以去喝杯茶了）。

近线存储使用的介质和离线存储一样，但不需要从外部挂载这些介质。近线存储系统将存储介质存放在一个特殊的自动点唱机设备中，当程序请求数据时，所需的介质可以自动挂载。

硬拷贝存储就是数据某种形式的打印输出。如果程序需要的数据只有硬拷贝形式，那么就得手动把数据输入计算机中。纸张或者其他硬拷贝介质可能是最便宜的存储了，至少对于某些类型的数据来说是这样的。

---

1 注意，在有些极端情况下，虚拟内存可能比文件访问慢很多。

11.2　内存层次结构的工作原理

内存层次结构存在的目的就是为了快速访问大量的内存。如果需要的内存容量不大，那么我们肯定只选择快速的静态 RAM（缓存使用的就是这种电路）。如果不在意访问速度，我们肯定只会选择使用虚拟内存。而内存层次结构可以让我们利用引用的空间局部性（Spatial Locality of Reference）和引用的时间局部性（Temporality of Reference）原理，将经常访问的数据放到较快的内存中，将很少访问的数据留在较慢的内存中。然而，在程序执行过程中，经常使用的数据集合和很少使用的数据集合是动态变化的。我们不能在程序启动的时候简单地将数据分布到内存层次结构的各个层级，然后在程序执行过程中保持不变。相反，不同的内存子系统应当在程序执行过程中根据引用的空间局部性和时间局部性在子系统之间动态地移动数据。

寄存器和内存之间的数据移动严格来说就是程序的功能。程序使用 mov 这样的机器指令将数据加载到寄存器中或者将寄存器中的数据保存到内存中。程序员或者编译器负责将频繁访问的数据尽可能久地留在寄存器中，CPU 不会为了性能自动把数据放在通用寄存器中。

明确由程序控制的是寄存器、主存和文件存储及这些层级下面的子系统。而对于寄存器和主存之间的内存层级大多数程序是无感知的。实际上，缓存访问和虚拟内存操作对程序来说是透明的，也就是说，访问这些内存层级不需要程序介入。程序只需要访问主存，剩下的内存层级交给硬件和操作系统来管理。

当然了，如果程序总是访问主存，其就会运行缓慢，因为现代 DRAM 主存子系统还是比 CPU 慢太多。缓存子系统和 CPU 缓存控制器的工作就是在主存和 L1 与 L2 缓存之间移动数据，从而让 CPU 可以快速访问常用数据。同样，虚拟内存子系统负责将常用数据从硬盘移动到主存中（如果还想进一步提升访问速度，缓存子系统会接力将数据从主存移动到缓存中）。

大多数的内存子系统访问都发生在当前内存层次结构的某个层级和其上下相邻的层级之间，只有少数例外情况，这一切都是无感知的。例如，CPU 就很少直接访问主存。当 CPU 请求内存中的数据时，L1 高缓存子系统会接管请求。如果请求的数据已经在 L1 缓存中，L1 缓存子系统就将数据返回给 CPU 并结束这次内存访问。如果请求的数据不在 L1 缓存中，L1 缓存子系统就将请求传递给下层的 L2 缓存子系统。

如果 L2 缓存子系统中有需要的数据，就将数据返回给 L1 缓存，再由 L1 缓存将数据返回给 CPU。这样 L1 缓存中就有了这些数据的副本，而之后短时间内对同样数据的访问请求 L1 缓存就可以满足了。

如果 L1、L2、L3 缓存子系统中没有需要的数据，那么这个请求就会被传递给主存。如果主存发现请求的数据存在，主存子系统就把数据交给 L3 缓存，L3 缓存再交给 L2 缓存，L2 缓存再交给 L1 缓存，最后由 L1 缓存返回给 CPU。同样，这些数据现在 L1 缓存中已经有了，而之后短时间内对同样数据的访问请求 L1 缓存自己就可以满足，暂时不再需要 L2 缓存了。

如果数据不在主存而是在存储设备上的虚拟内存中，这时操作系统就会接管访问操作，从磁盘或者其他设备（例如网络存储服务器）读取数据，再将数据交给主存子系统，主存再通过缓存将数据交给 CPU，传递的过程不再赘述。

由于内存访问呈现出的空间局部性和时间局部性，因此所有内存访问中 L1 缓存子系统满足请求的占比最高，其次是 L2 缓存子系统，然后是 L3 缓存子系统，虚拟内存满足请求的占比最低。

11.3　内存子系统的性能差距

我们再来观察一下图 11-1 所示的内存层次结构，就会发现越靠上的内存层级速度越快。上一层级的内存子系统比下一层级到底快多少呢？一句话概括就是速度不是等比提升的。相邻的两个内存层级之间的速度可能"几乎没有区别"，也有可能存在"四个量级的差距"。

毫无疑问，寄存器是追求数据访问速度的最佳选择。访问寄存器不需要额外的时间，大多数需要访问数据的机器指令都可以访问寄存器中的数据。而需要访问内存数据的指令会使用额外的字节（当作偏移量）编码，因此指令更长，一般来说也会更慢。

英特尔 80x86 指令时钟表声称 mov(someVar, ecx); 这样的指令应该和 mov(ebx, ecx); 这样的指令执行得一样快。但是，如果仔细阅读说明书，就会发现上述指令需要满足一些假设，这种说法才会成立。第一个假设是 someVar 的值已经在 L1 缓存中了。如果假设不成立，那么缓存控制器就必须查询 L2 缓存、L3 缓存、主存，最糟糕的情况是要查询虚拟内存子系统的驱动器。本来在 4 GHz 处理器上执行时间只需要 0.25 纳秒（即一个时钟周期）的指令一下子需要几毫秒来执行。这里的区别可不止 6 个数量级。当然，后续对这个变量的访问确实只需要一个时钟周期，因为 L1 缓存在第一次访问该数据后就会保存这个数据。但是，即使把 someVar 的值留在缓存中访问一百万次，平均每次访问时间还是大约两个时钟周期，因为第一次访问耗费的时间实在是太长了。

的确，在虚存子系统驱动器上定位数据的概率非常低。但是，主存子系统和 L1 缓存子系统之间仍然有好几个数量级的性能差距。因此，如果程序需要从主存中获取数据，即便再访问 999 次，每次内存访问平均下来仍然需要两个时钟周期。尽管英特尔的文档声称只要一个时钟周期。

L1、L2 和 L3 缓存系统之间的速度差异并不大，除非二级或三级缓存没有和 CPU 封装在一起。在 4 GHz 的处理器上，如果没有等待状态，L1 缓存必须在 0.25 纳秒内响应（实际上有些处理器在访问 L1 缓存时加入了等待状态，但 CPU 设计者会避免这种情况）。访问 L2 缓存的数据总是比访问 L1 缓存慢，并且总是会包含至少一个或更多个等待状态。

L2 缓存访问比 L1 慢的原因有几个。首先，CPU 需要时间判断数据在不在 L1 缓存中。等到 CPU 判断出来，内存访问周期已经快结束了，没有时间来访问 L2 缓存中的数据了。其次，为了降低 L2 缓存的成本，L2 的电路可能比 L1 要慢。再次，L2 缓存的容量通常 比 L1 缓存大 16~64 倍，而大容量的内存子系统通常比小容量的内存子系统慢。这些原因都会导致访问 L2 缓存的数据需要额外的等待状态。如前所述，L2 缓存要比 L1 慢一个数量级，访问 L3 缓存的数据也是如此。

L1、L2 和 L3 缓存的差别还有系统在缓存未命中（见第 6 章）时读取的数据量。CPU 在读写 L1 缓存的数据时，通常是需要多少就读写多少。例如，mov(al, memory); 指令执行时，CPU 会向缓存中写入一个字节。同理，如果执行的是 mov(mem32, eax); 指令，CPU 会从 L1 缓存中读取正好 32 位的数据。但是，L1 缓存以下层级的内存子系统读写的数据就不止这么多了。对内存层次结构中 L1 缓存以下的层级来说，内存访问时内存子系统移动的通常都是数据块，即缓存行（Cache Line）。假设执行的还是 mov(mem32, eax); 指令，但 mem32 的值不在 L1 缓存中，如果 mem32 值在 L2 缓存中，则缓存控制器不会只从 L2 缓存中读取 32 位的 mem32，而是从 L2 缓存中读取多个字节的整块数据（处理器不同，数据块的大小也不同，通常是 16、32 或者 64 字节）。我们寄希望于程序呈现出空间局部性，读取整块数据可以提高后续对内存中相邻对象的访问速度。但是，在 L1 缓存将 L2 缓存的整个缓存行读取完之后，mov(mem32, eax); 指令才算执行完毕。这段额外的等待时间被称为延迟（Latency）。如果程序接下来没有访问和 mem32 相邻的内存对象，那延迟的时间就白白浪费了。

L2 和 L3 缓存之间以及 L3 缓存和主存之间也存在同样的性能差距。L3 缓存的访问速度要比 L2 慢很多，而主存通常又比 L3 缓存慢一个数量级。为了提高邻近内存对象的访问速度，L3 缓存从主存读取的也是整块的数据（缓存行）。

标准 DRAM 比 SSD 存储要快两到三个数量级（而 SSD 存储比硬盘驱动器快一个数量级，因此硬盘通常自带 DRAM 缓存）。为了克服速度差异的影响，主存容量往往比 L3 缓存大两到三个数量级，这样磁盘和主存之间的速度差异与主存和 L3 缓存之间的速度差异一致了（为了充分地利用不同类型的内存，平衡内存层次结构中各层级的性能表现是我们努力追求的目标）。

我们不会考虑其他内存子系统的性能差异，因为程序员或多或少可以控制这些子系统。对这些子系统的访问不是透明的，程序的访问频率也没什么可说的。第 12 章再讨论这些存储设备。

11.4　缓存体系结构

到目前为止，我们把缓存当成了一种神奇的设备，它在需要的时候能够自动存储数据，在 CPU 请求数据的时候还可能会获取新的数据。但是缓存是怎样做到这些的呢？当缓存已满而 CPU 请求的数据又不在缓存中时会发生什么呢？本节我们研究缓存的内部结构，并解答这两个及其他问题。

程序在某一时刻只会访问一小部分数据，因此，缓存容量和程序要访问的数据块大小匹配时性能更好。但是，程序需要的数据往往分布在整个地址空间中，很少出现在连续的内存单位中。因此，缓存设计必须考虑这种实际情况，即缓存必须和内存中地址截然不同的数据对象映射起来。

前一节提到，缓存内部并不是只有一组字节，而是按照缓存行整块地进行分组。如图 11-2 所示，每个缓存行都包含一定数量的字节（数量通常是 2 的很小的幂，例如 16、32 或 64）。

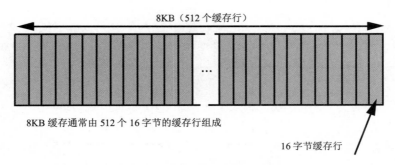

图 11-2　8KB 缓存可能采用的结构

我们可以把多个非连续的地址和缓存行一一对应。缓存行 0 可以对应 **$100000~$1000F** 的地址，缓存行 1 可以对应 **$21400~$2140F** 的地址。一般来说，一个 n 字节的缓存行保存了主存中的 n 个字节，边界按 n 字节对齐。例如，图 11-2 中的缓存行有 16 个字节，因此一个缓存行保存的就是一个 16 字节的数据块，这些数据块的地址正好就在主存中 16 个字节的边界上（也就是说，缓存行中第一个字节所在地址的低 4 位一定全部为 0）。

当缓存控制器从内存层次结构中下一级的内存中读取到一个缓存行之后，数据又会被放到缓存中的哪个位置呢？这取决于采用的缓存模式。缓存模式有三种，分别是：直接映射缓存（Direct-Mapped Cache）、全相联缓存（Fully Associative Cache）及 n 路组相联缓存（n-Way Set Associative Cache）。

11.4.1　直接映射缓存

直接映射缓存又称为一路组相联缓存（One-way Set Associative Cache），在这种模式下主存中的数据块始终会被加载到（映射到）同一个缓存行中。数据被加载到哪个缓存行一般由数据内存地址中一部分位决定。图 11-3 演示了在由 512 个 16 字节缓存行组成的 8KB 缓存中，缓存控制器是如何利用 32 位主存地址中的一部分位来定位缓存行的。

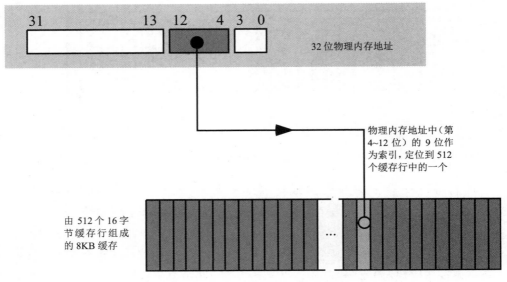

图 11-3　直接映射缓存如何定位缓存行

512 个缓存行需要 9 位才能定位（$2^9 = 512$）。在这个例子中，数据的物理内存地址的第 4~12 位被用来定位缓存行（假定缓存行的编号是 0~511），第 0~3 位则决定这块数据中某个字节在 16 字节缓存行中的位置。

直接映射缓存模式实现起来非常容易：从内存地址中提取 9 位（或者其他位数），把得到的数字作为缓存行数组的索引。这种设计简单快速。但可能无法充分地利用整个缓存。

例如，在图 11-3 中的缓存模式下，内存地址 0 被映射到缓存行 0，而地址 $2000

（8KB）、$4000（16KB）、$6000（24KB）、$8000（32KB）及任何 8KB 整数倍的地址都被映射到地址线 0。如果程序访问的数据地址总是 8KB 的整数倍，系统就只会用到缓存行 0，其他所有缓存行都不会被用到。在这种极端情况下，缓存实际上只有一个缓存行的大小，每当将 CPU 请求的数据地址映射到缓存行 0 但数据还不在缓存行 0 时，CPU 就不得不访问内存层次结构中下一级内存中的数据。

11.4.2 全相联缓存

在全相联缓存子系统中，缓存控制器可以将数据块加载到任意一个缓存行中。全相联缓存子系统最灵活，但实现全相联缓存子系统需要额外的昂贵电路，更糟糕的是这些电路还会降低内存子系统的速度。因此，大多数 L1 和 L2 缓存都不会采用全相联模式。

11.4.3 *n* 路组相联缓存

全相联缓存太复杂、太慢、太昂贵，直接映射缓存的利用率又不尽人意，将两种模式折中就是 *n* 路组相联缓存。*n* 路组相联缓存被分为多个缓存行组，每一组有 *n* 个缓存行。CPU 用内存地址中的一部分位来定位缓存行组，这和直接映射模式的思路一样。缓存控制器再使用全相联映射算法决定使用该组 *n* 个缓存行中的哪一个。

例如，16 字节缓存行的 8KB 两路组相联缓存子系统可以将缓存行分为 256 组，每组两个缓存行（"两路"意味着每组包含两个缓存行）。数据内存地址中的 8 位决定了数据要保存到 256 组缓存行中的哪一组。定位到了缓存行组之后，缓存控制器就将数据块映射到该组两个缓存行中的一个（如图 11-4 所示）。这样两个位于不同的 8KB 边界地址（地址的第 4~11 位相同）的数据块就可以同时出现在缓存中。但访问第三个 8KB 整数倍的内存地址时还是会出现冲突。

四路组相联缓存的每个缓存行组有 4 个相联缓存行。图 11-4 中的 8KB 缓存采用四路组相联缓存模式的话会分成 128 个缓存行组，每组四个缓存行。这样缓存最多可以保存 4 个数据块而不出现冲突，而这 4 个数据块在直接映射模式中会被映射到同一个缓存行。

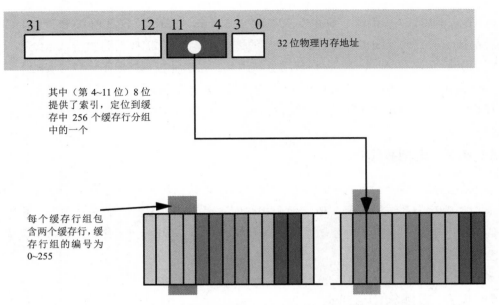

其中（第4~11位）8位
提供了索引，定位到缓
存中256个缓存行分组
中的一个

32位物理内存地址

每个缓存行组包
含两个缓存行，缓
存行组的编号为
0~255

8KB两路组相联缓存包含256个缓存行组，每组有两个缓存行

图11-4 两路组相联缓存

两路或四路组相联缓存的利用率比直接映射缓存要好很多，又没有全相联缓存那么复杂。每个缓存行组中的缓存行越多，就越接近全相联缓存，但复杂性和速度问题也会随之而来。缓存大多会采用直接映射、两路组相联或四路组相联模式。这三种模式80x86处理器系列成员都有采用。

缓存模式和访问类型的匹配

尽管存在缺点，但对于顺序访问的数据来说，直接映射缓存实际上是非常高效的。CPU一般会顺序执行指令，因此指令的字节数据使用直接映射缓存是非常高效的。但是，程序的数据访问比代码访问（指令）要更随机一些，因此数据最好采用两路或者四路组相联缓存。

由于数据和机器指令的访问模式存在差异，因此很多CPU设计者都会选择把它们的缓存分开。例如，分别采用8KB指令缓存和8KB数据缓存，而不是16KB的统一缓存。这种方法的优点是每个缓存可以采用最适合它存储的数据的缓存模式，缺点是分开之后的缓存容量只有统一缓存的一半，这样缓存未命中次数可能会更多。选择适当的缓存结构是很困难的，只有对运行在目标处理器上的程序进行大量分析之后才能做出选择，这超出了本书的讨论范围。

11.4.4 缓存行置换策略

"数据块会被放到缓存中哪个位置"这个问题，现在我们已经有了答案。还有一个同样重要的问题等着我们回答："当需要将数据块放到一个缓存行中，而这个缓存行已经被占用时，会怎么样？

对于直接映射缓存体系结构来说，缓存控制器会直接用新数据置换缓存行中原有的数据。后续对旧数据的引用都无法命中缓存，这时缓存控制器就不得不再次将旧数据恢复到缓存中，置换掉现在缓存行中的数据。

对于两路组相联缓存来说，置换算法稍微复杂一点。前面我们看到，当 CPU 引用一个内存单位时，缓存控制器会使用地址中一部分位先定位到数据要保存到的缓存行组。然后，缓存控制器会使用一些神奇的电路来判断数据是否已经保存在目标缓存行组两个缓存行中的一个。如果数据不在缓存行组中，CPU 就必须从主存读取数据块，并从两个缓存行中选择一个来保存数据。如果两个缓存行全部或者其中一个现在还没有使用，则缓存控制器会选择没有使用的缓存行。如果两个缓存行当前都已经被使用，则缓存控制器必须选择一个将其中的数据置换为新数据。

缓存控制器无法预测哪个缓存行中的数据会被引用，然后置换另一个缓存行中的数据，但访问依然遵循局部性原理：最近引用过的内存单位短时间内很有可能被再次引用。这里隐含着一个结论：一段时间没有被访问的内存单位很有可能要经过很长的时间才会再次被 CPU 访问。因此，很多缓存控制器都会采用最近最少使用（LRU，Least Recently Used）算法。

在两路组相联缓存系统中实现 LRU 算法并不难。每两个缓存行使用一位，当 CPU 访问两个缓存行中的一个时清 0，访问另一个时置 1。于是，当需要置换数据时，缓存控制器对该位取反就能知道最近最少使用的缓存行，也就是要置换数据的那个缓存行。

对于四路（或更多）组相联缓存，维护 LRU 信息要困难一些，这也是造成这些缓存电路复杂的原因之一。由于 LRU 可能引入复杂性，也会应用其他一些置换算法，其中先进先出（FIFO，First-in Fisrt-out）和随机（Random）两种算法比 LRU 更容易实现，但也有各自的问题。这些算法孰优孰劣不在本书的讨论范围，读者可以在其他关于计算机体系结构或者操作系统的文献中找到更多相关的内容。

11.4.5　缓存写入策略

CPU 怎样将数据写入内存？最简单也是最快的方式就是将数据写入缓存。但是，如果缓存行中的数据已经被后来从内存中读取的数据置换了，又会发生什么呢？如果缓存行中的内容在被置换之前已经修改过但还没被写入主存中，这些数据就会丢失。CPU 再来访问这些数据的时候，重新加载到缓存行中的还是修改之前的旧数据。

显然，任何写入缓存的数据最后都必须写入主存中。常见的缓存写入策略有两种：直写（Write-Through）和回写（Write-Back）。

任何时候只要数据被写入缓存，缓存转过头就立刻将缓存行的副本写入主存，这就是直写策略。缓存控制器将缓存数据写入主存时，CPU 不用停下来。因此，写入操作和程序执行是并行的，除非 CPU 在写入操作后很快就要访问主存。直写策略会尽可能快地用新值更新主存，因此当两个 CPU 通过共享内存进行通信时，这种策略更适合。

但写入操作仍然需要时间，而且写入过程中 CPU 很可能会访问主存。因此，直写策略可能不是一个高性能的解决方案。更糟的是，如果 CPU 采用直写策略连续多次读写一个内存单位，总线会因为缓存行写入操作饱和，而这会对程序的性能带来非常大的负面影响。

而采用回写策略，写入缓存的数据不会被立即写入主存中；相反，缓存控制器稍后才会更新主存。这种方法往往性能更好，因为短时间内多次写入同一个缓存行，但并不会多次写入主存。

缓存控制器一般会在每个缓存行中维护一个脏位（Dirty Bit），脏位决定了必须写回主存的是哪个缓存行。每次有数据写入缓存的时候，缓存系统都会设置这个位。稍后的某个时刻，缓存控制器会检查脏位来判断是否需要将缓存行写入内存。例如，每当缓存控制器使用内存数据来置换缓存行中的数据时，首先必须检查脏位。如果脏位被置1，则控制器必须先将缓存行中的数据写入内存，然后才能置换缓存行中的数据。注意这会增加置换缓存行的延迟。如果缓存控制器能够在总线上没有其他访问的时候将"脏"缓存行写入主存，就可以减少延迟。有些系统提供了这种功能，而有些系统则可能会因为成本问题没有提供。

11.4.6　缓存使用与软件

缓存子系统并不是消除低速内存访问问题的灵丹妙药，实际上反而还可能损害应用程序的性能。要想发挥出缓存系统的效力，在编写软件时就必须把缓存行为考虑进去。具体来说，优秀的程序一定要展现出引用的空间或时间局部性，还要避免采用会导致频繁强制置换缓存行的数据结构和访问模式。软件设计者可以把经常使用的变量放在内存中的邻近地址来体现引用的局部性，而这些变量被加载到缓存中时往往会被放到相同的缓存行中。

假设应用程序要访问不同地址的数据，而缓存控制器要将这些地址映射到同一个缓存行中。那每次访问的时候，缓存控制器都必须读取一个新的缓存行（如果旧的缓存行数据脏了，还要将旧缓存行写回到内存中）。这样每次内存访问都会因为从主存读取缓存行而导致延迟消耗。这种退化的现象被称为颠簸（Thrashing）。颠簸可能会导致程序速度下降一到两个数量级，下降的具体程度取决于主存速度和缓存行的容量。稍后我们再来讨论颠簸。

现代 80x86 CPU 的缓存子系统还有另一个优势：缓存子系统都可以自动处理很多没有对齐的数据引用。回忆一下，在访问字对象或双字对象的时候，如果这些对象的地址不是对象大小的偶数倍，性能会有损失。而英特尔设计师们提供了一些神奇的逻辑来消除这种性能损失，但是整个数据对象都要保存在一个缓存行中。如果数据对象跨越了多个缓存行，性能仍然会有损失。

11.5　NUMA 与外设

尽管系统中大多数 RAM 都是通过高速 DRAM 接口和处理器总线直接相连，但是也有内存不是和处理器直接相连的。有时候外设也会拥有很大一块 RAM，而系统会把数据写入这块 RAM 来和外设通信。显卡、网卡及 USB 控制器都是这类外设。问题是，外设 RAM 的访问速度通常要比主存慢很多。本节我们以显卡为例来讨论 NUMA 的性能问题，这些讨论同样适用于其他设备和内存技术。

典型的显卡通过计算机系统内部的外设组件互连快速（PCI-e，Peripheral Component Interconnect Express）总线与 CPU 对接。虽然 16 通道 PCI-e 总线的速度已经很快了，但还是要比内存访问速度慢得多。游戏程序员们很早就发现了，在主存内对屏幕数据的拷贝进行操作，再定期（为了避免闪烁，通常在视频回扫过程中以 1/60 s 一次的频率写入）将这些数据写入显卡 RAM，要比屏幕一变化就直接写入显卡快得多。

缓存和虚拟内存子系统的操作是透明的（即应用程序对于底层发生的操作是无感的）。但是 NUMA 内存不是这样，需要写入 NUMA 设备的程序必须尽量减少访问的次数（例如，使用离屏位图来暂存绘制结果）。如果确实需要存储或者获取 NUMA 设备（比如闪存）上的数据，就必须自行缓存数据。

11.6　虚拟内存、内存保护与分页

Android、iOS、Linux、macOS 或者 Windows 这些现代操作系统中，不同程序同时运行并发访问内存的情况是很普遍的。这带来了一些问题：

- 如何防止程序互相干扰对方的内存？
- 如果两个程序都想把值加载到$1000 地址的内存中，如何才能同时加载两个值并且执行这两个程序呢？
- 在 64GB 内存的计算机上，用户决定加载并执行三个不同的应用程序，如果其中两个各需要 32GB 内存，剩下那个需要 16GB 内存（还没算上操作系统自己需要的内存），怎么办？

现代处理器支持的虚拟内存子系统就是这些问题的解决方案。

在 80x86 为代表的 CPU 上，虚拟内存为每个进程提供了独立的 32 位地址空间[1]。这意味着一个程序中的 $1000 地址和另一个程序中的 $1000 地址在物理上是不同的。CPU 将程序使用的虚拟地址巧妙地映射成了实际内存中不同的物理地址。虚拟地址和物理地址不一定相同，往往是不同的。例如，程序一的虚拟地址 $1000 实际对应的物理地址可能是 $215000，而程序二的虚拟地址 $1000 对应的物理地址可能是 $300000。CPU 通过分页来实现虚拟内存和物理内存的映射。

分页的思路非常简单。首先，将内存划分成字节块，每个字节块称为页。主存的页和缓存子系统的缓存行类似，但页通常比缓存行要大得多。例如，32 位 80x86 CPU 的页大小为 4096 字节，64 位 CPU 的页更大。

页通过查找表来完成映射：虚拟地址的高位被映射到内存物理地址的高位，虚拟地址的低位则作为页内部的索引。以 4096 字节的页为例，虚拟地址的低 12 位作为页内部的偏移量（0~4095），高 20 位则作为查找表索引，找到实际物理地址的高 20 位（如图 11-5 所示）。

20 位的页表索引支持超过一百万个表项。如果表项的值都是 32 位，则页表长度会达到 4MB，这比大多数运行在内存中的程序都要大！大多数的小程序只有 8 KB 大，但我们可以使用多级页表简单地生成 8KB 页表。这里的细节并不重要，只有程序用到整个 4GB 地址空间时才会需要 4MB 页表，其他情况大可放心。

仔细研究一下图 11-5，我们就会发现页表有个问题。访问保存在内存物理地址中的数据时需要两次内存访问：从页表中取值需要一次，读取或写入目标内存单位还需要一次。为了避免页表项混在数据或指令缓存中导致数据和指令出现更多缓存未命中的情况，页表使用了独立缓存，被称为转址旁路缓存（TLB，Translation Lookaside Buffer）。在现代英特尔处理器上，这个缓存通常有 64~512 个表项，这已经能够在不发生未命中的情况下支持相当数量的内存了。程序使用的数据一般没有这么多，因此大多数页表访问发生在缓存而不是主存。

---

1 在更新的 64 位处理器上，每个进程得到的当然就是 64 位的独立地址空间。

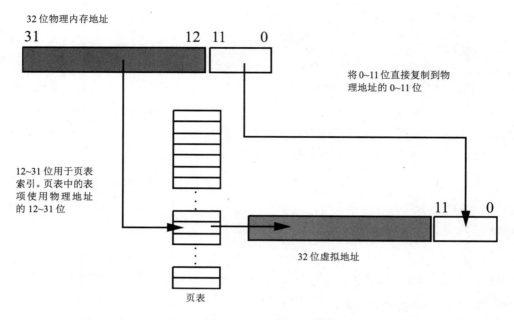

图 11-5 虚拟地址到物理地址的转换

前面提到，页表的每个表项有 32 位，但这些系统上虚拟地址和物理地址的映射只需要 20 位就够了。于是英特尔 80x86 处理器使用剩下 12 位中的一部分位提供内存保护信息：

- 一位用来标记该页支持读/写还是只支持读。
- 一位用来标记该页中的代码是否可以执行。
- 有几位用来标记该页是否支持应用程序访问，还是只支持操作系统访问。
- 有几位用来标记该页是否已经由 CPU 写入但还没有写入到页表项对应的物理内存地址（即该页是不是"脏"了，以及 CPU 最近有没有访问过该页）。
- 一位用来标记该页是否存在于物理内存中，还是被存储到了二级存储中。

应用程序是不能访问页表的（操作系统负责页表读写），因此应用程序无法修改这些位。如果程序想要修改页表项中的某些位，有些操作系统可能会提供一些函数（例如，Windows 就允许将页设置为只读）。

除了提供内存重映射让多个程序得以在主存中共存，分页还提供了一套机制让操作系统将不常用的页移动到二级存储上。引用的局部性不仅适用于缓存行，也适用于主存页。程序访问的只是主存中包含所需数据和指令的一部分页，这一部分页被称为工作集（Working Set）。虽然工作集会随着时间变化，但短时间来看是保持不变的。因此，程序余下的部分没有必要占用宝贵的主存资源，其他进程可能更需要主存。如果操作系统可以把当前没有用到的页保存到磁盘上，就可以把内存腾出来给那些更需要的程序使用了。

显然，数据被移出主存后，程序最终还是有可能访问这些数据。当访问内存页时，如果 MMU（Memory Management Unit，内存管理单元）通过页表项的标记位判断该页现在不在主存中，CPU 就会中断程序并将控制权转移给操作系统。操作系统负责读取磁盘驱动器中对应页的数据并将数据复制到可用的主存页中。这个过程和全相联缓存子系统复制缓存行的过程几乎一模一样，但磁盘的访问速度要比主存慢多了。我们可以将主存当成采用 4096 字节缓存行的全相联回写缓存，而缓存的数据存储在磁盘驱动器上。缓存和主存的置换策略及其他一些行为非常相似。

注意：要了解更多关于虚拟内存子系统如何在主存和磁盘之间交换内存页的内容，请参考操作系统设计的相关文献。

每个程序的页表都是独立的，而且程序自己无法访问页表，因此程序也就无法干扰其他程序的运行。也就是说，程序不能通过修改自己的页表来访问其他进程地址空间中的数据。这样一来即便一个程序因为覆写数据而导致崩溃，它也不会破坏其他程序。这是分页内存系统的一大优势。

如果两个程序需要共享数据进行协作，则可以把数据放到两个程序共享的内存区域。程序要做的就是告诉操作系统它们想共享一些内存页。操作系统就会给每个进程返回一个指针，两个进程中的这个指针指向的内存段的物理地址是一样的。在 Windows 操作系统上，可以使用内存映射文件（Memory-Mapped File）来实现，更多细节请参考操作系统文档。macOS 和 Linux 也支持内存映射文件及其他一些特殊的共享内存操作，更多细节请查阅相关操作系统的文档。

虽然我们现在讨论的是 80x86 CPU，但多级分页系统在其他 CPU 上也很常见。不同的 CPU 页大小从 1KB 到 4MB 不等。有些支持超过 4GB 地址空间的 CPU 会使用倒排页表（Inverted Page Table）或三级页表（Three-Level Page Table）。本章虽然没有涉及这部分细节，但基本原理是相通的：CPU 在主存和磁盘之间移动数据，将经常访问的数据尽可能地保存在主存中。如果应用程序只能用到可用内存空间的一小部分，这些页表方案可以大大缩短页表长度。

颠簸

颠簸是一种性能退化，它会导致系统性能整体下降到内存层次结构中主存甚至磁盘驱动器这些较慢的层次。导致颠簸的原因主要有两个：

- 内存层次结构中某个级别的内存容量不足以容纳程序的缓存行工作集或页工作集。

- 程序不具备引用局部性。

如果内存容量不足以保存页工作集或缓存行工作集，内存系统就不得不反复地用磁盘中的数据块置换主存中的数据块，或用主存中的数据块置换缓存中的数据块。最后，系统只能以内存层次结构中更慢层级的速度运行。虚拟内存通常发生颠簸的一种情况是，用户同时运行多个应用程序，而这些程序的工作集所需的内存总量超过了可用的物理内存总量。结果，当操作系统切换应用程序时，就不得不将应用程序的数据（可能还包括程序指令）在内存和磁盘之间来回复制。而程序的切换通常要快很多，因此磁盘读取数据会大大拖慢程序的执行速度。

我们已经讨论过，如果程序不具备引用局部性并且更低层级的内存子系统不是全相联的，即便当前内存层级还有空间，仍可能出现颠簸。就拿前面 8KB L1 缓存系统的例子来说，假定使用的是 512 个 16 字节缓存行的直接映射缓存。如果程序每次访问的都是 8KB 数据，系统就不得不一次又一次地用主存中的数据来置换同一个缓存行中的数据。即便其他 511 个缓存行都是空闲的，也是一样。

如果颠簸是内存不足造成的，可以直接增加内存来解决。如果没办法增加内存，则可以减少同时运行的进程数量，或者修改程序降低给定时间内引用的内存容量。如果造成颠簸的原因是引用局部性问题，那么就要重新组织程序和数据结构，让内存访问在物理上更集中一些。

11.7　编写理解内存层次结构的软件

有意识地根据内存性能行为设计出来的软件运行要快得多。尽管对于大多数程序来说，系统提供的缓存和分页功能已经足够好了，但是我们仍然可以轻易地写出运行更快的程序，哪怕系统中没有缓存。最优秀的软件一定会最大限度地利用内存层次结构。

下面这个初始化二维整型数组的循环就是一个经典的设计反例：

```
int array[256][256];
    ...
  for( i=0; i<256; ++i )
    for( j=0; j<256; ++j )
      array[j][i] = i*j;
```

读者可能不相信，和下面这段代码相比，上面这段代码在现代 CPU 上运行要慢得多：

```
int array[256][256];
    ...
  for( i=0; i<256; ++i )
    for( j=0; j<256; ++j )
      array[i][j] = i*j;
```

这两段代码的唯一区别就是在访问数组元素时交换了下标 i 和 j。这么小的改动会导致运行时一个（甚至两个）数量级的性能差别！要理解其中的原因，就要知道在 C 程序设计语言中，内存中的二维数组采用的是行优先顺序。因此，第二段代码访问的是内存中连续的单位，具备引用的空间局部性。而第一段代码访问数组元素的顺序是这样的：

```
array[0][0]
array[1][0]
array[2][0]
array[3][0]
    ...
array[254][0]
array[255][0]
array[0][1]
```

```
array[1][1]
array[2][1]
    . . .
```

如果整型是 4 个字节，那么按照上面顺序访问的是偏移量为 0、1024、2048、3072
等位置的双字值，访问显然不是连续的。这段代码大概率只能将 *n* 个整数加载到 *n* 路
组相联缓存中，然后很快就会出现颠簸，因为后续的数组元素为了避免被覆盖不得
不将其从缓存复制到主存中。

第二段代码则不会出现颠簸。假定缓存采用了 64 字节的缓存行，对于第二段代
码来说，一个缓存行一次可以存储 16 个整数，然后才会从主存中加载另一个缓存行，
置换这一块数据。这样，第二段代码每次从内存载入缓存行的数据可以访问 16 次，
加载的成本被分摊了，而第一段代码这样的一次内存访问就要加载一次。

除了连续访问内存中的变量，还有一些变量声明的技巧可以用来榨干内存层次
结构的性能。首先，同一段代码中使用的变量要放在一起声明。在大多数编程语言
中，一起声明的变量会被分配到物理上连续的内存单位，因此具备空间局部性和时
间局部性。其次，要使用局部（自动）变量，因为在大多数语言中局部变量会被分
配到栈上，系统对栈的访问是很频繁的，因此栈上的变量被缓存的可能性也比较大。
再次，将标量变量放在一起，与数组和记录变量分开。访问连续标量变量中的任意
一个通常都会导致系统将相邻的对象都加载到缓存中。

总之，我们应该仔细研究程序的内存访问模式，并相应调整代码。花几个小时
用手工优化的汇编代码重写程序可能获得 10%的性能提升。但是改变程序访问内存
的方式让性能提升一个数量级，也不是不可能。

11.8 运行时的内存结构

macOS、Linux 及 Windows 这些操作系统会将不同类型的数据分配到主存中不同
的段（Section/Segment）上。尽管程序的内存结构可以通过运行时链接器的各种参数
进行控制，但 Windows 将典型的程序加载到内存中时会默认使用图 11-6 所示的结构
（macOS 和 Linux 也是类似的，只不过有些段的布局不同）。

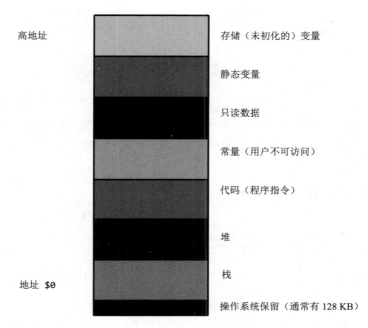

高地址	存储（未初始化的）变量
	静态变量
	只读数据
	常量（用户不可访问）
	代码（程序指令）
	堆
地址 $0	栈
	操作系统保留（通常有 128 KB）

图 11-6 典型的 Windows 运行时内存结构

内存地址最低的单位由操作系统保留，应用程序一般不能访问这些地址中的数据（也不能执行这些地址中的指令）。空指针引用检查是操作系统保留这块空间的原因之一。程序员通常将指针初始化为 NULL(0) 来表示指针是无效的。在这些操作系统上访问内存单位 0 会发生一般性保护错误（General Protection Fault），这表明程序访问的内存单位数据是无效的。

剩下的 7 个内存段保存了和程序相关的不同类型的数据：

- 保存程序机器指令的代码段。
- 保存编译器生成的只读数据的常量段。
- 保存用户定义数据的只读数据段，这里的数据只能读不能写。
- 保存由用户定义，已经初始化的静态变量的静态段。
- 保存由用户定义，未经未初始化的变量的存储段，又叫作 BSS。
- 保存局部变量和其他临时数据的栈。
- 保存动态变量的堆。

注意：编译器通常会把代码、常量和只读数据三个内存段合在一起，因为它们保存的都是只读数据。

大多数时候，应用程序使用的是内存段的默认布局，由编译器和链接器/加载器来选择。但有些情况下，理解内存分布有助于开发出更简短的程序。例如，将代码段、常量段和只读数据段合并成一个只读段，这样编译器/链接器就可以省掉这些段之间的填充空间。尽管这点空间对于大型应用来说是杯水车薪，但是对于小程序的影响很明显。

接下来的几节我们详细讨论这几个内存区域。

11.8.1 静态对象与动态对象，绑定与生命期

在讨论典型程序的内存结构之前，我们先来澄清一下术语：绑定（Binding）、生命期（Lifetime）、静态（Static）和动态（Dynamic）。

绑定就是使属性和对象发生关联的过程。例如，将值赋给变量，我们就说这个值就和这个变量绑定了。这个值会一直和变量绑定，直到（另一次赋值操作中）另一个值和这个变量绑定。同理，程序运行时给一个变量分配内存，也就是把变量和分配的内存地址绑定。这个地址和变量会一直绑定，直到变量被关联到其他地址。绑定不一定发生在运行时。例如，在编译时值就可以和常量对象绑定，而这种绑定在程序运行时是不能改变的。

属性的生命期从属性和对象绑定时开始，到绑定解除（也许是对象和另一个属性绑定了）时为止。例如，变量的生命期从第一次给它分配内存的时候开始，到变量的存储被释放时截止。

静态对象就是那些在应用程序执行之前就已经和属性绑定的对象。常量就是静态对象的例子，它们在应用程序执行的整个周期内绑定的都是同一个值。在 Pascal、C/C++和 Ada 这些编程语言中，（程序级别的）全局变量也是静态对象，因为在程序的整个生命期内常量绑定的是同样的地址。因此，静态对象的生命期从程序执行的那一刻开始，一直延续到程序结束。

标识符作用域（Scope）的概念也和静态绑定有关。一个标识符的作用域就是程

序中该标识符的名字和对象绑定的范围。在编译型语言里，标识符的名字只在编译时存在，因此作用域是一个静态属性（在解释型语言中，解释器会在程序执行期间继续维护标识符的名字，因此作用域可以是非静态的）。局部变量的作用域通常被限定在声明它的过程或函数内（在 Pascal 和 Ada 这样的块结构语言中，作用域就是嵌套的过程或函数声明），在这些子例程之外的地方变量名字是不可见的。事实上，标识符的名字可以在不同的作用域（即不同的函数或者过程）内重用。这种情况下，标识符第二次出现的时候绑定的并不是第一次出现时绑定的对象。

动态对象是那些在程序运行时才和属性绑定的对象。程序可以在运行时（动态地）改变这些属性。属性的生命期从应用程序将该属性和对象绑定在一起时开始，直到程序解除绑定时为止。如果程序没有解除绑定，属性的生命期从关联建立时开始，到程序终止时结束。应用程序开始执行之后，系统在运行时将动态属性和对象绑定在一起。

> 注意：对象可能既有静态属性又有动态属性。例如，静态变量在程序执行的整个周期中绑定的可能是同一个地址。但在程序执行的整个周期内，这个变量可能会绑定几个不同的值。但是对于一个属性来说，它要么是静态的，要么是动态的，不可能既是静态的又是动态的。

11.8.2　代码段、只读数据段与常量段

内存中代码段包含的是程序的机器指令。编译器将程序的每条语句都翻译成一个或多个字节的序列。在程序执行时，CPU 会将这些字节的值解释为机器指令。

大多数编译器还会把程序中的只读数据附加到代码段上。因为只读数据和代码段一样也是写保护的。但是，Windows、macOS、Linux 还有其他很多操作系统都支持在可执行文件中创建一个单独的段并将其标记为只读。因此，有些编译器支持独立的只读数据段。这个段包含了初始化的数据、表及其他一些程序在运行期间不会修改的对象。

图 11-6 中的常量段一般包含的是编译器生成的数据（这和用户定义的只读数据不同）。实际上大多数编译器会把这些数据直接放到代码段中。因此，在大多数可执行文件中，代码、只读数据和常量数据会合成一个段，这一点我们前面已经提到过。

11.8.3　静态变量段

很多语言都支持在编译阶段初始化全局变量，例如，在 C/C++语言中，可以使用下面这些语句来为静态对象提供初始值：

```
static int i = 10;
static char ch[] = { 'a', 'b', 'c', 'd' };
```

对于 C/C++及其他语言来说，编译器会将这些初始值放到可执行文件中。当应用程序执行的时候，操作系统会将可执行文件中这些静态变量所在的部分加载到内存中，让这些值出现在静态变量关联的地址中。这样，当程序开始执行时，这些静态变量就和对应的值绑定好了.

11.8.4　存储变量段

编译器会把没有明确关联到值的静态对象放在存储变量（又叫作 BSS）段中。BSS 的意思是"符号开始的块（Block Started by a Symbol）"，这是一个古老的汇编语言术语，描述的是一个为未初始化的静态数组分配存储的伪操作码。在 Windows 和 Linux 这样的现代操作系统中，编译器/链接器会把所有未初始化的静态变量全部放在 BSS 段中，而操作系统只需要知道要为 BSS 保留多少字节。当操作系统将程序加载到内存中时，它就可以为 BSS 段中的所有对象保留足够的内存空间并将这些内存空间清 0。

注意，可执行文件中的 BSS 段不包含任何数据。因此，如果程序在 BSS 段中声明未初始化的静态对象（尤其是很大的数组），则可以大大减少程序占用的磁盘空间。

但并不是所有编译器都会使用 BSS 段。例如，微软的很多编程语言和链接器就把未初始化的对象放到了静态/只读数据段中，并显式地初始化为 0。尽管微软声称这种方案更快，但也会让程序变大，尤其是代码包含很大的未初始化的数组的时候（因为数组的每一个字节都会出现在可执行文件中，如果编译器将这些数组放到 BSS 段中就不会这样）。

11.8.5 栈

栈是一种数据结构，它会在进入被调用过程及回到调用例程时相应地扩张和收缩。运行时，系统会将所有的自动变量（非静态的局部变量）、子例程的参数、临时值及其他一些对象放到一种称为活动记录（Activation Record）的特殊数据结构中，并把这个数据结构放到栈上。活动记录的名字十分贴切，在子例程开始运行时由系统创建，又在子例程返回到调用方时释放。因此，内存中的栈是非常繁忙的。

大多数 CPU 都会使用一个栈指针（Stack Pointer）寄存器来实现栈。但有些 CPU 并没有提供明确的栈指针寄存器，而是使用一个通用寄存器来实现。如果 CPU 提供了明确的栈指针寄存器，我们说该 CPU 支持硬件栈（Hardware Stack）；如果实现使用的是通用寄存器，那么我们说这种 CPU 使用的是软件（实现的）栈（Software-Implemented Stack）。80x86 提供了硬件栈，而 MIPS Rx000 系列则使用了软件实现栈。和那些使用软件实现栈的系统相比，提供硬件栈的系统通常可以使用更少的指令来操作栈上的数据。理论上，硬件栈会减慢 CPU 上所有指令的执行速度。但现实世界中，80x86 却是最快的 CPU 之一，这充分证明了 CPU 并不会因为使用了硬件栈而变慢。

11.8.6 堆与动态内存分配

简单的程序可能只会用到静态变量和自动变量，但复杂的程序需要动态地（在运行时）控制存储空间的分配和释放。C 和 HLA 编程语言可以使用 malloc()和 free() 函数来实现，C++ 提供了 new()和 delete()函数，Pascal 使用的是 new() 和 dispose()函数，其他编程语言也提供了对等的例程。这些内存分配例程有一些共同之处：由程序员指定需要分配多少个字节，例程返回的是指向新分配的存储空间的指针（即存储空间的地址），并都提供机制将不再需要的存储空间返回给系统，这样系统就可以在后续的分配调用中重用这些空间。动态内存分配发生的内存段被称为堆（Heap）。

通常，应用程序使用指针变量（显式或者隐式地）引用堆上的数据。有些语言隐式地使用了指针，比如 Java。堆上的对象也称为匿名变量（Anonymous Variable），因为我们要通过地址（也就是指针）而不是名字来访问这些对象。

程序开始执行之后，操作系统和应用程序才会在内存中创建堆。堆从来都不是可执行文件的一部分。应用程序的堆通常是由操作系统和编程语言的运行时库来维护的。尽管内存管理的具体实现方式有很多，但了解堆分配和释放的基本原理还是很有用的，因为操作不当会给应用程序的性能带来非常负面的影响。

1. 一种简单的内存分配机制

最简单（和快速）的内存分配方案就是直接把期望大小的内存块指针返回给调用方。这种方案按照分配请求切分堆，返回当前还未使用的内存块。

简单的内存管理器可能会维护一个指向堆的变量，即一个空闲空间（Free Space）的指针。每当内存分配请求出现时，系统就会复制这个堆指针并返回给应用程序；然后堆管理例程会将内存请求的大小加到存储指针变量的地址上，并验证堆是否可以提供足够的可用内存（当内存分配请求的空间过多时，有的内存管理器会返回错误标示，比如 NULL 指针，有的则会抛出异常）。当堆管理例程将空闲空间指针加 1 时，实际上是将之前的内存标记成了"不能用于未来的请求"。

2. 垃圾收集

这种简单的内存管理方案存在浪费，因为应用程序没有垃圾收集（Garbage Collection）机制来释放内存便于后续重用。垃圾收集（即回收应用程序用完的内存）是堆管理系统的一个主要目标。

垃圾收集唯一的问题在于额外的开销。内存管理代码会更复杂，执行时间也会更长，还需要一些额外的内存来维护堆管理系统用到的内部数据结构。

我们以一个支持垃圾收集的简单堆管理器实现为例。这个简单的系统维护了一个空闲内存块的列（链）表。如图 11-7 所示，链表中每个空闲内存块都需要两个双字值字段：一个保存的是空闲块的大小；另一个保存的是指向链表中下一个空闲块的链接（即指针）。

系统使用一个 NULL 初始化堆指针链表，大小字段就等于整个空闲空间的大小。当有内存分配请求的时候，堆管理器需要从链表中找到一个能够满足请求大小的空闲内存块。在链表中寻找内存块的过程是堆管理器有决定性意义的特性之一。常见的算法有首次适应（First-Fit）搜索和最佳适应（Best-Fit）搜索。顾名思义，首次适应搜索遍历空闲块链表，碰到第一个大小满足应用程序请求的空闲块就停下来。而最佳适应算法会遍历整个链表，找出大小满足应用程序请求的空闲块中最小的那个。和首次适应算法相比，最佳适应算法保留较大空闲块的可能性更高，未来发生需要较大空闲块的分配请求时系统依然能够支持。而首次适应算法直接返回找到的第一个大小足够的空闲块，哪怕剩下的空闲块中还有能够满足请求的更小的块。这就限制了系统满足未来更大内存请求的能力。

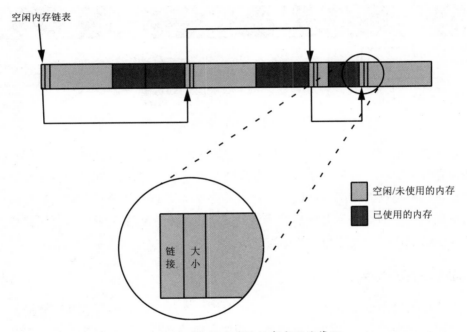

图 11-7 使用空闲内存块链表实现堆管理

但是，首次适应算法确实也有一些最佳适应算法不具备的优点。首次适应算法最明显的优点是更快。最佳适应算法需要遍历链表中的每一个空闲块才能找到最小的满足请求的内存块（除非中途就发现了大小正好的内存块）。首次适应算法只要碰到足够满足请求的空闲块就会结束搜索。

不会产生严重的外部碎片（External Fragmentation）是首次适应算法的另一个优

点。长时间连续的内存分配和释放操作之后会造成碎片。注意，堆管理器都需要创建两个内存块才能满足一次内存分配请求：一个是请求占用的内存块；一个是原来内存块中剩下的空闲部分（假定请求的内存大小和找到的空间块大小不一样）。一段时间的操作之后，最佳适应算法可能会产生很多很小的剩余内存块，这些块可能小到无法满足大多数内存请求，实际上是不可用的。这可能会导致没有足够大的空闲块来满足内存分配请求，即便空闲内存总量足够（分散在堆中各处）。图 11-8 展示的就是这样一种情况。

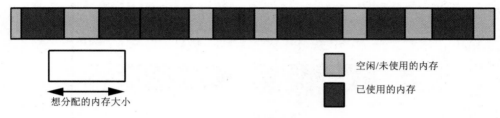

图 11-8 内存碎片

除了首次适应算法和最佳适应算法，还有一些内存分配策略，有些运行得更快，有些内存开销更小，有些容易理解（有些则非常复杂），有些产生的碎片更少，还有些则可以将不连续的空闲内存块合并使用。内存/堆管理是计算机科学中研究最为深入的主题之一，对比内存分配机制优劣的文献也不少。更多关于内存分配策略的内容还请参考操作系统设计相关的优秀书籍。

3. 释放已分配的内存

内存分配只不过是故事的开头，除了分配内存的例程，堆管理器还要提供一个函数调用，让应用程序可以将不再使用的内存还给系统，以备将来重用。例如，C和 HLA 中，应用程序通过调用 free() 函数来归还内存。

乍一看，free() 函数似乎是一个非常容易实现的函数，只不过是将原先被分配而现在不再使用的块添加到空闲块链表的末尾而已。如果按照这种简单的思路实现，很快堆就会被碎片占满再也无法分配出空间。我们来看看图 11-9 中的这种情况。

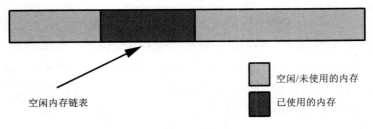

空闲内存链表

空闲/未使用的内存

已使用的内存

图 11-9 释放内存块

如果把 free()函数简单地实现成将要释放的块直接添加到空闲块链表的末尾，那么图 11-9 中的内存结构会产生三个空闲块。但是这三个块是连续的，堆管理器在释放时实际上应该将它们合并成一个空闲块，这样的话堆管理器就可以满足更大的请求。可惜，这种操作需要遍历整个空闲块链表来判断正在释放的块是否存在相邻的空闲块。

虽然可以设计一种数据结构来简化相邻空闲块的合并，但这种机制同时会给堆上的每个块增加 8 个字节以上的开销。这种机制是否合理取决于内存分配的平均大小。如果使用堆管理器的应用程序倾向于分配很多小对象，则每个内存块的额外开销积累起来可能会消耗大量的堆空间。但是，如果大多数时候分配的都是很大的对象，则多占用几个字节的影响就没那么明显了。

4. 操作系统与内存分配

堆管理器使用的算法和数据结构只是性能难题的一部分。最终，堆管理器还是要向操作系统请求内存块。操作系统直接处理所有内存分配请求是一种极端情况。链接到应用程序中的堆管理器运行时库例程是另一个极端，它们先向操作系统请求大块的内存，然后在应用程序请求分配时一点一点地分给应用程序。

直接向操作系统发出内存分配请求的问题是操作系统的 API 调用通常很慢。这是因为这些调用通常会在 CPU 的内核模式和用户模式之间切换（速度不是很快）。因此，如果应用程序频繁地调用内存分配和回收例程，操作系统直接实现的堆管理器性能会很差。

操作系统调用的开销很大，因此大多数语言都在运行时库中实现了各自的 malloc() 函数和 free() 函数。malloc()例程会在第一次分配内存的时候向操作系统请求一大块内存，而应用程序自己使用 `malloc()` 例程和 `free()` 例程来管理这块内存。如果 `malloc()` 函数最初创建的块不能完成分配请求，`malloc()` 会再向操作系统请求一大块内存（通常比应用程序请求的内存大得多）并添加到空闲块链表列表的末尾。因为应用程序的 `malloc()` 和 `free()` 例程只是偶尔才会执行操作系统调用，所以应用程序并没有因为频繁调用操作系统造成性能损失。

大多数标准的堆管理函数的性能对于典型程序来说足够了。但是，一定要记住堆管理过程有不同的实现，也和编程语言强相关。如果编写的软件组件需要很高的性能，不能想当然地认为 `malloc()` 和 `free()` 例程非常高效。如果要以一种可移植的方式来确保堆管理器性能，只有为应用程序开发一套特定的分配/回收例程了。如何编写这些例程不在本书讨论范围，但需要的时候我们应该知道可以这样做。

5. 堆内存的开销

堆管理器通常会有两种开销：性能（速度）和容量（空间）。之前我们讨论的主要都是性能方面的开销，现在我们把重点转到内存容量的开销上来。

系统每分配一个内存块，除了应用程序请求的容量，还需要一些开销：至少需要几个字节来记录内存块的大小。方案越出色（性能越好），额外需要的字节越多，但这些额外的开销在 4~16 字节之间。堆管理器可以把这些信息保存在单独的内部表中，也可以直接将内存块大小及其他内存管理信息和分配的内存块放在一起。

将信息保存在内部表中有一些优点。首先，保存在内部表中的信息不容易被应用程序意外覆盖；而附加在堆内存块中的数据难免发生这种意外。其次，内存管理器可以根据放在内部数据结构中的内存管理信息确定指针是否有效（即指针是否指向了堆管理器认为已经分配的内存块）。

如果把控制信息直接附加在堆管理器分配的每个内存块上，则控制信息很容易找到，这是把信息附加到内存块上的优点。而存储在内部表中的信息可能还需要执行查找操作才能找到。

影响堆管理器开销的另一个问题是分配粒度（Allocation Granularity），也就是堆管理器支持分配的最小字节数。虽然大多数堆管理器允许分配的内存小到 1 个字节，但实际分配的最小单位可能不止 1 个字节。为了确保分配的对象和合理的地址对齐，大多数堆管理器都会以 4、8 或者 16 字节为边界来分配内存块。出于性能上的考虑，很多堆管理器会从典型的缓存行边界开始分配，通常是 16、32 或者 64 字节。

不管堆管理器分配的粒度是多大，如果应用程序请求的字节数比分配的粒度还小或者不是粒度的整数倍，堆管理器都会分配额外的存储字节，确保分配的空间是粒度的偶数倍。各种堆管理器额外分配的字节数都不一样（甚至不同的堆管理器版本也不一样）。因此，应用程序不能认为实际获得的可用内存一定就比请求的多。

堆管理器额外分配的内存会导致另一种形式的碎片，即内部碎片（Internal Fragmentation）。和外部碎片一样，内部碎片也会导致系统中到处都是小块的剩余内存，这些小块的内存无法用于后续的分配请求。假设内存分配请求的大小是随机的，那么每次分配产生的内部碎片容量的平均值就是粒度的一半。还好，大多数内存管理器的粒度都很小（通常是 16 字节或者更少），几千次内存分配之后产生的内部碎片也不过几十 KB。

把分配粒度和内存控制信息产生的开销都算上，典型的内存请求会在应用程序请求的空间之外再加上 4~16 个字节。如果请求分配的是比较大的内存（几百或者几千字节），则堆空间中额外的字节开销占比不会太高。但如果分配的是大量的小对象，则内部碎片和控制信息可能会消耗很大一部分堆内存。假定有这么一个简单的内存管理器，总是以 4 字节为边界分配内存块，并且每次分配请求都要附加一个 4 字节的值。这意味着堆管理器每次内存分配的最小存储空间是 8 个字节。在大量连续的分配一个字节的 malloc() 调用之后，分配的内存中应用程序无法使用的比例能达到 88%。即使每次内存分配请求的是 4 字节的值，堆管理器额外消耗的内存也有 67%。但是，如果分配的内存块平均大小是 256 字节，那额外开销只会占到分配内存的大约 2%。总之，分配请求的内存越大，控制信息和内部碎片对堆的影响就越小。

在计算机科学方面的各种期刊中可以找到很多软件工程方面的相关研究，大多都和内存分配与释放导致系统性能显著下降有关。在这些研究中，作者们使用简化的、专为应用程序设计的内存管理算法替代标准运行时库或操作系统内核的内存分配实现代码，就可以获得 100% 甚至更高的性能提升。希望本节的内容能让读者们意识到代码中和内存相关的潜在问题。

11.9　更多信息

Hennessy, John L., and David A. Patterson. *Computer Architecture: A Quantitative Approach*. 5th ed. Waltham, MA: Elsevier, 2012.

12

输入与输出

一个典型的程序需要完成三个基本任务：输入、计算和输出。到目前为止，我们讨论的都是计算机系统和计算相关的方方面面。这一章，我们来讨论输入与输出。

本章关注的是 CPU 的基本输入/输出（I/O，Input/Ouput）活动，不是高级应用程序通常使用的抽象文件或者字符输入 I/O。本章将讨论 CPU 如何将数据从外界传输进来，或者传输到外界，尤其会重点讨论 I/O 操作背后的性能问题。所有的高级 I/O 活动最终都会经过低级 I/O 系统。因此，要想写出能和外界高效通信的程序，理解这些过程至关重要。

12.1 连接 CPU 与外界

首先需要明确的是，典型计算机系统中的 I/O 和典型高级程序设计语言中的 I/O 有着本质区别。在计算机系统中的基本 I/O 这个层级上，和 Pascal 的 writeln、C++

的 cout、C 的 printf、Swift 的 printf 行为相似的机制指令几乎找不到，甚至连与 HLA 的 stdin 和 stdout 语句相似的也没有。事实上，大多数 I/O 机器指令的行为和 80x86 的 mov 指令完全一样。要把数据发送到某个输出设备上，CPU 要做的只是把数据移动到某个特定的内存单位；如果要从输入设备读取数据，CPU 要做的就是从这些设备的地址获取数据。I/O 操作就像内存读写操作，区别在于 I/O 操作通常需要更多的等待状态。

根据 CPU 读写特定端口地址上数据的能力，我们可以把 I/O 端口分为 5 类：只读端口、只写端口、读写端口、双通道 I/O 端口和双向端口。

只读端口（Read-only Port）是输入端口。如果 CPU 只能读取端口上的数据，那么数据必然来自计算机系统外部的某个数据源。不要向只读端口写入数据，虽然这样的尝试硬件通常会忽略，但有些设备会因此停止工作。IBM PC 的并行打印机接口（并口）上的状态端口就是一个典型的只读端口。这个端口上的数据表明了打印机当前的状态，任何写入该端口的数据都会被硬件忽略。

只写端口（Write-only Port）一定是输出端口。写入到只写端口上的数据会提供给某个外部设备使用。从只写端口读数据得到的一般是当时正好出现在数据总线上的垃圾数据，读取这些数据的程序不应该期望它们有什么意义。输出端口一般都会使用锁存器（Latch）保存将要发送到外界的数据。当 CPU 把数据写到一个连接着输出锁存器的端口地址时，锁存器会保存数据以便让外部信号线访问（如图 12-1 所示）。

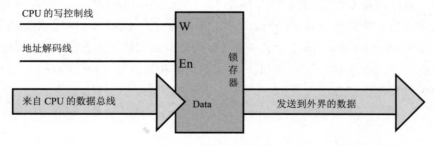

图 12-1 典型的只写端口

并行打印机端口就是一个非常典型的输出端口。并行打印机端口的带宽是一个字节，它和计算机背后的 DB-25F 接口相连，CPU 通常一次写入一个 ASCII 字符。

数据经过线缆传输给打印机，到达打印机的输入端口（从打印机的视角来看，它是在从计算机系统读取数据）。打印机的内部处理器通常会把 ASCII 字符转换成点阵序列并打印到纸上。

输出端口既可以支持只写，也可以支持读/写。图 12-1 中的端口就是只写的。因为锁存器上的输出数据并不会回传给 CPU 数据总线，CPU 也就无法读取锁存器中的数据。地址解码线（En）和写控制线（W）必须同时生效才能操作锁存器。当 CPU 读取锁存器地址上的数据时，地址解码线是生效的但写控制线不生效，因此锁存器不会响应读取的请求。

读/写端口（Read/Write Port）在外部看来就是一个输出（只写）端口。但是，读/写端口的名字说明 CPU 还可以读取端口上的数据，特别是上一次写入到端口上的数据。这种读取操作并不会影响已经发送给外部外围设备[1]的数据。图 12-2 展示的就是一个读/写端口。

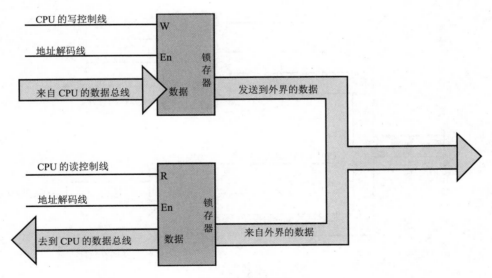

图 12-2 读/写端口

我们可以看到，写入输出端口的数据被回传给了第二个锁存器。将两个锁存器

---

1 历史上，"外设"指的是计算机系统外部的设备。而本书采纳的是这个术语更现代的含义，指的是不属于 CPU 或内存的任何设备。

的地址放到地址总线上就能让两个锁存器的地址解码线（Address Decode Line）都生效。现在，CPU 只要让读控制线和写控制线中的一条生效就可以选择两个锁存器中的一个进行操作。（在读取操作中）生效的读控制线选择下面的锁存器，之前写到输出端口上的数据就会被放到 CPU 的数据总线上，这样 CPU 就可以读到这些数据了。

图 12-2 中的端口并不是一个输入端口，真正的输入端口读取的是外部引脚上的数据。虽然 CPU 确实读取了图中锁存器的数据，但这种电路结构只能让 CPU 读取先前写入该端口的数据而已，进而让程序免去为了保存这些数据而使用额外的变量。外部接口中的数据只是输出，真正的输入设备不能连接到这些信号引脚上。

双通道 I/O 端口（Dual I/O Port）也是一种读/写端口，但是从双通道 I/O 端口读取数据，读取的确实是外部输入设备的数据，而不是最近写入端口地址输出侧的数据。写入双通道 I/O 端口的数据会被传输到某个外部输出设备，这和写入只写端口一样。图 12-3 展示了双通道 I/O 端口和系统之间的交互。

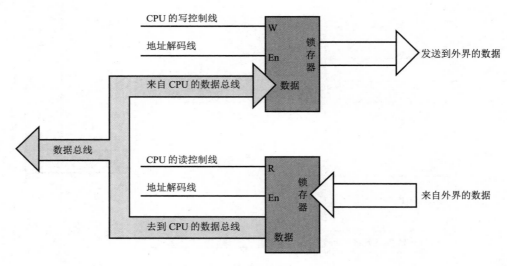

图 12-3 双通道 I/O 端口

双通道 I/O 端口其实是由两个端口组成的：一个只读，一个只写，二者共享一个端口地址。读取这个地址访问的是只读端口，写入这个地址访问的是只写端口。从本质上来说，端口管理通过读控制线和写控制线提供了一个额外的地址位，用来指定应该使用哪个端口。

最后一种双向端口（Bidirectional Port）让 CPU 既能从某个外部设备读取数据，也能向这个设备写入数据。双向端口必须把各种控制线（比如读生效和写生效）传输给外围设备，让设备能够根据 CPU 的读/写请求改变数据传输的方向，这样才能正常工作。双向端口实际上就是通过双向锁存器或者缓存延伸 CPU 总线。

外设使用的 I/O 端口一般都不止一个。例如，最早的 IBM PC 并行打印机接口使用了三个端口地址：一个读/写 I/O 端口；一个只读输入端口；还有一个只写输出端口。CPU 通过读/写端口读取最近写入的 ASCII 字符。打印机的控制信号通过输入端口返回。控制信号可以表示的打印机状态有：就绪，可以接收要打印的字符；掉线；缺纸等。控制信息则会通过输出端口传输给打印机。新型号的 PC 已经用双向端口取代了数据端口，这样既可以通过并口把数据传输给设备，也可以通过并口读取设备数据。磁盘设备和磁带设备这些通过并口和 PC 相连的设备性能因此得到提升。（当然，现代 PC 通过 USB 端口连接打印机，从硬件上来看，这是另一个故事了）。

12.2　端口和系统连接的其他方式

前面这些例子可能会给人留下这样一种印象：CPU 总是使用数据总线来读取或写入外设数据，但是，CPU 一般会通过数据总线传输从输入端口读取的数据，但是向输出端口写入数据时并不一定会使用数据总线。事实上，不写入任何数据只是访问一下输出端口的地址也是一种非常常见的输出技术。图 12-4 展示了一个非常简单的例子，其使用一个置/复位（S/R）触发器实现了这种技术。

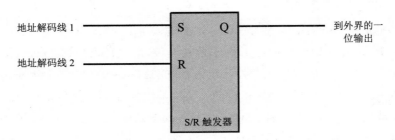

图 12-4　直接访问端口时把数据输出到端口

这个电路中的地址解码器要解码两个独立的地址。对第一个地址的任何读写访问都会将输出线置 1（高电平，生效）；对第二个地址的任何读写访问则会将输出线清 0（低电平，失效）。这个电路忽略了 CPU 数据线上的数据，也忽略了读控制线和写控制线的状态，它唯一关心的是 CPU 访问了两个地址中的哪一个。

还有一种方式可以连接输出端口和系统：将读/写状态线和一个 D 触发器的数据输入相连。图 12-5 展示的就是一种这样的电路设计。

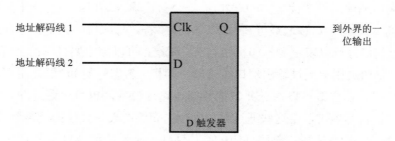

图 12-5 使用读/写控制信息作为数据输出

在该电路中，只要读取端口就会将输出位清 0，只要写入端口就会将输出位置 1（写入指定地址时读控制线处于高电平）。

工程界发明了难以计数的方法，不用通过数据总线而直接将外设连接到 CPU 上。以上只是两个简单的例子，但是本章后面所举的例子，除非特别说明，均假定 CPU 通过数据总线从外部设备读取和向外部设备写入数据。

12.3 输入/输出机制

计算机系统和外设的通信有三种基本的输入/输出机制：内存映射输入/输出、I/O 映射输入/输出及直接内存访问。内存映射输入/输出（Memory Mapped I/O）使用 CPU 内存地址空间内普通的单位来和外设通信。I/O 映射输入/输出（I/O-mapped I/O）使用独立于内存（地址空间）的地址空间及特殊的机器指令在这个 I/O 地址空间和外界之间传输数据。直接内存访问（DMA，Direct Memory Access）是内存映射输入/输出的特殊形式，外设独立读写内存中的数据，不需要 CPU 的干预。每种输入/输出机制都有各自的优点和缺点，下面我们详细讨论。

设备和计算机系统的连接方式往往是由硬件系统设计师决定的，程序员一般没有什么话语权。不过，如果能够关注 CPU 和外设通信所采用的各种 I/O 机制的成本和收益，我们就可以编写不同的代码从而让我们的应用程序获得极致的 I/O 性能。

12.3.1　内存映射输入/输出

采用内存映射的外围设备直接与 CPU 的地址总线和数据总线相连，和普通内存没什么差别。CPU 读写关联外设的地址，实际上就是在设备和系统之间传输数据。这种机制的优点很多，缺点很少。

内存映射输入/输出子系统最大的优势就在于，CPU 使用 mov 这样的内存访问指令就可以在 CPU 和外设之间传输数据。例如，访问读/写端口或者双向端口时，CPU 可以使用 add 这样的 80x86 读取/修改/写入指令，读取端口，对读到的值进行操作，然后将数据写回端口，一条指令就够了。当然，如果端口是只读或者只写的，这种指令就派不上用场了。

占用 CPU 内存映射的地址空间是内存映射输入/输出设备的一大劣势。外设多占用一个字节的地址空间，真正的内存地址空间就少一个字节。通常，一个外设（或者一批相关外设）最少要分配一页内存（80x86 是 4906 字节）的空间。还好，典型的 PC 只有几十个这样的设备，通常这也不是什么大问题。不过，有些外设可能会有问题，比如显卡就会占用一大块地址空间。有些显卡集成了 1GB~32GB 的板载内存，而板载内存会被映射成内存的地址空间，这意味着 1GB~32GB 的地址范围都被显卡占用，无法被系统当作普通 RAM 使用（尽管这对 64 位处理器来说不是问题）。

I/O 与缓存

CPU 不能缓存内存映射 I/O 端口的值。如果把来自输入端口的数据缓存起来，后续从输入端口读取的就是缓存中的数据，这些数据和输入端口的数据很有可能不同。同样地，如果采用回写缓存的机制，则有些写操作可能永远也不会写到输出端口上，因为 CPU 会把多次写操作的结果保存在

缓存中，最后才会一次性把数据写入对应的 I/O 端口。为了避免这些潜在的问题，我们需要某种机制，来告知 CPU 不要缓存对特定内存单位的访问。

解决方案就在于 CPU 的虚拟内存子系统，例如，80x86 页表项里就有一个标志，CPU 可以据此来决定是否可以将内存页中的数据映射到缓存中。该标志为一个值时，缓存正常工作；为另一个值时，CPU 将不会缓存对内存页的访问操作。

12.3.2　I/O 映射输入/输出

前面提到，I/O 映射输入/输出使用的是不属于常规内存空间的特殊 I/O 地址空间，还要配合使用特殊的机器指令来访问设备地址。例如，80x86 CPU 就专门提供了 in 指令和 out 指令。这两条 80x86 指令和 mov 指令类似，区别在于它们传输的是特殊 I/O 地址的数据而不是常规内存地址空间的数据。通常，支持 I/O 映射输入/输出的处理器传输内存地址和 I/O 设备地址的数据时，使用的都是同一条物理地址总线。这些 CPU 会使用额外的控制线来区分地址是属于常规内存空间，还是属于特殊的 I/O 地址空间。这也意味着这些 CPU 可以同时支持 I/O 映射输入/输出和内存映射输入/输出。因此，CPU 地址空间中的 I/O 映射单位还不够，硬件设计师还有内存映射输入/输出可用（典型的 PC 显卡就是这样设计的）。

使用了 PCI 总线（或者 PCI 更新的变种）的现代 80x86 PC 系统，其系统主板上的专用外设芯片会将 I/O 地址空间映射到主内存空间中，这样程序访问 I/O 映射的设备时既可以用内存映射输入/输出，也可以用 I/O 映射输入/输出。

12.3.3　直接内存访问

内存映射输入/输出子系统和 I/O 映射子系统都被称为可编程输入/输出（Programmed I/O），因为它们都需要 CPU 在外设和内存之间传输数据。要把从某个输入端口获取的 10 个字节的序列保存到内存中，必须由 CPU 来读取输入端口的每个值并保存到内存中。

对于高速 I/O 设备来说，CPU 这么一次一个字节（字或者双字）地处理数据实在是太慢了。这种高速 I/O 设备通常都有 CPU 总线接口，直接就可以读写内存，不需要经过 CPU。直接内存访问（DMA）允许 I/O 操作和其他 CPU 操作并行，从而提高整个系统的速度，除非 CPU 和 DMA 设备同时使用了地址总线和数据总线。因此，只有在总线空闲可以让 I/O 设备使用时才能并发，也就是 CPU 访问缓存中的代码和数据的时候。不过，即使 CPU 必须停下来等待 DMA 操作完成才能开始另一个操作，DMA 机制还是会快得多。因为总线的操作很多是取指令或者访问 I/O 端口，而在进行 DMA 操作时不需要这些操作。

典型的 DMA 控制器由一对计数器和其他与内存及外设交互的电路组成。其中一个计数器用作地址寄存器，每次传输时负责提供地址给地址总线。另一个计数器用来指定数据传输的次数。应用程序会用传输数据块的起始地址来初始化 DMA 控制器的地址计数器。每当外设需要传数据给内存或者从内存传数据时，就会给 DMA 控制器发信号，然后 DMA 控制器就会把地址计数器的值放到地址总线上。外设则与 DMA 控制器互相配合，如果是输入操作就将数据放到数据总线上然后写入内存，如果是输出操作就从数据总线上读取来自内存的数据[1]。数据传输成功之后，DMA 控制器的地址寄存器递增，传输计数器则递减。这个过程会一直重复，直到传输计数器递减为零。

12.4　输入/输出速度等级

不同的外设数据传输速率也不同。有些设备的速度和 CPU 相比非常慢，比如键盘。而有些设备的数据传输速度实际上比 CPU 的处理速度还快，比如固态硬盘驱动器。I/O 操作所涉及的外设传输速度对选择合适的数据传输编程技术非常重要。在讨论如何编写合适的代码之前，我们先来定义一下描述外设不同传输速率的术语：

低速设备 产生或者消耗数据的速度比 CPU 处理数据的速度低得多。为了方便讨论，我们假设低速设备的操作速度比 CPU 慢 3 个以上的数量级。

中速设备 传输数据的速度和 CPU 的速度差不多或者和 CPU 的速度差距在 3 个

---

1 注意，这里的"输入"和"输出"是站在计算机系统视角来看的，不是站在设备视角来看的。因此，设备在输入操作时写入数据，而在输出操作时读取数据。

数量级以内（CPU 通过可编程 I/O 访问这些设备）。

高速设备 传输数据的速度比 CPU 通过可编程 I/O 处理数据的速度还要快。

外设的速度决定了 I/O 操作应该使用哪种输入/输出机制。很显然，高速设备必须使用 DMA，因为可编程 I/O 太慢了。中速和低速设备则可以使用三种输入/输出机制中的任何一种来传输数据（虽然由于 DMA 额外的硬件成本，使用 DMA 的低速设备很少见）。

采用典型的总线体系结构，CPU 能够做到每微秒完成一次传输，甚至更快。因此，高速设备的数据传输速度要比每传输一次一微秒的速度还快。中速设备的速度在每次 1 微秒到每次 100 微秒之间。而低速设备的数据传输速度一般来说会低于 100 微秒 1 次。当然，低速、中速和高速设备的定义和系统相关。拥有高速总线的 CPU 更快，支持的中速操作也更快。

注意，每次传输 1 微秒和传输速率每秒 1MB 不是一回事。外设一次可以传输的数据实际上会超过一个字节。例如，使用 80x86 的 `in(dx, eax);` 指令，外设可以一次传输 4 个字节。因此，如果设备的传输速度接近每次 1 微秒，则使用这条指令的传输速率是 4MB 每秒。

12.5 系统总线与数据传输速率

我们在第 6 章介绍过，CPU 是通过系统总线和内存及 I/O 设备通信的。如果读者曾经研究过计算机的内部构造或者阅读过系统规格说明书，对 PCI、ISA、EISA 甚至 NuBus 这些和计算机系统总线有关的术语想必不会陌生。本节我们讨论和 CPU 总线有关的各种计算机系统总线及它们对系统性能造成的影响。

计算机系统会使用多种总线。因此，软件工程师可以根据外设的总线连接类型来决定使用哪个外设。追求特定总线的性能机制需要一些和使用其他总线不一样的编程技术。虽然没办法决定特定计算机系统采用哪些总线，但软件工程师可以从可用的总线中选择能够提升应用程序性能的总线。

PCI（Peripheral Component Interconnect，外设组件互连标准）和 ISA（Industry

Standard Architecture，工业标准体系结构）这样的计算机系统总线都定义了计算机系统内部的物理连接器。具体来说，这些定义描述了电信号集，即总线上的连接器引脚（Connector Pin）、各种物理尺寸（比如连接器的布局及间隔距离）及一套连接各种不同电子设备的数据传输协议。这些总线往往是 CPU 局部总线（Local Bus）（地址线、数据线及控制线）的延伸，很多系统总线信号和 CPU 总线信号是一样的。

但是，外设总线也没有必要和 CPU 总线完全保持一致，它们可以增加或者减少一些信号。例如，ISA 总线只支持 24 条地址线，而英特尔和 AMD 的 x86-64 CPU 有 40~52 条地址线。

不同外设设计使用的外设总线也不尽相同，图 12-6 展示了典型计算机系统中 PCI 总线和 ISA 总线的结构。[1]

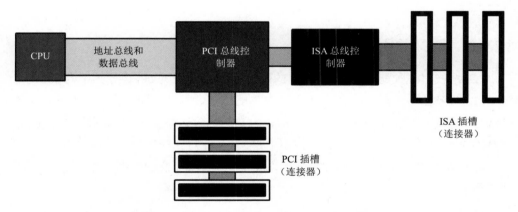

图 12-6 典型 PC 中的 PCI 总线和 ISA 总线连接

注意，CPU 的地址总线和数据总线和 PCI 总线控制器外设而不是 PCI 总线相连。PCI 总线控制器有两组引脚，把 CPU 局部总线和 PCI 总线桥接（Bridge）在一起。局部总线的信号线并没有直接和对应的 PCI 总线信号线连在一起，而是由 PCI 总线控制器充当中介，在 CPU 和 PCI 总线之间转发所有数据传输请求。

还要注意，ISA 总线控制器通常会和 PCI 总线控制器相连，而不是直接和 CPU

---

1 ISA 总线就是原来的 IBM PC/AT 总线，在现代计算机系统中并不常见。

相连。这样做往往是出于成本或者性能的考虑（例如，不需要额外缓冲就能和 CPU 总线直接相连的设备数量可能有限制）。

CPU 运行主频一般都是 CPU 局部总线运行频率的倍数（倍频）。常见的局部总线频率有 66MHz、100MHz、133MHz、400MHz、533MHz 和 800MHz，还有更快的。通常，只有内存及部分精心选择的外设（比如 PCI 总线控制器）会以 CPU 总线那么高的频率运行。

典型的 CPU 总线带宽都是 64 位，而且理论上每个时钟周期可以完成一次数据传输，因此 CPU 总线数据传输速率最高时就是时钟频率乘以 8 个字节，100MHz 的总线就是 800MB 每秒。实际上，CPU 很少能达到最高数据传输速率，但也能达到最高传输速率的一定比例。因此，总线越快，给定时间内传给或传出 CPU（及缓存）的数据就越多。

12.5.1　PCI 总线的性能

PCI 总线有多种配置组合。最基本的配置是 32 位数据总线，运行频率为 33MHz。和 CPU 局部总线一样，理论上 PCI 总线也能在一个时钟周期内完成一次数据传输。也就是说基本配置的 PCI 总线理论上的最大数据传输速率是 33MHz 乘以 4 字节，即 132MB 每秒。然而，现实中 PCI 总线的性能只有在短暂的突发模式时可以接近这个水平。新版本的 PCI-e 提供多达 16 个"通道"来实现更快的数据传输（主要用于高性能显卡）。

如果 CPU 想要访问 PCI 总线上连接的某个外设，首先必须先要和其他外设协商，取得总线的使用权。协商可能需要几个时钟周期才能完成，然后 PCI 控制器才会让 CPU 访问（PCI）总线。如果 CPU 每次传输都要写入一个双字，协商消耗的时间会大大拉低传输速率。要达到总线的最大理论带宽，唯一的办法就是使用 DMA 控制器及突发模式（Burst Mode）来传输数据块。在突发模式中，DMA 控制器只用协商一次，然后进行多次传输，在各次传输之间不会放弃总线的使用权。

改进 PCI 总线性能的方式有很多。有些 PCI 总线支持 64 位数据通道。显然，这会让最大理论数据传输速率翻倍，每次传输的数据从 4 字节提高到了 8 字节。另一种改进是让总线以 66MHz 的频率运行，这能让吞吐率翻倍。而 66MHz 64 位的总线和基本配置的总线相比，数据传输速率翻了 4 倍。采用这些改进方式，PCI 总线的性能也会随着 CPU 性能的提高而提高。PCI 总线的高性能版本 PCI- x 出现已经有一段时间了，然而大概率会被 PCI-e 总线取代。PCI-e 是一种串行总线，数据通过几条数据线串行传输。然而，PCI-e 总线使用通道并行地传输更多数据。例如，16 通道的 PCI-e 总线吞吐率是单通道的 16 倍。

12.5.2 ISA 总线的性能

ISA 总线是早期 PC/AT 计算机系统的遗产，位宽只有 16 位，运行频率为 8MHz。一个总线周期需要 4 个时钟周期，总线周期（Bus Cycle）是指 ISA 总线传输一个 16 位的字需要的时间。因此（还有其他一些原因），ISA 总线一微秒才能执行一次数据传输。由于位宽只有 16 位，ISA 总线的数据传输速率的上限大约是 2MB 每秒。这比 CPU 局部总线和 PCI 总线慢得多。一般来说，ISA 总线也就只能连接一些低速或中速设备，比如 RS-232 通信设备、调制解调器或者并行打印机接口，等等。其他大多数的设备，比如磁盘、扫描仪和网卡对 ISA 总线来说速度太快了。

在大多数系统中，访问 ISA 总线前需要先通过协商获得 PCI 总线的访问权。由于 PCI 总线比 ISA 总线要快得多，因此协商时间对 ISA 总线设备的性能影响微乎其微。因此，将 ISA 控制器和 CPU 局部总线直接相连也不会提升性能。

还好，ISA 总线现在已经完全过时了，现代 PC 中基本找不到。只有一些工业 PC 和单板计算机（SBC，Single-Board Computer）仍然因为遗留应用程序的原因还在支持 ISA 总线连接，除此之外，ISA 总线已经绝迹了。

12.5.3 AGP 总线

显卡（也叫图形卡）是非常特殊的一种外设，它需要把总线性能优化到极致，保证快速的屏幕刷新和高速的图形运算。可是，如果 CPU 必须不断地和其他设备协商才能获得 PCI 总线的使用权，图形性能会大打折扣。为了解决这个问题，显卡设计师发明了加速图形端口（AGP，Accelerated Graphics Port）。这是一种 CPU 局部总线和显卡的接口，它提供了一些控制线，还有专为显卡设计的总线协议。

AGP 连接允许 CPU 快速地把数据传入显示 RAM 或者从显示 RAM 快速地传回数据（如图 12-7 所示）。

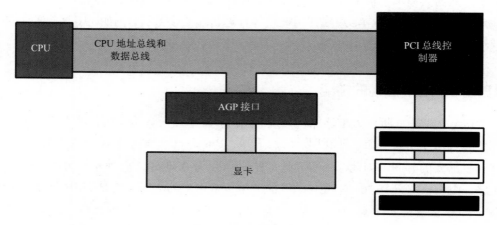

图 12-7 AGP 总线接口

系统只有一个 AGP 端口，因此同一时间只有一块显卡使用 AGP 插槽。这样做的好处是系统永远不需要通过协商来访问 AGP 总线。然而，从 2008 年开始，显卡的性能已经超过了 AGP 总线。大多数现代显卡转而使用多通道 PCI-e 总线接口。

12.6 缓冲

如果某个 I/O 设备产生或者消费数据的速度比系统把数据传出去或者传进来的速度还快，系统设计师只有两种选择：要么给 CPU 和设备提供更快的连接，要么降低两者之间的传输速率。

如果外设连接的是比较慢的总线（比如 ISA），系统设计者可以换成位宽更大的 64 位 PCI 总线，更快（运行频率更高）的总线，或者性能更好的总线（比如 PCI-e）。系统设计师还可以发明 AGP 连接这样更快的总线接口。

另外一种选择就是降低外设和计算机系统之间的传输速率。这种选择并没有想象得那么精糕。大多数高速设备把数据传给系统的速度并不是恒定的。一般来说，快速传输完一块数据之后，设备会空闲一段时间。虽然突发的数据传输速率可以超过 CPU 或者内存处理数据的速度，但是平均下来往往没有 CPU 和内存快。如果峰值才能达到的带宽能够被平摊，在外设空闲的时候也能传输一部分数据，那么利用好外设和计算机系统之间现有的这些连接就够了，无须采用昂贵的高带宽总线或连接。

这里的技巧是利用外设上的内存来缓冲数据。外设能够在输入操作执行时迅速用数据将缓冲区填满，在输出操作执行时迅速从缓冲区提走数据。当外设进入空闲状态时，系统会以合理的速度清空或者填满缓冲区。只要外设的平均数据传输速率低于系统支持的最高带宽，并且缓冲的容量足够保存发送给或来自于外设的突发数据，这种方案就能够支持外设以较低的平均数据传输速率和系统通信。

缓冲往往会使用 CPU 内存而不是外设内存，因为这样可以节省成本。在这种情况下，软件工程师负责初始化外设缓冲区。而在有些情况下，外设和操作系统都没有为外设数据操作提供缓冲区，这时应用程序就必须自己缓存数据，这样才能保持最好的性能，避免数据丢失。还有些情况，设备或者操作系统可能提供了一个比较小的缓冲区，如果应用程序来不及处理，就会发生数据溢出。这种情况下，应用程序可以提供一个更大的本地缓冲区，避免数据溢出。

12.7　握手

很多 I/O 设备不能以任意速率来接收数据。例如，采用英特尔 i9 的 PC 每秒可以向打印机发送数亿的字符，但是打印机没办法在一秒内把这么多的字符打印出来。同样，键盘这种输入设备也绝对不会每秒给系统传输几百万次按键（因为按键的是人，不是计算机）。由于外设存在这些能力上的差异，因此 CPU 需要某种机制来协调计算机系统和外设之间的数据传输。

一种常见的做法是，使用和数据端口不同的另一个端口来发送和接收状态位。例如，打印机可以发送一位，告知系统打印机是否就绪，可以接收更多数据。同样，也可以用独立端口中的一个状态位指定键盘数据端口是否有就绪的按键信号。CPU可以先检查这些状态位，再把字符写到打印机，或者从键盘读取按键输入。

这种使用状态位来标识设备是否能够接收或者传输数据的行为，被称为握手，就像两个人签订协议时总是要握手表示同意。

下面这段 80x86 汇编语言代码展示了握手的工作原理:

```
mov( $379, dx );              // 用状态端口的地址初始化 DX
repeat

    in( dx, al );             // 获取并行端口的状态放到 AL 寄存器
    and( $80, al );           // 如果最高位被置 1 则将 z 标志清零

until( @nz );                 // 循环直到最高位为 1

// 现在可以把下一个字节写入打印机数据端口了。
```

打印机状态寄存器(即输入端口 $379)的最高位为 0 时,这段代码会一直循环,直到最高位被置 1(说明打印机可以接收数据了)才跳出循环。

12.8 I/O 端口超时

上面的 repeat..until 循环有一个问题,它有可能进入一直等着打印机就绪可以接收输入的死循环。如果等待的时候有人关掉打印机或者打印机电缆断开,程序都可能会原地打转,永远等不到打印机就绪。一般来说,出现问题的时候应该通知用户而不是让系统停止响应。为了避免死循环,都会在循环中加入超时(Timeout)时长,一旦用时超过了超时时长,程序就会警告用户外设出了问题。

我们可以认为大多数外设都会在合理的时间做出某种响应。例如,大多数打印机最差也能在上次传输结束后几秒内就绪,可以再次接收字符。因此,如果 30 秒或更长时间之后打印机都没有接收字符,那肯定是哪里出了问题。如果在编写程序时就考虑到了这一点,程序就会暂停,提示用户检查打印机,在用户确认问题解决之后才会继续打印。

超时时长很难选择。超时太短,本来没有问题,程序却可能误报;超时太长,程序却反应迟钝。这两种情况都让人恼火,必须小心翼翼地平衡。

可以简单地把程序等待外设握手信号时的循环次数作为超时时长。下面这段代

码对前一节中 repeat..until 循环做了一些改动：

```
mov( $379, dx );          // 用状态端口的地址初始化 DX
 status port.
mov( 30_000_000, ecx );   // 假设一次端口访问消耗 1 微秒，超时时长约为 30 秒

HandshakeLoop:

    in( dx, al );         // 获取并行端口的状态放到 AL 寄存器
    and( $80, al );       // 如果最高位被置 1 则将 z 标志清零

loopz HandshakeLoop;      // 递减 ECX，只要 ECX <> 0 并且 AL 寄存器最高位为 0
                          // 就继续循环

if( ecx <> 0 ) then

    // 现在可以把下一个字节写入打印机数据端口了

else

    // 发生超时就会执行这里的代码

endif;
```

　　打印机就绪，可以接收数据或者达到 30 秒左右的超时时间，上面这段代码就会退出。30 秒这个数字可能会遭到质疑，毕竟不同的处理器上软件循环（比如 ECX 倒着计数到 0）运行的速度是不一样的。但是，这里读取总线端口的是 in 指令，执行大约需要一微秒（I/O 端口一般需要插入很多等待状态）。因此，循环一百万次需要大约一秒（误差在正负 50% 之间，但基本可以达到我们的目的了）。这基本上和 CPU 频率无关。

12.9　中断与轮询式 I/O

　　轮询就是不断地检查某个端口，判断端口数据是否就绪的过程。前面几节介绍的握手循环就是一个轮询的例子：CPU 快速循环等待，检查打印机端口的状态值，直到发现打印机就绪，可以接收更多的数据，然后 CPU 才会给打印机传输更多的数

据。轮询式的 I/O 本质上是低效的，如果打印机需要 10 秒才能就绪接收数据，而 CPU 在这 10 秒内除了空转，啥事也没干。

在早期的个人计算机系统中，程序就是这么干的。如果某个程序需要从键盘读取输入，就要轮询键盘状态，直到有按键为止。在等待键盘输入的时候，这些早期的计算机无法进行其他操作。

这个问题的解决方案是中断机制（Intemupt Mechanism）。中断是由外部硬件事件触发的，比如打印机就绪可以接收字符。中断会导致 CPU 中断其当前的指令序列，然后调用一个特殊的中断服务程序（ISR，Interrupt Service Routine）。典型的中断服务程序会按下面这个顺序执行一些操作：

1. 保存全部机器寄存器和标志位的当前值，确保被中断的运算后面能够恢复。

2. 执行任何必要的中断服务操作。

3. 将寄存器和标志位恢复到中断之前的值。

4. 继续执行被中断的代码。

在大多数计算机系统中，典型的 I/O 设备准备好 CPU 需要的数据时，或者就绪可以从 CPU 接收数据时就触发中断。中断服务程序在后台迅速处理中断请求，其他计算在前台仍然可以正常进行。

中断服务程序一般是由操作系统设计者或外设厂商编写的，但大多数操作系统可以通过信号（Signal）或者类似的机制把中断传递给应用程序。这样我们就可以把中断服务程序直接放在应用程序中。举例来说，在内置缓冲区被填满的时候，外设可以利用这种机制通知应用程序，而应用程序就可以将外设缓冲区内的数据复制到自己的缓冲区中，避免数据丢失。

12.10　保护模式操作与设备驱动程序

如果是在 Windows 95 或者 98 上工作，汇编代码就可以直接访问 I/O 端口。前面展示握手的汇编代码就是一个例子。但是，更新一些的 Windows 版本，Linux 全部的版本还有 macOS 都采用了保护模式（Protected Mode）操作。在保护模式中，只有操作系统和一些特权程序才可以直接访问设备。标准应用程序，就算是用汇编代码写的，也没有这种特权。一个再简单的程序，只要是向某个 I/O 端口发送数据，系统就会产生一个非法访问异常并终止程序。

在 Linux 系统中，不是任何程序都能够直接访问 I/O 端口的，只有具有"超级用户"（superuser）（root）特权的程序才可以。在这种情况下，用户应用程序可以使用 Linux 的 `ioperm` 系统调用访问某些特定的 I/O 端口。（更多细节请参考 `ioperm` 的手册。）

如果 Linux、macOS 和 Windows 都不允许直接访问外设，那程序如何才能和这些设备通信呢？很显然可以做到，不然应用程序无法和实际设备交互。但就是这些操作系统都允许专门为此编写的模块直接访问 I/O 端口，这些模块被称为设备驱动程序（Device Driver）。关于设备驱动程序的完整内容超出了本书范围，但是理解设备驱动程序的工作原理有助于理解在操作系统保护模式下 I/O 的操作和限制。

12.10.1　设备驱动模型

设备驱动（程序）是一种和操作系统链接的特殊程序。设备驱动程序必须遵循特定的协议，还必须使用一些特殊的操作系统调用，这些调用标准应用程序是不能用的。此外，在系统中安装设备驱动程序必须具备管理员特权，因为设备驱动程序可能会导致各种安全和资源分配风险，我们不能因此在系统中留下漏洞。因此，安装设备驱动程序不是一个随随便便的过程，应用程序不能随意地加载或者卸载驱动程序。

好在典型 PC 系统没有那么多的设备，设备驱动程序的数量也有限。一般在安装设备的时候就会给操作系统安装驱动程序。如果设备内置在 PC 里，那就在安装操作系统的时候安装驱动程序。只有在创建自己的设备，或者在某种特殊情况下设备需要一些标准设备驱动程序不支持的特殊功能时，才需要自己编写设备驱动程序。

设备驱动模型很适合低速设备，因为操作系统和设备驱动程序的响应速度比设备要求的速度要快得多。这种模型也非常适合需要在设备和系统之间传输大块数据的中、高速设备。但是，设备驱动模型也有一些缺点，其中就包括不支持在设备和应用程序之间需要大量交互的中、高速数据传输。

这里的问题在于，操作系统调用的代价是非常高的。只要应用程序使用操作系统调用把数据传输到某个设备，设备驱动程序都需要几百微秒甚至毫秒才会真正地接收到应用程序的数据。如果设备和应用程序之间需要持续高速地来回传输数据，而每次传输都需要经过操作系统，一定会产生很高的延迟。对于这类应用程序，我们需要编写特殊的设备驱动程序自行处理数据传输，而不是不停返回应用程序进行传输。

（在现代操作系统中）应用程序不能直接访问设备，因此应用程序和设备之间的所有通信必须通过设备驱动程序中转。那么问题来了，应用程序是如何与设备驱动程序通信的呢？

12.10.2　与设备驱动程序通信

在大多数情况下，现代操作系统中的外设通信过程和把数据写入文件及从文件中读取数据没什么两样。在大多数操作系统中，使用特殊的文件名打开这些"文件"，比如 COM1（串口）或者 LPT1（并口），操作系统会自动建立"文件"到对应设备的连接。使用完设备之后，只需要"关闭"关联的文件，操作系统就知道这个设备应用程序使用完了，可以让其他应用程序使用了。

当然了，大多数设备并不支持和操作磁盘文件一样的语义。一些设备可以接收无格式的长数据流，比如打印机和调制解调器；而另一些设备可能要求数据提前预格式化为成块的数据，只用一次写操作就可以把这些数据块写入设备。具体是哪种语义由设备决定。不过，把数据发送给外设的典型方式是调用操作系统提供的"write"函数，把一个包含数据的缓冲区作为参数传给它；而从设备读取数据的典型方式则是调用操作系统提供的"read"函数，把缓冲区的地址作为参数传给它，操作系统会把读到的数据放在这个缓冲区里。

但也不是所有的设备都遵循这些文件 I/O 的流式 I/O（Stream-I/O）数据语义。因此，大多数操作系统都会提供设备控制 API（Device-Control API）。如果流式 I/O 模式不奏效的话，可以通过设备控制 API 直接传递信息给外设的设备驱动程序。

API 接口因操作系统而异，具体细节已经超出了本书的范围。虽然大多数操作系统的设计都是相似的，但是它们之间的差异仍然让我们没有办法使用统一的方式进行描述。更多信息请查阅特定操作系统的程序员参考手册。

12.11　更多信息

Silberschatz, Abraham, Peter Baer Galvin, and Greg Gagne. "Chapter 13: I/O Systems." In *Operating System Concepts*. 8th ed. Hoboken, NJ: John Wiley & Sons, 2009.

注意： Patterson 和 Hennessy 所著的 *Computer Architecture: A Quantitative Approach* 前面几版有一章关于 I/O 设备和总线的内容很好，遗憾的是，由于论述的外设已经非常老旧，作者在后来的修订版中没有更新而是删除了这一章。搜索互联网应该是寻找和这个主题相关的一致信息的最后方法了（当然还有本书）。

13

计算机外设总线

系统总线并不是计算机系统中唯一的总线。计算机系统中还有许多特殊的外设总线。本章讨论连接计算机和各种外设的总线，包括 SCSI、IDE/ATA、SATA、SAS、光纤、火线和 USB 等。

13.1　小型计算机系统接口

小型计算机系统接口（SCSI，Small Computer System Interface）是一种连接高速外设的个人计算机系统的外围互联总线。SCSI 总线在 20 世纪 80 年代早期被设计出来，80 年代中期被苹果 Macintosh 计算机系统采用，随后流行起来。最初，SCSI 接口支持 8 位双向数据总线，每秒能够传输 5MB 数据，对那个年代的硬盘子系统来说性能已经很高了。SCSI 接口早期的性能用现代的标准来衡量是很低的，但这些年来 SCSI 也经历了多次修订，一直保持着外设互联系统的高性能。曾经 SCSI 设备最流行的时候，其数据传输速率能够达到 320MB/s（兆字节每秒）。

尽管 SCSI 互联系统在磁盘驱动器子系统中应用最广，但就 SCSI 的设计来说是可以通过一条线缆连接支持很多 PC 外设的。事实上，在 SCSI 流行的 20 世纪 80 年代末和 90 年代，各种打印机、扫描仪、成像设备、照相排字机、网卡和显卡及其他很多种设备都使用了 SCSI 总线接口。

但是，随着 USB、火线和雷电外设互联系统的出现，作为通用外设总线的 SCSI 功成身退。除了需要极高性能的磁盘驱动器子系统和一些专用外设，现在使用 SCSI 接口的外设已经很少了。为什么 SCSI 不再流行了？我想应该先来看看这些年 SCSI 用户遇到过的问题。

13.1.1 限制

SCSI 刚出现的时候，SCSI 适配器卡支持同时最多连接 7 台外设。如果要连接多个设备，首先从主控制器卡引出一条线缆连接到第一台外设。然后从第一台设备上的第二个接头引出一条线缆连接到第二台设备。从第二台设备的另一个接头引出线缆再连接到第三台设备，依次类推。最后这些设备组成了一条"菊花链"，而且最后一个外设的最后一个接头上还要连接一个特殊的终结设备。如果 SCSI 链的末端没有这个特殊的"终结器"连接，很多 SCSI 系统就算能用也会不正常。

很多外设生产商会把终结电路内置在设备里，作为一项"便利"提供给用户。可是，在 SCSI 链中间连接多个终结器的效果和没有终结器一样糟糕。虽然大多数生产商在外设中内置终结器线路的同时，通常都会提供禁止终结器的选择，但还是有厂商不会提供。确保 SCSI 链只有末端设备的终结器线路是激活的这件事很麻烦，即便设备提供了开启和关闭终结器的选项，如果手头没有文档，也没办法知道正确的"指拨开关"设置。结果很多计算机用户的系统在使用一串 SCSI 设备时总会遇到问题。

SCSI 最早的设计要求计算机用户必须给每个 SCSI 链中的设备指定 0~7 中的一个数字作为"地址"，其中地址 7 一般会留给主控制器卡。如果 SCSI 链中有两台设备的地址是一样的，它们就无法正常工作。这会让 SCSI 外设在计算机系统之间的迁移有些困难，因为迁移到新系统中的设备想用的地址一般另一台设备已经占用了。

最早的 SCSI 总线还有其他一些限制。首先就是它最多只能支持 7 台外设。SCSI

最早被设计出来的时候，这还不是一个问题。因为硬盘和扫描仪这些常见的 SCSI 外设那时都非常昂贵，一台就要几千美元。普通的计算机用户很少会有连接 7 台设备的需要。随着硬盘驱动器及其他 SCSI 外设的价格不断地下降，7 台外设的限制就成了问题。

还有，SCSI 不可热插拔（Hot Swappable），也就是说，不能在通电时把 SCSI 总线上的外设拔掉或者把设备接入 SCSI 总线。这样做可能会对 SCSI 控制器、外设甚至连接到 SCSI 总线的其他外设造成电气损伤。随着 SCSI 外设的价格变得能够承受，用户在计算机系统上连接多台设备的情况也更多，把设备从一个系统拔下，插入另一个系统的要求也在增多，然而 SCSI 却没有提供这种能力。

13.1.2　改进

尽管有这样一些缺点，SCSI 还是流行了起来。为了保住市场，SCSI 一直在不断地改版完善。SCSI-2 是第一次改版，把速度从 5MHz 提高到了 10MHz，输出传输速率因此翻倍。这次改版是必须的，因为磁盘驱动器这样的高性能设备速度增长得太快，最早的 SCSI 接口实际上已经拖后腿了。接下来的一次改版是双向 SCSI 数据总线的位宽从 8 位提高到了 16 位，不仅数据传输速率由 10MB/s 加倍到了 20MB/s，总线可以连接的外设数量也从 7 台增加到了 15 台。Fast SCSI（10MHz）、Wide SCSI（16 位）以及 Fast and Wide SCSI（16 位，10MHz）都是 SCSI-2 的变种。

既然有了 SCSI-2，自然也就会有 SCSI-3。SCSI-3 提供了各种不同连接的大杂烩，同时还保持了和较早标准的兼容性。虽然 SCSI-3（名字可以是 Ultra、Ultra Wide、Ultra 2、Wide Utra 2、Ultra 3 及 Ultra320，等等）仍然是以并行电缆模式运行的 16 位总线，而且支持的外设数量最多还是 15 台，但 SCSI-3 总线的运行速度得到了大幅提升，而且 SCSI 外设之间连接的最大物理距离也增加了。总之，SCSI-3 的运行速度最高可以达到 160MHz，这样的话 SCSI 总线的突发数据传输速率可以达到 320MB /s（这比很多 PCI 总线还要快）。

SCSI 最早是一个并行接口。现在，SCSI 支持的互连标准有四种：SCSI 并行接口（SPI，SCSI Parallel Interface）、基于火线的串行 SCSI（Serial SCSI across FireWire）、光纤通道仲裁环路（Fibre Channel Arbitrated Loop）及串行 SCSI（SAS，Serial-Attached

SCSI）。其中 SPI 是最早的标准，是大多数人认为的 SCSI 接口。SCSI 并行线缆包含 8 条或 16 条数据线，依 SCSI 使用的接口类型而定。SCSI 线缆因此特别笨重昂贵。并行 SCSI 接口链接线缆的最大长度也被限制到了几米。现代计算机系统只有在性能要求极高的时候才会使用 SCSI 外设正是因为这些问题，尤其是成本。

注意，SCSI 总线并不属于计算机系统，而且总线上各个外设之间的数据传输也不需要计算机系统来调度。SCSI 是真正的点对点（Peer-to-Peer）总线，总线上任意两个外设都可以互相通信。事实上，两个计算机系统共享一条 SCSI 总线也是可以的（尽管这种情况并不常见）。

点对点操作可以极大地提升系统的总体性能。我们以磁带备份系统为例进行说明。现实中大多数磁带备份程序都是从磁盘驱动器中读取一块数据放到计算机的内存里，然后再将这块数据从计算机内存写到磁带驱动器中。而磁带驱动器和磁盘驱动器可以通过 SCSI 总线直接通信（至少理论上可以）。磁带备份程序会发送两条命令，一条给磁盘驱动器，一条给磁带驱动器，告诉磁盘驱动器将数据块直接发送给磁带驱动器，不需要经过计算机系统。这不仅让经过 SCSI 总线的传输次数减少了一半，提高了传输速度；而且还解放了计算机的 CPU，可以去做其他工作。实际上，磁带备份系统很少会这样工作，但是两个设备跳过计算机系统中转直接通过 SCSI 总线通信的例子也不少。编写能够通过 SCSI 外设直接通信（而不是通过计算机的内存来传输数据）的软件就是卓越编程的最佳示范。

13.1.3　SCSI 协议

SCSI 不仅是电气上的互连，同时还是一种协议（Protocol）。SCSI 外设通信不是直接把数据写到 SCSI 接口卡的寄存器中，再让数据通过 SCSI 线缆传送到外设。使用 SCSI 的时候，首先要在内存中构造一个数据结构，数据结构中包含 SCSI 命令、命令参数及发送给 SCSI 外设的数据，可能还有一个指针，SCSI 控制器可以将外设返回的数据存储到该指针指向的地址。构造好的数据结构一般会提供给 SCSI 控制器。然后 SCSI 控制器从系统内存（的数据结构）中取出命令，再将命令发送给 SCSI 总线上的对应设备。

1. SCSI 命令集

这些年 SCSI 硬件不断发展的同时，SCSI 协议，即 SCSI 命令集（Command Set）也在发展。硬盘接口从来都不是 SCSI 的设计目标，随着新型计算机外设的出现，SCSI 支持的外设种类也在稳步增长。针对这些新鲜有些意想不到的 SCSI 总线应用，SCSI 设计者提出了一种与具体设备无关的命令协议，很容易就可以扩展来支持新发明的设备。这和一些设备接口形成了鲜明的对比，例如最早的集成磁盘电子（IDE，Integrated Disk Electronics）接口就只适用于磁盘驱动器。

SCSI 协议传输的是一个包含了外设地址、命令及命令数据的数据包。SCSI-3 标准将这些命令大致分为以下几类：

RAID 阵列控制命令（SCC，SCSI Controller Commands）

箱体服务命令（SES，SCSI Enclosure Services Commands）

打印机绘图命令（SGC，SCSI Graphics Commands）

块命令，即硬盘接口命令（SBC，SCSI Block Commands）

管理服务器命令（MSC，Management Server Commands）

多媒体命令，适用于 DVD 驱动器等设备（MMC，Multimedia Commands）

基于对象的存储命令（OSD，Object-based Storage Device Commands）

基本命令（SPC，SCSI Primary Commands）

精简块命令，适用于精简的硬盘子系统（RBC，Reduced Block Commands）

流命令，适用于磁带驱动器（SSC，SCSI Stream Commands）

虽然 SCSI 命令是标准化的，但是实际的 SCSI 主控制器接口却没有标准化。不同的主控制器生产商会使用不同的硬件来连接 SCSI 控制器芯片和主机系统，因此不同的主控制器设备和 SCSI 控制器芯片的交互方式也是不同的。SCSI 控制器异常复杂，编程很难，还没有"标准"的 SCSI 接口芯片，所以程序员们不得不编写不同的软件版本来控制各种 SCSI 设备。这是编写支持 SCSI 总线的软件时的挑战。

2. SCSI 设备驱动

为了解决这个问题，SCSI 主控制器厂商（如 Adaptec）提供了专门的设备驱动模块来统一设备的接口。程序员要把应该放到 SCSI 总线上的 SCSI 命令放到内存中的一个数据结构里，调用设备驱动软件，由设备驱动软件来将 SCSI 命令放到 SCSI 总线上，而不是把数据直接写到 SCSI 芯片中。这种方法有很多优点：

- 程序员不用再学习各种特定主控制器的复杂命令。
- 各个厂商可以为他们的 SCSI 控制器设备提供一个统一的兼容接口。
- 厂商可以提供一个优化过的驱动程序来支持设备的各种能力，这样可以避免程序员自己编写和设备有关的代码（很可能是烂代码）。
- 厂商可以在不破坏现有软件的兼容性的前提下，在未来的版本中修改设备的硬件。

这个概念在现代操作系统中延续了下来。现在，SCSI 主控制器生产商们为 Windows 等操作系统编写了 SCSI 小端口驱动程序（SCSI Miniport Driver）。小端口驱动程序给主控制器提供了和硬件无关的接口，这样操作系统只需要简单地给出命令，OS 就可以发号施令："把这条 SCSI 命令放到 SCSI 总线上去！"

13.1.4　SCSI 的优点

支持 SCSI 命令的并行处理是 SCSI 接口的一个显著优势。也就是说，主机系统可以把多条不同的 SCSI 命令放到总线上，由不同的外设同时处理。有些设备甚至可以一次接收多条命令，然后按照效率最高的顺序来处理，比如磁盘驱动器。假定磁盘当前正处于块 1000 附近，如果系统发送了读取块 5000、4560、3000 和 8000 的块读取请求；磁盘控制器会将这些请求重新排序，让读/写磁头以最高的效率在磁盘表面移动（也许是 3000、4560、5000，然后是 8000）。当多任务操作系统要同时处理多个不同应用的磁盘 I/O 请求时，这能大大提高系统性能。

SCSI 接口也非常适合 RAID 系统。因为 SCSI 是为数不多的可以用一个接口支持大量驱动器的磁盘控制接口。

最早的 SPI（并行 SCSI）几乎已经销声匿迹，就连火线 SCSI 也（跟着火线一起）

几乎消失了。然而，SCSI 现在仍然以 SAS（串列 SCSI）的形式存在。性能极高的硬盘驱动器还在使用 SAS 命令集（非标准 SATA 命令集）。围绕 SAS 硬盘构建的 RAID 系统性能仍然是最高的。

为高性能应用程序设计的 SCSI 命令集功能非常强大。SCSI 命令集非常庞大和复杂，受篇幅所限，我们无法在本书深入地介绍相关内容。想对 SCSI 编程做进一步了解的读者可以参考 Gary Field、Peter M.Ridge 等人所著的 *The Book of SCSI* 一书（No Starch Press 2000 年出版）。完整的 SCSI 规范许多 Web 站点上都可以找到。直接搜索 "SCSI specifications"（SCSI 规范）就能找到不少结果。

13.2 IDE/ATA 接口

SCSI 接口性能虽好，但是非常昂贵。SCSI 设备需要复杂的高速处理器来处理 SCSI 总线上可能出现的所有操作。而且，由于 SCSI 设备支持点对点模式（也就是说外设之间可以直接交互，不需要通过主机系统中转），因此每台 SCSI 设备控制器电路板上的 ROM 中都要存放大量比较复杂的软件。对于将硬盘连接到个人计算机系统这种简单的诉求来说，支持完整 SCSI 的全部额外功能真的有点杀鸡用牛刀了。而集成磁盘电子（IDE，Integrated Drive Electronics）接口提供了一种基本的低成本的大规模存储的选择。

IDE 接口背后的理念是把处理交给计算机系统 CPU（SCSI 使用内置 CPU 完成了不少工作），这样就可以降低磁盘驱动器的成本。（在 SCSI 传输数据时）CPU 通常是空闲的，这样看起来资源得到了更有效的利用。IDE 驱动器要比 SCSI 驱动器便宜几百美元，因此在个人计算机系统中非常普及。IDE 接口和 IDE 驱动器因为相对低廉的成本得到了广泛的应用。

最早的 IDE 规范是专为硬盘驱动器设计的，不是特别适合其他类型的存储设备。因此，IDE 设计委员会又一起重新制定了 AT 计算机附加设备包接口标准（ATAPI，AT Attachment with Packet Interface），通常简称为 ATA（Advanced Technology Attachment，高级技术附件）。和 SCSI 一样，ATA 标准数年来经历了多次修订和改进。ATAPI 规范（2013 年已经到了第 8 版）对 IDE 规范进行了扩展，很多大容量存储设备都得到了 IDE 规范的支持，包括磁带驱动器、ZIP 驱动器、CD-ROM、DVD、移动硬盘盒，等等。ATAPI 规范的设计者采用了和 SCSI 非常类似的包命令格式，有些地方甚至一模一样。

然而，在 Windows 或 Linux 这些现代的保护模式操作系统中，是不允许应用程序开发人员直接和硬件通信的。理论上可以为 IDE 编写一个小端口驱动程序来模拟 SCSI 接口的工作模式。但实际中操作系统厂商一般会通过软件库提供 IDE/ATAPI 设备的应用编程接口（API，Application Programming Interface）。应用程序开发人员可以调用这些 API 函数，传入合适的参数，然后真正需要和硬件打交道的工作，底层库程序会去完成。

在现代的计算机系统中，ATAPI 设备编程和 SCSI 设备编程很像。首先要在内存中构造一个数据结构，把命令码及一组参数放在数据结构中，然后将这个数据结构传递给驱动库中的一个函数，这个函数会将数据通过 ATAPI 接口传递给目标存储设备。如果没有这么一个底层库，而操作系统也允许我们编程操作 ATAPI 设备来获取数据（在现代计算机系统中一般会使用 DMA）。

完整的 ATAPI 规范大约有 500 页，我们不可能在这里深入介绍。如果对 IDE/ATAPI 规范细节感兴趣，则可以在互联网上搜索 "ATAPI specifications"（ATAPI 规范）。

最新的机器使用的是串行 ATA（SATA，Serial ATA）控制器。这是历史悠久的 IDE/ATAPI 并行接口的高性能串行版本。但是在程序员看来，SATA 和 ATAPI 就是一回事。

13.2.1 SATA 接口

随着时间的推移，硬盘变得越来越快，快到性能都被 IDE/ATA 接口拖累了。串行 AT 附件（SATA）及后来的 SATA-II 和 SATA-III 带来了不少并行 IDE/ATA（通常简称为 PATA，意为"并行 ATA"）并不具备的优点。PATA 的传输速率可以达到 133MB/s，而 SATA-I、II 和 III 的传输速率分别是 1.5Gb/s（千兆每秒，150MB/s）、3.0Gb/s（300MB/s）和 6.0Gb/s（600MB/s），尽管（RAID）系统的传输速率大多达不到这么高。与 PATA 相比，SATA 还有一些优点，比如电缆体积更小（7 根而不是 40 或 80 根）和热插拔。

今天，硬盘驱动器大多使用 SATA 接口和 PC 相连（其他大部分会使用 SAS，实际上是基于 SATA 的 SCSI 或是光纤通道接口）。

13.2.2　光纤通道

光纤通道是一种性能非常高的传输机制（最高可以达到 128Gb/s）。虽然是大型机上的通用网络协议，但光纤通道主要用于连接高性能磁盘阵列和计算机系统（通常是服务器）。用于磁盘驱动器的时候，光纤通道电缆传输的是 SCSI 命令。因此，20 世纪 80 年代诞生的 SCSI 接口今天还活跃在光纤通道中，仍然是性能最高的磁盘接口协议。

13.3　通用串行总线

通用串行总线（USB，Universal Serial Bus）传输机制使用单一接口将各种不同的外设连接到 PC 上，这一点和 SCSI 类似。USB 支持热插拔设备（Hot-Pluggable Device），也就是说不用断电或重启机器就可以接入或者拔出设备。USB 还支持即插即用设备（Plug-and-Play Device），也就是说将设备插入系统时，操作系统会自动加载可用的驱动程序。当然，灵活也是要付出成本的。USB 设备的编程比串口或并口设备要复杂得多，不是读写几个设备寄存器就可以和 USB 外设通信的。

13.3.1　USB 设计

回忆一下，IBM PC 出现大约 14 年之后，也就是 Windows 95 刚刚出现的时候，PC 用户面临的问题，我们才能理解 USB 出现的原因。20 世纪 70 年代末期 IBM 设计 PC 时已经提供了个人计算机和微型计算机上常见的各种外设接口。但是，IBM 的设计师没有料到（也没让）接下来的几十年间人们发明了各种各样的可以连接到 PC 的外设。他们也没有想到 PC 用户连接到机器上的不同外设有这么多，他们以为 3 个并口、4 个串口以及一个硬盘驱动器肯定就够了！

Windows 95 出现的时候，人们开始把各式各样的设备连接到 PC 上，包括声卡、视频数字化转换器、数字相机、高级游戏设备、扫描仪、电话、鼠标、数位板、SCSI

设备，还有其他数以百计的设备，最初的 PC 设计者根本想不到这些设备。这些设备的设计者将他们的硬件通过外设 I/O 端口地址、中断及 DMA 通道连接到 PC 上，而这些原来都是为其他设备设计的。问题在于，端口地址、中断还有 DMA 通道的数量是有限的，但争夺这些资源的设备数量巨大。设备生产商们的方案是在板卡上添加"跳线"，让消费者在几个端口地址、中断及 DMA 通道之间进行选择，来避免和其他设备的冲突。

创建一个没有冲突的系统是一个复杂的过程，而且某些外设组合根本做不到没有冲突。事实上，这个阶段苹果 Macintosh 的一大卖点就是不用担心多种外设冲突。因此，当时人们迫切需要一种新的外设连接系统，能够支持大量的外设还不会产生冲突。USB 就是那个答案。

USB 使用 7 位地址，最多允许同时连接 127 台设备。USB 保留了第 128 个插槽（即地址 0）用于自动配置。实际上，根本没有人会在一台 PC 上连接这么多设备，但是我们要知道 USB 和最初 PC 设计的不同，它是能够支持不断增长的设备数量的。

虽然名字里有"总线"，但就支持多个设备互相通信这一点，USB 就不能算是真正的总线。实际上，USB 是一种控制器/外设结构的连接，控制器总是由 PC 来承担。比如，一台相机是不能直接通过 USB 和打印机直接通信的。要把信息从数码相机传输给打印机，两台设备都需要通过 USB 连接到 PC 上，相机必须先将数据传给 PC，然后 PC 才能把数据传给打印机。PCI-e、ISA、火线（IEEE 1394）还有雷电总线都支持两台设备以点对点的方式（即不用通过主机 CPU）互相通信，但是 USB 的设计不支持这种通信（考虑到外设及外设内部的 USB 接口芯片成本）。[1]

USB 把复杂的工作尽可能地转移到连接的主机（PC）端，这种方式还降低了外设的成本。这主要是考虑到 PC 的 CPU 性能通常比大多数 USB 外设使用的低成本微控制器要高得多。这意味着 USB 外设内嵌的软件写起来和其他接口没什么区别，并不困难。但另一方面，主机端的 USB 软件编写起来非常复杂，事实上已经复杂到程序员们根本写不出来的地步。

---

1 最近，USB 接口工作组或 USB-IF（USB Implementers Forum，USB 开发者论坛）定义了一个名为 USB On-the-Go 的 USB 扩展（简称 USB OTG），支持数量有限的（伪）点对点操作。这种方案不支持真正的点对点操作，而是让不同的外设轮流承担 USB 主控设备。

因此，操作系统厂商必须提供一个 USB 主控制器栈（Stack）来实现和 USB 设备通信的能力，而大多数应用程序使用操作系统的设备驱动接口和设备交互。即使要为特定的设备编写定制的 USB 驱动程序，程序员也不会直接与 USB 硬件交互，而是使用系统调用来访问 USB 主控制器栈，完成针对特定设备的请求。典型的 USB 主控制器栈一般来说大约有 20000~50000 行 C 代码，而且需要好几年的时间来开发，因此，在没有原生 USB 栈的操作系统（比如 MS-DOS）上针对 USB 编程基本是不可能的。

13.3.2 USB 性能

最早的 USB 设计支持低速和全速两种不同类型的外设。低速设备 USB 总线上数据传输的速度最高可以达到 1.5Mb/s（兆位每秒），而全速设备最高能够达到 12Mb/s（1.5MB/s）。对成本敏感的设备可以设计成廉价的低速设备。而对成本不那么敏感的设备可以使用 12Mb/s 的数据传输速率。

USB 2.0 规范增加了高速模式，支持高达 480Mb/s 的数据传输速率，但复杂性和成本也大大增加。USB 3.0 将性能提高到了 635MB/s（超速模式)。最后，USB 3.1 和 USB-C（雷电 3）接口将速度提升到了 5GB/s（超速）、10GB/s（超速+）和 40GB/s。USB 4.0 的速度预计最高可以达 80GB/s。

USB 不会将可用的带宽全部分配给一台外设。相反，主控制器栈支持 USB 数据的多路复用（Multiplex），每台设备都会分到一个总线"时间片"。USB 运行的时钟周期是 1 毫秒，在每个 1 毫秒的时间周期开始时，USB 主控制器就开始一个新的 USB 帧（Frame），每台外设每一帧可以传输或者接收一个数据包。数据包大小因设备速度和传输时间而异，但典型的数据包大小是 4~64 个字节。如果 4 台外设以相等的速率传输数据，USB 栈一般会按照轮循（Round-Robin）方式在主机和外设之间依次传输数据包，第一帧处理第一台外设，第二帧处理第二台外设，依次类推。和多任务操作系统中的分时一样，这种数据传输机制表现得就像主机和所有 USB 外设在同时传输数据一样，实际上 USB 总线每一帧只有一台外设在传输数据。

虽然 USB 是一种非常灵活，也非常容易扩展的系统，但带宽却是所有连接的外设共享的，设备的速度可能因此降低。例如，将两个磁盘驱动器连入 USB 总线并同时访问，这两个设备必须共享 USB 总线的带宽。对于 USB 1.x 设备来说，速度下降非常明显。对于 USB 2.x 设备来说，因为带宽足够（一般比两个磁盘需要的还高），性能下降不明显。对于 USB 3.x（以及更高的版本）和 USB-C 来说，性能已经和许多原生总线控制器没什么差别了（例如，雷电-3/USB-C 提供了 PCI 总线和 SCSI 传输机制）。理论上一个系统中可以使用多个主控制器实现多条 USB 总线（每条总线的带宽都可以用满），但是这只能解决一部分性能问题。

USB 主控制器栈的开销是另一个影响性能的问题。虽然 USB 1.x 的硬件可以支持 12Mb/s 的带宽，但实际上 USB 总线会有一些没有数据传输的沉默时间，因为主控制器栈需要一部分时间来准备数据传输。在一些 USB 系统中，USB 理论带宽能用到一半就不错了，因为主控制器栈占用了太多 CPU 时间来准备传输和移动数据。在一些处理器较慢的嵌入式系统中（比如 486、StrongArm 或者 MIPS），运行嵌入式 USB 1.x 主控制器设备可能是一个大问题。

如果主控制器栈不能够维持 USB 总线满带宽运行，通常这代表 CPU 处理 USB 信息的速度跟不上 USB 产生信息的速度。这也意味着 CPU 的处理能力已经饱和，也没有时间来做其他运算。前面提到，USB 已经把所有的复杂运算都交给主控制器了，而运行主机 USB 栈代码会占用 CPU 的时间周期。很有可能因为主控制器需要处理 USB 流量，导致和 USB 无关的系统总体性能下降。

还好，在采用 USB 2.x 控制器的现代 PC 系统中，主控制器的消耗只占到 USB 带宽的一小部分。USB-3 和 USB-C 出现后，USB 硬件开始支持其他传输协议，比如 SCSI 和 PCI，许多和 USB 有关的性能问题也得到了解决。

13.3.3　USB 传输的类型

USB 支持四种不同类型的数据传输：控制（Control）、批量（Bulk）、中断（Interrupt）和同步（Isochronous）。主机和特定的外设之间的数据传输机制由外设生产商而不是应用程序开发人员决定。也就是说，如果一台设备使用同步数据传输模式和主机（PC）通信，程序员不能自行决定使用批量传输模式。只要软件能够跟得上设备产生或者消耗数据的速度，应用程序开发者可能根本就不需要知道底层的传输机制。

USB 一般通过控制传输读写外设寄存器来初始化外设。例如，USB 到串口的转换设备一般会使用控制传输来设置波特率、数据位数量、奇偶校验、停止位数量，等等，就像把数据存储在 8250 SCC 寄存器组一样。[1]USB 会保证控制传输的正确性，并保证至少有 10%的带宽用于控制传输，防止出现饥饿（Starvation）情况。发生饥饿情况时，高优先级的传输总是在进行，导致其他传输无法进行。

USB 批量传输用于主机和外设之间大块的数据传输。只有全速（12Mb/s）、高速（480Mb/s）和超速设备（USB-3/USB-C）才支持批量传输，低速设备并不支持。对于全速设备而言，批量传输的每个包携带 4~64 字节的数据，而高速和超速设备每个包的数据最多可以达到 1023 字节。USB 能够保证主机和外设之间的批量传输的正确性，但是不能保证及时性。如果 USB 正在处理大量其他的传输，则批量传输可能需要一段时间才能完成。理论上，如处理同步、中断及控制传输的组合已经让 USB 足够繁忙了，批量传输可能永远无法完成。而在实际中，为了防止饥饿，大多数 USB 栈都会为批量传输预留一小部分带宽（一般是 2%~2.5%）。

USB 批量传输是为传输数据量很大，必须保证数据传输的正确性但不在意速度的设备而设计的。例如，在打印机或者计算机和磁盘驱动器之间传输数据，传输的正确性比及时性要重要得多。当然，如果将文件保存到 USB 磁盘的时候慢得仿佛要永远等下去也很讨厌。与快速但是把错误的数据写到磁盘文件里相比，速度慢至少还可以接受。

中断传输就是为数据传输既需要正确又需要及时的设备量身定制的。尽管名字叫中断，但中断传输和计算机系统中断无关。USB 协议反而把中断传输标记为高优先级的事件。主机轮询 USB 总线上的所有设备，但设备有数据时不会中断主机。采用中断传输模式的外设可以请求主机多久轮询一次，选择的范围在 1 毫秒~255 毫秒。[2]

为了保证主机和外设之间中断传输的正确性与及时性，在应用程序打开某个设备做中断传输的时候，USB 主控制器必须预留一部分 USB 带宽。例如，如果某个特定设备请求每毫秒访问一次，每次传输的数据包是 16 字节，那么 USB 主控制器就必须在可用的总带宽中留出比 128Kb/s（千位每秒）多一点点的带宽（16 字节乘以每字节 8 位，再乘以每秒 1000 个数据包）。多留一点是因为一些协议开销也会占用总线带

---

1 理论上，控制传输也可以用于外设和主机之间的数据传输，但是设备很少这样做。
2 主机轮询设备的频率可以比设备请求的高，这是合法的。指定的轮询时间间隔只是最小值。

宽，一般至少需要多出 10%～20%，具体取决于 USB 栈的实现。

USB 总线总的可用带宽是有限的，而且中断传输打开设备就要占用一部分固定的带宽。因此，同时处于活跃状态的中断传输数量是有限的。一旦 USB 带宽（减去为控制传输预留的 10%）被耗尽，新的中断传输就会被 USB 栈拒绝。

中断传输的数据包大小在 4~64 字节，大多数情况下数据包的大小是这个范围内较小的值。大数据包会让系统无法达到期望的轮询频率。

很多设备使用中断传输通知主机 CPU 有数据就绪，然后主机从设备读取数据时实际上会使用批量传输。如果主机和外设之间传输的数据量足够小，外设完全可以将数据作为中断传输数据负载的一部分，省去第二次数据传输。键盘、鼠标、操作杆还有一些类似的设备通常都会采用这种方式。而磁盘驱动器、扫描仪及其他一些类似的设备则会使用中断传输通知主机数据就绪，然后用批量传输来传送数据。

同步（简称为 iso）传输是 USB 支持的第四种传输类型。同步传输既需要中断传输那样的及时性，也需要像批量传输那样传送大数据包。但和其他三种传输类型不同，同步传输不保证主机和外设之间数据传输的正确性。同步传输的及时性尤其重要，数据包迟到可能和没到一样糟糕。音频输入（麦克风）和输出（扬声器）及摄影机等设备都使用的是同步传输。如果出现丢包，或者数据包在外设和主机之间的传输出现错误，则视频显示或者音频信号就会出现瞬时干扰，但是只要这种问题出现得不是太频繁，结果也不会太糟。

和中断传输一样，同步传输也要占用一部分 USB 带宽。每当打开一个同步 USB 外设连接时，设备就会请求一定数量的带宽。如果带宽足够，USB 主控制器栈就会为该设备预留这部分的带宽，到应用程序停止不再使用该设备。如果带宽不够，USB 栈就会通知应用程序目标设备无法使用，除非用户停止正在使用的其他同步设备和中断设备来释放带宽。

13.3.4 USB-C

一开始与 USB 一起争夺外设的是火线。早期，火线的接口和协议性能更好。然而，随着 USB-2 特别是 USB-3 的出现，火线变得不那么有吸引力了。在此期间，苹果与英特尔合作创建了一个新的外设总线协议：雷电（Thunderbolt）。雷电在性能上把 USB 远远抛在后面。USB 和雷电之间的竞争又开始了。但是，英特尔（同时在推广 USB 和雷电）决定将两个标准合并为 USB-C。所以 USB-C 的硬件接口实际上是雷电 3，通过串行总线承载的却是 USB、PCI、SCSI 和其他协议。现在无脑选择 USB-C（或雷-3）接口就行了。

13.3.5　USB 设备驱动程序

大多数提供了 USB 栈的操作系统都支持 USB 设备驱动程序的动态加载和卸载，这些 USB 设备驱动程序在 USB 术语中叫作客户端驱动程序（Client Driver）。每当将一个 USB 设备接入 USB 总线的时候，主机系统都会收到一个信号，通知它总线拓扑发生了变化（即 USB 总线上出现了一台新设备）。主控制器会扫描查找新的设备，这个过程被称为枚举（Enumeration），然后主控制器从该外设读取配置信息。这些配置信息告知 USB 栈设备的类型、生产商及型号等。USB 主控制器栈通过这些信息判断应该把哪个设备驱动程序加载到内存中。如果 USB 栈没有找到对应的驱动程序，一般会弹出一个对话框向用户寻求帮助，如果用户也不能给出设备对应的驱动程序的路径，系统就会直接忽略这个新设备。类似地，当用户拔掉一个设备时，如果对应的设备驱动程序没有被其他设备使用，USB 栈就会卸载该驱动程序。

为了简化键盘、磁盘驱动器、鼠标及操纵杆等设备的驱动程序实现，USB 标准定义了一些特定的设备分类。只要生产的设备符合标准的设备分类，外设生产商就不用专门为他们的设备提供设备驱动程序。USB 主控制器自带的设备分类驱动程序会提供必要的接口。HID（Human Interface Device，人机交互设备，比如键盘、鼠标及操纵杆）、STORAGE（磁盘、CD 及磁带驱动器），COMMUNICATIONS（调制解调器和串口转接器）、AUDIO（扬声器、麦克风及电话设备）还有 PRINTERS 都是设备分类驱动程序的实例。外设生产商当然可以为他们的产品提供独特的功能来吸引用户，但用户只要插入设备，无须安装专门的设备驱动程序，现有的分类驱动程序就可以提供用户需要的基本功能。

13.4　更多信息

Axelson, Jan. *USB Complete*: *The Developer's Guide*. 4th ed. Madison, WI: Lakeview Publishing, 2009.

Field, Gary, Peter M. Ridge et al. *The Book of SCSI*. 2nd ed. San Francisco: No Starch Press, 2000.

注意：可以在互联网上找到很多 USB、火线和 TCP/IP（网络）协议栈的相关信息。例如，我们可以在 http://www.usb.org/ 上找到 USB 协议的全部技术规范，以及各种常见的 USB 主机控制器芯片组的编程信息。还可以找到大量线上代码资源，比如 Linux 的 TCP/IP 和 USB 主机控制器堆栈的完整源码。

14

大容量存储设备与文件系统

大容量存储设备可能是现代计算机上最流行的 I/O 设备。PC 可以没有显示器（还可以无界面操作），也可以没有键盘或鼠标（还可以远程访问），但只有拥有大规模存储设备，计算机系统才能被看作 PC。本章将重点介绍各种类型的大容量存储设备：硬盘、软盘、磁带驱动器、闪存驱动器、固态驱动器，等等，以及用来组织存储数据的特殊文件系统格式。

14.1　磁盘驱动器

几乎所有的现代计算机系统都包含某种类型的磁盘驱动器单元，提供联机的大容量存储。某些工作站厂商曾经生产过无盘工作站（Diskless Workstation），但是随着固定盘驱动器（即硬盘驱动器）和固态硬盘价格不断下降，以及存储空间不断增长，无盘计算机系统基本上已经销声匿迹。磁盘驱动器在现代计算机系统中实在是太普遍了，大多数人都认为系统中有磁盘是理所当然的。但程序员不能这样想当然。软件会把磁盘驱动器当作应用程序的文件存储介质持续不断地与之交互，因此，理解磁盘驱动器的工作原理对编写高效代码非常重要。

14.1.1　软盘驱动器

现在的 PC 中已经找不到软盘驱动器了。软盘有限的存储容量（常见的是 1.44MB）对于现代的应用程序及其产生的数据而言实在是太小了。很难相信在 PC 革命之初，143KB（是千字节，不是兆字节或者十亿字节）的软盘驱动器还是一种昂贵的设备。然而，软盘驱动器没有能够跟上计算机产业技术发展的脚步。因此，本章不再讨论这些设备。

14.1.2　硬盘驱动器

固定盘驱动器毫无疑问是当今应用最广泛的大容量存储设备，它的另一个名字硬盘驱动器（简称硬盘）更广为人知。不得不说，现代硬盘驱动器确实是工程奇迹。从 1982 年到 2020 年，单个驱动器单元的容量增长了超过 2 400 000 倍，从 5MB 增长到了 16TB（兆兆字节）。同时，全新的驱动器单元的最低价格也从 2500 美元下降到了 50 美元以下。计算机系统中任何其他的部件都做不到像硬盘这样大幅提升容量和性能的同时价格还能下降得如此之快。（半导体随机存储器屈居第二，1982 年的价格现在可以买到的内存容量是当初的 40000 倍。）

硬盘价格下降、容量增长的同时，速度也在提升。20 世纪 80 年代初，硬盘驱动器子系统和 CPU 内存之间的传输数据速度能达到 1MB/s 就很不错了；现在硬盘驱动器的传输速度已经超过了 2500MB/s[1]。虽然硬盘的性能没有内存或者 CPU 提升得那么快，但别忘了磁盘驱动器使用的是机械元件，受到很多物理学定律的限制。有些情况下，硬盘驱动器的价格已经低到系统设计者可以使用磁盘阵列（细节请见 14.1.3 节，RAID 系统）来提升性能了。接入磁盘阵列这类硬盘子系统，硬盘的传输速率可以达到 2500MB/s 甚至更高，当然这种系统的成本就没有那么低廉了。

磁盘驱动器名字当中的"盘"指的是铝制或者玻璃制的小型盘片（Platter），盘片的前后（或上下）两面有磁性材料涂层。运行过程中，硬盘驱动器以特定的速度

1　当然，至少要接入高性能的 RAID 系统才能做到这么快。

旋转盘片，当前常见的转速有 3600、5400、7200、10000 及 15000 RPM（ReI/Olutions Per Minute，转每分）。盘片的旋转速度越快，磁盘读取速度也越快，磁盘和系统间的数据传输速率也就越高，一般来说是这样，但也不总是这样。笔记本电脑使用的磁盘驱动器更小，转速也较低，只有 2000 或者 4000 RPM，这样做主要是为了延长电池使用时间，减少产生的热量。

硬盘子系统包含两个主要的活动部件：硬盘盘片和读/写磁头。读/写磁头静止时会悬浮在磁盘盘片表面的同心圆上。这些同心圆被称为磁道（Track）。每个磁道被分成一系列的区域，这些区域被称为扇区（Sector）或者块（Block）。扇区的实际数量因硬盘设计而异，通常每个磁道有 32~128 个扇区（见图 14-1）。每个扇区通常又包含 256~4096 字节的数据。很多磁盘驱动器可以让操作系统在几种扇区大小中进行选择，最常见的扇区大小是 512 字节和 4096 字节。

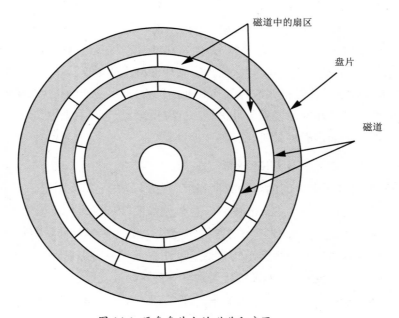

图 14-1 硬盘盘片上的磁道和扇区

记录数据的时候，磁盘驱动器通过读/写磁头向磁盘盘片发送一系列的电脉冲，这些电脉冲被转换成磁脉冲，并由磁盘盘片的磁性表面保持。磁盘控制器记录脉冲的频率由电子线路特性、读/写磁头设计及磁性表面特性共同决定。

磁盘上的磁介质能够在磁盘表面上记录相邻的两位，在后续读取操作时也能区分相邻的两位。但是，如果记录的各个位比较近，在磁畴（磁场范围）中区分不同的位也会比较困难。我们用位密度（Bit Density）来衡量硬盘数据在磁道中排列的紧密程度：位密度越高，单条磁道中能够放下的数据就越多。但是，恢复紧密排列的数据需要的电子设备也要更快，更昂贵。

位密度对磁盘驱动器性能的影响很大。如果驱动器中的盘片以固定的转速转动，则位密度越高，单位时间内从读/写磁头下旋转经过的位也就越多。大硬盘的传输速度一般比小硬盘更高，是因为它们的位密度更高。

磁盘的读/写磁头基本上在磁盘盘片中心和边缘之间直线移动，系统可以让一个读/写磁头停在上千条磁道中的任意一条上。但是使用单一的读/写磁头意味着磁头在磁盘各个磁道之间的移动需要相当长的时间。实际上，最受关注的硬盘性能参数中就有读/写磁头的平均寻道时间和道间寻道时间。

平均寻道时间（Average Seek Time）是读/写磁头从磁盘边缘移动到中心（或者反方向移动）所需时间的一半。常见的高性能硬盘平均寻道时间在 5~10 毫秒。而另一个参数道间寻道时间（Track-to-Track Seek Time）指的是磁头从一条磁道移动到另一条磁道需要的时间，大约是 1 毫秒或者 2 毫秒。从这些数字可以看出，读/写磁头加减速耗费时间在道间寻道时间中的占比要比在平均寻道时间中的占比大得多，扫过 1000 条磁道所需的时间只是移动到下一条磁道所需时间的 20 倍。读/写磁头在磁道间的移动一般来说是最常见的操作，因此道间寻道时间可能更适合用来评价磁盘的性能。但是无论用哪种指标来衡量硬盘性能，移动磁盘的读/写磁头都是最耗时的操作，因此移动越少越好。

大多数硬盘子系统的磁盘盘片两面都要记录数据，因此每个盘片需要两个读/写磁头，一个上一个下。而且为了增加存储容量，大多数硬盘驱动器内部都包含了多个盘片（如图 14-2 所示），因此常见的磁盘驱动器一般也都包含了多对读/写磁头（每个盘片一对）。

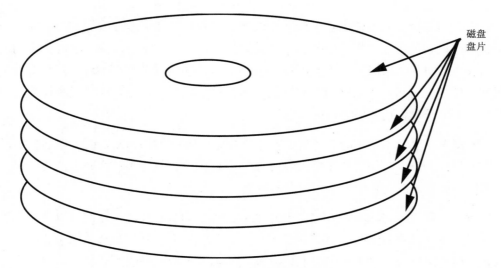

磁盘
盘片

图 14-2 多盘片硬盘封装

多个读/写磁头连接在同一个物理驱动器（Actuator）上。因此，同一时间各个磁头都位于对应盘片的同一条磁道上，所有磁头作为一个整体在盘表面上移动。各个读/写磁头当前所处的全部磁道的集合被称为柱面（Cylinder）（如图 14-3 所示）。

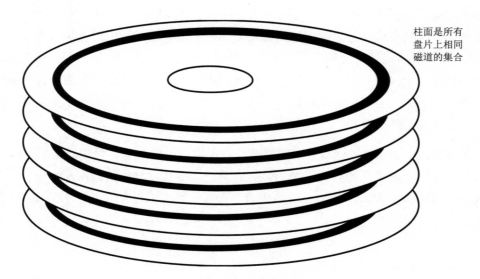

柱面是所有
盘片上相同
磁道的集合

图 14-3 硬盘柱面

多磁头和多盘片增加了硬盘驱动器的成本，但也提升了硬盘的性能。当系统需要的数据不在当前磁道中时，多磁头和多盘片的性能要好很多。在单盘片硬盘子系统中，读/写磁头必须移动到另一条磁道去寻找数据。但是在多盘片硬盘子系统中，下一组数据一般就在同一个柱面中，而且硬盘控制器可以迅速地在各个读/写磁头的电路信号之间切换。磁盘子系统的盘片数量增加一倍，几乎可以让磁盘单元的道间寻道性能也增加一倍，因为这可以让寻道操作减少一半。当然，增加盘片数量也增加了磁盘的容量，这也是大容量磁盘驱动器往往性能更好的原因之一。

对于早期的磁盘驱动器，当系统需要读取某个盘片上某条特定磁道中的某个特定扇区时，系统会发出控制指令，让磁盘将读/写磁头移动到指定的磁道上方，然后磁盘驱动器会等待目标扇区旋转到磁头下。但是，在磁头稳定下来的时候，目标扇区也许刚好经过磁头的位置。这意味着磁盘驱动器要等盘片再转几乎一整圈才能读到数据。平均下来，磁盘要旋转半圈才能到达目标扇区。如果磁盘转速是 7200RPM（每秒 120 圈），那么盘片转一整圈需要 8.333 毫秒。目标扇区旋转到磁头下一般需要 4.2 毫秒。这个延迟被称为磁盘的平均旋转延迟（Average Rotational Latency），一般等于磁盘旋转一圈所需时间的一半。

我们以一个典型的操作系统为例，来说明平均旋转延迟可能带来的问题。这个操作系统以扇区为单位处理磁盘上的数据。例如，从磁盘文件读取数据的时候，操作系统一般会要求磁盘子系统读取并返回一个扇区的数据。操作系统收到数据就会处理，然后很有可能要求磁盘再读取更多的数据。但是，如果第二次请求的数据正好就在同一条磁道中的下一个扇区，这时会发生什么呢？很可惜，操作系统在处理第一个扇区数据的同时，磁盘盘片还在读/写磁头下面继续旋转。如果操作系统需要读取磁盘同一盘面上的下一个扇区，却没有在读取第一个扇区之后马上通知磁盘控制器，那么第二个扇区就会转过读/写磁头。如果出现这种情况，操作系统就不得不等待磁盘再旋转几乎一整圈才能读取目标扇区的数据。这被称为空转（Blowing ReI/Olution）。如果操作系统（或者应用程序）读取文件数据的时候一直空转，文件系统的性能会大打折扣。运行在较慢机器上的早期单任务操作系统，它的空转让人非常恼火。如果一条磁道有 64 个扇区，磁盘经常需要转 64 圈才能读取一条磁道上的全部数据。

为了解决空转问题，早期磁盘驱动器使用的磁盘格式化程序允许用户交错排列扇区。交错排列（Interleaving）就是将扇区分散到磁道中，物理盘面上不相邻的扇区逻辑上可以相邻（如图 14-4 所示）。

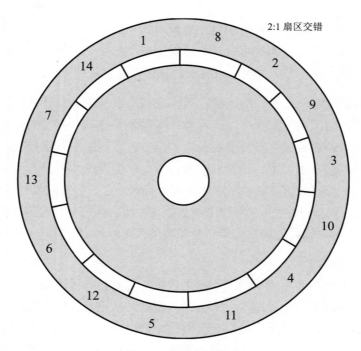

图 14-4 扇区交错排列

扇区交错的好处是，当操作系统读取了一个扇区之后，需要再转过一整个扇区，下一个逻辑上相邻的扇区才会转到读/写磁头下。这给操作系统留出了时间，在目标扇区还没有转动到磁头下的这段时间里，操作系统可以处理数据并发出一个新的磁盘 I/O 请求。但是，现代多任务操作系统无法保证在下一个逻辑扇区转动到磁头下的这段时间内应用程序一定能获得 CPU 的控制权并做出响应。因此，扇区交错在多任务操作系统中并不是很有效。

为了解决这个问题，同时也是为了提升磁盘的整体性能，大多数现代磁盘驱动器都会在磁盘控制器中内置内存，这样旋转一圈磁盘控制器就可以读取一整条磁道的所有数据。当整条磁道的数据都被缓存到内存中之后，磁盘控制器读/写操作的速度就不再是磁盘转速的水平而是 RAM 的水平了，性能提升非常显著。对磁道中第一个扇区的读取仍然会有旋转延迟，但是一旦磁盘控制器把整条磁道全部读到内存中，整条磁道的读取就不会再有旋转延迟了。

一条典型的磁道可能包含 64 个扇区，每个扇区包含 512 个字节，总共 32KB 数据。较新的磁盘控制器一般都有 512KB~8MB 的内存，这样磁盘控制器可以在内存中缓存最多 100 条左右的磁道数据。因此，磁盘控制器缓存不仅改善了单条磁道读/写操作的性能，还提升了硬盘的整体性能。磁盘控制器缓存不只是提升了读取操作的速度，写操作的速度也一样得到了提升。例如，CPU 一般几微秒内就可以把数据写入磁盘控制器缓存，然后继续进行其他数据处理工作，与此同时磁盘控制器将读/写磁头移动到位。当磁头最终停在合适的磁道上时，磁盘控制器就可以将缓存中的数据写到盘面上。

对于应用程序设计师，磁盘子系统设计上的进步让他们不用太关注磁盘驱动器的物理细节（比如磁道和扇区的布局），以及磁盘控制器硬件对应用程序性能的影响。尽管硬件不断地在尝试对应用程序透明，但如果想要写出卓越的代码，软件工程师仍然需要对磁盘驱动器的底层运作了如指掌。例如，顺序文件访问通常要比随机访问快得多，因为顺序访问时磁头移动更少，知道这一点很有意义。同样，如果知道硬盘控制器有板载缓存，就可以选择写入小块的文件数据，在块操作之间进行其他处理，给硬件留出时间将数据写到盘面上。虽然早期程序员为优化磁盘性能使用的技术在现代的硬件上已经不再适用了，但了解磁盘的运行细节及磁盘存储数据的方式能够防止写出运行缓慢的代码。

14.1.3 RAID 系统

典型的现代磁盘驱动器磁头数量通常在 8~16 个，我们不禁会想，是否可以同时使用多个磁头读/写数据来提高性能？这当然可行，只不过这项技术没有得到应用，直到 SATA 和大容量的磁盘缓存出现。但是，我们找到了另外一种通过并行读/写来改善磁盘驱动器性能的方法：廉价磁盘冗余阵列（Redundant Array of Inexpensive Disks，RAID）。

RAID 的思路非常简单：将多个硬盘驱动器连接到一个特殊的主控制器卡（又叫

作适配器）上，由主控制器同时读和写多个硬盘。把两块硬盘接到一个 RAID 控制卡上，读/写数据的速度可以达到单块硬盘的两倍。连上 4 块硬盘，平均下来的性能差不多是原来的 4 倍。

根据磁盘子系统的用途，RAID 控制器提供了不同的配置。RAID 0 子系统使用多个磁盘驱动器的目的非常纯粹，就是为了提高数据传输速率。将两个 150GB 的磁盘驱动器连接到一个 RAID 控制器上，得到的就是一个数据传输速率翻倍的 300GB 磁盘子系统。这是个人 RAID 系统的常见配置，不会用在文件服务器上。

很多高端文件服务器系统使用的是 RAID 1 子系统（及更高的配置）。RAID 1 会在多个磁盘驱动器上存储多份数据拷贝，但并不会提升系统和磁盘驱动器之间的数据传输速率。采用 RAID 1 配置，万一某个磁盘发生故障，在其他磁盘上还能找到数据的副本。一些更高级的 RAID 子系统会使用 4 块以上的磁盘驱动器，提升数据传输速率的同时还能提供数据存储冗余。这种配置通常被用于高端的高可用文件服务器系统。

现代 RAID 系统配置有以下几类：

RAID 0 把数据交替存储在所有硬盘上来提高性能（但牺牲了可靠性）。这就是所谓的条带（Striping）。至少需要两块磁盘。

RAID 1 在成对的驱动器上重复存储数据来增加可靠性（但牺牲了性能，总存储空间也减少了一半）。至少能做到一个驱动器出现故障时数据不丢失（取决于发生故障的驱动器数量，两个或更多驱动器出现故障时也可以做到）。需要偶数数量的驱动器，最少需要两块磁盘。这就是所谓的镜像（Mirroring）。

RAID 5 会在驱动器上保存奇偶校验信息。速度介于 RAID 1 和 RAID 0 之间。能做到一个硬盘出现故障时数据不丢失。至少需要 3 个驱动器，总存储空间的 66% 用来存储数据；在 3 个驱动器之外再增加的驱动器的容量用于数据存储。

RAID 6 会在多个驱动器上重复存储奇偶校验信息。速度比 RAID 1 快，但比 RAID 0 和 RAID 5 都要慢。能做到两个硬盘发生故障时数据不丢失。至少需要 4 个驱动器。使用 4 个驱动器时，总存储空间的一半用来存储数据，但在 4 个之外再增加的驱动器的容量用于系统存储。

RAID10 RAID 1 + RAID 0 的组合。至少需要 4 个驱动器，必须成对地扩展驱动器。在多个驱动器上交替存储（条带）数据来提高性能，同时通过成对的冗余存储提高可靠性。速度 比 RAID 1 快，但比 RAID 0 慢。

RAID 50，60 RAID 5 + RAID 0 及 RAID 6 + RAID 0 的组合。

其他 RAID 组合（比如 2、3、4）大都已经过时，现代系统中基本找不到了。

RAID 系统提供了一种显著提升磁盘子系统性能的方法，而且不再需要购买特殊、昂贵的大容量存储方案。作为软件工程师，虽然不能假设世界上所有的计算机系统都配备了快速的 RAID 子系统，但是对于那些需要绝对高性能的存储子系统的应用程序来说，RAID（可能还要使用 SSD）不失为一种选择。

14.1.4　光驱

光驱使用激光束和特殊的光敏介质来记录并回放电子数据。光驱和使用磁介质的硬盘子系统相比有一些优势：

- 更加防震，因此运行时移动光驱不像移动硬盘那么容易损坏驱动器单元。
- 介质通常是可更换的，这样离线或者近线存储的容量几乎是无限的。
- 容量很大（尽管现代的 USB 记忆棒和 SD 卡的容量更大）。

体积小、容量大的光存储系统曾经是潮流。可惜除了少数利基市场，光驱现在已经没那么流行了，因为它们也有一些缺陷：

- 尽管光驱的读取性能还算可以，但是写入速度太慢：只比光读软盘（Floptical）驱动器快几倍而已，比硬盘要慢一个数量级。
- 虽然光介质没有磁介质那么容易损坏，但是硬盘中的磁介质一般都被封存得很好，可以避免灰尘、潮湿及磨损的伤害。与此相反，光介质的盘面实在是太容易受伤了。
- 光驱子系统的寻道时间比磁盘要长很多。
- 光盘容量有限，现在最多能达到 128GB（蓝光）。

最终，在个人电脑市场上，USB 闪存驱动器凭借低廉的价格和不断攀升的容量彻底扼杀了光驱。

然而，当前光盘子系统仍然在一些领域发挥余热，近线存储子系统（Near-line Storage Subsystem）就是其中之一。近线存储子系统通常会使用自动点唱机来管理成百上千的光盘。虽然有人可能会争辩，大容量硬盘驱动器架提供的存储空间更大，但是硬盘解决方案消耗的电能和产生的热量要多得多，而且硬盘架需要的接口也更加复杂。相比硬盘架，自动点唱机一般只有一个光驱单元和一个自动盘片选择装置。就归档存储来说，服务器系统需要随机访问存储子系统中某段特定数据的情况很少，点唱机系统的性价比更高。

如果要编写软件来操作光驱子系统中的文件，最重要的一点是要记住读取比写入要快得多。光驱系统应该被当作"读为主"的设备，尽量避免向设备写入数据。而且光驱的寻道速度非常慢，所以还要尽量避免随机访问。

CD、DVD 和蓝光驱动器都是光驱。这些驱动器应用得非常广泛，其结构和性能也和标准光驱有很大的差别，值得用一节单独讨论。

14.1.5　CD、DVD 与蓝光驱动器

CD-ROM 是第一个在个人计算机市场上得到广泛认可的光驱子系统。CD-ROM 盘片基于音频 CD 数字录制标准，当时提供的存储容量（达到了 650 MB）比硬盘驱动器（普遍只有 100MB）要大得多。当然经过这么多年的发展，现在已经反过来了。但是，CD-ROM 还是完全取代了软盘，成为了大多数商业应用软件首选的发行载体。

虽然 CD-ROM 格式的发行载体量大价优，每张盘的成本只有几美分，但是并不适合小规模产品发布。因为一张母盘（Disk Master，整张 CD-ROM 都是通过母盘来制作）的制作成本往往高达数百甚至数千美元，这意味着至少要制作几千张 CD-ROM 盘片才划算。

于是一种新的 CD 介质，可录 CD（CD-R，CD-Recordable）应运而生。使用这种介质可以制作一次性 CD-ROM。CD-R 使用一次写入的光盘技术，美其名曰 WORM（Write-Once Read-Many，单写多读）。CD-R 盘片刚出现的时候售价是 10~15 美元，但是当驱动器的数量达到了临界值，介质生产商开始大量生产空白 CD-R 盘片后，每

片 CD-R 的零售价格就掉到了大约 0.25 美元。结果，CD-R 成了小规模数据发布的选择。

只能"单写"的限制是 CD-R 的明显短板。为了解决这个问题，可擦写 CD（CD-RW，CD-Rewriteable）驱动器和介质又被提出来了。CD-RW 名副其实地既支持读又支持写，但不能像光驱那样直接重写 CD-RW 某个扇区，而是要先擦除整个 CD-RW 盘片才能重新写入数据。

CD 刚出现的时候，单盘 650MB 的存储容量算得上海量了。有句老话是这样说的，再多的空间也会被数据和程序填满，真是一语成谶。尽管单张 CD 的容量最后已经扩展到了 700MB，还是不够大量（内置视频）的游戏、大型数据库、开发文档、开发系统、图片素材、照片原图甚至普通的应用程序用。单张容量达 3GB~17GB 的 DVD-ROM（还有后来出现的 DVD-R、DVD-RW、DVD+RW 和 DVD-RAM）缓解了这个问题。除了 DVD-RAM 格式，DVD 应该是速度更快、容量更大的 CD 格式。这两种格式技术上的差别明显，但是这些技术上的差异对于软件来说大都是透明的。如今，蓝光光盘的存储容量已经高达 128GB（蓝光 BDXL）。然而，互联网电子发行渠道已经基本取代了物理载体，因此蓝光光碟作为一种发行载体或存储介质从来都没有流行过。

CD 和 DVD 格式是为了从存储介质上连续读取数据流，即流式数据（Streaming Data）而设计的。硬盘读取数据时在道间移动磁头的时间会造成流式数据中出现明显的间隙，这对于音频和视频应用程序来说是不可接受的。因此，CD 和 DVD 在一条很长的轨道上记录信息，这条轨道在整个盘面上形成一个螺旋。这样 CD 或者 DVD 播放器只要让激光束沿着盘片上的这条螺旋轨道以稳定的速率移动，就可以连续地读取数据流。

单一轨道非常适合流式数据，但是定位盘片上指定的扇区就有点困难了。CD 或者 DVD 驱动器只能通过机械将激光束移动到盘片上某个接近目标扇区的点。接下来，必须先从盘片上读取一些数据来确定激光束所处的位置，然后微调激光束定位到目标扇区的位置。这就导致在 CD 或者 DVD 盘片上查找指定扇区的时间要比在硬盘上查找指定扇区多出一个数量级。

如果要编写和 CD 或 DVD 介质打交道的代码，程序员不要随机访问。这些介质是为顺序的流式访问设计的，因此在这种介质上搜索数据会严重影响应用程序的性能。如果通过这种盘片把应用程序和数据发布给最终用户，应该让用户知道，如果需要高性能地随机访问，把数据拷贝到硬盘上再使用。

14.2 磁带驱动器

曾几何时，磁带驱动器也是一种流行的大容量存储设备。过去硬盘存储空间还很小的时候，个人计算机用户有使用磁带驱动器来备份硬盘驱动器数据的传统。多年以来，按照每兆字节的成本来看，磁带驱动器的性价比要比硬盘驱动器高得多。事实上，磁带驱动器的每兆字节成本曾经比磁盘驱动器低一个数量级。而且磁带驱动器能够存储的数据要比大多数硬盘驱动器多，因此也很节省空间。

但是，硬盘驱动器市场的激烈竞争和技术的进步，使得磁带渐渐失去了这些优势。现在，硬盘驱动器的容量已经超过了 16TB，而且硬盘的最低价格已经到了每 GB 0.25 美元。今天，磁带存储的每兆字节成本比硬盘存储要高得多。而且，能够在单盘磁带上存储 250GB 数据的磁带技术已经不多了，还极其昂贵，比如数字线性磁带（DLT，Digital Linear Tape）。现在，磁带驱动器在家庭 PC 中使用得越来越少，只有在大型文件服务器机器中还有应用。线性开放式磁带（LTO，Linear Tape-Open）驱动器已经把容量做到了约 12TB（预计未来还将继续增加到约 200TB）。然而，现在 LTO-8 磁带驱动器的价格接近 130 美元，每兆字节成本大约是硬盘的一半。

主机时代应用程序和磁带驱动器的交互方式，与现在应用程序和硬盘驱动器的交互方式基本上是一样的。然而，磁带驱动器的随机访问效率不算很高。也就是说，虽然软件可以从磁带随机读取一组数据块，但是性能不可接受。当然，在那个年代，大多数应用程序运行在主机系统上，一般来说都不是交互式的，而且当时的 CPU 也要慢得多。因此，"性能可接受"的标准也不一样。

磁带驱动器的读/写磁头是固定的，磁带传送装置线性地移动磁带让其经过读/写磁头，从磁带头到磁带尾，或者反过来。如果磁带头当前在读/写磁头的位置上，而想要读取的数据在磁带尾，那么就需要移动整个磁带经过读/写磁头，才能找到目标数据。这非常慢，可能需要几十甚至几百秒，具体的时间取决于磁带的长度和格式。

相较之下，硬盘的读/写磁头到位只需要几十毫秒（而 SSD 读取数据的时间几乎可以忽略不计。因此，要想提高磁带驱动器的性能，在编写软件的时候要特别关注设备顺序访问的限制，尤其是要顺序地读取或写入磁带。

最开始，数据是一块一块地写入磁带的（和硬盘扇区非常类似），而且驱动器的设计允许磁带数据块的准随机访问。读者也许在老电影里看见过卷对卷式（Reel-to-Reel）的驱动器，看到磁带卷不断地停止、启动、停止、倒带、停止、继续转动，这就是正在进行当中的"随机访问"，这种磁带驱动器需要强大的马达、精密的磁带路线装置等，因此价格十分昂贵。随着硬盘驱动器容量的提升和价格下降，应用程序不再把磁带用作数据操作介质，只是用作离线存储（或者硬盘数据的备份）。

在最早的磁带驱动器上，顺序访问磁带数据不需要繁重的机械运动，于是磁带驱动器生产商们开始寻求生产一种只能顺序访问的低成本磁带驱动器。流式磁带驱动器（Streaming Tape Drive）就是答案，其设计就是把数据不断地从 CPU 传送到磁带，或者反过来。例如，当把硬盘数据备份到磁带的时候，流式磁带驱动器会把数据当作视频或者音频，只是让磁带向前卷动，不停地将来自硬盘的数据写入磁带。因为流式磁带驱动器的工作方式特殊，因此应用程序很少和磁带单元直接打交道。现在，除了系统管理员运行的磁带备份工具，程序很少访问磁带硬件。

14.3 闪存

闪存是一种有趣的存储介质，其因为紧凑的外形[1]流行了起来。闪寸介质实际上是半导体设备，采用的是电可擦除可编程只读存储器（EEPROM，Electrically Erasable Programmable Read-Only Memory）技术。虽然名字里有只读这个词，但是这种设备其实也是可写的。和常见的半导体存储不同，闪存是非易失性（NonI/Olatile）的，也就是说即使断电数据仍然可以保留下来。闪存和其他半导体技术一样，也是纯电子器件，不需要马达或者其他机电装置，因此也更加可靠、更加防震。其消耗的电能也比磁盘驱动器这样的机械式存储方案要少得多。因此，闪存方案特别适合由电池供电的移动设备，比如手机、平板、笔记本电脑、数码相机、MP3 播放器以及便

---

1 这里"外形"指的是形状和尺寸。

携式录音（像）机。

现在闪存模块的存储容量已经超过了 1TB，最低的价格大约是 0.25 美元每 MB。这样的话闪存的每位成本和硬盘已经旗鼓相当了。

闪存设备采用不同的形式销售。OEM（Original Equipment Manufacturer，原始设备制造商）可以像其他半导体芯片那样购买闪存设备组装到他们的电路板上。但是，现在销售的闪存设备大都内置在几种标准形式的产品当中，比如 SDHC（Secure Digital High Capacity）卡、CF（Compact Flash）卡、智能内存模块（Smart Memory Module）、记忆棒（Memory Stick）、USB/闪存模块，还有 SSD（Solid-State Drive，固态硬盘）。例如，把数码相机中的 CF 卡取出，插入和 PC 机连接在一起的 CF 卡读卡器，然后就可以像访问磁盘文件一样访问卡上的照片了。

闪存模块的内存数据被划分为块，相当于把硬盘划分成扇区。但系统不能一个字节一个字节地把数据写到闪存模块，这一点和普通半导体内存（即 RAM）不太一样。虽然一般来说是可以从闪存设备中读取单个字节的，但如果要写入某个特定的字节，必须先将这个字节所在的块整个擦除。不同的设备块大小也不一样，但是大多数操作系统会把这些闪存块当成磁盘扇区来读写。尽管基本闪存设备可以直接连到 CPU 的内存总线上，但大多数闪存产品（比如 CF 卡和记忆棒）都会内置模拟硬盘接口的电路，因此访问闪存设备和访问硬盘驱动器没什么区别。

闪存设备或者说 EEPROM 设备有一个很有趣的问题，它们的写生命周期（写入次数）是有限的。换句话说，闪存模块中的每个内存单元只能写入一定次数，超过之后内存单元就会开始出现信息保存的问题。早期 EEPROM/闪存设备的无差错写入周期平均只有大约 10000 次，这是一个很大的问题。也就是说，如果某个软件连续写入同一个内存块超过 10000 次，EEPROM/闪存设备这个内存块中就可能出现损坏的内存单元，最终会导致整个芯片报废。相反，如果软件在 10000 个不同的块中写入一次，那么设备中各个内存单元还能支持 9999 次写入。因此，操作系统会把对早期闪存设备的写入操作分散到整个设备，期望将损耗降到最低。虽然现代闪存设备仍然存在这个问题，但技术上的进步已经让这个问题可以忽略不计了。现代闪存设备的内存单元平均写入大约一百万次才会出现问题。而且，现在的操作系统可以标记损坏的闪存块，就像标记磁盘上损坏的扇区一样。这些损坏的块操作系统会跳过不用。

作为半导体，闪存设备根本就没有旋转延迟一说，也没有寻道时间带来的烦恼。写入闪存模块中的某个地址需要的时间极短，和硬盘寻道时间比起来就是九牛一毛。但是，闪存的速度和常见的 RAM 相比还是有一定的差距。读取闪存设备上的数据一般需要几微妙（不是几纳秒），而且闪存设备和系统之间的接口还需要额外的时间来准备数据传输。而且，闪存模块通常还要通过 USB 读卡器连接到系统，这会进一步拖慢速度，每字节读取时间可能会增加到几百微秒。

写入性能就更糟糕了。要向闪存写入一块数据，必须先写入数据，再读回数据，将读回的数据和原始数据进行对比，如果不相同还要重新写入。向闪存写入一块数据可能需要几十甚至几百毫秒。

由于上述这些原因，闪存模块一般要比高性能硬盘子系统慢得多。然而，技术进步正在不断地提高闪存的性能，这主要归功于高端数码相机用户的需求，他们希望抓住瞬间，拍摄更多的照片。虽然闪存的性能短时间内还赶不上硬盘，但一定会持续地提升。

14.4 RAM 盘

RAM 盘是另一种有意思的大容量存储设备。这种解决方案把计算机系统中大块的内存当作磁盘驱动器，通过内存数组来模拟块和扇区。性能极高是内存磁盘的优势。硬盘、光盘还有软盘驱动器由于磁头寻道时间和旋转延迟带来的问题 RAM 盘完全没有。它们和 CPU 的接口也非常快，因此数据传输速率也很高，通常能够达到总线速度的上限。很难想象还有什么存储技术会比 RAM 盘更快。

然而，RAM 盘存在两个缺陷：成本与易失性。RAM 盘的每字节存储成本非常高。事实上，半导体存储的每字节成本比磁技术的硬盘高出 10000 倍。因此，RAM 盘的存储容量一般都很少，通常不会超过几 GB。RAM 盘还是易失的，只有一直通电才能保持存储的内容。这意味着 RAM 盘非常适合存储临时文件，以及那些系统关闭之前会复制到持久存储设备上的文件，但并不适合需要长时间保存的重要信息。

14.5　固态硬盘

现代高性能 PC 使用了固态硬盘（SSD，Solid-State Drive）。固态硬盘使用（和 USB 一样的）闪存，通过高性能接口和系统对接。但固态硬盘不是简单地包装了一下 USB 闪存驱动器。除了某些相机应用程序（特别是 4K 和 8K 摄像机），USB 闪存驱动器追求的是让每位数据的成本更低，速度和成本及容量相比那是次要的。例如，典型的 USB 闪存驱动器比普通的硬盘驱动器还要慢不少。而固态硬盘的速度必须快。固态设计的硬盘比旋转磁介质通常快一个数量级。通再加上 RAID 配置，固态硬盘实际上可以达到 SATA 接口的性能上限。

在本书编写的时候，固态硬盘的成本是大容量硬盘的 4~16 倍（8TB 的硬盘驱动器和 1TB 的固态硬盘成本都在 100 美元左右）。但是，每 GB 的价格差距还在缩小。固态硬盘正在迅速取代旋转磁盘驱动器，旋转磁介质很快就会被历史遗忘（就像磁带驱动器一样）。在那一天真正到来之前，我们多花钱来购买固态硬盘是图什么呢？

固态硬盘通常会使用一种特殊的底层技术来存储数据，并且给 PC 提供的电子接口更快。这就是固态硬盘比 USB 闪存驱动器贵得多的原因。这也是固态硬盘的数据传输速率可以达到 2500 MB/s 而高质量的存储卡只能达到 100MB/s（USB 闪存/ U 盘还要更低）的原因。

在程序员看来，固态硬盘的一大优势就是不用再关心寻道时间及其他延迟问题。固态硬盘才是真正的（或更接近真正的）随机访问设备（至少和硬盘相比）。访问驱动器起点的数据，再跳到驱动器末尾访问数据经历的时间间隔只比访问固态硬盘任何一对数据的时间间隔多一点点。

不过，固态硬盘也有一些缺点。首先，固态硬盘的写入性能通常比读取性能差得多（但还是要比硬盘写入快得多）。好在读取数据的频率也远高于写入数据的频率，但如果正在开发的软件需要将数据写入固态硬盘，要注意这一点。其次，固态硬盘一段时间后会出现损耗。一次又一次地写入同一个位置最终会导致相关的存储单元损坏。还好，现代操作系统可以解决这些问题。然而，如果编写的应用程序需要持续覆盖文件数据，要注意这个问题。

14.6　混合硬盘

现代硬盘大多包含一块板载的 RAM 缓存（比如保存整条的数据轨道来消除旋转延迟）。混合驱动器，比如苹果过去的 Fusion Drive 就是一个小容量固态硬盘和一个大容量硬盘驱动器的组合，苹果的这种混合硬盘一般会用 32GB~128GB 的固态硬盘搭配 2TB 的硬盘。频繁访问的数据会保存在固态硬盘缓存里，当腾出空间存放新数据时，换出去的数据会被放到硬盘中。这就像主存和缓存的配合一样，对于定期访问的数据，系统性能可以提升到接近固态硬盘的水平。

14.7　大容量存储设备上的文件系统

直接访问大容量存储设备的应用程序很少。也就是说，应用程序一般不会直接读写大容量存储设备上的磁道、扇区或者块。应用程序打开、读取、写入，以及通过其他一些操作处理的是大容量存储设备上的文件（File）。操作系统文件管理器（File Manager）通过抽象把底层存储设备的物理配置隐藏了起来，提供了一套便利的访问单一设备上多个独立文件的存储机制。

在最早的计算机系统中，应用程序需要自己记录数据在大容量存储设备上的物理位置，因为系统没有提供文件管理器。这些应用程序能够仔细规划磁盘上的数据布局，优化性能。例如，软件可以把数据交替存放到一条磁道的各个扇区中，让 CPU 在读/写这些扇区的间隙处理数据。这种软件通常比使用通用文件管理器的软件要快很多倍。后来，当文件管理器普及之后，有些应用软件作者出于性能的考虑仍然坚持自己管理存储设备上的文件。特别是在软盘时代，自己操作磁道和扇区级别的数据的底层软件，通常比使用文件管理器系统的软件要快十倍之多。

理论上，现在的软件也可以自己操作数据来提升性能，但实际上现代软件中这种底层磁盘访问很少见。原因有几个。第一，软件这么底层的大容量存储设备操作必定依赖特定的设备。也就是说，如果软件操作的硬盘每个磁道有 48 个扇区，每个柱面包含 12 个磁道，每个驱动器有 768 个柱面；那么在扇区、磁道、柱面数量不一样的硬盘上，这个软件（就算能够运行）的性能一定差强人意。第二，多个应用程序之间的设备共享会因为这种底层访问驱动器的方式变得很困难。尤其是在多任务操作系统中，多个应用程序会同时访问同一台设备，这要付出很大的代价。例如，应用程序会把数据分布在一条磁道上的多个扇区中，期望可以利用扇区转到读/写磁头的时间间隙进行计算，然而，当操作系统中断程序，把时间片分配给其他应用程序时，本来计划好可以用来计算的时间间隙被其他应用程序占用了，之前的工作打了水漂。第三，因为现代大容量存储设备出现的一些特性，比如板载缓存控制器以及 SCSI 接口，存储设备呈现出来的不再是磁道和扇区这种几何结构而是连续的数据块序列，这让底层软件曾经的优势不再明显。第四，现代的操作系统通常都提供了文件缓冲和块缓存的相关算法来保证文件系统的性能，软件没有必要再进行这么底层的操作了。最后，底层磁盘访问非常复杂，编写这种软件十分困难。

14.7.1　顺序文件系统

文件管理器系统最早是把文件顺序地存储在磁盘表面。如果磁盘每个扇区/每块包含 512 字节，如果一个文件的长度是 32KB，则磁盘表面顺序存储会占用 64 个连续扇区/块。文件管理器要知道文件的起始块号及占用的块的数量才可以再次访问这个文件。文件系统必须在某个非易失存储中维护这两项信息，显而易见应该保存在存储文件的介质上。文件系统使用名为目录（Directory）的数据结构来保存这些信息。目录就是从磁盘某个特定位置开始的一维数组，在应用程序请求访问特定文件时供操作系统引用。文件管理器可以在目录中找到文件的名字，并提取文件的起始块和长度信息，有了这些信息，文件系统就可以让应用程序访问文件数据。

速度非常快是顺序文件系统的优势之一。如果文件存储在磁盘表面连续的块中，则操作系统可以非常快速地读写一个文件。但是，顺序文件结构也有一些缺点。最大也最明显的缺点就是一旦文件管理器在文件末尾后面的块中放入另一个文件，这个文件就无法延长了。磁盘碎片是另一个大问题。应用程序不断地产生和删除大量的小型文件和中型文件，磁盘上到处都留下了小块连续的空闲扇区，对于大多数文件而言，每段连续的空间都太小了。顺序文件系统中经常会出现磁盘空闲空间总量足够，但是就是无法使用这些空闲空间来保存数据的情况，因为空闲空间零星地散布在磁盘表面上。要想解决这个问题，用户必须运行磁盘压缩程序从物理上重新排列磁盘表面上的文件，将所有的空闲扇区移动到磁盘末端并连接到一起。还有一个办法就是将已经装满的磁盘上的文件复制到另一个空盘上，这样也能将很多空闲的小扇区集中到一起。很显然，这些额外的工作都应该交给操作系统，而不应该由用户承担。

顺序文件存储方案在多任务操作系统中就毫无用武之地了。如果两个应用程序同时向磁盘写入文件数据，文件系统必须将第二个应用程序操作的文件最开始的块放在第一个应用程序操作的文件最末尾的块之后。操作系统没有办法确定各个文件能延长到多长，因此每个应用程序必须在第一次打开文件时就告诉操作系统该文件的最大长度。可惜很多应用程序也不能提前确定它们操作的文件需要多少空间，于是应用程序不得不在打开文件的时候猜测文件的长度。如果估算的文件长度太小，要么程序会因为"文件已满"的错误被迫退出，要么应用程序必须生成一个更长的文件，把数据从"已满"的原文件复制到新文件里，然后删除原文件。可以想象，这样的代码效率非常低，肯定算不上好代码。

为了避免性能受到影响，很多应用程序都会多估算一些文件需要的空间。实际上分配给这些文件的空间并没有完全用尽，磁盘空间最后被这些应用程序浪费掉了。这是一种形式的内部碎片（Internal Fragmentation）。还有，如果应用程序在关闭文件的时候将文件截短，将截掉的部分返回给操作系统后也会变成小块的、不可用的空闲空间，最后变成外部碎片（External Fragmentation）。因此，现代操作系统中用更加完善的存储管理方案取代了顺序存储。

14.7.2　高效的文件分配策略

现代文件分配策略大都允许文件保存在任意磁盘块中。现在，文件系统可以将文件中的字节放到磁盘上任意的空闲块中，外部碎片和文件长度限制的问题已经得到了解决。只要磁盘上还有一个空闲块，文件就可以延长。然而，灵活性的提升也带来了额外的复杂性。在顺序文件系统中，定位磁盘上的空闲空间很简单，只要记住目录中各个文件的起始块编号和文件的长度，如果有空闲块的大小满足当前的磁盘分配请求的话，很容易就能找出来。但是，如果文件系统将文件保存在任意的块中，扫描目录并记录每个文件用到的块太过困难，因此文件系统必须记录下空闲的块和被占用的块。现代操作系统大都使用三种数据结构来记录哪些扇区空闲，哪些扇区不空闲，它们分别是集合、表（数组）和链表。这三种方法各有千秋。

1. 空闲空间位图

空闲空间位图方法使用一个集合数据结构来维护磁盘驱动器上的空闲块。文件管理器在文件需要一个块的时候可以从集合中删掉一个块。集合隶属关系是布尔关系（要么属于集合，要么不属于），只用一位就可以表示。

通常文件管理器会保留一部分磁盘空间用来存储位图，位图表明当前磁盘上的哪些块是空闲的。位图会占用磁盘上的一些块，每一块都被用来维护磁盘上一定数量的块的空闲状态，数量就是块的大小（以字节为单位）乘以 8（每个字节 8 位）。例如，如果操作系统使用的磁盘块大小是 4096 字节，则一个块构成的位图可以最多记录 32768 个块的状态。支持的磁盘越大，需要的位图也越大。

位图方法的一个缺点就是位图随着磁盘容量的增长而增长。例如，块大小是 4096 字节，容量为 120GB 的驱动器需要大约 4MB 的位图。虽然在磁盘总容量中的占比很小，但是要在这么大的位图中访问一位并不太容易。操作系统必须在 4MB 大小的位图中进行线性搜索才能找到某个空闲的块。即使把位图加载到系统内存中（这种做法成本很高，因为每一台驱动器都要加载），每次需要空闲扇区时都搜索位图也是一种奢望。因此，这种方法在比较大的磁盘驱动器上并不多见。

文件管理器只用位图记录磁盘上的空闲空间，并没有记录这些扇区是属于哪个文件的，这是位图方法的优点（同时也是缺点）。哪怕空闲扇区位图被破坏了，也不会造成不可挽回的损失。只要遍历磁盘上的所有目录，计算目录中的文件使用了哪些扇区（没有使用的扇区显然就是空闲扇区），很快就可以重建空闲扇区位图。尽管重建计算非常费时，但是至少在灾难发生的时候还有退路。

2. 文件分配表

另一种记录磁盘扇区使用情况的方法是使用文件分配表（FAT，File Allocation Table）来维护扇区的指针。文件分配表应用广泛。大多数 USB 闪存驱动器也把它作为默认的文件分配方法，这让文件分配表更加流行了。有意思的是，文件分配表方法把空闲空间的管理和文件扇区分配的管理整合进了一个数据结构里。和两者使用各自数据结构管理的位图方法相比，文件分配表大大节省了空间。还有，FAT 不需要依靠低效的线性搜索来定位可用的空闲扇区，这一点也和位图方法不一样。

FAT 其实就是一组自相关（Self-Relative）的指针（即指向自己的索引），存储设备上的每个扇区/块都对应一个指针。在进行磁盘初始化时，磁盘开始处的一些块被保留下来供根目录及 FAT 等对象使用，而磁盘上余下的块都是空闲的。根目录中某处有一个空闲空间指针，指向磁盘上下一个可用的空闲块。假设这个空闲空间指针的初始值是 64（表明下一个空闲块是第 64 块），而索引为 64、65、66 等等 FAT 表项中的值如下（这里假设磁盘一共有 n 块，编号为 0~n-1）：

FAT 索引	FAT 表项值
…	…
64	65
65	66
66	67
67	68
…	…
n - 2	n - 1
n - 1	0

第 64 块对应的表项告诉我们磁盘上下一个可用的空闲块是第 65 块。继续检查第 65 块对应的表项，我们会发现磁盘上下一个可用的空闲块是第 66 块。FAT 中最后一个表项的值为 0（第 0 块包含整个磁盘分区的元信息，永远都不可用）。

当应用程序需要磁盘上的一个或多个块来保存新的数据时，文件管理器获取空闲空间指针的值，根据存储新数据需要的块数来遍历 FAT 表项。如果应用程序要把 8000 个字节写入一个文件中，而每块是 4096 字节，则文件管理器就需要从空闲块列表中取出两个块，具体步骤如下：

1. 获取空闲空间指针的值。

2. 保存空闲空间指针的值，确定第一个空闲扇区。

3. 遍历 FAT 表项，直到找到足够多存储应用程序数据的块。

4. 提取应用程序用于存储数据的最后一个块对应的 FAT 表项的值，把空闲空间指针更新为这个值。

5. 用 0 更新应用程序使用的最后一个块对应的 FAT 表项，标记这是应用程序需要的块链表的末尾。

6. 将空闲空间指针原来的值（即上述步骤实施之前的值）返回到 FAT，作为指向分配给应用程序的块链表指针。

对于前面提到的例子，经过上面的块分配操作之后，应用程序使用了第 64 和 65 块，空闲空间指针也变成从第 66 块开始了，更新后的 FAT 表如下：

FAT 索引	FAT 表项值
…	…
64	65
65	0
66	67
67	68
…	…
$n - 2$	$n - 1$
$n - 1$	0

不要以为 FAT 表的表项一定就是下一个（空闲空间）表项的索引。文件管理器在磁盘上反复为文件分配存储空间，表项中的数字早已没有规律可循。例如，应用程序返回的空闲块链表从第 64 块开始，但是跳过了第 65 块，空闲空间指针的值仍然是 64，但 FAT 表变成了这样：

FAT 索引	FAT 表项值
…	…
64	66
65	0
66	67
67	68
…	…
$n - 2$	$n - 1$
$n - 1$	0

如前所述，FAT 数据结构的优点在于空闲空间和文件块链表的管理都使用同一个数据结构。这意味着文件不需要自己维护数据占用的块列表。文件只需要提供一个指向文件第一个数据块在 FAT 表中的索引。文件数据占用的其他块按照 FAT 表顺藤摸瓜就可以找到。

　　FAT 方法和集合（位图）方法相比还有一个重要优势：就算采用 FAT 文件系统的磁盘被装满了，也不需要维护磁盘块的空闲状态信息。相反，即使已经没有空闲块了，位图方法还是要耗费一定的磁盘空间来记录块的空闲状态。FAT 方法把本来用于维护块空闲状态的表项用来保存文件块指针。当磁盘被装满时，原本维护空闲块链表的值就不会再占用磁盘空间了，因为这些值现在记录的全都是文件中的块。在这种情况下，空闲空间指针的值是 0（表示空闲空间链表是空的），而 FAT 的所有表项都包含文件数据的块链表索引。

　　但是，FAT 方法也有一些缺点。首先，和采用集合方法的文件系统位图不同，FAT 文件系统的 FAT 表会造成单点故障。如果 FAT 因为某种原因被破坏了，磁盘很难修复，文件也很难恢复；损失一点磁盘空闲空间可能是个问题，但丢失磁盘上文件存储的位置信息，问题更严重。此外，磁盘磁头在存储设备 FAT 区域停留的时间往往比其他任何磁盘区域都要久，因此 FAT 是硬盘中最有可能因为磁头碰撞而损坏的部分，也是软盘或光学驱动器上最有可能过度磨损的部分。这个问题相当严重，有些 FAT 文件系统甚至提供了在磁盘上保存 FAT 副本的选项。

　　FAT 的另一个问题在于它一般位于磁盘上编号较低（起始）的固定块。磁头必须移动到磁盘上 FAT 所在的位置才能确定要读取的是特定文件的哪一块或者哪些块。如果 FAT 位于磁盘的起始位置，磁头就需要不断地移动到 FAT 处又移走。这种大跨度的磁头移动非常耗时，而且磁盘驱动器的机械部件磨损也很快。微软在较新的操作系统中提供了新的 FAT32 方案，虽然 FAT 仍放在固定位置但不必放在磁盘的起始位置，这解决了一部分问题。FAT 文件系统上应用程序的文件 I/O 性能很差，除非操作系统将 FAT 缓存到主存里，但这样做系统崩溃时就危险了，因为所有 FAT 表项还没来得及写回到磁盘中的文件就会丢失。

　　FAT 方法的文件随机访问效率也比较差。为了读取文件中偏移量 m 到偏移量 n 的部分，文件管理器必须先用 n 除以块大小得到文件中偏移量为 n 的字节所在的块的块偏移量，同样也要用 m 除以块大小得到 m 在文件中的块偏移量，然后依次搜索 FAT 链表中这两个块之间的部分并找到这些数据所在的扇区。如果碰到大型数据库文件，则当前块和目标块之间可能有好几千块，这种线性搜索非常耗时。

FAT 文件系统还有另外一个很难解决的问题：不支持稀疏文件。也就是说，写入某个文件的第 0 个字节和第 100 万个字节意味着两者之间的字节全部也要分配好。有些非 FAT 文件管理器会只给应用程序要写入数据的部分分配数据块。例如，如果应用程序只把数据写入文件的第 0 个字节和第 100 万个字节，则文件管理器会只给文件分配这两个块。如果应用程序要读取之前还没有分配的块（例如，这个例子里的应用程序要读取之前没有分配的字节偏移量为 50 万的字节），文件管理器只需要返回 0 就能完成读取操作，不需要占用任何实际的磁盘空间。但是 FAT 的结构决定了它没有办法在磁盘上创建稀疏文件。

3. 块表

为了克服 FAT 文件系统的限制，先进的操作系统采用的都是块表方法而不是 FAT，比如 Windows NT/2000/XP/7/8/10、macOS（APFS）以及各种 UNIX。事实上，块表方法不仅具有 FAT 系统的全部优点（比如高效的、非线性的空闲块定位，还有空闲块表高效的存储），还解决了 FAT 的很多问题。

块表方法首先保留了一些磁盘块来存储指向各个空闲块的 32 或 64 位（一般是这样）指针。如果每个磁盘块可以保存 4096 字节，也就可以保存 1024 或 512 个指针。将磁盘块数除以 1024（512）就可以得到刚开始时块表占用的块数。我们很快就能看到，实际上磁盘被填满的时候，系统可以把数据存储到这些块里，因此，空闲块表占用的块并没有消耗额外的存储。

如果空闲块表每一块都包含 1024 个指针（下面例子都假定指针是 32 位），其中前 1023 个指针包含的是磁盘上空闲块的块编号。文件管理器需要维护两个和磁盘有关的指针：一个是当前空闲块指针所在块的编号；另一个是当前空闲块指针在这个块中的偏移量。当需要空闲块的时候，文件系统就会根据这两个指针从空闲块表中得到一个空闲块的索引。然后文件管理器递增空闲块表的索引，找到空闲块表中下一个可用的条目。当索引递增到 1023（空闲块表的第 1024 个条目）时，文件管理器不会使用这个索引对应条目中的指针来定位空闲块，而是把它作为下一个空闲块指针表所在块的地址，而当前这个块中的空闲块指针表已经清空，也被文件管理器当作空闲块使用。这样一来文件管理器就能重用原来用于存储空闲块指针表的块，而不是像 FAT 那样用空闲块表中的指针来记录对应块所属的是哪个文件。一旦块中的空闲块指针耗尽，文件管理器就用它来存储实际的文件数据。

　　块表方法并没有像 FAT 一样把空闲块表和文件表放到一个数据结构里，而是使用独立的数据结构来保存每个文件的块列表。在典型的 UNIX 和 Linux 文件系统中，每个文件目录项实际上保存的是（文件）块列表中的前 8~16 个条目（如图 14-5 所示）。这样操作系统无须再分配额外的磁盘空间就能记录小型文件（最大为 32KB 或 64KB）的信息。

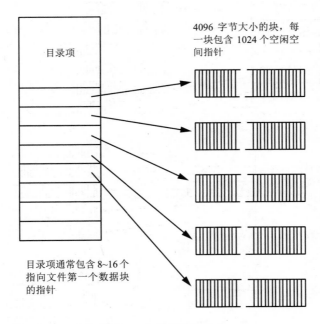

图 14-5 小型文件的块表

　　研究表明，不同的 UNIX 操作系统中小型文件都占绝大多数，而在目录项中内嵌一些指针是一种高效访问小型文件的方法。当然，文件的平均大小一定会随着时间增长。但事实表明块大小也在跟着增长。当前面提到的这项研究成果发表时，典型的块大小还是 512 字节，而现在典型的块大小已经达到了 4096 字节。在这段时间中，即使文件的平均大小增长 8 倍，平均来看，目录项也不需要增加额外的空间。

操作系统会为每个大小可能达到 4MB 的中型文件单独分配一个块，这个块保存 1024 个指向存储文件数据的块指针。文件前几个块的指针仍然会被操作系统保存在目录项里，而后面的一组指针会被保存到一个磁盘数据块里。通常，目录项中的最后一个指针指向的就是这个磁盘块（如图 14-6 所示）。

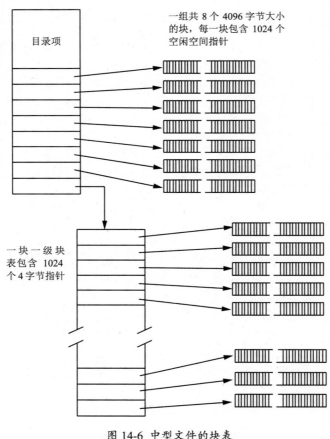

图 14-6 中型文件的块表

对于超过 4MB 的文件，文件系统会切换到最大可以支持 4GB 文件的三级块表方案。这种方案目录项中的最后一个指针指向的是一个包含 1024 个指针的块，这 1024

个指针每个指向的是又一个包含 1024 个指针的块，第二级的块中每个指针指向的还一个块，层级最深的这个块保存的才是真正的文件数据。图 12-7 展示了三级块表方案的细节。

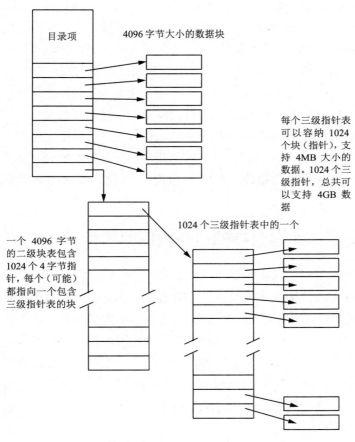

图 14-7 大型文件（最大 4GB）的三级块表

三级块表这种树状结构的优点在于很容易就可以支持稀疏文件。应用程序不用就为了写入的第 0 块和第 100 块给文件分配 100 个块。操作系统只需要把一个特殊的块指针值（通常是 0）写入块表中间的项，就可以判断文件中是否存在这个块。如果应用程序要读取的是这种文件中还不存在的块，操作系统只需要返回全 0 的空块就可以了。当然，如果应用程序要把数据写入这些还不存在的块，操作系统必须先把数据复制到磁盘中，再把对应的块指针写入块表。

磁盘容量在不断增长，这种方案支持的 4GB 文件大小上限对于某些应用程序来说会变成问题，比如视频编辑软件、大型数据库应用软件还有 Web 服务器。我们当然可以给块表树再增加一级，让这种方案支持的文件大小上限轻松扩大 1000 倍，达到 4TB。唯一的问题是层级越多，文件随机访问就越慢，因为操作系统需要在磁盘上读取好几个块才能读到一个数据块。（如果块表只有一级，把块指针表缓存到在内存中可能还有一定效果；但是把每个文件的两级或三级块表都缓存起来是不切实际的。）还有一种方法一次可以增加 4GB 的文件大小上限：使用多个指向二级文件块的指针（例如，让目录项中的 8~16 个原本直接指向文件数据块的指针全部或者大部分都指向二级块表的条目）。尽管应该如何从三级扩展到三级以上还没有定论，但请放心，随着需求的增加，操作系统设计者一定会开发出行之有效的大型文件访问方案。例如，64 位操作系统使用的指针不再是 32 位而是 64 位，4GB 的限制迎刃而解。

14.8   编写操作大容量存储设备数据的软件

理解各种大容量存储设备的行为，对于编写操作这些设备上的文件的高性能软件非常重要。尽管现代操作系统已经尽可能地将大容量存储的物理实现和应用程序作了隔离，但是操作系统能做的也就到此为止了。更糟糕的是，操作系统无法预料特定应用程序访问大容量存储设备上的文件具体采用的是哪种方式，因此也就无法针对应用程序的文件访问操作进行优化。操作系统只能对那些符合典型文件访问模式的应用程序文件访问操作进行优化。应用程序的文件 I/O 越不典型，系统的性能就越发挥不出来。本节我们将介绍如何配合操作系统调整文件的访问活动，来获得最好的性能。

14.8.1   文件访问的性能

虽然磁盘驱动器及大多数大容量存储设备通常都被认为是"随机访问"设备，但实际上顺序访问大容量存储设备反而效率更高。在顺序访问磁盘驱动器时，操作系统的读/写磁头可以一个磁道一个磁道的移动（假定文件被保存在连续的磁盘块中），因此效率相对较高。而随机访问一个磁盘块时，要把读/写磁头移到一条磁道，然后访问下一个磁盘块时，又要再次移动读/写磁头，循环往复，这比顺序访问慢多了。因此，应用程序要尽可能避免随机访问文件。

访问文件时还应该读取或者写入大块的数据，不应该频繁地读取或者写入少量的数据。这里有两个原因。首先，系统调用较慢，如果在每次文件访问时读取或者写入的数据量翻倍，系统调用次数就会减半，而应用程序的运行速度一般也会翻倍。其次，那么操作系统必须读取或者写入整个磁盘块。如果磁盘块的大小为4096字节，但是应用程序只是要向某个磁盘块写入2000字节，再将文件指针移动到这个块之外的某个位置，那么操作系统实际上必须从磁盘上读取整块4096字节，和应用程序要写入的2000字节合并，最后再将这4096字节整体写回到磁盘中。和一次写入全部4096字节的操作对比一下，操作系统不用从磁盘读取数据，整块写入即可。写入完整块可以把磁盘访问性能提升到原来的两倍，因为写入部分块要求操作系统先读取完整块，合并数据后再写回去，而写入完整块则不需要先读取。即使应用程序写入的数据增量不是磁盘块大小的整数倍，则写入大块数据还能提高性能。假设要把16000字节的数据写入一个文件（除以4096字节可知一共需要写入三个完整块和一个部分块），虽然对于最后一块，操作系统还是需要一次读取－合并－写入操作，但是前面三块都只需要一次写入操作。

如果磁盘还比较空，操作系统一般会将新文件的数据写到连续的块中。这种数据的组织方式对于后续文件访问可能是最高效的。但是，系统用户会不断地创建和删除磁盘文件，文件的数据块可能会慢慢分散开，不再连续。情况比较糟糕的时候，数据可能被操作系统东一块西一块地分配到磁盘表面的各个地方。顺序文件访问最后也会变得和随机文件访问一样缓慢。我们在前面介绍过，这种文件碎片会显著降低文件系统的性能。可惜应用程序无法判断文件数据是否已经散布在磁盘表面上因而形成了碎片，就算能够判断，应用程序也无能为力。虽然有些实用程序可以对磁盘表面上的块进行碎片整理（Defragment），但应用程序一般是无法请求系统执行这些实用程序的。而且，这些碎片整理程序一般都相当地慢。

虽然应用程序正常执行的过程中鲜有机会来整理数据文件碎片，我们还是有办法降低数据文件变成碎片的可能性。坚持向文件中写入大块的数据就是最好的建议。

事实上，要是能一次写入整个文件就写入整个文件。除了能够提高操作系统的访问速度，一次写入的大量数据被分配到连续块的可能性也更高。在多任务环境中，一个应用程序向磁盘写入小块数据时，其他应用程序可能也在向磁盘写入数据。在这种情况下，操作系统可能要交替处理多个应用程序写入文件的块分配请求。这样一来单个文件的数据就不太可能被写入连续的磁盘块。就算要随机访问文件的部分数据，也要尽量将一个文件的数据写到连续的磁盘块。这一点非常关键，因为和数据块分散在各处的文件相比，在数据块连续的文件中定位一个块，磁头的移动距离要小很多。

如果创建一个文件并且后面还要反复访问文件的数据块（无论是随机访问还是顺序访问），事先就把数据块分配好是不错的思路。例如，如果知道文件数据不会超过 1MB，就可以在应用程序使用文件之前，先写入 1MB 的全 0 字节。这样一来就可以确保操作系统一定会把这个文件写入磁盘上连续的块中。虽然第一次写入全 0 的块需要一定的时间成本（一般情况下不会这么做），但是省下的读/写磁头寻道时间远远超过了这点成本。对于需要同时读写两个及以上文件的应用程序来说（这种情况下一定会交替处理不同文件的块），这种方案尤其有效。

14.8.2 同步与异步 I/O

大多数大容量存储设备都是机械式的，因此重度依赖这类设备的应用程序不得不等待设备的机械延迟，才能完成读/写操作。大多数磁盘 I/O 操作都是同步的（Synchronous），这意味着调用操作系统的应用程序会一直等待，直到 I/O 请求完成才能继续进行后续运算。

因此，大多数现代操作系统还要提供异步（Asynchronous）I/O 能力。在这种模式下，操作系统开始处理应用程序的 I/O 请求后，就直接将控制权返回给应用程序，应用程序无须等待 I/O 操作结束。在 I/O 操作处理过程中，应用程序必须保证不会操作指定的数据缓冲区。但是应用程序在等待 I/O 操作结束的这段时间内可以进行其他运算，甚至计划其他 I/O 操作。当 I/O 操作结束时，操作系统会通知应用程序。文件保存在系统中多个磁盘驱动器的情况通常可能出现在 SCSI 驱动器和其他高性能驱动器上，这时异步 I/O 尤其有用。

14.8.3　I/O 类型的影响

编写操作大容量存储设备的软件时，执行哪类 I/O 操作也是需要思考的重要问题。二进制 I/O（Binary I/O）通常要比格式化文本 I/O（Formatted Text I/O）快，因为将前一种格式的数据写入磁盘更快。假设要把一个包含 16 个整型元素的数组写入文件中，下面两段 C/C++代码都可以完成：

```
FILE *f;
int array[16];
  . . .
// 第一段代码：

fwrite( f, array,16* sizeof( int ));
  . . .
// 第二段代码

for( i=0; i < 16; ++i )
  fprintf( f, "%d ", array[i] );
```

第二段代码不是单次调用，而通过循环挨个处理数组中的元素，看起来要比第一段代码运行得慢。循环的额外开销的确对数组写入操作的运行时间有一点影响，但是和第二段代码的真正问题相比，循环这点性能损失就微不足道了。第一段代码写入磁盘的是一块包含这 16 个 32 位整型的 64 个字节的内存映像，而第二段代码则将这 16 个整型逐个转换成字符串，再将字符串写入磁盘。这种整型到字符串的转换很慢。而且，fprintf() 函数还要在运行时解释格式串（"%d"），这进一步加剧了延迟。

由格式化 I/O 得到的文件既适合于阅读，应用程序处理起来也容易，这是格式化 I/O 的优点。但是，如果文件保存的数据只是给应用程序使用的，则将数据按照内存映像写入文件的性能更好。

14.8.4　内存映射文件

内存映射文件利用操作系统的虚拟内存管理功能，将应用程序地址空间中的内存地址直接映射到磁盘上的块。现代操作系统的虚拟内存子系统都被进行了充分的优化，因此基于虚拟内存子系统的文件 I/O 效率很高。而且，内存映射文件访问起来也很容易。打开内存映射文件时，操作系统返回的是指向某一块内存的内存指针。访问这个指针指向的内存地址就是访问文件数据，和使用其他内存数据结构没有区别。这样不但文件访问变得非常方便，文件操作尤其是随机文件访问的性能还提升了。

操作系统只用读取一次内存映射文件的各个块，这是内存映射文件的效率比普通文件高的原因之一。操作系统读取到文件块之后，就会建立起指向每个文件块的系统内存管理表。打开文件之后，操作系统几乎不会再从磁盘读取任何元数据。这大大减少了随机文件访问时多余的磁盘访问次数。而顺序文件访问的性能也能得到提升，尽管提升的幅度有限。操作系统不需要在磁盘、操作系统内部缓冲区、应用程序数据缓冲区之间反复拷贝数据。

内存映射文件访问也存在一些缺点。首先，无法把超大文件整个映射到内存中，使用 32 位地址总线的老 PC 提供给每个应用程序的最大地址空间也就只有 4GB。一般来说，能够通过内存映射访问方案操作的文件不会超过 256MB，尽管这种情况会因为具备 64 位寻址能力的 CPU 越来越多而发生变化。当物理 RAM 内存快要被应用程序用尽时，使用内存映射文件也不合适。还好这两种情况并不常见，因此内存映射文件的使用并没有太多限制。

内存映射文件的另一个问题更普遍，影响也更大，那就是第一次生成内存映射文件时需要告诉操作系统文件的最大长度。如果无法确定文件的最终长度，那就必须多预估一些，然后在关闭文件时截短。可是，文件打开期间还是会浪费一些系统内存。当只读访问文件时，或者读/写一个不用改变大小的已有文件时，非常适合使用内存映射文件。还好，我们总是可以在创建文件时使用传统文件访问机制，后续访问时再使用内存映射文件 I/O。

最后，每个操作系统的内存映射文件的实现几乎都不一样，因此内存映射文件 I/O 相关的代码不太可能移植到不同的操作系统上。不过，打开和关闭内存映射文件的代码都很短，因此提供多套支持不同操作系统的代码并不难。当然，文件数据访问由简单的内存访问组成，而内存访问是操作系统无关的。更多关于内存映射文件的信息，请参考操作系统的 API 文档。使用内存映射文件既方便又高效，编写应用程序时应该尽可能地使用内存映射文件。

14.9　更多信息

Silberschatz, Abraham, Peter Baer Galvin, and Greg Gagne. *Operating System Concepts*. 8th ed. Hoboken, NJ: John Wiley & Sons, 2009.

15

丰富多彩的输入/输出设备

按理说大容量存储设备是现代计算机系统中最常见的外围设备，但许多其他设备也得到了广泛的应用，比如通信端口（串行和并行）、键盘、鼠标及声卡。这些外设是本章介绍的重点。

15.1 探索特定 PC 上的外设

某种程度上，讨论现代 PC 系统上的真实设备是有些冒险的，因为传统（"遗留"）设备几乎在 PC 设计中找不到了。厂商们不断地推出新型 PC，淘汰了并口和串口这些易于编程的遗留外设，用 USB 和雷电接口这样的复杂外设取而代之。本书的内容并不涉及这些新型设备的编程细节，但是了解这些设备的行为还是有必要的，这样才能写出卓越的访问代码。

> **注意** 本章接下来讨论的内容和外设特性相关，只适用于 IBM 兼容 PC。限于篇幅，本书无法涵盖不同系统上各种特定 I/O 设备的行为。其他系统也

支持类似的 I/O 设备，但是硬件接口可能和本书介绍的有所不同。但基本原理是相通的。

15.1.1 键盘

在最早的 IBM PC 上，键盘本身就是一个计算机系统。一块 8042 微控制器芯片就藏在键盘的外壳下，其不断地扫描键盘上的各个开关，判断是否有键被按下。键盘处理和 PC 的正常活动是并行的，就算 80x86 PC 忙于其他处理，键盘也不会错过任何一次按键。

一次典型的按键从用户按下键盘上的一个键开始。键按下会闭合按键开关里的电触点，键盘微控制器能感知到。可惜，机械开关并不一定能干脆利落地闭合。触点常常要抖动几次才能建立起可靠的连接。对于持续读取开关值的微控制器芯片来说，抖动地接触就像连续快速地按下键又松开。微控制器因为抖动记录下多次按键的现象称为键盘抖动（Keybounce）。抖动常见于廉价的老键盘。但是对于最昂贵的新型键盘，如果每秒检查开关一百万次，也会出现键盘抖动，因为机械开关确实没有办法快速稳定下来。廉价键盘的按键普遍需要 5 毫秒才能稳定下来，如果键盘扫描软件轮询按键的频率低于每 5 毫秒一次，那么微控制器就感觉不到键盘抖动了。这种限制键盘扫描频率来消除键盘抖动的方法被称为消抖（Debouncing）。典型的键盘控制器扫描键盘的频率是每 10~25 毫秒一次；快过这个频率可能会产生抖动，慢过这个频率则可能会导致按键丢失（对于打字速度非常快的人来说）。

键盘控制器不能在扫描键盘时发现某个键被按下就生成一个新的键码序列。用户按下键后可能还要保持几十甚至几百毫秒，然后才会松开，这不应该被记录为多次按键。键盘控制器应该在某个键从松开状态变为按下状态时（这是一次键按下的操作，Down Key Operation）才生成键码值。另外，现代键盘还提供了自动重复（Autorepeat）功能，当用户保持按下某个键一定时间（一般是半秒钟）后就会启动自动重复功能，只要用户继续按着键不放，该按键就会被当成一系列的键按下操作。但自动重复的按键频率也会校正到每秒大约 10 次，而不是键盘控制器每秒扫描键盘开关的次数。

一旦检测到键被按下，微控制器会发送一个键盘扫描码（Scan Code）给 PC。扫描码和键的 ASCII 码没有关系，是 IBM 最早开发 PC 键盘时随意选择的。实际上，PC 键盘每次按键都要产生两个扫描码：按下键时生成的按下扫描码（Down Code）和松开键时生成的松开扫描码（Up Code）。如果用户一直按着键不放则会启动自动重复功能，于是键盘控制器就会发送一系列的按下扫描码，直到用户松开键，这时键盘控制器会才生成一个松开扫描码。

8042 微控制器芯片将这些扫描码传输给 PC，键盘 ISR（Interrupt Service Routine，中断服务程序）会处理它们。把松开扫描码和按下扫描码分开非常关键，因为某些键（例如 SHIFT、CTRL 和 ALT）一直按着才有意义。所有按键都会生成松开扫描码，这样就可以确保键盘 ISR 能知道用户按着这些修饰键（Modifier Key）的同时还按下哪些健。如何处理扫描码取决于具体的操作系统，但是一般来说操作系统的键盘设备驱动程序会将扫描码序列翻译成对应的 ASCII 码或者其他应用程序能够处理的符号。

现在 PC 键盘几乎全都使用 USB 接口，采用的微控制器也可能比原来 IBM PC 键盘的 8042 更先进，但其他方面的行为就没有差别了。

15.1.2　标准 PC 并口

最早 IBM PC 的设计支持三个并行打印机瑞口（把 IBM 分别命名为 LPTI:、LPT2: 和 LPT3:）。当时，激光打印机和喷墨打印机还没出现，过了几年才出现的，IBM 设想的是计算机要能够支持标准点阵打印机、菊轮打印机还有其他满足不同需求的各种辅助打印机。IBM 显然没有料到并口的应用能够如此广泛，否则可能会采用另一种设计方案。PC 并行端口应用最广泛的时候控制着键盘、磁盘驱动器、磁带驱动器、SCSI 适配器、以太网和其他网络适配器、操纵杆适配器、辅助键盘设备，等等各种设备，这里面当然还有打印机。

由于接头尺寸和性能问题，现在系统中几乎已经找不到并口。不过，并口仍然是一个让人感兴趣的设备。并口是硬件发烧友能够将自制的简单设备和 PC 连接起来的少数接口之一。因此，并口编程是很多硬件发烧友的必备技能。

单向并行通信系统有两个参与方：发送方和接收方。发送方将数据放到数据线路上，通知接收方数据已经就绪；然后接收方从数据线读取数据并通知发送方数据已经取走。注意双方是如何同步对数据线路的访问的：接收方只有收到发送方的通知后才会读取数据线上的数据；同样，在接收方取走数据并通知发送方数据已经取走之后，发送方才会把新数据放到数据线上。换句话说，打印机和计算机系统之间这种形式的并行通信是通过握手来协调数据传输的。

PC 并口用来实现握手的 3 条控制信号线在 8 条数据线之外。发送方使用（数据）选通（Strobe）信号线来通知接收方数据已经就绪，接收方使用确认（Acknowledge）信号线来通知发送方数据已经被取走。第三条忙（Busy）握手控制信号线被用来通知发送方接收方正忙，现在先不要发送数据。忙信号和确认信号有些区别：确认信号通知系统的是接收方已经接收了刚刚发送的数据并且已经处理完毕；而忙信号通知系统的是接收方当前无法再接收新数据，这意味着无法保证最后一次传输被处理了（甚至不能保证被接收了）。

从发送方的角度来看，典型的数据传输会话如下：

1. 检查忙信号线判断接收方是否忙。如果忙信号线处于激活状态，则发送方循环等待直到忙信号线变为非激活状态。

2. 将数据放到数据信号线上。

3. 激活选通信号线。

4. 循环等待确认信号线被激活。

5. 将选通信号线置为非激活状态。

6. 循环等待直到接收方将确认信号线置为非激活状态，这表示接收方已经知道选通信号线现在是非激活状态。

7. 重复第 1~6 步，依次处理要传输的每一个字节。

从接收方的角度来看，典型的数据传输会话如下：

1. 如果已经就绪可以接收数据，就将忙信号线置为非激活状态。

2. 循环等待直到选通信号线变为激活状态。

3. 从数据线上读取数据。

4. 激活确认信号线。

5. 循环等待直到选通信号线变为非激活状态。

6. 将忙信号线置为激活状态（可选）。

7. 将确认信号线置为非激活状态。

8. 处理数据。

9. 将忙信号线置为非激活状态（可选）。

10. 重复第 2~9 步，依次处理要传输的每一个字节。

接收方和发送方会严格遵守这些步骤来协调各自的行动。接收方还没有消费数据线上的数据时，发送方绝不会把更多数据放到数据线上；而发送方还没有发送数据时，接收方也绝不会去读取。

15.1.3　串口

RS-232 串行通信标准可能是世界上最流行的串行通信方案了。尽管有许多缺点（最主要就是速度慢），但 RS-232 串行通信标准的应用还是非常广泛，可以通过 RS-232 串行接口和 PC 连接的设备多达数千种。虽然很多设备还在使用这种标准，但它仍然正在快速地被 USB 取代（在 PC 上插上 USB RS-232 转接线缆就可以满足大多数需要 RS-232 接口的场景）。

最早的 PC 设计同时最多支持连接 4 个 RS-232 兼容设备（COM1:、COM2:、COM3: 和 COM4:）。如果还要连接更多串行设备，则可以购买接口卡为 PC 增加 16 个或者更多串口。

在 PC 发展早期，DOS 程序员必须直接访问 8250 SCC（Serial Communications Chip，串行通信芯片）才能在应用程序中实现 RS-232 通信。典型的串行通信程序会包含一个串口 ISR，由它负责从 SCC 读取输入数据并把输出数据写入 SCC。串行通信程序还需要包含初始化 SCC 和缓冲输入/输出数据的代码。

今天的应用程序员们是幸运的，他们很少需要直接编程对接 SCC。Windows 或者 Linux 等操作系统都提供了成熟的串行通信设备驱动程序供应用程序员调用。这些驱动程序提供了一致的功能集，所有应用程序都可以使用。这缓和了实现串行通信功能的学习曲线。操作系统设备驱动方案的另一个优势在于解除了对 8250 SCC 的依赖。应用程序通过操作系统设备驱动程序可以自动适配不同的 SCC。而直接对 8250 编程的应用程序到了使用 USB RS-232 转接线缆的系统上就会罢工。但是，只要转接线缆的厂商为操作系统提供了正确的驱动程序，串行通信应用程序自动就可以和 USB/串行设备一起工作。

RS-232 串行通信的详细介绍超出了本书范围。要了解相关主题的更多信息，请参考操作系统程序员指南或者其他聚焦这个领域的优秀文献。

15.2　鼠标、触控板及其他定点设备

和磁盘驱动器、键盘、显示设备一样，定点设备（Pointing Device）可能也是现代个人计算机上最常见的外设了。定点设备实际上是最不复杂的外设之一，它们提供给计算机的数据流非常简单。定点设备通常可以分为两类：一种返回的是定点的相对位置（Relative Position）；另一种返回的则是定点的绝对位置（Absolute Position）。相对位置是上次系统读取设备位置之后位置的变化，而绝对位置则是在某个固定坐标系中的一组坐标值。返回相对位置的设备有鼠标、触控板和轨迹球，而返回绝对坐标的设备则有触摸屏、光笔、压敏板及操纵杆。

通常，绝对坐标系统比较容易转换成相对坐标系统，但反过来就有点难度了。相对坐标系统到绝对坐标系统的转换需要一个固定的参考点。如果将鼠标举起再放下，参考点就失去了意义。还好，大多数窗口系统使用定点设备提供的相对坐标值就可以了，因此定点设备返回相对坐标也就不再是问题了。

早期鼠标是一种典型的光学机械设备，两个编码滚轮分别沿着鼠标的 x 轴和 y 轴两个方向滚动。这两个滚轮在滚动时一般会发送两位脉冲编码。一位告诉系统滚轮已经移动了一段距离，另一位则告诉系统滚轮移动的方向[1]。持续跟踪鼠标传来的四位信息（每个轴两位），计算机系统就能够判断出鼠标移动的距离与方向，也就能在

---

[1] 实际上没有这么简单，这里忽略了一些细节。

应用程序发出请求的时刻精确地记录鼠标的位置。

鼠标快速移动会产生持续高速的数据流，让 CPU 跟踪鼠标移动会有问题。如果系统正在忙于其他计算，就有可能会错过一些输入的鼠标数据，进而丢失鼠标的位置信息。而且，主机 CPU 的时间应该花在应用程序的计算上，而不是用来跟踪鼠标位置。

于是鼠标厂商们很早就决定在鼠标里安装简单的微控制器，由它来跟踪鼠标的物理移动并响应系统关于鼠标坐标更新的请求，或者至少在鼠标位置变化时周期性地生成中断。大多数现代鼠标都是通过 USB 和系统连接，用鼠标位置更新响应每 8 毫秒一次的系统请求。

鼠标作为定点设备，大量应用于图形用户界面系统。在外使用笔记本电脑时鼠标并不是最方便的定点设备。因此，计算机厂商们发明了功能相同但是更便携的设备。轨迹球、应变片（Strain Gauge，很多笔记本电脑上 G 键和 H 键之间的定点"杆"）、触控板、触控杆还有触摸屏都是厂商们为笔记本电脑、平板电脑还有 PDA 提供的更加便携的设备。尽管对于最终用户来说，这些设备使用起来是否方便还不好说，但在操作系统看来这些设备和鼠标一样。因此，从软件设计的角度来说这些设备几乎没有区别。

现代操作系统中的应用程序很少和定点设备直接打交道。操作系统会负责跟踪鼠标位置并更新光标以及系统中其他由鼠标引起的效果。当有定点设备事件发生时，操作系统会通知应用程序。如果应用程序发起查询，操作系统也会返回系统光标的位置及定点设备的按钮状态作为响应。

15.3 操纵杆与游戏控制器

为 IBM PC 设计的模拟游戏适配器允许用户最多接入 4 个电阻电位器（Resistive Potentiometer）接头和 4 个数字开关（Digital Switch）用来连接 PC。Apple II 是 PC 出现时最流行的计算机。PC 游戏适配器的设计明显受到了 Apple II 计算机模拟输入功能的影响。IBM 的模拟输入设计和苹果公司的设计一样简单粗糙，根本就没有考虑精度与性能。事实上，只要花上三美元，就可以买到一些电子元件自己制作一个游戏适配器。

IBM PC 游戏控制器读取原始电信号的效率天生低下，因此现代的计算机系统内部都自带模拟电路直接将物理位置转换成数值，再通过 USB 和系统交互。微软 Windows 和其他的现代操作系统都提供了特殊的游戏控制器设备驱动接口及 API。应用程序可以通过 API 判断游戏控制器都提供了哪些功能，而游戏控制器也可以通过 API 向应用程序传输标准格式数据。这样一来游戏控制器厂商们就可以提供一些最早的 PC 游戏控制器接口无法实现的特殊功能。现代应用程序读取游戏控制器的方式和读取文件数据或者读取其他键盘类字符设备中的数据一样。这极大地简化了设备的编程工作，同时还提升了系统的整体性能。

有些"老派"的游戏程序员认为调用 API 天生就是低效的，优秀的代码应该直接控制硬件。这种观点现在有点过时了。首先，这不是程序员想不想的问题，大多数现代操作系统都不允许应用程序直接访问硬件。其次，通过操作系统和硬件通信的软件支持的设备要比直接操作硬件的软件更多。最后，由设备厂商或者操作系统开发团队编写的操作系统驱动程序很有可能比自己编写的代码效率高。

新的游戏控制器已经不再被最初的 IBM PC 游戏控制器卡设计所束缚，提供的功能也更加丰富。请参考游戏控制器和操作系统的相关文档，了解更多如何使用特定设备的 API 编程的信息。

15.4 声卡

最早的 IBM PC 内置了一个扬声器，CPU 可以（使用板载的定时器芯片）对扬声器编程产生单频音调。生成更多音效则需要对和扬声器直接相连的一个位编程。这种处理几乎要耗尽所有的 CPU 时间。PC 出现几年之后，多家厂商如创新实验室（Creative Labs）发明了一种特殊的接口卡——声卡，其提供高质量 PC 音频输出的同时消耗 CPU 资源也大大减少。

PC 上最先出现的声卡没有遵循任何标准，因为当时根本就没有标准可循。创新实验室的声霸卡（Sound Blaster）因其合理的功能和巨大的销量成为了事实标准。当时声卡驱动程序还没有出现，因此大多数应用程序都是直接对声卡上的寄存器编程。

一开始，专为声霸卡开发的应用程序实在是太多了，以至于使用大多数音频应用程序都要购买创新实验室的声霸卡。其他声卡厂商很快就复制了声霸卡的设计，但也无法更进一步，因为他们自己加入的任何新功能都得不到现有音频软件的支持。

声卡技术一度停滞不前，直到微软在 Windows 中加入了多媒体支持。最初声卡能够进行简单的音乐合成，这些音乐只能作为视频游戏粗糙的音效。有些声卡可以达到电话音质的 8 位音频采样，但是毫无疑问达不到高保真的水平。Windows 为音频处理提供了设备无关的标准接口，此后声卡厂商们开始为 PC 生产高质量的声卡。

能够以 44.1KHz 16 位采样率录制音频并回放的"CD 音质"声卡很快就出现了。高质量声卡开始加入波表（Wavetable）合成硬件，这种硬件可以逼真地合成各种乐器的声音。罗兰（Roland）和雅马哈（Yamaha）等合成器厂商生产的声卡则使用了高端合成器中才会使用的电路。今天，专业录音室使用的 PC 数字音频录音系统采用 24 位 96KHz（甚至 192KHz）的采样率来录制原声，效果比最好的模拟录音系统还好。当然，这种系统的售价高达数千美元，绝对不是我们通常使用的价格低于 100 美元的声卡。

15.4.1 音频接口外设如何产生声音

现代音频接口外设[1]一般使用三种方式来产生声音：模拟（FM 合成）、数字波表合成及数字回放。前两种方法产生的是乐音，是大多数计算机合成器的基础；第三种方法则被用来回放事先使用数字化方法录制的音频。

FM 合成方法是一种比较老的低成本音乐合成机制。这种机制通过控制声卡上不同的震荡器及其他产生声音的电路来产生乐音。这种设备产生的声音音质一般很差，回忆一下早期视频游戏的声音，人们根本就不可能认为是真正的乐器发出来的声音。虽然一些非常低端的声卡还在用 FM 合成作为主要的声音产生机制，但现代音频外设除了故意要产生"合成"声音基本上不会再使用这种机制了。

现代提供音乐合成功能的声卡更青睐波表合成。音频设备厂商通常会录制一些

---

1 声卡这个词已经不太准确了，因为很多个人计算机的主板直接集成了音频控制器，而很多高端音频接口系统使用 USB 或者火线连接，或者需要多个设备盒及多块接口卡。

真实乐器的音符并将其数字化，这些数字录音被编程到 ROM（Read-Only Memory，只读内存）里，再将 ROM 封装到音频接口电路当中。当应用程序向音频接口请求播放某种乐器音符时，音频硬件会播放 ROM 中的录音，发出非常逼真的声音。

波表合成并不只是一种数字回放方案。录制 100 种以上的乐器音符，每个乐器再包含多个八度音阶，需要的 ROM 存储非常大。因此，大多数这类设备厂商实际上都会在音频接口卡中嵌入软件，将 ROM 存储的数字化波形整体升高或者降低几个八度。这样一来每种乐器厂商只用录制并存储一个八度（12 个音符）。事实上，有些合成器只会录制一个音符，其他所有音符都通过软件转换完成。但是厂商录制的音符越多，最终合成出来的声音音质会越好。一些高端声卡会为复杂的乐器（例如钢琴）多录制几个八度，而对于一些用得比较少、不那么复杂的发声物体（比如枪声、爆炸声和喧哗声）则只录制几个音符。

最后一种纯粹的数字回放用于两个目的：回放录制的任意音频或用于非常高端的合成（也就是采样，Sampling）。采样合成器实际上是 RAM 版的波表合成器。采样合成器将数字化的乐器录音存储在系统 RAM 而不是 ROM 中。每当应用程序需要播放某个乐器音符时，系统就把音符的录音从 RAM 中取出来发送给音频电路进行回放。和波表合成方法一样，采样合成器可以变换数字化音符，提升或者降低几个八度。但是采样合成系统不受 ROM 每字节成本的限制，因此音频设备厂商录制的真实乐器采样范围通常更广。采样合成器通常会提供话筒来作为输入设备，用户可以自己创造采样。例如，用户可以录制狗叫，在合成器上产生不同音阶的"狗叫"音符，播放为一首歌。第三方销售的各种"声音字体"就包括了音质非常好的流行乐器采样。

纯粹的数字回放的另一个用途是作为数字录音机。几乎所有的现代声卡都提供了音频输入，理论上可以录制 CD 音质的立体声[1]。用户可以录制模拟信号并原样回放，就像一台磁带录音机。配齐外部装备，用户甚至可以自己录制音乐并烧录属于自己的音乐 CD。当然了，这需要一些比普通声卡更先进的装备，最起码得和 ProTools HDX 或者 M-Audio 系统一样先进。

---

1 "CD 音质"意味着板载数字电路每秒能够采样 44100 个 16 位样本。通常，板载模拟线路传递给数字化电路的音质没有这么好。因此，现在能够真正做到 CD 音质录音的 PC 声卡凤毛麟角。

15.4.2　音频与 MIDI 文件格式

现代 PC 的声音回放有两种标准机制：音频文件回放和 MIDI 文件回放。

音频文件包含的是用于回放的数字化声音采样，尽管音频文件的格式很多（比如 WAV 和 AIF），但基本原理是一样的。文件包含文件头信息和紧跟在文件头后面的真实声音采样。文件头信息说明了录制格式（比如 16 位 44.1KHz，或 8 位 22KHz）和采样的数量。一些比较简单的文件格式可以在声卡被正确初始化之后直接导入典型的声卡里；而其他格式可能需要少量数据转换才能交给声卡处理。这两种情况下，音频文件格式的数据本质上都和硬件无关，这些数据可以正常发送给通用声卡。

声音文件的一个问题是文件可能会变得很大。一分钟 CD 音质的立体声音频文件只需不到 10MB 存储空间。而典型的 3~4 分钟的歌曲需要 25MB~40MB。文件不仅会占用大量 RAM 空间，还会占用软件发布文件的很大一部分存储空间。如果回放的是一段自己录制的独一无二的音频序列，也就只能这样了。但是，如果回放的是一段包含一系列重复声音的音频序列，就可以使用采样合成器同样的技术保存声音实例，然后使用索引值表示需要播放哪个声音实例。这可以极大地减少音乐文件的尺寸。

这就是 MIDI（Musical Instrument Digital interface，乐器数字化接口）文件格式的原理。MIDI 是控制数字合成器及其他设备的一个标准协议。如果需要回放的音乐不包含人声或者其他非音乐元素的乐曲，MIDI 非常高效。

MIDI 文件不包含音频采样，只包含需要播放的音符、何时播放音符、音符播放多久、使用哪种乐器播放音符等信息。上述信息只需要几个字节就能描述，因此 MIDI 文件可以非常紧凑地表示一整首歌。典型的 3~4 分钟歌曲的高质量 MIDI 文件大小通常只有 20KB~100KB，和同样时长却需要 20MB~45MB 的音频文件形成了鲜明对比。当前大多数声卡都能够使用板载的波表合成器或者 FM 合成器来回放 GM（General MIDI，通用音色 MIDI）。大多数合成器厂商都使用 GM 标准来控制他们的设备，因此 GM 应用非常广泛而且 GM 文件很容易获得。

MIDI 的一个问题是回放音质取决于用户使用的声卡的质量。MIDI 文件在一些比较昂贵的音频卡上回放的效果非常好，在一些比较便宜的板卡中（很可惜，包括很大一部分主板内置音频接口的系统）产生的则是类似于动画片的音效。

因此，在应用程序中使用 MIDI 前要考虑清楚。一方面 MIDI 的优势是文件更小、处理更快；而另一方面，MIDI 在某些系统上音质很差，听起来感觉不好。应用程序应该使用哪种方式需要仔细权衡这些方式的利弊。

既然大多数现代声卡都能够回放 CD 音质的录音，为什么声卡厂商没有收集一些采样并模拟采样合成器呢？实际上厂商们已经在这样做了。例如，罗兰就提供了一个叫作 Virtual Sound Canvas 的程序，其通过软件来模拟罗兰自己的硬件 Sound Canvas 系统。这些虚拟合成器生成的输出质量非常高，但也非常消耗 CPU，而留给应用程序的算力因此就少了。如果应用程序用不完 CPU 的全部算力，那虚拟合成器是一种高质量、低成本的解决方案。

如果知道目标听众有合成器，另一个解决方案是把外部的合成器模块通过 MIDI 接口和 PC 连接，然后把 MIDI 数据发送给合成器播放。对于专业应用程序，这是一个可以接受的解决方案，但是客户基础有限，除了音乐家，没什么人会拥有合成器。

15.4.3 音频设备编程

在现代应用程序中，音频的一大优势在于其标准化程度很高。对于现代应用程序来说，文件格式和音频硬件接口的使用都非常简单。和大多数外设一样，现在应用程序很少直接控制音频硬件，因为 Windows 和 Linux 这些操作系统提供了设备驱动程序。为了发出声音，典型的 Windows 应用程序只需要从文件中读取包含声音信息的数据，然后写入另一个设备驱动文件即可，驱动程序会和真正的音频硬件打交道。

编写处理音频的软件时，另一个需要考虑的问题是 CPU 支持的多媒体扩展。奔腾以及更新的 80x86 CPU 提供了 MMX、SSE 及 AVX 指令集，其他 CPU 系列也提供了类似的指令集扩展（例如 PowerPC 的 AltiVec 指令和 ARM 的 NEON）。尽管操作系统可能已经在设备驱动程序中使用了这些扩展指令，自己编写的应用程序照样也可以使用这些扩展指令。可惜，使用这些扩展指令通常需要使用汇编语言，因为高级编程语言提供的有效访问支持非常少。因此，如果要进行高性能多媒体的开发，就必须掌握汇编语言。更多关于奔腾 SSE/AVX 指令集的细节请参考 *The Art of Assembly Language* 一书。

15.5　更多信息

Axelson, Jan. *Parallel Port Complete*: *Programming, Interfacing, & Using the PC's Parallel Printer Port*. Madison, WI: Lakeview Publishing, 2000.

————. *Serial Port Complete*: *Programming and Circuits for RS-232 and RS-485 Links and Networks*. Madison, WI: Lakeview Publishing, 2000.

Hyde, Randall. *The Art of Assembly Language.* 2nd ed. San Francisco: No Starch Press, 2010.

后记：运用底层语言思想，编写高级语言代码

　　本书的目的是帮助读者站在机器的层次上思考问题。有一种强迫自己在机器层次编写代码的方法就是使用汇编语言。使用汇编语言一条语句接一条语句地编写代码，每条语句背后的代价一目了然。

　　但是，对于大多数应用程序，使用汇编语言来实现是一个不切实际的方案。过去几十年，汇编语言的缺点也已经被宣扬（夸大）得够多了，以至于对于大多数人来说，汇编早就不在选择之列了。

　　使用汇编语言会强迫我们站在机器的层次思考，但反过来使用高级语言编写代码并不会强迫我们在高度抽象的层次上思考。使用高级语言编写代码时，没有什么可以阻挡我们以底层的观点来思考，而本书为读者提供的就是必要的背景知识。了解了计算机如何表示数据，就了解了高级语言的数据类型是如何转换到机器层次的；了解了 CPU 如何执行机器指令，就了解了高级语言应用程序中各种操作的代价；了解了内存性能，就了解了如何组织高级语言中的变量和其他数据，让缓存和内存的访问最优。谜底尚有一点并未解开："编译器到底是怎样将高级语言语句映射成机器指令的？"这个主题大到足够用一本书来详细地解释，这也是《编程卓越之道》系列的下一卷《运用底层语言思想编写高级语言代码》的内容。

《运用底层语言思想编写高级语言代码》将继续本卷未完成的话题：典型高级语言的每条语句是如何被映射成机器码的，如何从多段高级语言代码中选出生成机器码最优的那一段，如何分析判断机器码的质量及产生这些机器码的高级语言代码的质量。在了解这些知识的同时，我们还将进一步了解编译器的工作原理及如何让它们工作得更好。

　　祝贺大家在编写卓越代码的道路上已经取得的成就，我们第二卷见。